Families and Marriages

결혼과 가족

친밀한 관계의 변화와 선택

이정화 이재림 이규호 민주홍 공저

신정

머/리/말/

'인간은 사회적 동물이다'라는 말을 굳이 떠올리지 않더라도 우리는 누군가와 함께 살아가고 그 사람들과 좋은 관계를 유지할 때 더 행복해질 수 있습니다. 가족은 세상에 태어나 가장 먼저 만나 상호작용하는 대상입니다. 청소년기를 거쳐 성인기에 이르면서 친구가 더 중요해지고 동시에 누군가와 친밀한 관계를 이루게 됩니다. 현대사회에서 '결혼은 선택사항'이 되었다고 하지만 아직도 많은 사람이 결혼하고 있고 가족은 여전히 우리에게 중요한 의미를 갖습니다. 굳이 결혼을 선택하지 않더라도 일생을 통해 친밀한 누군가와 일상을 함께 하고 생각을 공유하고 공감하며 살아가는 것은 질적인 삶을 유지하는 데에 매우 중요합니다. 물론 혼자서도 잘 살 수 있겠지만, 믿고 의지할만한 그리고, 함께 하면 좋은 누군가가 옆에 있다는 것은 매우 든든하고 행복해지는 일이 아닐 수 없습니다.

많은 사람이 좋은 사람들과 좋은 관계로 행복하게 살고 싶다고 하지만 그것이 생각대로 잘 되지 않는 이유는 무엇일까요? 가족을 이루는 것, 가족과 행복한 관계를 이루며 사는 것은 당연한 듯, 당연하지 않습니다. 우리 모두 가족이 익숙한 만큼 가족에 대해, 그리고 좋은 가족관계를 이루는 것에 대해 잘 안다고 생각할 수 있지만, 이는 사실 참 어려운 문제입니다.

이에 가족학을 전공한 4명의 교수가 모여 청년/대학생을 주 독자로 『결혼과 가족: 친밀한 관계의 변화와 선택』이라는 책을 만들었습니다. 1부 '가족의 사회적 맥락'에서는 현대사회에서 결혼과 가족이 어떻게 변화하고 있는가를 살펴보았습니다. 2부 '친밀한 관계의 형성과 유지'에서는 청년기에 친밀감이라는 발달과업을 달성하는 과정에서 경험하게 되는 파트너와의 교제, 사랑, 성적 친밀감, 만남, 헤어짐, 비혼, 동거, 결혼생활을 다루었습니다. 3부 '친밀한 관계의 확장'에서는 가족관계 안에서의 중요한 이슈들에 대해 살펴보았습니다. 부모됨에 대한 선택과 부모역할, 성인기 부모-자녀관계, 가족 의사소통이라는 주제로 부모가 된다는 것은 무엇인지, 성인기 자녀로서 부모와의 관계는 어떤지, 바람직한 가족 의사소통은 어떻게 하는 것인지, 그리고 나와 우리 가족을 전반적으로 돌아보면서 보다 긍정적인 가족관계를 위한 대안을 찾고자 했습니다. 4부 '도전과 선택'에서는 가족생활 중에 갈등의 원인이 되기도 하고 그 결과가 되기도 하는 일 · 가족, 가족 스트레스, 이혼 · 재혼 · 한부모 가족과 함께, 가족을 지원하는 서비스 및 정책을 다루었습니다. 집필은 이정화 교수가 2, 3, 8장을, 이재림 교수가 4, 6, 7, 13장을, 이규호 교수가 5, 9, 11장을, 민주홍 교수가 1, 10, 12장을 담당하되, 1장의 이론 부분은 이규호 교수가, 7장의 중 · 노년기 부분은 민주홍 교수가 맡았습니다.

우리가 살다 보면 예측했던 일이, 예상했던 순서로 진행되기도 하지만 전혀 예측하지 못한 일이 일어나 당황하거나 갈등하게 되는 상황이 발생하기도 합니다. 『결혼과 가족: 친밀한 관계의 변화와 선택』을 접하게 된 여러분은 현대사회 가족의 변화를 이해하고 친밀한 관계를 이루고 유지하는 과정에서 '나'는 어떤 사람인지, 그리고 '파트너'는 무엇을 좋아하고 싫어하는지, 괜찮은 '우리의 관계'를 위해 필요한 것은 무엇인지 생각하는 시간을 갖게 될 것입니다. 나를 잘 이해하게 되면 상대방에게 나를 이해시킬 수 있습니다. 이 과정에서 상대방의 솔직한 생각을 끌어낼 수도 있습니다. 내가 바라는 친밀한 관계를 이루는 데 성공하시기를 바랍니다. 좋은 가족관계를 이루기 위해 파트너로서, 자녀로서, 부모로서 무엇을 할 수 있는지 알게 되기를 바랍니다. 또한 내가 경험한 가족과 더불어 다양한 가족, 대안적인 가족에 대한 이해가 필요합니다. 특히 현대사회 초개인화 추세에 따라 가족 안에서 해결할 수 없는 문제가 많아지고 있습니다. 사회가 제공하는 가족 지원 정책 및 서비스에 대해 알고 사회적 자원을 활용하여 가족 문제를 해결하는 능력을 갖추는 것도 중요할 것입니다.

이 저술작업의 시작은 서울대학교 아동가족학과 명예교수 한경혜 선생님이었습니다. 가족학자로서 청년기 친밀한 관계를 다룬 서적이 필요하다고 말씀해 주시고, 이 책의 기획에서부터 초기 집필을 이끌어 주시고, 이 책이 완성될 수 있도록 많이 격려해 주셨습니다. 그리고 이 책이 완성되기까지 도와준 분들이 많습니다. 전남대학교 오영은 박사, 권은비 박사, 나대웅 대학원생, 서울대학교 이가은 대학원생에게 고마움을 표합니다. 이 작업이 완성되기까지 기다려준 신정출판사 최용구 사장님께도 이 지면을 빌어 감사드립니다.

2023년 8월

저자 일동

차/례/

PART 02 친밀한 관계의 형성과 유지

Marriages and Families

CHAPTER 04 결혼, 비혼, 동거

CHAPTER 05 결혼생활

PART 03 친밀한 관계의 확장

Marriages and Families

CHAPTER 06 부모됨의 선택과 부모역할

CHAPTER 07 성인기 부모자녀관계

CHAPTER 08 가족 의사소통

CHAPTER 09 나와 우리 가족 돌아보기

PART 04 도전과 선택

CHAPTER 10 일과 가족

CHAPTER 11 가족 스트레스

Marriages and Families

Marriages and Families

01 PART

가족의 사회적 맥락

CHAPTER 01 가족의 이해

가족의 이해

01

CHAPTER

챕터 개요

현대 한국 사회 가족의 모습을 묘사하는 중요한 단어는 '다양성'이다. 가족 형태의 다양성 증가는 가족에 대한 정형화된 정의에도 변화를 가져오고 있다. 이 장에서는 학자마다 다양한 가족의 정의를 살펴보고, 한국 사회의 가족구조와 가치관의 변화양상을 실제 수치를 통해 알아본다. 아울러 가족현상을 이해하는 데 활용할 수 있는 구조기능론, 교환론, 상징적 상호작용론, 체계론, 갈등론, 페미니즘 등 다양한 이론을 살펴본다.

가족의 이해

- 가족의 정의

한국 가족의 모습

- 가족형성 및 해체
- 가족구조의 변화
- 가족가치관의 변화

가족현상을 설명하는 이론

- 구조기능론
- 교환론
- 상징적 상호작용론
- 체계론
- 갈등론
- 페미니즘

주요 용어

가족의 정의, 인구학적 변화, 결혼, 이혼, 재혼, 1인가구, 가족가치관, 돌봄, 부양, 가족이론, 구조기능론, 교환론, 상징적 상호작용론, 체계론, 갈등론, 페미니즘

01 CHAPTER 가족의 이해

가족의 이해

우리는 대부분 가족과 함께 발달하고 생활한다. 어린 시절 나와 부모님을 포함하는 원가족의 일부분으로 성장하고, 후에 결혼과 출산을 통해 나 스스로의 가족을 형성하면 생식가족의 일원으로 살게 된다. 최근 들어 결혼을 하지 않고 부모로부터 독립하여 혼자 사는 1인가구가 증가하고 있으나, 이러한 경우라도 부모와 형제 등 원가족과의 관계를 지속하며, 가족관계를 모두 단절한 채 고립된 개인으로 사는 경우는 드물다. 이러한 점에서 대부분의 사람들은 생애과정 동안 어떤 모습이든 가족과 연결되어 살아간다고 할 수 있다.

하지만 가족이 무엇인가에 대해 명확한 정의를 내리는 것은 그다지 간단한 문제가 아니다. 서로 다른 사회나 문화권에 따라 가족의 형태나 가족에게 기대하는 바가 다르고 이에 따라 그 정의가 다양할 수 있다. 실제로 지구상에는 매우 다양한 형태의 가족이 존재하며, 이들의 형태(구조)뿐 아니라 기능은 변한다. 우리나라의 경우 비혼의 증가, 만혼화, 이혼율의 증가와 같은 인구학적 변화를 통해, 부부와 자녀로 구성되는 이른바 '전형적 핵가족' 비중은 낮아지고, 한국 사회의 가족구조와 가족행동 역시 변화하고 있다.

실로 가족의 형태는 다양해지고 있고, 이러한 '다양화' 혹은 '다양성'은 최근 한국 가족을 묘사하는 데 있어 매우 중요한 단어로 자리매김했다. 다양한 가족 형태를 나타내기 위해 그간 많은 신조어가 등장하였는데 1990년대 분거가족의 증가를 일컬어 '기러기 가족'이라 부르기도 했고, 무자녀 맞벌이 부부가족은 '딩크족'이라는 용어로 불리기도 했다. 이혼과 재혼, 국제결혼 등이 증가하면서 한부모가족, 다문화가족과 같은 용어도 빈번하게 쓰였다.

최근에는 가구 단위에서 혼자 사는 사람들이 늘어남에 따라 단연 '1인가구'에 대한 관심이 높아지고 있다. 1인가구도 가족의 한 형태로 간주할 것인가에 대한 지속적인 논의가 있는데, 앞서 살펴보았듯 가족 형태의 다양성이 증가됨에 따라 '가족을 어떻게 정의할 것인가?' 하는 질문에 대한 대답은 점점 더 복잡해지는 동시에, 여러 제도의 변화와 맞물려 필요하고도 중요한 질문이 되고 있다. 가족의 정의 안에 어떠한 형태까지 포괄할 수 있을 것인가에 대해서는 다양한 시각차가 존재하며, 이에 대한 합의도 쉽지 않기에 논란도 크다. 또한 이혼, 재혼의 증가를 가족이라는 제도의 해체나 위기로 바라보는 시각과 더불어, 이는 가족 형태의 다양성을 의미할 뿐 제도로서의 가족은 저출산·고령화시대에 여전히 관계수명의 연장과 더불어 건재하며, 이는 변화하는 상황에 대한 적응의 일환으로 기능과는 무관한 재구조화에 불과할 뿐이라는 시각도 존재하고 있다.

가족의 정의

우리나라의 민법 제779조에서는 가족의 범위를 다음과 같이 설정하고 있다.

① 다음의 자는 가족으로 한다.
　1. 배우자, 직계혈족 및 형제자매
　2. 직계혈족의 배우자, 배우자의 직계혈족 및 배우자의 형제자매
② 제1항제2호의 경우에는 생계를 같이 하는 경우에 한한다.

그러나 우리가 흔히 말하는 '가족'의 범위는 때로는 법에서 정의한 범위보다 폭넓고 사람에 따라서는 더 좁은 범위를 가족이라 말한다. 특히나 우리 사회의 가족에 대한 이미지나 개념의 수용에 있어서 변화가 꾸준히 일어나고 있고, 이에 따라 가족을 정의하는 것이 더 복잡해지고 있다. 이러한 측면은 가족 연구에도 영향을 미칠 수 있다. 가족학에서의 전통적인 가족 개념은 어떠하며, 최근들어 이러한 개념은 어떻게 변화하고 있는지 살펴보자.

인류학자 머독(Murdock)은 "가족이란 부부와 그들의 자녀로 구성되며, 주거와 경제적인 협력을 함께하며, 자녀 출산을 특징으로 하는 집단"이라고 정의한 바 있다(Murdock, 1949). 이러한 고전적 정의를 통해 가족 구성원 간의 관계의 질이나 의사소통과 같은 질적 측면보다는 기능과 외형적 구성 등의 구조적 측면이 가족의 정의에 중요하게 고려할 수 있음을 알 수 있다. 한편, 레비스트라우스(Lévi-Strauss)는 "가족이란 혼인으로 시작되고, 부부와 그들의 자녀로 구성되나 이들 이외에 가까운 친척이 포함될 수 있으며, 가족구성원은 법적 유대, 경제적 · 종교적 권리와 의무, 성적 권리와 금기, 애정, 존경 등의 다양한 심리적 정서로 결합되어 있다."고 하였다(Lévi-Strauss, 1956: 274). 이러한 정의는 머독의 개념보다는 확장된 범위의 가족을 제시하고 있으며 운명공동체적 성격을 강조하고 있다.

한편, 사회학자 버제스(Burgess)와 동료들은 "결혼이나 혈연 혹은 입양에 의해 결합된 집단으로서 가구를 형성하고, 남편과 아내, 아버지와 어머니, 아들과 딸, 형제와 자매라는 각각의 사회적 역할 속에서 상호작용하며 의사소통을 하고 공통의 문화를 창조하며 유지하는 집단"이라 정의하여, 가족 구성원 간의 내적 상호작용 관계를 중심으로 파악하였다(Burgess & Locke, 1945: 7). 카터와 맥골드릭(Carter & McGoldrick, 1989: 4)는 "가족은 수십 년 동안 지속되는 영구적인 가구로, 강한 호혜적인 애정, 충성심, 그리고 타협을 통해 서로 관련되는 개인들이 만든 소규모 사회체계"로 보았는데, 이는 가족을 다른 체계와 달리 장기적으로 유지되는 속성이 있음을 강조한 것이다.

근래에 들어서, 가족을 정의하는 데 있어 생애과정과 가족관점을 통합적으로 조망하고(Hawley & DeHaan, 1996), 좁은 정의보다는 사회적 실재를 반영하는 이른바 '정형화된' 가족(the family)이 아닌 다양한 가족(families)을 포괄할 필요성에 대한 요구가 증가하고 있다(Gittins, 2017).

이처럼 가족을 정의하는 데 있어 학자마다 다양한 편차가 존재할 뿐 아니라, 그 핵심 정의도 점차 변화하고 있다. 가족에 대한 정의와 현대 가족의 모습은 서로 긴밀히 연결되므로, 다음 절에서는 한국 사회의 가족 형성 및 가족 해체와 같은 중요한 변화를 실제 데이터와 함께 살펴보고자 한다.

한국 가족의 모습

가족형성 및 해체

혼인율 감소, 초혼연령 증가에 따른 만혼화

한국 사회 가족의 형성 및 해체와 관련된 최근의 가장 주목할 만한 변화 중 몇 가지는 혼인율 감소, 초혼연령 증가에 따른 만혼화, 이혼 양상의 변화 등이다. 총 혼인건수는 [그림 1-1]에서 보듯이 2021년에 약 19만 건이며, 이는 10년 전인 2011년의 33만 건에 비해 크게 줄어 든 수치이다. 조혼인율 역시 크게 떨어져 2011년에 6.6건에서 2021년 3.8건으로 줄었다.

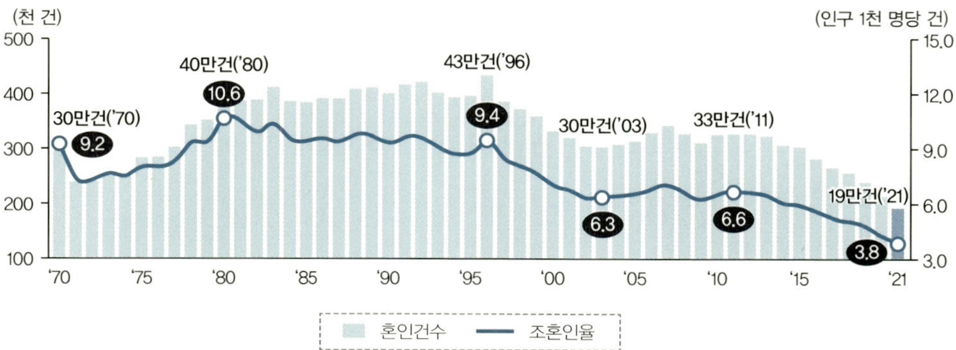

그림 1-1 연도별 혼인건수 조혼인율[1)]

출처: 통계청(2022c). 2021 혼인 · 이혼 통계.

---

1) 조혼인율: 인구 1천 명당 혼인건수

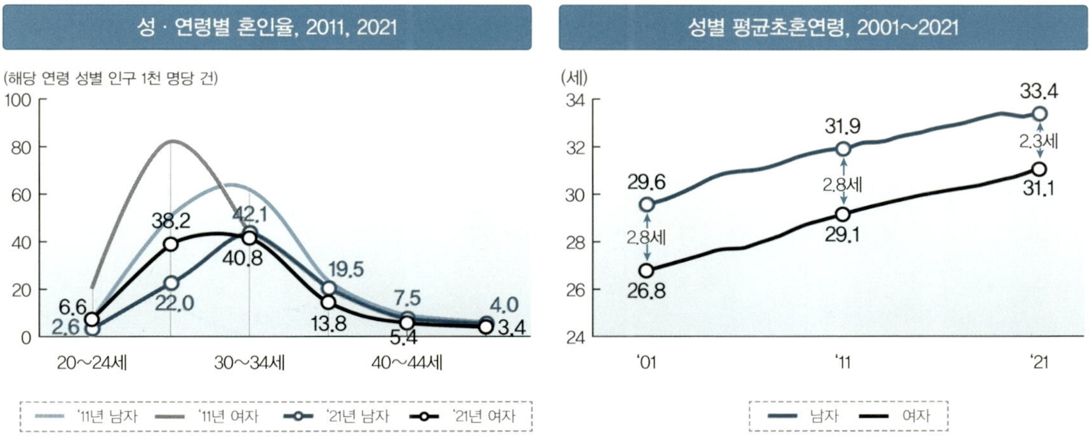

그림 1-2 성 · 연령별 혼인율 및 성별 평균초혼연령

출처: 통계청(2022c). 2021 혼인 · 이혼 통계.

만혼화는 단기간이 아닌 장기간에 걸쳐 진행되어 오고 있는 현상이나, 특히 1998년 경제 위기 이후에 크게 증가한 것으로 나타난다. 초혼연령은 2001년에 남성은 29.6세, 여성은 평균 26.8세였는데, 이는 2021년에 남성 33.4세, 여성 31.1세로 약 3세 이상 늦어진 것이다. 이러한 초혼 연령상승에 기여한 요인으로 제안되는 것은 청년 실업과 취업난 가중으로 인해 결혼을 위한 경제적 기반확보가 어려워지는 상황이며, 더불어 결혼적령기에 대한 사회적 규범의 약화도 초혼연령 상승에 기여한 것으로 지적된다.

이와 같은 초혼연령의 상승과 이에 따른 만혼화는 한편으로 미혼율 증가로 나타난다. 이 연령층의 미혼율증가는 저출산 이슈와 맞물려 있기에, 사회적으로 미혼율 증가에 대한 우려의 시작이 존재하기도 한다. '인구주택총조사'에 따르면 미혼 인구의 비중은 전 연령에서 증가하는데, 그중에서도 특히 30대의 증가폭이 가장 큰 것으로 드러난다. 30대의 미혼 인구 비중은 2000년에는 13.4%였으나, 2010년도에 29.2%로 증가하고, 2020년에는 42.5%로 증가했다(통계청, 2021).

미혼율 증가추세는 남녀 모두에서 나타나지만, 연령 집단별로 나누어 보면 성별로 차이가 있다. 2015년 기준 30대 여성의 미혼율은 28.1%, 남성의 미혼율은 44.2%였다. 이 비율이 2020년에는 여성은 33.6%, 남성은 50.8%로 나타난다. 5년 사이 증가 폭은 남성이 6.6%p, 여성은 5.5%p가 되기에, 여성보다 남성의 증가 폭이 큰 것을 알 수 있다. 결혼연령은 남녀 모두에게서 높아지고 있으나, 결혼적령기 연령규범에 대한 압박에서의 성차와 결혼시 남성과 여성의 연령차 등이 복합적으로 작용한 것으로 보인다.

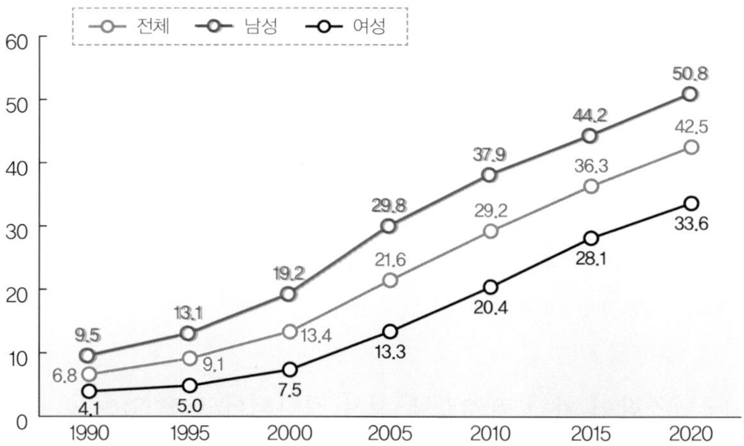

그림 1-3 성별 미혼인구 비중(30~39세)

출처: 통계청(2021a). 2020 인구주택총조사 표본 집계 결과.

이혼율 및 이혼 양상의 변화

앞서 살펴본 혼인율과 미혼율의 변화를 통해 살펴본 만혼화는 일견 가족형성이 지연됨을 보여 준다면, 이혼율은 가족의 해체를 보여주는 지표이다. 이혼건수와 조이혼율은 IMF 시기를 지나 2003년에 정점에 도달한 후 조금씩 감소하고 있다. 1997년 9만 건이었던 이혼건수는 2003년 17만 건으로 증가했다가 2021년 10만 건으로 줄었다. 조이혼율은 2021년 기준 2.0건이다.

이혼율과 이혼 양상의 변화에 있어서 눈에 띄는 차이점은 결혼연령과 마찬가지로 이혼연령도 높아지고 있다는 점이다. 통계청의 '인구동향조사'에 따르면, 2021년도 기준 남성의 평균 이혼연령은 50.1세로 2001년에 비해서 약 10년 가까이 증가하였다. 여성의 이혼 연령역시 같은 기간에 36.7세에서 46.8세로 증가하였다. 이혼연령의 증가는 앞서 살펴본 만혼화로 인해 결혼연령 자체가 높아진 탓도 있으나 한편으로는 결혼생활을 상대적으로 오랜 기간 유지한 중장년층의 이혼율이 증가한 데 따른 것이기도 하다. 자료에 따르면, 이혼 부부의 평균 혼인지속기간은 약 17.3년인데, 이는 10년 전 대비 4.1년 증가한 수치이다. 특히, 혼인지속 기간이 30년 미만인 이혼은 감소하였으나, 30년 이상 이혼은 10년 전에 비해 2.2배에 달한다(통계청, 2022).

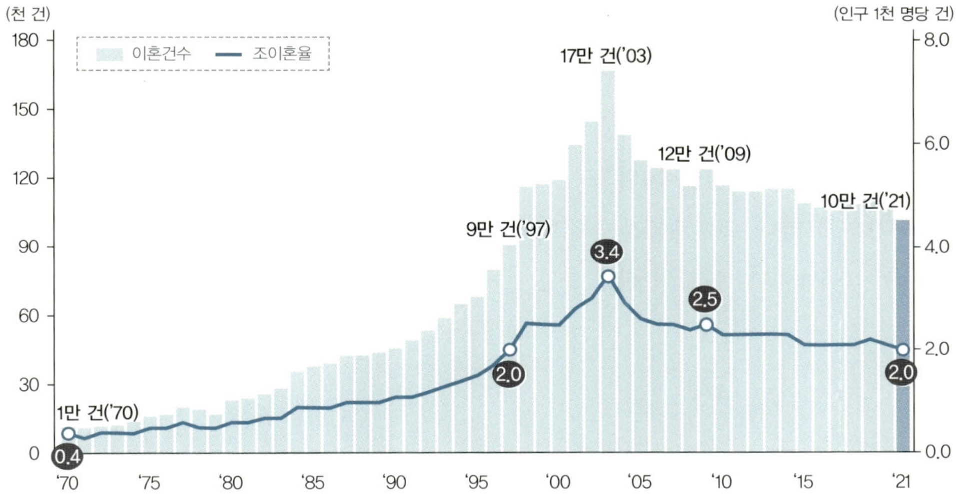

그림 1-4 연도별 이혼건수 조이혼율[2)]

출처: 통계청(2022c). 2021 혼인 · 이혼 통계.

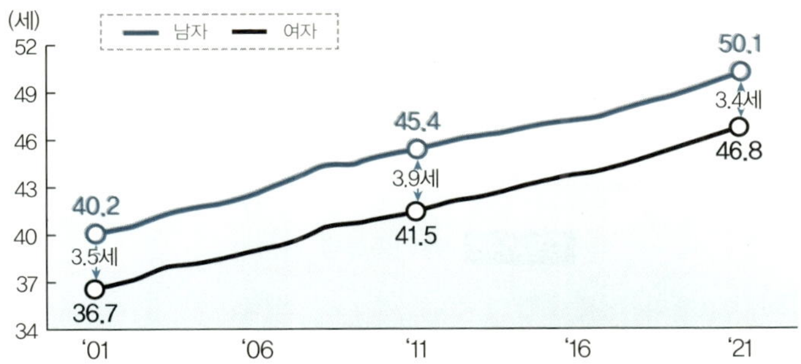

그림 1-5 평균이혼연령(2001~2021)

출처: 통계청(2022c). 2021 혼인 · 이혼 통계.

2) 조이혼율: 인구 1천 명당 이혼건수

중년세대의 이혼이 증가하고, 결혼이나 가족제도에 대해 상대적으로 더 보수적인 태도를 가진 것으로 여겨지는 노년층의 이혼인 이른바 황혼 이혼(gray divorce)도 드물지 않아지는 현상이다. 결혼생활의 유지에 있어 점차 개인의 선택을 강조하고, 길어진 노년기와 더불어 행복하지 않은 결혼이라면 이에서 벗어나 남은 생애를 보내고자 하는 사람이 증가하는 것을 보여주는 것일 수 있다. 점차 이혼에 대한 사회적 시각이 더욱 허용적으로 변화하고 있다는 점에서, 이혼을 억제하는 요인 중 하나인 자녀들이 성인이 되어 독립을 한 이후 이혼을 선택하는 경향성이 증가하는 것으로도 볼 수 있겠다.

이러한 이혼의 증가는 재혼율과도 긴밀하게 연관된다. 최근 자료에 따르면 우리나라에서 결혼하는 다섯 쌍의 부부 중 한쌍은 재혼일 정도로 재혼가족은 과거에 비해 증가하고 있다. 2021년 기준 전체 남자의 경우 전체 혼인건수 중 초혼이 87.7%, 재혼이 16.1%이며, 여자의 경우 초혼이 81.3%, 재혼이 18.5%에 달한다.

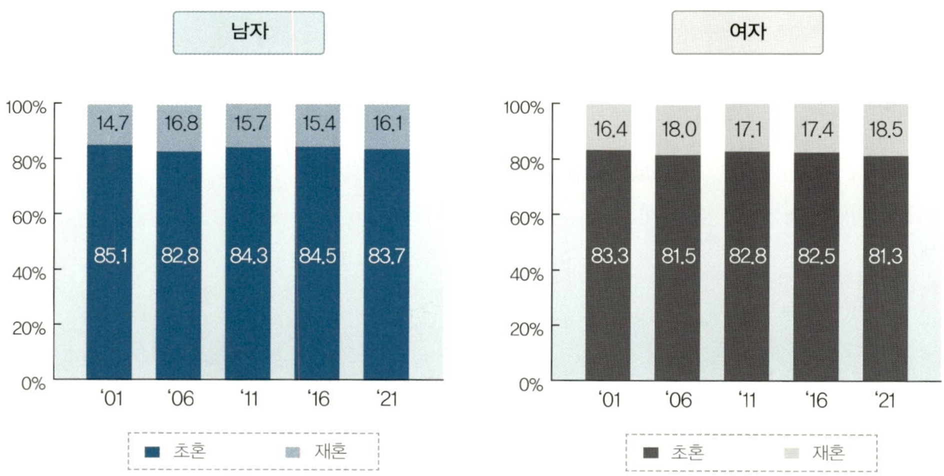

그림 1-6 혼인종류별 구성비

출처: 통계청(2022c). 2021 혼인 · 이혼 통계.

가족구조의 변화

앞서 가족의 정의, 가족의 형성 및 해체 및 재구성과 관련된 혼인율, 혼인연령, 이혼율, 이혼연령, 재혼율 등의 수치를 살펴보았다면, 이 절에서는 주목할 만한 점으로 가족구조의 변화를 살펴보고자 한다. 이를 위해 가족의 규모와 가구 구성의 변화와 1인가구 증가 등의 현상을 차례로 살펴보자.

가구구성 및 규모의 변화

최근 우리나라의 가구의 규모는 지속적으로 축소되고 소규모화되고 있다. 소규모화뿐 아니라 나아가 가장 눈에 띄는 가구구성 형태의 변화는 1인가구라는 점에서 가족의 규모가 작아지고 있다는 점을 알 수 있다. 구체적인 자료를 통해 살펴보면, 1970년 우리나라의 평균 가구원수는 5.2명이었는데, 1980년과 1990년에 각각 4.5명, 3.7명으로 줄었다. 이 수치는 2000년 3.1명, 2010년 2.7명에 이어 2020년 2.4명까지 감소하였다. 나아가 통계청의 '장례인구추계'에 따르면 2050년도에 우리나라의 평균 가구원 수는 1.9명까지 줄어들 것으로 전망하고 있다.

세대별 구성비율에 따라 살펴보면, 1990년도의 1인가구 비율은 전체의 9%였고, 1세대, 2세대, 3세대 이상 가구는 차례로 10.7%, 66.3%, 12.5%에 달했다. 하지만 2021년 기준 1인가구는 7백16만 가구를 넘어섰으며, 3세대 혹은 4세대 이상 가구의 규모와 비중은 1990년도에 비해 상당히 줄었다. 통계청에 따르면 2021년 기준 1인가구는 33.4%에 해당하며, 2050년에는 39.6%에 이를 것으로 전망된다. 이처럼 가구규모의 축소는 일견 1인가구의 비중이 높아진 것에 기인하고, 한편으로는 3세대 이상의 확대가족이 줄어든 것에도 영향을 받은 것으로 볼 수 있다. 특히 1인 가구의 증가는 전 연령대에서 눈에 띄는 변화인데, 청년의 경우에는 만혼화나 비혼화의 경향성과 맥을 같이 한다고 볼 수 있겠고, 노년층의 경우에는 평균수명의 연장, 남성과 여성의 평균수명의 차이, 황혼이혼의 증가, 자녀와 함께 살지 않고 독립적인 가구형태로의 전환 등이 복합적으로 작용한 결과라 볼 수 있다.

표 1-1 세대구성별 가구 구성 추이 (일반가구만 포함, 단위: 가구)

세대구성		2015	2017	2019	2021
전국	계	19,111,030	19,673,875	20,343,188	21,448,463
	1세대	3,324,418	3,470,070	3,752,000	4,054,467
	2세대	9,328,293	9,320,588	9,209,885	9,049,887
	3세대	1,029,196	946,500	839,928	701,095
	4세대 이상	11,262	9,381	6,891	4,566
	1인가구	5,203,440	5,618,677	6,147,516	7,165,788
	비친족가구	214,421	308,659	386,968	472,660

출처: 통계청(각 연도). 인구총조사. 국가통계포털.

한편, 과거에는 1인가구라 하면 홀로 사는 노인을 중심으로 독거연구가 많이 이루어졌으나, [그림 1-7]에서 보듯 1인가구는 연령별 고르게 나타나고 있는 현상이다.

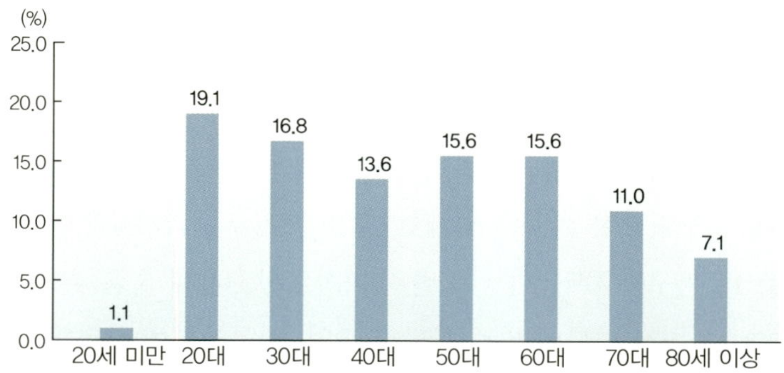

그림 1-7 1인가구 연령대별 비중

출처: 통계청(2021b). 2021 통계로 보는 1인가구.

노인가구 중 노인단독가구의 증가

노인 단독가구는 노인 1인가구와 노부부만 사는 가구를 통칭하는데, 앞서 살펴 본 노인 1인가구의 증가만큼이나 노년층에서는 노인 단독가구의 증가가 눈에 띈다. 통계청의 인구주택총조사에 따르면 노인 부부가구는 2020년에 그 비율이

34.9%였는데 이는 2000년 이후 점차 증가한 수치이다. 과거에는 자녀, 그 중에서도 장남이 노부모를 '모시고' 사는 직계가족 형태가 주를 이루었는데, 점차 이 비율이 감소한 것으로 나타난다. 이처럼 노인 단독가구의 증가는 한편으로는 노부모 부양에 대한 사회적 규범이나 가구구성에 대한 사회적 선호에서의 변화를 보여준다.

표 1-2 노인 가구 유형별 구성 비율

	2011		2020	
	(명)	(%)	(명)	(%)
전체	10,674	100.0	10,097	100.0
노인독거	2,094	19.6	1,998	19.8
노인부부	5,172	48.5	5,898	58.4
자녀동거	2,916	27.3	2,026	20.1
기타	492	4.6	174	1.7

주: 만 65세 이상 노인인구를 대상으로 함.
출처: 통계청(2022b). 한국의 사회동향 2022.

가족가치관의 변화

앞서 살펴본 우리나라의 최근의 가족의 형성, 해체와 재구성의 패턴, 가족구조의 변화는 한국 사회에서 가족에 대한 시각, 혹은 가족가치관이 변화하고 있음을 보여준다. 과거에 한국 사회에서의 결혼은 당연한 통과의례로 여겨졌다면, 현대사회에서는 결혼을 선택으로 바라보는 방향으로의 변화가 진행되고 있다. 이러한 가족가치관에 대한 변화는 실제 자료를 통해서도 확인할 수 있다. 지난 1998년~2018년 사이에 '반드시 결혼해야 한다' 혹은 '하는 것이 좋다'고 응답하여 결혼에 대해 긍정적으로 응답한 비율은 남성과 여성 모두에서 급격히 감소하였다. 통계청 '사회조사'에 따르면 1998년에는 여성의 67.9%, 남성의 79.5%가 결혼에 대해 긍정적으로 응답했지만, 이 비율은 2018년도에 각각 43.5%와 52.8%로 변화하였다.

표 1-3 결혼에 대한 견해

(단위: %)

	계	해야 한다[1]	해도 좋고 하지 않아도 좋다	하지 말아야 한다[2]	잘 모르겠다
2020년	100.0	51.2	41.4	4.4	3.0
2022년	100.0	50.0	43.2	3.6	3.2
남자	100.0	55.8	37.7	2.8	3.8
여자	100.0	44.3	48.7	4.4	2.6
미혼남자	100.0	36.9	51.3	4.4	7.4
미혼여자	100.0	22.1	64.5	8.1	5.2
13~19세	100.0	29.1	56.8	4.9	9.2
20~29세	100.0	35.1	53.5	6.4	5.1
30~39세	100.0	40.6	52.8	3.5	3.0
40~49세	100.0	42.3	50.6	4.5	2.6
50~59세	100.0	52.8	42.6	2.8	1.8
60세이상	100.0	71.6	24.7	1.8	2.0

주: 1) '반드시 해야 한다'와 '하는 것이 좋다'를 합한 수치
2) '하지 않는 것이 좋다'와 '하지 말아야 한다'를 합한 수치
출처: 통계청(2022a). 2022년 사회조사 결과.

결혼을 하지 않고 함께 사는 동거에 대한 태도는 어떠한가? 통계청의 '사회조사'에 따르면 2022년에 "남녀가 결혼하지 않더라도 함께 살 수 있다"는 의견에 대해 평균 65.2%의 응답자가 동의한 것으로 나타난다. 과거 한국 사회에서 혼인을 하지 않고 함께 사는 경우를 가족이라 볼 수 있는가에 대한 보수적인 태도와는 차이를 보이는 것이다. 이 외에도, 결혼을 하면 자녀를 가져야 한다는 응답에 동의한 비율은 2022년 65.3%였는데 이는 2020년에 비해 줄어든 수치이다.

표 1-4 결혼문화에 대한 견해

(단위: %)

		계	동의	전적으로 동의	약간 동의	반대	약간 반대	전적으로 반대
남녀가 결혼을 하지 않더라도 함께 살 수 있다	2020년	100.0	59.7	16.1	43.6	40.3	24.3	16.0
	2022년	**100.0**	**65.2**	**18.0**	**47.2**	**34.8**	**22.2**	**12.6**
	남자	100.0	68.0	19.1	48.9	32.0	20.9	11.2
	여자	100.0	62.4	16.9	45.4	37.6	23.5	14.1
결혼하지 않고도 자녀를 가질 수 있다	2020년	100.0	30.7	7.2	23.4	69.3	36.2	33.1
	2022년	**100.0**	**34.7**	**8.3**	**26.4**	**65.3**	**36.2**	**29.2**
	남자	100.0	36.3	8.3	28.0	63.7	36.3	27.4
	여자	100.0	33.1	8.2	24.9	66.9	36.0	30.9
결혼하면 자녀를 가져야 한다	2020년	100.0	68.0	25.5	42.6	32.0	22.1	9.8
	2022년	**100.0**	**65.3**	**21.6**	**43.8**	**34.7**	**23.9**	**10.8**
	남자	100.0	69.6	22.9	46.8	30.4	22.7	7.7
	여자	100.0	61.1	20.3	40.8	38.9	25.1	13.8
외국인과 결혼할 수 있다	2020년	100.0	71.0	24.9	46.1	29.0	20.6	8.4
	2022년	**100.0**	**75.6**	**24.9**	**50.7**	**24.4**	**17.5**	**6.9**
	남자	100.0	77.3	24.7	52.6	22.7	16.8	6.0
	여자	100.0	73.9	25.1	48.8	26.1	18.2	7.9
결혼생활은 부부보다 가족간의 관계가 우선시되어야 한다	2020년	100.0	50.6	10.0	40.6	49.4	37.4	12.0
	2022년	**100.0**	**43.4**	**9.0**	**34.4**	**56.6**	**41.7**	**14.9**
	남자	100.0	46.3	9.7	36.6	53.7	41.7	12.0
	여자	100.0	40.5	8.2	32.3	59.5	41.7	17.8

출처: 통계청(2022a). 2022년 사회조사 결과.

이혼에 대한 태도도 변화하고 있다. 이혼을 해서는 안 된다는 응답은 2020년에 30.2%였는데, 2022년에는 27.1%로 나타났다. 한편 재혼에 대해 하지 말아야 한다는 응답은 2020년 17.3%로 나타났는데, 2022년에는 응답자의 14.9%로 줄었다.

표 1-5 이혼 · 재혼에 대한 견해 (단위: %)

	계	이혼				재혼			
		해서는 안 된다[1]	할 수도 있고 하지 않을 수도 있다	이유가 있으면 하는 것이좋다	잘 모르겠다	해야 한다[2]	해도 좋고 하지 않아도 좋다	하지 말아야 한다[3]	잘 모르겠다
2020년	100.0	30.2	48.4	16.8	4.6	8.4	64.9	17.3	9.4
2022년	**100.0**	**27.1**	**49.2**	**18.7**	**5.0**	**8.1**	**67.5**	**14.9**	**9.6**
남자	100.0	31.0	47.2	16.1	5.8	10.0	68.0	11.5	10.4
여자	100.0	23.4	51.1	21.3	4.2	6.1	66.9	18.1	8.8
미혼	100.0	13.8	52.7	25.1	8.4	4.7	73.6	7.6	14.1
배우자 있음	100.0	33.2	48.9	14.6	3.3	9.4	66.0	17.2	7.3
사별	100.0	48.7	32.2	13.3	5.9	11.3	51.9	26.3	10.4
이혼	100.0	13.1	51.7	32.5	2.8	8.6	66.8	16.8	7.8
13~19세	100.0	14.7	51.2	20.7	13.4	3.6	67.2	8.8	20.3
20~29세	100.0	13.5	54.3	25.3	6.9	4.5	76.8	7.0	11.7
30~39세	100.0	19.1	56.0	20.6	4.3	5.0	75.9	9.5	9.6
40~49세	100.0	21.3	55.8	19.5	3.4	6.0	71.2	14.9	8.0
50~59세	100.0	26.4	51.9	18.2	3.4	9.0	66.4	17.3	7.3
60세 이상	100.0	46.2	36.1	13.5	4.2	13.5	56.3	21.8	8.3

주: 1) '어떤 이유라도 이혼해서는 안 된다'와 '이유가 있더라도 가급적 이혼해서는 안 된다'를 합한 수치
2) '반드시 해야 한다'와 '하는 것이 좋다'를 합한 수치
3) '하지 않는 것이 좋다'와 '하지 말아야 한다'를 합한 수치
출처: 통계청(2022a). 2022년 사회조사 결과.

이처럼 기존의 통과의례로 여겨지던 결혼에 대해 점차 선택의 문제라는 시각을 가지는 이들이 증가하고 있고, 결혼을 반드시 하지 않더라도 동거를 할 수 있다는 이들도 크게 늘었다. 이혼에 대해 보수적이던 태도도 점차 바뀌고 있는 것으로 볼 때, 우리 사회의 가족과 관련된 생각이나 가치관이 점차 바뀌고 있는 것을 알 수 있다. 다음 절에서는 조금 더 구체적으로 성역할 태도, 가사분담 태도, 노부모 부양태도 등 가족관련 가치관에 대해 살펴보자.

성역할 태도와 가사분담 태도 및 양상의 변화

가족 내 남성과 여성의 성역할 태도에 대한 가치관은 비록 남녀 간에 차이는 존재 하나, 점차 평등한 방향으로 나아가고 있는 것으로 보인다. 한국보건사회연구원의 2021년도 '가족과 출산 조사'에 나타난 우리나라의 성역할 가치관 현황을 살펴보면 "남편이 할 일은 돈을 버는 것이고, 아내가 할 일은 가정과 가족을 돌보는 것이다"라는 문항에 대해 남성의 경우 '약간 동의함'과 '매우 동의함'에 각각 23.1%와 4.4%의 응답비율을 보였고, 여성의 경우 이 비율이 각각 16.2%와 3.4%에 달했다(임지영, 2022에서 재인용). 여성보다 남성이 보수적인 응답 비율이 높은 편이지만, 보수적 성역할 가치관에 동의하는 비율이 남성과 여성 모두에서 절반을 넘지 않았다. 이에 대한 설명으로는 여성의 교육수준 향상, 경제활동 참여의 증가 등이 논의되어 왔다.

시간에 따른 변화를 보기 위해 통계청 '사회조사'에 나타난 가사분담에 대한 태도를 살펴보자. "부부가 가사를 공평하게 분담해야 한다"는 의견에 대해 동의하는 비율을 살펴보면, 2012년도에 이에 동의하는 비율은 45.3%였는데, 2022년에는 64.7%로 나타났다. 그렇다면, 실제로 부부는 평등하게 가사를 분담하고 있을까? "아내가 주도한다"는 응답이 남성의 경우 74.6%, 여성의 경우 76.1%의 응답으로, 가사분담은 주로 여성이 담당하고 있는 것으로 나타난다. 이는 가사분담의 공평에 대한 태도와 실제 가사분담사이의 간극을 보여주는 자료라 하겠다.

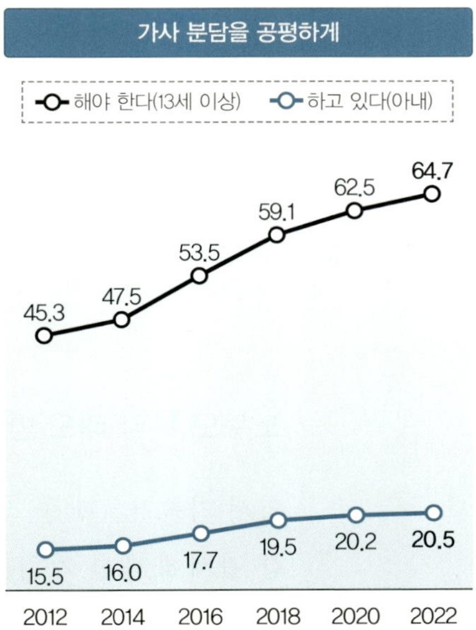

그림 1-8 가사분담에 대한 견해

출처: 통계청(2022a). 2022년 사회조사 결과.

표 1-6 가사 분담 실태[1] (단위: %)

		계	아내가 주도	아내가 전적으로 책임	아내가 주로 하지만 남편도 분담	공평하게 분담	남편이 주도	남편이 주로 하지만 아내도 분담	남편이 전적으로 책임
남편	2020년	100.0	75.6	21.1	54.6	20.7	3.7	2.7	1.0
	2022년	**100.0**	**74.6**	**18.2**	**56.4**	**21.3**	**4.1**	**3.3**	**0.8**
	19~29세	100.0	48.8	4.7	44.1	41.4	9.8	6.6	3.2
	30~39세	100.0	57.5	7.3	50.2	36.4	6.1	5.4	0.6
	40~49세	100.0	73.7	15.0	58.7	23.2	3.1	2.5	0.6
	50~59세	100.0	78.9	18.5	60.4	17.6	3.5	2.9	0.6
	60세 이상	100.0	79.4	24.6	54.8	16.3	4.3	3.3	1.0
아내	2020년	100.0	76.8	25.1	51.7	20.2	3.0	2.5	0.4
	2022년	**100.0**	**76.1**	**23.7**	**52.4**	**20.5**	**3.4**	**2.9**	**0.5**
	19~29세	100.0	48.2	9.2	39	47.5	4.3	3.6	0.7
	30~39세	100.0	65.1	11.8	53.3	30.1	4.9	4.2	0.6
	40~49세	100.0	77.0	23.1	53.9	21.0	1.9	1.7	0.2
	50~59세	100.0	79.8	26.5	53.4	17.5	2.7	2.4	0.2
	60세 이상	100.0	80.5	29.3	51.2	15.2	4.3	3.4	0.9

주: 1) 19세 이상 부부(주말부부 포함)
출처: 통계청(2022a). 2022년 사회조사 결과.

노부모 부양 태도 변화

앞서 가족가치관 중 성역할과 가사분담 등 부부관계영역을 살펴봤다면, 부모자녀간 관계에 대한 가치관은 어떠할까? 부모자녀간 가치관에서 우리사회가 관심을 갖는 주제 중 하나는 돌봄 및 부양에 대한 가치관일 것이다. 저출산 · 고령화시대, 노부모 돌봄의 책임이 누구에게 있는가에 대한 통계청 '사회조사' 결과를 살펴보면, 2012년도 기준으로 노부모 돌봄이 가족의 책임이라는 응답이 전체의 33.2%였다. 이 비율은 2022년도에 19.7%로 조사가 시작된 이래로 처음으로 10%대에 진입했다. 대신 가족과 정부 · 사회의 공동책임이라는 견해가 크게 증가했는데, 가족을 포함하지 않고 정부 · 사회가 전적으로 책임져야 한다는 응답도 20012년도에 48.7%에서 2022년 62.1%로 증가하였다.

이처럼 노인에 대한 부양이 가족의 책임이라는 의식이 약화되는 것과 노인이 누구와 함께 살고 있는가, 노부모의 자녀로부터의 지원수혜에 대한 현황의 변화는 밀접하게 연관된 것으로 나타난다. 노부모, 자녀부부, 그리고 손자녀 등 3세대 가족의 비율은 점차 낮아지고 있으며, 노인부부가구와 노인1인가구는 지속적으로 증가하고 있다. 한국보건사회연구원의 '노인실태조사'의 2017년 및 2020년 자료를 비교해 보면, 비동거 자녀가 노부모에게 제공하는 경제적, 도구적 지원은 감소하였으며, 반면 노부모가 자녀에게 제공하는 경제적, 도구적 지원은 늘어난 것으로 나타난다.

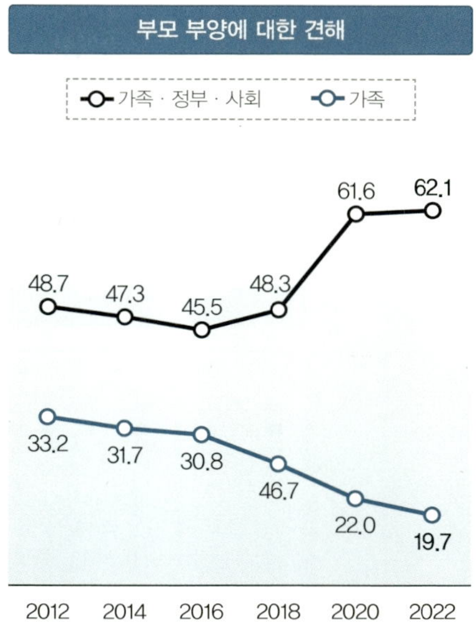

그림 1-9 부모 부양에 대한 견해

출처: 통계청(2022a). 2022년 사회조사 결과.

노부모 부양에 대한 태도, 누구와 함께 사는가의 거주형태, 노부모-자녀와의 지원교환은 지표가 보여줄 수 있는 부분에 있어 간극과 중첩이 존재하나, 상기에서 살펴본 모습에 따르면 우리사회는 점차 정부 · 국가의 도움과 더불어 자녀의 의존으로부터 벗어나 노인의 독립을 강조하는 방향으로 가족가치관이 변화하고 있음을 알 수 있다. 실제로 통계청 '2020 인구주택 총조사 표본 집계 결과'에 따르면 60세 이상 고령자의 57.5%가 스스로 생활비를 마련하고 있는 것으로 나타났는데, 이는 2010년 44.6%보다 증가한 수치이다. 이상적인 노후 생활비 마련 방법에 대한 인식은 어떠할까? 2011년과 2020년을 비교해 보면, 본인 스스로, 자녀로부터 도움을 받는 것이 좋다고 생각하는 비율은 줄어들고 있으며, 본인을 비롯한 사회보장제도를 통해 노후 생활비를 마련하는 것이 이상적이라는 비율이 높아지는 것을 알 수 있다. 노부모 경제적부양에 있어서 전통적으로 자녀에 기대는 것에 대한 규범성에서 점차 벗어나고 있다고 볼 수 있다.

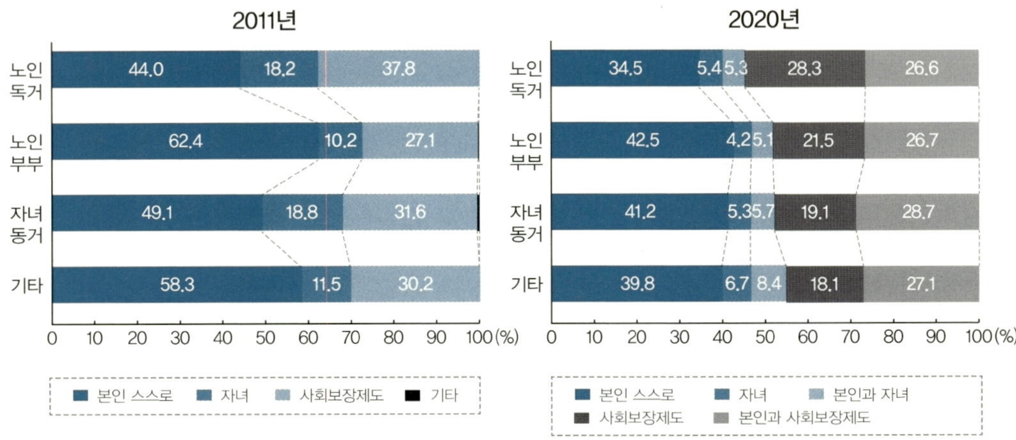

주: 1) 만 65세 이상 노인인구를 대상으로 함
2) "귀하는 노후 생활비를 어떻게 마련하는 것이 가장 좋다고 생각하십니까?"라는 질문에 대한 응답률이며, 2011년에는 '본인과 자녀', '본인과 사회보장제도'가 응답 보기로 제시되지 않았음.

그림 1-10 노인 가구 유형별 이상적인 노후 생활비 마련 방법에 대한 인식

출처: 통계청(2022c). 한국의 사회동향 2022.

위에서 살펴 본 것처럼, 한국 사회의 가족가치관은 지난 20년간 급격히 변화하고 있다. 변화의 방향은 노부모 부양의 경우는 가족중심에서 빠르게 벗어나고 있으며, 가족으로부터 지원을 받는 경우에도 과거에 아들에 주로 의존하던 경향에서 벗어나고 있는 것으로 나타난다. 부부간 관계에 대한 태도에서도 비록 남녀간 차이는 존재하나, 가부장적인 모습에서 벗어나 점차 남녀평등한 성역할 태도와 가사분담의 방향으로 변해 가고 있다. 이러한 가족가치관의 변화와, 앞서 살펴본 가족구조의 변화의 현상은 무엇으로 설명될 수 있을까? 다음 절에서는 변화하는 가족현상을 이해하기 위한 다양한 이론들을 살펴보자.

가족현상을 설명하는 이론

독일의 철학자 란트만(M. Landmann)은 "인간은 원래 그 자신이 인간학자일 수밖에 없는 운명을 지니고 있다."라고 말한 바 있다. 이와 비슷한 시각에서, 어쩌면 우리 대부분의 삶이 가족이라는 범위에서 펼쳐지기에 누구나 가족학자가 될 운명도 어느 정도 지니고 있을지 모른다. 실제로 우리는 일상에서 가족을 접하면서 각자의 상식, 경험, 통찰력을 사용하여 가족의 정의와 의미, 그리고 가족 문제의 해결에 대해 고민을 하곤 한다. 하지만, 가족을 학문의 대상으로 연구하는 데에는 이론에 바탕을 둔 과학적 접근이 필요하다. 이론이란 "사건이 왜, 어떻게 일어나는지 설명하는 아이디어를 발전시키는 과정"(Turner, 1986: 5)이며, "개별적인 것들을 일반화하고, 구체적인 것들을 추상화하는 작업"(Alexander, 1987: 2)이다. 먼저 이론이 어떤 기능을 하는지 화이트 등(White et al., 2018)이 정리한 것을 살펴보도록 하자.

① 축적(accumulation): 이론은 산발적 연구결과들을 체계적으로 축적하고 일관되게 정리하는 데 도움을 준다.

② 정확(precision): 이론은 개념을 명확하게 설명하기 때문에 연구자와 독자 사이에 정확한 의사소통이 가능하도록 돕는다.

③ 안내(guidance): 과학적 과정은 이론이 주장하는 바를 실제로 검증하는 과정을 포함하는데, 이 검증 과정에서 연구자들은 새로운 아이디어를 얻을 수 있다.

④ 연결(connectedness): 이론은 두 개 이상의 개념이 어떻게 서로 연결되는지 설명해 준다.

⑤ 해석(interpretation) 및 설명(explanation): 이론은 관련된 현상을 해석하고 설명하는 데 도움을 준다.

⑥ 예측(prediction): 이론이 과거와 현재의 현상에 대한 해석을 가능하게 하는 것과 마찬가지로 미래의 현상에 대해 예측을 하도록 도와준다.

이처럼 이론은 현상에 대한 과학적 사고를 통해 합리적 결론을 내리고, 그 결과를 다른 학자들과 정확한 언어로 공유하여 지식체계에 연결이 되도록 돕는 틀이라 할 수 있다. 한편, 간혹 이론과 관점(perspective)을 혼용하는 실수를 하기도 한다.

이론은 강력한 증거를 바탕으로 현상을 설명하고, 예측하고, 가설에 답을 해주는 진리 또는 사실이지만, 관점은 단순히 어떤 현상을 바라보는 시선이며, 사람마다 다른 관점을 가질 수도 있어서 문제의 원인과 해결에 대한 다양한 가능성을 제시한다(Mooney et al., 2007).

가족에 관한 이론은 가족학 내에서 발생한 것이라기보단 사회학이나 심리학 등 인접한 학문에서 발전한 이론을 가족의 맥락에 접목해 사용한 경우가 많다. 따라서 특정한 이론만을 가족이론이라 한정할 수 없으며 그 종류도 많지만, 이 책에서는 일반적으로 가족학에서 자주 다루는 구조기능론, 교환론, 상징적 상호작용론, 체계론, 갈등론, 페미니즘을 다루기로 한다.

구조기능론

구조기능론(Structural-Functionalism)은 사회의 유지와 통합을 위해서 사회의 모든 제도와 요소가 유기체처럼 조화를 이루며 기능을 수행한다는 관점의 이론이다.

지금은 일부 학자들이 '쓸모없어진 이론'이라는 평을 할 정도로 인기가 없는 이론이지만, 20세기 중반에는 가족과 관련된 연구에서 매우 중요한 위치를 차지하기도 하였다.

먼저, 구조기능론은 사회의 유지, 즉 항상성(homeostasis)에 주목한다. 사회가 유지된다는 것은 기본적으로 그 사회의 기능적 구성원이 계속해서 충원되는 것을 전제로 한다. 이런 관점에서 본다면 가족은 이런 사회의 필요를 채우기에 가장 효율적인 단위일 것이다. "하위체계는 상위체계를 위해 기능한다"라는 구조기능론의 또 다른 가정과 결합하여, 하위체계인 가족은 상위체계인 사회의 유지를 위해 출산의 기능을 담당하고, 사회에서 기능하는 일원이 되도록 훈련하는 역할도 맡게 된다. 이때 훈련은 사회의 문화와 지배적 가치 및 규범에 따르도록 교육하는 과정을 포함한다.

앞서 하위체계인 가족이 상위체계인 사회를 위해 '기능'한다는 내용을 살펴보았는데, 이제 구조기능론이란 용어의 앞부분인 '구조'에 대해서 알아보자. 구조란 앞서 다른 기능을 효율적으로 수행하기 위한 형태이다. 다시 말해, 사회를 위해 가족이 담당하는 기능의 효율성을 높이기 위해서 가족은 특정한 구조 또는 형태를 갖춰야 하는데, 파슨즈(Parsons, 1955)는 산업사회에 가장 부합하는 가족의 형태는 확대가족이 아닌 핵가족이라고 보았다. 산업사회는 그 특성상 노동현장을 따라 가족의 빈번한 이동을 요구하기 때문이다.

구조기능론에서 '구조'는 또한 역할의 분배를 의미하는데, 가족원들이 가족 내의 안정을 위해 각자 역할을 맡는 것을 가정한다. 예를 들어, 어른은 자녀들을 위해 도구적 또는 표현적(정서적)인 역할을 한다. 특히, 부는 외부로부터 가족을 보호하고 가족의 물질적인 면을 책임지는 생계부양자(breadwinner)로서 도구적 역할을, 모는 자녀양육과 가사를 책임지고, 가족구성원을 사랑으로 돌보는 표현적 역할을 감당하며, 이러한 역할을 다하지 못할 때 가족은 이혼이나 미성년 범죄 등의 가족해체를 가져온다고 본다.

구조기능론은 가족생활의 다양성과 보편성을 탐구하는 학자들이 주로 적용하며, 가족과 사회 간의 기능적 적합성 여부, 가족 구성원 간의 성별 역할 분화에 따른 기능적 특성에 초점을 둔다. 연구의 예를 들면, 여성이 출산과 육아기능을 담당하는 것에서 벗어나 취업을 하는 경우에 개인과 가족에 미치는 영향을 본 연구(박정윤, 장영은, 2013; 이삼식, 최효진, 2014), 그리고 사회의 산업에 미치는 영향을 본 연구(최바울, 2013) 등을 들 수 있다.

구조기능론은 가족 내에서 구성원들 간의 관계에만 관심을 갖던 미시적 관점에서 나아가 상위 사회와의 유기적 관계를 살피는 거시적 관점으로 전환하였다는 점에서 그 공헌을 찾을 수 있다. 하지만 산업사회의 등장과 짝을 지어 강조된 핵가족이 반드시 필연적이거나 바람직한 형태라고 할 수 없으며, 자칫 이러한 인식이 현대의 다양한 가족 형태를 부정적으로 바라보게 할 수 있다는 위험요소를 지닌다. 남녀의 성역할 분리를 강조한 것 역시 여성의 노동시장 참여에 대해 부정적인 시각을 갖고 있으며, 이러한 시각은 여성을 남성에게 적어도 경제적으로 예속화시키는 부작용을 가져올 수도 있다. 사회가 가족을 위해 기능하고 가족원이 가족을 위해 각각 기능한다는 관점은 가족 내에 존재하는 가족갈등에 대한 설명을 제공하는 데 있어서 한계점으로 지목된다.

교환론

교환론(Exchange Theory)은 인간이 이성적 판단을 통해 비용을 최소화하고 보상을 극대화하는 방향으로 자원을 교환하는 존재로 보는 이론이다. 50년대 말에서 60년대 초에 사회학과 사회심리학 영역에서 주요 이론으로 대접을 받았지만, 가족학 영역에서는 이보다 약 10년이 지난 후에야 주목을 받기 시작했다.

주로 시장(market)이라는 은유를 통해 자원의 교환을 설명하는 교환론은 단지 돈과 물질만으로 자원의 의미를 좁히지 않는다. 개인의 매력, 지위, 젊음, 재능, 권력 등의 무형적인 것들도 거래의 대상이 되는 자원으로 간주한다. 일단 두 명 이상의 개인이 상대방의 자원을 얻고자 할 때 교환관계는 성립되며, 교환행동을 하는 당사자들은 모두 자신이 치러야 하는 비용보다 얻게 되는 보상이 많거나 같다고 판단할 때 교환관계를 유지한다고 본다. 이렇듯 교환이론은 사회현상 및 구조를 개인의 선택으로 설명하는 경향이 있으며, 가족을 교환이론으로 이해한다는 것은 각자의 이익을 추구하는 가족원의 집합체로서 가족을 바라본다는 것을 의미한다.

교환론을 사용하여 가족학 분야에서는 구애(courtship) 및 배우자 선택과 같은 가족의 형성부터 결혼생활의 유지 및 갈등, 그리고 별거 및 이혼과 같은 가족해체에 이르기까지 다양한 범주의 가족행동을 설명하고 예측하는 데 사용된다. 그런데, 돈이나 물건과 같은 것은 현재 시점으로 당장 그 가치를 계산할 수 있지만, 인간관계에서 상대방이 내게 줄 행동(즉, 미래 시점의 행동으로 상대로부터 얻게 될 보상)은 어떻게 계산할 수 있을까? 이때 인간은 기대(expectation)를 사용한다. 다시 말해, 인간관계에서의 실제 비용과 보상을 미리 알 수 없으므로 사람들은 비용과 보상에 대한 기대(expectations)를 통해 행동을 결정한다는 것이다. 예를 들어, 자상한 남자와 결혼생활을 꿈꾸는 여성은 그 남자의 현재 및 과거의 정보를 바탕으로 앞으로 결혼생활에서 자상한 남편이 될 것이라는 기대를 하면서 결혼을 결정하게 된다. 가난한 고시생과 결혼하는 여성은 언젠가 배우자가 고시생활을 끝내고 경제활동을 할 것이라는 기대를 하는 경우를 생각해 볼 수도 있다. 이밖에도 교환론을 사용하여 공평함(fairness), 호혜성(reciprocity), 의사결정, 지배성, 통제, 힘의 소재 등에 대한 적용이 가능하다.

교환론의 관점을 사용한 외국의 연구를 보면, 에드워즈(Edwards, 1969)는 연애 및 배우자 선택, 그리고 가족 내에서의 권위를 보았으며, 로드만(Rodman, 1972)은 한발 더 나아가 11개의 문화권을 조사하여 남편의 자원이 가족 내에서의 힘에 주는 영향을 살폈는데, 그는 문화마다 권위에 대한 규범이 달라서 항상 자원을 많이 가진 남편이 권위를 갖게 되는 것은 아님을 발견하였다.

교환론은 인간의 합리적인 행동을 강조한 탓에 가족 안에서-특히 부모에게서 자녀에게로 전해지는-무조건적인 사랑과 희생 등을 설명하기에 어렵다는 한계점이 있다. 하지만 부모-자녀 관계에서조차 교환적 요소가 존재한다는 최근의 실증 연구들은(Klaus & Schnettler, 2016; Silverstein et al., 2002) 교환론이 가족의 현상과 행동을 설명하고 예측하는 데 유용한 것임을 보여주고 있다.

상징적 상호작용론

상징적 상호작용론은 공유된 의미(shared meaning)를 뜻하는 상징(symbols)과 상호작용(언어적, 비언어적 의사소통)과의 연결에 초점을 둔다. 즉, 인간은 다른 사람과 협력하여 어떻게 상징세계를 만들어 내고, 이 세계는 반대로 어떻게 인간의 행동을 형성하는가를 다루는 관점이라 할 수 있다. 이 이론은 가족학 분야가 사회학이나 심리학 등의 인접학문의 한 영역이 아니고 하나의 독립적인 과학영역임을 보이려 노력하던 1920~30년대에 이론적 관점으로 활발히 활용되었다. 현재에도 가장 활발히 사용되는 이론이며, 가족학 분야에서만큼은 다른 어떤 이론보다 더 많은 영향을 준 이론이라 평가받고 있다(Hays, 1977; Howard, 1981).

라로사와 라이체스(LaRossa & Reitzes, 1993)는 상징적 상호작용을 다음과 같이 세 가지 주제에 걸친 일곱 가지 전제로 정리하면서 설명하였다.

주제 1. 인간에게 의미가 갖는 중요성

- 인간은 자신에게 대상(thing)이 주는 의미에 근거하여 행동한다.
- 의미는 사람들 간의 상호작용을 하는 과정에서 발생한다.

- 개인은 환경이나 대상을 해석하는 과정을 통해서 의미를 수정하며 받아들인다.

주제 2. 자기 개념의 발달과 중요성

- 인간은 처음부터 자기(self) 개념을 갖고 태어난 것이 아니라 사회적 상호작용을 통해서 발달하는 것이다.
- 자기 개념이 일단 발달하고 나면 행동에 중요한 동기를 부여한다.

주제 3. 개인과 사회의 관계

- 개인과 소규모 그룹(예: 가족)은 문화와 사회의 영향을 받는다.
- 개인이 사회 구조를 자세히 이해하는 것은 일상생활에서 사회적 상호작용을 통해서 가능하다.

상징적 상호작용을 이해하기 위해서는 정체성, 역할, 상호작용, 맥락의 의미를 좀 더 살펴볼 필요가 있다. 정체성은 역할 가운데 자신에 대하여 머릿속에 떠올리는 의미나 가치를 말한다. 배우자로서의 정체성을 예로 들면, 과거의 여성은 자신을 남편의 성공을 위한 내조자, 자녀 양육의 책임자로 여기고 남편은 경제적 부양자로서의 정체성을 가지는 경향이 있었지만, 요즘에는 여성의 사회적 지위의 변화로 인해 부부가 모두 직업과 가족영역에서 변화된 정체성을 가진 것을 볼 수 있다.

역할은 사회적 위치에 따른 행위규범을 의미하며, 역할은 자신과 상대방이 상호작용 내에서 행동을 예측할 수 있도록 해준다는 특징이 있다. 예를 들어, 부모와 자녀라는 관계 속에서 부모는 자녀에게 교육과 보호를 제공해 주는 역할, 자녀는 부모의 가르침에 따르고 성인이 되어서는 노부모를 돌보는 역할을 하게 될 것이라는 일반적 예측이 가능하다.

상호작용은 타인과의 관계 속에서 겪게 되는 언어적 및 비언어적 소통이며, 우리는 상호작용을 통해 자신의 정체성과 역할을 나타내면서 '자기'를 표현하는데, 이러한 과정은 자신, 타인, 그리고 환경에 상징적 의미를 부여한다. 마지막으로 맥락은 사회와 문화적 환경을 의미하며, 상호작용론은 개인의 행동과 문화가 서로 영향을 주고받을 수 있음을 주목해 왔다.

상징적 상호작용을 적용한 연구로는 임신한 부부를 대상으로 진행한 연구(LaRossa, 1979)를 예로 들 수 있는데, 연구자가 참여자에게 임신 이후로 부부 성생활의 빈도가 줄었는가를 물어보면 대부분 그렇다고 대답했다. 흥미롭게도 많은 응답자가 "의사가 그렇게 지시했습니다"라든지 "아이를 다치게 하고 싶지 않아서요"라는 설명을 묻지도 않았는데 덧붙였다는 것이다. 이들은 '바람직한' 부부는 주기적으로 성관계를 해야 한다는 '사회적 통념'이라는 맥락 속에서 자신의 역할(즉, 배우자에 대한 성적 의무를 다하지 못하는 사람)과 부부간의 상호작용(줄어든 성관계)이 '부정적 관계'(성공적 부부를 유지하지 못하는 실패)를 상징하는 것에 대한 우려를 한 것으로 볼 수 있다.

정리하자면, 우리가 다른 사람들과 상호작용을 하면서 상대방의 행동을 경험하게 되면, 우리는 그 행동을 문화적 맥락에서 그 의미를 찾으며 해석을 하게 된다. 이 과정에서 상대방이 우리에게 건네주는 의미가 내면화되면서 정체성이 형성되면 우리는 그 정체성에 걸맞은 행동을 하게 된다는 것이 상징적 상호작용의 주된 내용이다. 가족학에서는 이 이론을 가족 성원들의 상호작용에 주목하여 적용하는데, 가족원들이 가진 생각과 믿음의 표현, 인식, 해석, 반응 등을 살핀다. 가족 내에서의 맥락은 반드시 사회 문화적 환경에 의해서 정해진 것이 아니라 가족 구성원의 협상과 타협으로 형성되기도 한다는 점이 특징이다.

상징적 상호작용론은 인간을 사회규범에 수동적으로 따르지 않고 자기가 처한 상황을 스스로 규정하고 의미를 부여하면서 자신의 행동을 수정해 나가는 능동적 존재로 바라보는 관점을 제시한 긍정적 측면이 있다. 하지만 상호작용 과정에 대한 개인의 주관적 해석과 상호작용을 통해 부여된 의미에 지나치게 주목한 나머지 객관적인 사실을 간과할 위험이 있다는 비판도 있다.

체계론

가족학에서의 체계론은 일반체계론(General Systems Theory)에서 나온 것이다.

일반체계론의 기원을 찾자면 20세기 초까지 거슬러 올라간다. 당시 과학의 영역에서 수학적 공식 및 메카니즘 등 기존의 과학원리를 통해서는 설명하지 못하는 현상들에 대한 고민이 깊어졌고, 상대성원리 또는 양자물리학 등도 출현하게 되었다. 1908년 드리슈(Driesch, 1908)는 두 조각으로 절단된 바다성게의 배아가 각각 완전한 성체가 되는, 기존의 생물학적 원리로 설명되지 않는 충격적 발견을 하였는데, 오스트리아 생물학자 베르탈란피(Von Bertalanffy, 1975)는 이와 같은 모순적 현상들을 설명할 수 있는 원리를 체계(systems)라고 불렀다. 과학에서 대두된 일반체계론을 정신의학에서 적극적으로 받아들였고, 이후 1970년대 가족사회학에까지 그 영향이 전달되었다.

체계론의 세 가지 가정은 다음과 같다.

1. **통합성**: 체계론은 과학 전체를 통합할 수 있는 잠재력을 갖는다. 컴퓨터 프로그램의 한 단위가 되었든, 가족 안의 개인이 되었든 체계론은 같은 규칙을 적용하기에 과학의 전 영역을 통합할 수 있다고 본다.
2. **전체성**: 시스템은 전체를 통해 이해해야 한다. 부분을 이해한다고 해서 전체를 온전히 볼 수는 없다. 케이크의 재료인 설탕, 밀가루, 계란 등을 충분히 이해했다고 해서 케익을 이해했다고 볼 수 없는 것과 마찬가지의 원리이다(Infante et al., 2003).
3. **자기성찰**: 인간의 체계는 자기성찰적(self-reflective)이다. 인간의 자기성찰적 체계는 스스로를 돌아보고 목표를 세울 수 있다. 이 과정에서 인간은 의사소통을 사용하게 된다.

80년대 체계이론이 폭발적으로 성장하였고, 70년대 말에 예상했던 것 이상의 영역으로 확대되었다. 그 결과 다음의 세 가지 영역의 질문을 다루는 데 탁월한 기능을 하는 것으로 확인되었다. 첫째, "가족 과정(family process)은 어떻게 이해되어야 하는가?"에 대한 접근이다. 가족 과정이란 환경의 변화에 적응할 수 있도록 돕는 가족의 기능을 의미하는 것으로, 문화, 법률, 종교, 이웃, 학교 등 가족 외부체계가 의사소통, 행복, 시간 사용 등 가족의 생활에 어떻게 영향을 주는지에 대한 설명을 제공한다.

둘째, "가족체계와 다른 체계 간의 관계는 어떠한가?"라는 질문에 답을 찾도록 돕는다. 가족보다 작은 단위의 하부체계(subsystem)를 살필 경우, 다양한 하부체계의 구성에 관심을 갖게 된다. 예를 들어, "아버지나 어머니가 특정 자녀와 동맹을 맺는가?", "자녀 사이에서 편이 나뉘었는가?", "이러한 하위체계가 명시적인가 암묵적인가?" 가족보다 더 큰 단위인 상부체계(suprasystem)에 대하여는 확대가족, 지역사회(community), 민족, 인종 등이 주는 영향에 대해 살펴볼 수 있다. 몽고메리와 퓨어(Montgomery & Fewer, 1988)는 이혼이 증가하는 현상에 대해서 개인이나 가족 내에서만 원인을 찾는 것에 대해 비판하며 개인과 가족, 사회가 서로 연결되어 있으므로 통합적인 접근법을 통해 원인을 찾아야 한다고 주장한 바 있다.

셋째, "가족체계는 어떻게 변하는가?"라는 질문이다. 가족의 다양한 변화는 가족체계 내 구성원 누구든지 여러 경로를 통해 발생할 수 있는데, 체계론적으로 접근한다는 것은 이러한 변화가 한 명의 가족원이 아니라 가족 전체에 의해서 일어날 수 있는 일로 바라본다는 것을 의미한다. 예를 들어, 체계론적 관점에서 보면 부부간의 갈등에 대한 연구들이 부부의 성격과 언어사용 등 부부 특성에 한정해 접근하는 것에 비판적이다. 부부갈등은 자녀의 성적, 비행이나 시부모의 간섭과 통제, 부양요구 등에 의해서도 충분히 발생할 수 있기 때문이다. 이러한 관점에서 알코올중독, 가정폭력도 체계 내에 존재하는 상호작용에서 나타나는 체계의 산물로 바라보고 가족 전체를 바라보는 방법으로 문제의 파악과 해결을 시도해야 한다.

체계론은 전체성과 상호의존성에 근거해서 가족현상을 분석하는 데 유용한 통찰을 제공한다는 장점이 있으나, 적용하기에 모호하여 과학적 검증이 어렵고, 현상을 설명하는 힘이 부족하며(Littlejohn, 1989), 가족 유지를 강조하기 때문에 보수적 관점이라는 비판도 받는다.

갈등론

구조기능론이 사회의 조화, 협력, 균형을 강조하느라 사회에 실재하는 갈등을 설명하지 못한다는 비판과 함께 사회과학에서는 갈등론을 주목하게 되었다. 갈등론은 사회를 구성원의 이해가 상충되는 불안정한 구조로 바라보며, 이러한 관점에서 갈등은 피할 수 없는 정상적인 현상이고, 나아가 갈등이 오히려 부조리하고 불합리한 사회가 진보하는 원동력이 될 수도 있다고 본다.

갈등론은 15~16세기 니콜로 마키아벨리(Niccolo Machiavelli, 1469~1527)와 한 세기 뒤에 나타난 토마스 홉스(Thomas Hobbes, 1588~1679)가 공통적으로 주장한 바와 같이 인간은 끊임없이 다른 사람과 갈등을 일으키는 존재라는 점에 바탕을 둔다(그래서 국가가 필요하다는 것이다). 마키아벨리는 인간은 끝이 없는 욕심을 가지고 있어서 만족시킬 수 없으며 본질적으로 변덕스럽고 감사할 줄 모르는 존재라고 하였다. 한편 홉스는 인간이 물질뿐 아니라 권력과 존경 등 다른 사람이 성취한 것을 갖고 싶어 하기에 갈등이 일어날 수밖에 없다고 주장하였다. 이처럼 유한한 자원과 인간의 탐욕으로 인한 갈등의 개념과 이론은 칼 마르크스(Karl Marx, 1818~1883)에 의해 급속도로 발전하게 되었는데, 그는 계급을 중심으로 자본주의 체제를 분석하며 자본가와 노동자 간의 투쟁은 피할 수 없는 것으로 보았다.

갈등론과 가족을 연결해 보자면, 마르크스와 엥겔스는 가족은 생물학적 자기이익(섹스와 번식)에 의해서 기원한 것이지만 사회적 조직의 형태를 띠고 있다고 보았다. 엥겔스는 그의 저서 『가족, 사유재산, 국가의 기원』에서 모계사회에서 부계사회로 변화한 것은 여성의 노동을 출산과 양육이라는 '생산노동 현장'에 한정시키면서 노동이 성별분업화되면서라고 주장한다. 그리고 이렇게 생물학적 분리로 인해 가족 안에서 가장 먼저 '계급' 투쟁이 생겨났다고 보았다. 이러한 시각에서 보면, 가족에서 일어나는 갈등은 결국 사회에서 볼 수 있는 갈등의 축소판이라는 것이다. 하지만 스프레이(Sprey, 1979)와 같은 학자는 가족관계에서만 볼 수 있는 갈등(자율 대 단합, autonomy vs. togetherness)의 유형이 있음을 근거로 가족의 갈등은 사회의 갈등과 다르다고 주장하기도 했다.

가족과 관련한 갈등론의 가정은 다음과 같다.

1. 인간은 자신의 이익을 따라 움직인다.
2. 사회 집단(가족도 포함) 내에는 항상 갈등이 있으며, 개인 간의 자원의 불공평

한 분배 때문에 발생한다.

3. 사회 집단 간의 갈등은 피할 수가 없다. 따라서 가족학에서는 어떻게 이 갈등을 다룰 것인가가 주요 관심사이다.
4. 갈등에 따른 협상은 가족 안에서 가장 자원이 많은 사람에게 유리하게 진행되기 마련이다.
5. 가족원 간의 결합(동맹)은 민주적인 가족에게서 일어날 가능성이 높다.

갈등론은 가족 내의 여러 가지 갈등의 유형에 대한 연구에 사용되곤 한다. 부부간 갈등 외에도 부모-자녀 갈등(Schlomer et al., 2010), 가정폭력 및 학대(Lee et al., 2004; Witt, 1987), 일-가족 균형 및 갈등(Bakker et al., 2008; Madsen, 2003)과 관련한 연구가 진행된 바 있다.

갈등론은 가족 내부의 갈등으로 인한 가족체계의 변화를 설명할 수 있는 틀을 제시했다는 점에서 가족학 내에서 그 기여를 찾을 수 있다. 하지만 대부분의 다른 이론이 그렇듯 갈등론에 대한 비판도 존재한다. 먼저, 가족 내에서의 갈등과 경쟁 등에 대한 부정적인 현상의 발견 및 분석에 머무르며 질서와 평화에 이르는 해결책을 제시하지 않는다는 점이 있다. 그리고 상대적으로 오랫동안 지속되고 있는 사회와 가정의 질서, 특히 가족원 간의 애정, 배려, 사랑, 희생 등을 설명하기에는 한계를 가진다는 비판을 받고 있다. 갈등론이 가지고 있는 해방주의(emancipatory) 운동적 성향 역시 이론이 과학적 지식의 생산을 위해 존재하는 것이라는 견해를 가진 학자들로부터 곱지 않은 시선을 받는 지점이다.

페미니즘

페미니즘(Feminism) 혹은 여권주의는 여성이 남성과 같은 권리와 책임을 가져야 한다는 평등에 대한 신념과 관련되었으며, 이러한 평등성이 무시되고 여성이 차별받는 사회구조를 적극적으로 비판하고 변화시키고자 하는 관점으로(Wood, 1995), 여성의 지위 향상을 위해 정치와 사회의 변화를 주려는 운동(movement)적인 성격이 강하다. 페미니즘은 사회적 배경에 따라 주장의 내용이 달라졌으며, 이 때문에 페미니즘을 이해하기 위해서는 그 역사적 변천사를 이해하는 것이 매우 중요하며, 다음은 그 대략을 기술한 것이다.

페미니즘이 본격적으로 사회의 등장한 것은 19세기의 일이며, 19세기부터 20세기에 이르기까지의 페미니즘은 여성의 참정권 확보를 중심으로 이뤄졌다. 1837년 페미니즘(féminisme)이라는 단어를 최초로 사용한 프랑스의 사회주의 철학자 샤를 푸리에(François Marie Charles Fourier, 1772~1837)는 여성의 권리를 신장하는 것이 모든 사회 진보의 기초가 되어야 한다고 주장한 바 있다. 이 무렵 영국의 페미니즘은 근로계약서상의 평등, 결혼, 양육, 재산권 등의 영역에서 전개되었고, 그 결과 1839년 여성에게 최초로 아동의 양육권을 부여하는 아동보호 관련법(Custody of Infants Act)이 제정되기도 하였다. 이후 19세기 말에는 여성의 참정권(Women's suffrage)을 위한 운동으로 이어졌으며, 결국 1890년대 영국령 뉴질랜드 및 호주, 1920년대 영국에서 여성의 참정권을 획득하는 결과를 가져왔다. 미국의 페미니즘은 뉴욕주에서 1848년에 열린 세네카 폴즈 회의(Seneca Falls Convention)에서 여성권리 선언문이 선포되면서 여성들에게 큰 반향을 불러일으키며 시작되었다. 당시 미국은 여성이 사회에 참여할 기회의 문이 닫혀 있었는데, 여성에게는 상속권, 선거권, 법정의 배심원이 될 권리가 없었으며, 근로의 기회 역시 매우 제한적이었다.

1960년대와 1980년대 페미니즘은 강조점에 따라 자유주의 페미니즘, 급진주의 페미니즘, 사회주의 페미니즘으로 갈라지게 된다. 이 시기를 일컬어 제2세대 페미니즘이라고 부르기도 한다. 자유주의 페미니즘(Liberal feminism)은 18세기 계몽주의에 뿌리를 두고 있으며, 여성들이 기존 사회제도에 종속되어 있다고 본다. 여성들에게 동등한 법적 지위와 교육, 취업의 기회가 주어지면 예속적 지위가 바뀔 수 있으므로 변혁의 필요성을 강조하지만, 기존의 사회체제 내에서의 변혁을 가정하고 있다. 급진주의적 페미니즘(Radical feminism)은 사회의 계급차별이 오히려 남녀의 불평등에서 유래한 것이라고 본다. 사회주의 페미니즘(Social feminism)은 당시의 여성문제와 계급(경제)문제를 모두 다루기 위해 출현했다. 급진주의 페미니즘은 여성 문제를, 사회주의는 계급문제를 별개로 설명하기 때문에, 페미니즘과 사회주의가 결합하여야 이 둘 다 설명할 수 있다는 것이다. 따라서 이 분파를 추종했던 이들은 계급차별과 가부장제의 복합적인 관점으로 여성의 자유에 접근해야 한다고 보았다.

1990년대에는 제3세대 페미니즘에 접어들었고, 여성들이 겪는 차별의 사회적 관점과 개인적 관점을 결합하는 시도가 이뤄졌다. 선진국에서 태어나 다양한 미디어를 누리며 문화적 풍요를 누리던 60~70년대생, 이른바 X세대(Generation Xers)에 의해 주도된 이 시기의 페미니즘은 젠더, 계급, 인종, 성적 지향, 종교, 가부장제 등을 장애물로 여기고 이와 맞서는 활동을 전개해 나갔다. 2012년부터는 제4세대 페미니즘이 진행되고 있으며, 성적 학대와 같은 성범죄, 영화나 게임, 사진에서 표현하는 여성의 정형화된 모습(stereotype) 등 여성을 범죄의 대상으로 보는 시선에 항의하는 내용을 다룬다. 2012년 인도의 폭력조직이 젊은 여성을 집단으로 성폭행하고 죽음에 이르게 하여 전 세계 여성의 분노를 일으킨 사건이 시발점이라고 보는 견해가 있다. 여성이 이와 같은 성적 범죄로부터 자유로울 권리를 강화하기 위해 SNS나 온라인 청원 등 인터넷을 이용하는 것이 이 시기의 페미니즘의 특징이라 할 수 있다.

가족 자체를 거부하는 견해에서 가족이라는 틀은 유지한 채 여성의 삶을 개선해 가자는 견해까지 페미니즘이 다루는 주장의 범위는 다양하지만, 가족제도 자체에 여성억압이 존재한다는 점을 입을 모아 강조한다. 특히 전통적 가족제도를 가부장적 가족제도로 규정하고, 여성이 가사노동을 담당하고 남성이 가계부양자 역할을 하는 성별 분업은 여성억압의 원인으로 파악한다. 이 관점에서는 현재 지배이념으로 자리 잡은 이성애 부부와 자녀로 구성된 핵가족을 정상가족으로 규정하는 고정관념을 탈피해 비혼독신가족, 동거가족, 비혼부모가족, 한부모가족, 비혈연가족, 동성가족 등 다양한 가족의 형태를 받아들여야 함을 주장한다(유영주 외, 2018).

참/고/문/헌

박정윤, 장영은(2013). 기혼취업여성의 양육스트레스에 영향을 미치는 변인에 관한 연구. 한국가정관리학회지, 31(5), 159-172.

유영주, 김순기, 노명숙, 박지현, 배선희, 송말희, 송현애, 이영자, 한상금(2018). 변화하는 사회의 가족학 (2판). 교문사.

이삼식, 최효진(2014). 가임기 기혼여성의 노동시장 참여형태가 출산 이행에 미치는 영향. 보건사회연구, 34(4), 153-184.

이윤경, 김세진, 황남희, 임정미, 주보혜, 남궁은하, 이선희, 정경희, 강은나, 김경래(2021). 2020년도 노인실태조사. 한국보건사회연구원.

임지영(2022). 성역할 가치관과 결혼 및 자녀에 대한 태도, 보건복지포럼, 정책분석과 동향.

최바울(2013). 기혼여성의 취업이 가구의 소비패턴과 산업별 노동수요에 미치는 영향. 노동경제논집, 36(1), 93-129.

통계청(2021a). 2020 인구주택총조사 표본 집계 결과.

통계청(2021b). 2021 통계로 보는 1인 가구.

통계청(2022a). 2022년 사회조사결과.

통계청(2022b). 한국의 사회동향 2022.

통계청(2022c). 2021 혼인·이혼 통계.

통계청(각 연도). 인구총조사. 국가통계포털.

Alexander, J. C. (1987). *Twenty lectures: Sociological theory since World War II*. New York: Columbia University Press.

Bakker, A. B., Demerouti, E., & Dollard, M. F. (2008). How job demands affect partners' experience of exhaustion: Integrating work-family conflict and crossover theory. *Journal of Applied Psychology*, *93*(4), 901.

Burgess, E. W., & H. J. Locke. (1945). *The family: From Institution to companionship*. NewYork: American Book Company.

Carter, B. E., & McGoldrick, M. E. (1988). *The changing family life cycle: A framework for family therapy*. Gardner Press.

Driesch, H. (1908). *The science and philosophy of the organism*. London: Adam & Charles Black.

Edwards, J. (1969). Familial behavior as social exchange. *Journal of Marriage and the Family, 31*, 518-526.

Gittins, D. (2017). The family in question: *Changing households and familiar ideologies.* Bloomsbury Publishing.

Hawley, D. R., & DeHaan, L. (1996). Toward a definition of family resilience: Integrating life-span and family perspectives. *Family process, 35*(3), 283-298.

Hays, W. C. (1977). Theorists and theoretical frameworks identified by family sociologists. *Journal of Marriage and the Family, 39*, 59-65.

Howard, R. L. (1981). *A social history of American family sociology, 1865-1940.* Westport, CT: Greenwood Press.

Infante, D. A., Rancer, A. S., & Womack, D. F. (2003). *Building communication theory.* Prospect Heights, IL: Waveland Press.

Klaus, D., & Schnettler, S. (2016). Social networks and support for parents and childless adults in the second half of life: Convergence, divergence, or stability? *Advances in Life Course Research, 29*, 95-105.

LaRossa, R., & Reitzes, D. C. (2009). Symbolic interactionism and family studies. *In Sourcebook of family theories and methods* (pp. 135-166). Boston, MA: Springer.

Lee, L. C., Kotch, J. B., & Cox, C. E. (2004). Child maltreatment in families experiencing domestic violence. *Violence and Victims, 19*(5), 573.

Levi-Strauss, C. (1956). The family, In H. Shapiro, *Man, culture and society* (pp. 261-285). New York, Oxford University Press.

Littlejohn, S. W. (1989). *Theories of human communication* (3rd ed.). Belmont, CA: Wadsworth.

Madsen, S. R. (2003). The effects of home-based teleworking on work-family conflict. *Human Resource Development Quarterly, 14*(1), 35-58.

Montgomery, J., & Fewer, W. (1988). *Family systems and beyond.* New York: Human Sciences Press.

Mooney, L. A., Knox, D., & Schacht, C. (2007). *Understanding social problems: Three main sociological perspectives* (5th ed). Belmont, CA: Thomson Wadsworth.

Murdock, G.P. 1949. *Social Structure.* Macmillan. New York.

Parson, T. (1977). *Social Systems and the evolution of action theory.* New York: Free.

Rodman, H. (1972). Marital power and the theory of resources in cultural context. *Journal of Comparative Family Studies, 3*, 50-69.

Schlomer, G. L., Ellis, B. J., & Garber, J. (2010). Mother-child conflict and sibling relatedness: A test of hypotheses from parent-offspring conflict theory. *Journal of Re-*

search on Adolescence, *20*(2), 287–306.

Silverstein, M., Conroy, S. J., Wang, H., Giarrusso, R., & Bengtson, V. L. (2002). Reciprocity in parent–child relations over the adult life course. *The Journals of Gerontology Series B: Psychological Sciences and Social Sciences*, *57*(1), S3–S13.

Turner, J. H. (1986). *The structure of sociological theory* (4th ed.). Chicago: Dorsey.

White, J. M., Martin, T. F., & Adamsons, K. (2018). *Family theories: An introduction* (5th ed.). Thousand Oaks, CA: Sage.

Witt, D. D. (1987). A conflict theory of family violence. *Journal of Family Violence*, *2*(4), 291–301.

Marriages and Families

Marriages and Families

PART 02

친밀한 관계의 형성과 유지

사랑과 성적 친밀감

02

CHAPTER

챕터 개요

이 장에서는 사랑의 의미와 특성에 대해 알아보고, 사랑에 관한 이론적 관점을 학습한다. 사랑의 수레바퀴 이론, 사랑의 삼각형 이론, 사랑의 유형 이론을 학습함으로써 사랑이 어떻게 발달하는지 그리고 사랑의 구성요소와 유형이 어떻게 이루어져 있는지 살펴보고 이를 자신과 파트너에게 대입해 본다. 또한 성과 성행동에 있어서 성차, 올바르고 바람직한 성의식과 성행동을 이해함으로써 성숙한 사랑으로 나아갈 수 있는 방법에 대해서 살펴본다.

사랑의 의미와 특성

사랑에 대한 이론

- 사랑의 수레바퀴 이론
- 사랑의 삼각형 이론
- 사랑의 유형 이론
- 성숙한 사랑

성과 성행동

- 성차
- 성의식
- 성행동

주요 용어

사랑의 의미, 사랑의 이론, 성숙한 사랑, 성차, 성역할 사회화, 성의식, 성정체성, 성행동, 피임법

02 CHAPTER 사랑과 성적 친밀감

사랑의 의미와 특성

"지혜 깊은 사람은 자기에게 무슨 이익을 주는 것이라서 사람을 사랑하지 않는다. 사랑하는 그 사실 속에 행복을 느끼기 때문에 사랑하는 것이다." - 파스칼

"만일 어떤 여인이 자기는 꽃을 사랑한다고 하면서도 물주기를 잊고 있다면 나는 그녀의 꽃에 대한 애정을 의심하게 된다. 사랑이란, 자기가 사랑하고 있는 것의 목숨이나 성장에 대한 배려를 행동으로 표현하는 것이다." - 에리히 프롬

사랑이란 무엇일까? 사랑이 삶을 풍요롭게 하고 행복하게 한다는 것은 의심할 여지가 없지만 사랑을 정의하고 이를 설명하기는 쉽지 않다. 사랑에 대한 정의는 개인마다 다르고 시대나, 공간, 문화에 따라 차이가 있으며 같은 대상과의 사랑도 시간의 흐름에 따라 변화한다. 에리히 프롬(Erich Fromm)은 '인간이란 근본적으로 고독한 존재이며 그 고독과 공허함을 극복하기 위하여 사랑을 한다.'고 하였다. 또한 누군가를 사랑한다는 말은 '나는 그 사람에게 관심이 있고 그 사람을 잘 알며,

존중하고 우리의 관계에 책임을 지는 것'이며, 사랑을 하는 기술은 가지고 태어나거나 저절로 이루어지는 것이 아닌, 배워서 얻는 능력으로서 이러한 기술을 갖기 위한 지식과 실천적 훈련이 필요하다는 측면을 강조하였다.

사람은 누구나 태어나서 죽을 때까지 끊임없이 누군가와 사랑을 주고받으며 살아가는 사회적 존재이다. 사람마다 차이는 있지만 누군가 자신을 소중히 여기는 대상으로 여겨줄 때, 그리고 내가 그를 소중하게 여기는 감정이 생길 때 상대방과의 상호관계에서 긍정적인 감정을 경험하게 되는데 이것이 사랑이라고 할 수 있다.

사랑의 의미를 한 가지로 정의할 수는 없지만 공통적인 특성은 찾을 수 있다. 상대방의 매력에 끌려 그를 열렬히 좋아하거나 좋아하는 마음, 사람 사이에서 강력하게 접근하고자 하는 정서, 상호 간에 경험하는 긍정적인 감정 등이다. 엘렌 버샤이드(Ellen Berscheid)는 50여 년 동안의 대인관계 연구결과, 사랑이라는 단어를 정확히 같은 뜻으로 사용하는 커플은 없다고 한다. 한 커플에게서 쓰이는 '사랑해'라는 말도 파트너와 자신이 부여하는 의미가 다를 수 있으며 심지어 어떤 한 사람이 쓰는 '사랑'이라는 단어의 의미도 상황적 맥락에 따라 매번 다르다고 한다(Bomans, 2014).

생각해 봅시다

- ▶ 좋아하는 것과 사랑하는 것, 우정과 사랑은 어떻게 다를까?
- ▶ 내가 생각하는 '사랑해'라는 뜻은 상대방과 다를 수 있을까?

사랑과 관련된 좋은 시나 문장을 이야기해 봅시다.

[해외 동향] 인터넷으로 사랑 찾기

디지털 기술, 특히 스마트폰은 사람들이 낭만적인 관계를 어떻게 시작하는지를 포함하여 우리사회를 지속적으로 변하게 하고 있다. The Pew Research Center에서는 2005년과 2015년에 온라인 데이트 경험을 조사한 결과, 온라인 데이팅 사이트와 모바일 데이팅 앱(apps)을 사용하는 미국인이 2005년에는 거의 없었는데 2015년에는 약 15%가 사용한다고 응답하였다. 그리고 이 기간 동안 온라인 데이트에 대한 태도가 상당히 긍정적으로 변화하였다(Olson et al., 2019).

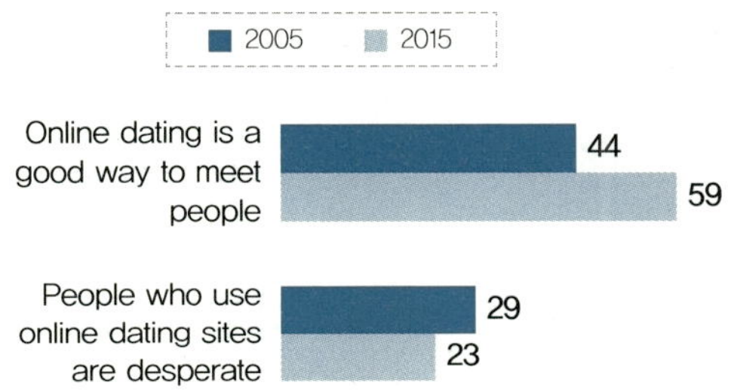

그림 2-1 미국 성인의 온라인 데이트에 대한 태도 변화

출처: Pew Research Center(2016).

사랑에 대한 이론

사랑에 대한 대표적인 이론으로 레이스(Reiss, 1971)의 사랑의 수레바퀴 이론, 스턴버그(Sternberg, 1993)의 사랑의 삼각형 이론, 리(Lee, 1973)의 사랑의 유형 이론이 있다.

사랑의 수레바퀴 이론

레이스(Reiss, 1971)는 사랑을 수레바퀴에 비유하였다. 사랑을 지속적으로 유지하기 위해서는 사랑의 수레바퀴가 지속적으로 돌아가야 한다는 의미이다. 두 사람이 친밀감을 형성하기 시작하여 자기노출, 상호의존, 개인욕구 충족의 네 가지의 축이 수레바퀴가 돌듯이 계속 돌아가면서 애정이 생기고 감정이 깊어진다는 것이다. 그러나 어떤 이유로 친근감이 줄어들어 수레바퀴가 멈춘다면 권태기, 불신, 과몰입, 단절 등의 상태에 이르러 애정이 더 이상 깊어지지 않는 상태가 된다. 레이스는 이러한 사랑의 순환과정을 '사랑의 수레바퀴 이론(the wheel theory of love)'이라고 하였다.

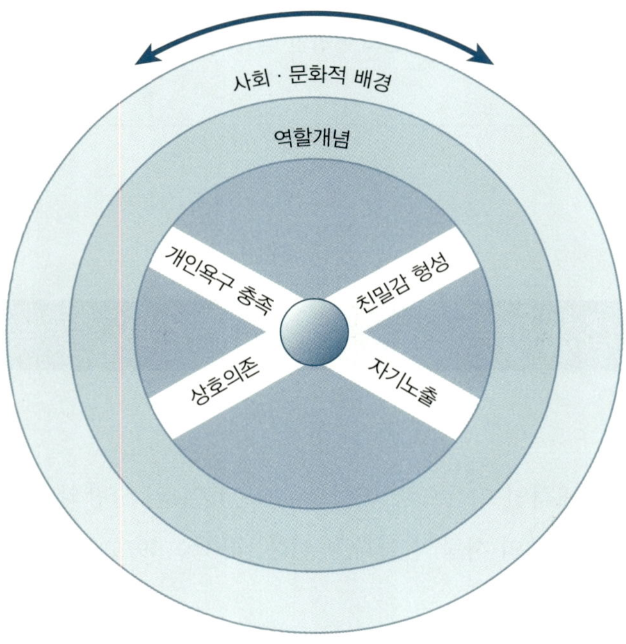

그림 2-2 사랑의 수레바퀴

출처: Reiss, I. L.(1971).

사랑의 수레바퀴 이론을 구성하는 4단계를 살펴보기로 한다.

제1단계: 친밀감(rapport) 형성 단계

친밀감 형성 단계는 두 사람이 서로 매력을 느끼며 친밀감을 형성하는 단계로 이 단계에서 서로 마음을 열고 우호적인 감정을 느끼게 된다. 취미, 성장배경, 가정환경, 교육수준 등의 유사점이 높을수록 친밀감은 높아진다. 이 단계에서 두 사람은 함께 있는 것을 좋아하며 친밀감을 형성해 나간다.

제2단계: 자기노출(self revelation) 단계

자기노출 단계에서는 서로의 생각과 감정이 노출되는 단계이다. 자신에게 특별한 사람에게 자신의 생각과 감정, 삶의 가치, 목표, 희망, 야망, 비밀 등을 솔직하게 노출시켜 자신에 대해 알린다, 자기노출을 통해 관계가 더욱 깊어지고 상호신뢰, 상호헌신 등, 사랑과 느낌을 주고받는 과정에서 자기노출은 더욱 증가한다. 특히 감정의 노출로 인하여 상대방과 더 가까워지며, 자기노출이 계속될수록 이 관계가 더 친밀하게 발전된다.

제3단계: 상호의존(mutual dependency) 단계

상호의존 단계에서는 두 사람이 상대에게 의존하며 서로를 필요로 하게 되는 단계이다. 두 사람만이 쓰는 언어, 취미, 습관 등이 만들어지고 함께 시간을 보내는 것이 익숙해지고 서로 의존하기 시작한다. 자신들의 생각과 감정을 더 노출시키면서 서로 더 의존하게 되고 이러한 상호의존성은 안정감을 주는 데 기여한다.

제4단계: 개인욕구 충족(personality need fulfillment) 단계

개인욕구 충족 단계는 상대방의 욕구를 만족시켜 주는 일에 주력한다. 상대의 신체적, 감정적 욕구를 충족시켜 줄 수 있다고 생각하고 실행하는 단계이다. 상호신뢰하며, 의사결정을 공유하고, 서로의 꿈을 지지하며 자신감을 북돋아 주는 단계이다. 관계가 발전함에 따라 두 사람은 각각 상대방의 감정적 욕구에 만족한다는 것을 알 수 있다. 레이스에 의하면 이 단계는 직업적 역할, 가족의 역할과 같은 성인의 주요 사회적 역할과 관련되어 있음을 강조하였다. 개인의 욕구가 충족됨에 따라 친밀감이 더 잘 형성되면서 사랑의 수레바퀴는 활발히 순환하게 된다. 그러나 자신이 원하는 만큼의 사랑이 충족되지 않으면 갈등이 일어나거나 헤어졌다가 다시 만나기를 반복하기도 하는 단계이다. 이 단계의 특징은 사랑이 고조되어 서로 더 밀착되기도 하지만 만남이 종결될 가능성도 매우 높다. 갈등을 긍정적인 방법으로 해결하면 커플의 관계는 서로 깊어지게 되고 친밀감을 더 잘 발전시켜 인정과 충족의 욕구를 충족시키게 된다.

수레바퀴가 돌아가는 동력은 친밀감을 발전시키는 것인데 친밀감 형성, 자기노출, 상호의존, 개인욕구 충족 각 단계를 통해 지속적으로 친밀감을 증가시킨다. 수레바퀴 바깥에는 두 개의 원이 있는데 안쪽 원은 역할개념 원, 바깥 원은 사회문화적 원이다. 레이스는 사랑을 유지하기 위해서는 자신과 상대방에 대한 끊임없는 탐색, 친밀감 유지, 사회 내에서의 역할수용 등 수레바퀴를 굴리는 개인적인 노력이 필요하다는 것을 강조하였다.

사랑의 삼각형 이론

스턴버그(Sternberg, 2007)는 사랑이 친밀감, 열정, 헌신이라는 세 가지 요소로 구성되어 있다고 하였다. 세 개의 꼭짓점으로 이루어진 사랑의 삼각형이 정삼각형에 가까울수록, 크기가 더 클수록 완전한 사랑에 가깝다고 한다.

사랑의 3요소

친밀감

사랑하는 이와 느끼는 정서적인 일체감을 의미한다. 두 사람 사이의 관계가 가깝고 따뜻하게 연결되어 있다는 느낌을 갖는 것이며 친밀감을 나타내는 증거는 다음과 같다.

- 사랑하는 사람의 행복을 증진시키고자 하는 열망
- 사랑하는 사람과 함께 있을 때 느끼는 행복
- 사랑하는 사람을 존중하는 마음
- 어려울 때 사랑하는 사람에게 기댈 수 있는 것
- 사랑하는 사람을 서로 이해해 주는 것
- 자신과 자신의 소유물을 사랑하는 사람과 함께 나누어 갖고 싶은 것
- 사랑하는 사람으로부터 정서적 지지를 받는 것
- 사랑하는 사람에게 정서적 지지를 주는 것
- 사랑하는 사람과 친밀한 의사소통을 하는 것
- 자신의 생활에서 사랑하는 사람의 가치를 높게 평가하는 것

열정

사랑하는 관계에서 낭만적 감정, 신체적 매력, 성적인 몰입 등과 관련된 측면을 가리킨다. 열정은 친밀감과는 달리 금방 뜨거워지고 얼마 못가서 식어버리는 경우도 많다. 학자들은 이런 열정이 있는 시기를 약 900일 정도로 보고 1년이 지난 후에는 열정의 50%가 감소하게 된다고 한다(The times, 1999). 사랑에 빠졌을 때 마치 공중에 붕 떠있는 듯한 황홀감을 느끼게 하는 호르몬인 페닐에틸아민의 지속성이 길지 않기 때문이다. 이런 열정은 일종의 도취된 상태로서 상대적으로 일시적 감정이어서 영원히 이 상태에 머무를 수는 없다.

헌신

어떤 사람을 사랑하기로 하는 단기적 결심과 그 사랑을 지속시키겠다는 장기적 헌신, 즉 의지의 두 가지 측면을 가리킨다. 이는 인지적 요소이면서 사랑을 지속시키고 성장하도록 하는 요소이다. 두 사람이 처음 만나서 서로 가까워짐에 따라 헌신은 서서히 증가하지만 관계맺음에 실패하는 경우 급격하게 감소한다.

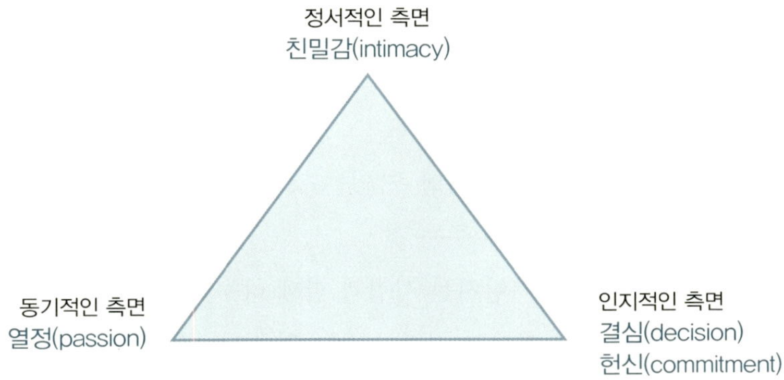

그림 2-3 스턴버그의 사랑의 3요소

스턴버그의 사랑의 삼각형 이론에서 이야기하는 사랑의 3요소는 시간에 따라 다르게 변화한다. 열정은 처음에 절정에 이르렀다가 시간의 흐름에 따라 감소하고, 친밀감과 헌신은 다른 속도로 발전하지만 시간의 흐름에 따라 점점 증가한다. 그러나 모든 사랑이 발전하는 것은 아니고 성공적인 관계에서 이러한 변화가 나타나는 만큼 사랑을 유지하기 위해서는 역시 지속적인 노력이 필요하다.

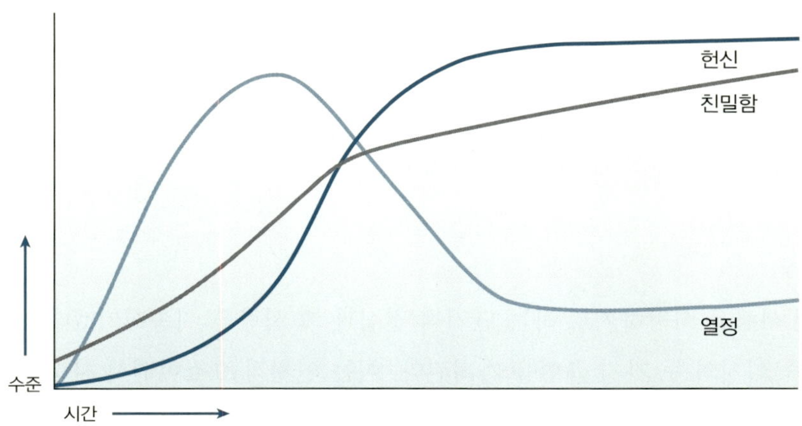

그림 2-4 시간 경과에 따른 사랑의 3요소 변화 과정

출처: Welton. W., & Lioyde, M.A.(1977).

좀 더 알아봅시다 **사랑의 삼각형에서 나타난 사랑의 종류**

사랑의 3요소의 다양한 조합은 사랑하는 사람들 간에도 다양한 형태의 사랑이 존재한다는 것을 보여준다. 아래와 같은 8가지 유형으로 설명된다.

▶ 사랑하지 않음(Non-love): 친밀감, 열정, 헌신의 감정이 없음

▶ 좋아함(Liking): 친구와의 관계에서 경험하는 것과 같은 감정. 열정과 헌신이 없고 친밀감만 존재함. 슬프거나 힘들 때 서로 위로와 힘을 줄 수 있는 관계지만 애정관계에서는 친구 이상도 이하도 아닌 사이

▶ 도취적 사랑(Infatuated love): 친밀감과 헌신 없이 열정만 존재하는 사랑으로 첫눈에 반하거나 상대방을 이상화시켜서 보는 사랑. 정신적, 신체적으로 상당한 흥분상태가 유지되고 때론 망상으로 치우치는 경향이 있어 문제가 되기도 함

▶ 공허한 사랑(Empty love): 친밀감이나 열정 없이 헌신만 존재하는 사랑. 감정적 몰입이나 육체적 매력을 느끼지 못하는 정체된 관계. 상대방에게 매력을 느끼지 못하고 친밀감도 없지만 서로 헌신하겠다는 의지는 있는 관계

▶ 낭만적 사랑(Romantic love): 헌신은 없고 친밀감과 열정이 존재하는 사랑. 서로에게 감정적이고 육체적으로 밀착되어 있는 관계

▶ 우애적 사랑(Companionate love): 열정은 없고 친밀감과 헌신만 존재하는 사랑. 열정이 사라진 결혼생활에서 흔히 볼 수 있는 관계. 우애적 사랑은 편안하고 평온하여 오랜 동반자 관계로 정착하기도 하지만 낭만적 요소가 결여되어 불행하다고 여겨지기도 함

▶ 얼빠진 사랑(Fatuous love): 친밀감은 없고 열정과 헌신만 존재하는 사랑. 친밀감을 형성할 시간 없이 갑자기 사랑에 빠져 결혼하는 유형. 열정이 사라지기 시작했을 때 헌신도 감소하여 성숙한 관계의 지속이 어려워짐

▶ 성숙한 사랑(Consummate love): 친밀감, 열정, 헌신 3요소가 모두 존재하면서 균형을 이루는 사랑. 성숙한 사랑에 도달하기가 어렵지만 지키기는 더 어려움

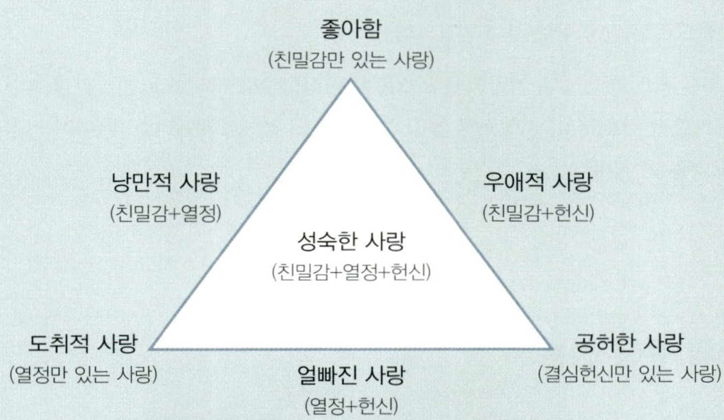

그림 2-5 사랑의 삼각형에 따른 사랑의 종류

좀 더 알아봅시다 친밀감과 사랑

사랑은 친밀감의 크기만큼 커지거나 작아질 수 있다. 친밀감은 파트너와 자신이 서로에게 약점, 염려와 욕구 등 자신의 부정적인 모습까지도 솔직하게 보일 수 있는 만큼 커진다. 그러나 자신을 솔직하게 보여주는 것은 말처럼 그렇게 쉬운 일이 아니다.

벤테 트레헨(Bente Trehen)은 자신의 사랑이 거절당할까 두려움을 느끼기 때문에 두 사람 간에 친밀감이 있더라도 어느 정도 거절에 대한 두려움이 있다고 한다. 두 사람이 서로 사랑하려면 상대의 사랑을 수용할 수 있어야 하며 자신은 사랑받을 만한 존재라는 자신의 가치에 대한 자신만의 깨달음이 있어야 한다. 그러기 위해서는 자기인정(self-appreciation)이 있어야 한다. 자기인정은 '나'에 대한 '나' 자신의 평가(내부적 자기인정)와 '나'에 대한 다른 사람의 평가(외부적 자기인정)가 있다. 이러한 자기인정은 자아형성과 직접적 관련이 있다. 자기인정은 한 사람으로서 기능하는 데 매우 중요하기 때문에 자기인정이 위협당할 만한 상황은 피하는 것이 현명하다. 친밀감이 생겼다는 뜻은 시간이 지나면서 자신의 내면세계를 상대에게 지속적으로 드러낸다는 뜻이다. 내부적 자기인정이 낮은 사람은 상대방에게 자신을 드러내기 어려워하며 거절당하기 전 상대를 먼저 거절하는 행동을 하는데, 이러한 행동은 하나의 방어기제라고 할 수 있다(Bomans, 2014).

그렇다면 친밀감은 어떻게 키울 수 있을까? 친밀감 형성 기술의 첫째는 '자신을 있는 그대로 받아들이기'이다. 사람은 누구나 장단점이 있다. 단점에 집착하지 않고 자신을 그대로 받아들이고 인정한다면 타인에게 자신을 보다 긍정적이고 건강하게 나타낼 수 있다. 둘째는 '자기노출'이다. 서로에 대해 알지 못하는 상황에서는 친밀감이 생길 리가 없다. 자신의 생각이나 감정을 자연스럽고 정직하게 표현한다면 상대방은 나에게 호감이나 친밀감을 더 느낄 수 있게 된다. 또한 상대방 역시 자신의 생각이나 감정 등을 쉽게 표현할 수 있게 된다. 이러한 과정은 두 사람 사이의 친밀감을 증진시킨다. 셋째, '상대방을 있는 그대로 받아들이기'이다. 상대방을 있는 그대로 인정하는 자세는 친밀감의 기술이다. 상대방을 인정하는 것은 상대방의 존재를 알아주고, 그 이야기에 적절한 반응으로 잘 들어주고, 상대방의 자아경험을 받아들이고, 상대방과 기꺼이 관계를 유지하고자 함으로 표현하는 것이다. 있는 그대로 받아들이기에서 필요한 태도는 상대방의 장점뿐 아니라 단점까지 객관적으로 수용하고 인정하는 것이다. 마지막으로 넷째는 '상대의 반응을 잘 다루기'이다. 상대의 반응을 잘 다루는 것은 타인의 입장을 잘 살펴보고 그의 반응에 대해 다시 반응해주는 것이다. 이를 위해서는 상대에게 지속적으로 관심을 갖는 것이 필요하다.

결국, 친밀감 기술은 자신에 대한 인정에 기반해서 스스로를 긍정적으로 바라보고 친밀감을 형성할 가능성이 있는 사람에게 자기노출을 함으로써 서로의 이해 정도를 높이고 상대방도 있는 그대로 받아들이며 인정해 주고 필요한 반응을 해주는 것이라고 요약할 수 있다.

사랑의 유형 이론

사회학자 리(Lee, 1973)는 저서 『사랑의 색(color of love)』에서 사랑을 색으로 비유했다. 사람마다 색에 대한 선호가 다르듯 사랑 또한 선호하는 유형이 다양할 수 있음을 의미한다. 사랑을 색으로 비유한 다른 의미를 대인관계에 적용하면, 사람마다 좋아하는 색이 다르듯 좋아하는 사랑의 유형도 다르다는 것이다. 리(Lee)는 색에 삼원색이 있고 이 색들을 배합하여 다양한 색깔을 만들어내듯이 사랑에도 삼원색에 해당하는 일차적 사랑의 유형과 이들을 배합한 색에 해당하는 이차적 사랑의 유형이 있다고 주장하였다.

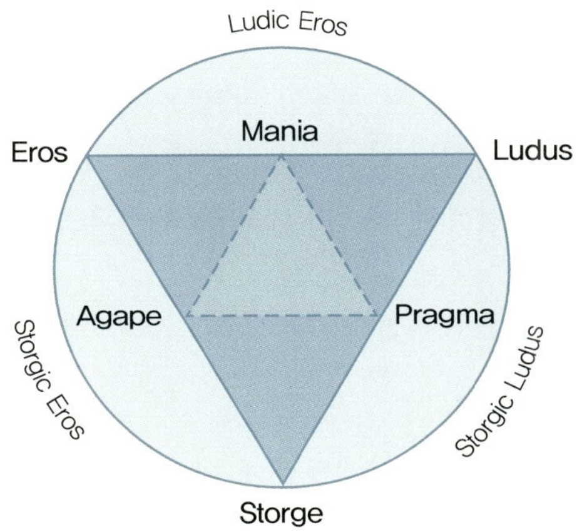

일차적 사랑	에로스, 루두스, 스토르게
이차적 사랑	마니아(에로스+루두스) 프래그마(스토르게+루두스) 아가페(에로스+스토르게)

그림 2-6 사랑의 유형이론

낭만적/열정적 사랑(eros, romantic/passionate love)

이 유형은 이상적인 연인을 만나서 함께 사는 것이 매우 중요하고, 그러한 만남을 대비하여 언제나 사랑할 준비가 되어 있다. 신체적인 매력을 중시하며 자신의 이상형에 대해 제대로 인식하고 있어서 이상형에 부합되는 대상을 만나면 강하게 끌리게 된다. 첫눈에 반해 사랑에 빠지는 것이 가능하고 상대와 관계를 급속도로 빠르게 발전시키며 자기 개방적이며 성적 접촉도 허용적이다. 말이나 행동, 신체적 접촉을 통해 자신의 사랑을 표현하려 하고, 선물을 주고받으며, 같은 옷을 입거나 물건에 자신들의 이름을 새겨 넣으면서 서로 동일시한다.

유희적 사랑(ludus, playful love)

사랑을 일종의 즐거운 놀이라고 생각하여 한사람과 진지하고 깊은 사랑을 하기보다는 사랑의 즐거움을 누리면서 어디에도 얽매이지 않는다. 한 번에 여러 사람을 사랑할 수도 있으며, 삶에서 사랑이 그리 중요하다고 여기지 않는다. 오직 현재가 중요하기 때문에 상대방이 미래 계획을 세우기 시작하면 떠날 때가 되었다는 생각으로 떠날 준비를 한다.

우애적 사랑(storge, friendship/companionate love)

친밀한 관계의 우정을 기반으로 사랑을 서서히 발전시키는 유형이다. 의도적으로 상대를 고르기 보다는 늘 보고, 알고 지냈던 사람과 우연히 마음이 통해 사랑을 하게 되는 경우가 많다. 노골적인 감정의 표현보다는 함께 공유할 수 있는 관심사나 흥미에 대해 대화하기를 좋아하며, 격렬한 열정보다 은근하고 지속적인 정에 근거한 사랑을 축적해 나간다. 이 유형은 사랑이 인생의 목표가 아니라 우정과 안정된 가정이라는 보다 큰 목표를 중요하게 여긴다.

소유적/중독적 사랑(mania, possessive/dependent love)

이 유형은 사랑이 상대방을 완전히 소유하는 동시에 상대방에게 자신이 소유 당하는 것이라고 생각한다. 사랑할 필요를 강하게 느끼면서도 사랑은 힘들고 고통스럽다는 생각에 사랑하기를 두려워한다. 자신이 사랑하는 만큼 사랑받지 못할까 봐 불안해하고 마음을 졸인다. 상대에게 극도로 의존적이고 질투심이 강하여 상대방에게 항상 더 많은 애정과 헌신을 요구하고 자신이 원하는 만큼의 사랑을 얻지 못하면 사랑이 분노와 증오로 바뀐다. 이 유형의 사람들은 연인에게 의지하면서도 버림받을 가능성에 대해 두려워하는 양가적인 모습을 보이며, 실제 일어나지 않은 갈등이나 문제를 미리 걱정하며 실제로 문제가 발생했을 때 회피하는 경향이 있다.

실용적/논리적 사랑(pragma, practical/logical love)

자신이 어떤 유형의 상대를 좋아하며 필요로 하는지를 아는 현실적인 사랑의 유형으로서 자신의 기준에 적합한 상대를 의도적으로 선택한다. 가정 배경, 교육수준, 성격, 종교, 취미 등 상대를 제대로 알기 전 까지는 헌신을 하거나 미래의 계획을 세우지 않는다. 자신의 선택을 더 확인하는 방식으로 부모나 친구, 혹은 믿을 만한 사람과 자주 상의한다.

의지적/이타적 사랑(agape, all-giving, selfless love)

상대방을 아무 조건 없이 좋아하고 돌봐주며, 용서하고 베푸는 자기희생적 사랑의 유형이다. 헌신적이고 이타적이며 자신을 드러내지 않고 자신을 내 주는 타인중심적인 유형의 사랑이다. 이 유형에게 사랑은 사랑을 필요로 하는 사람에게 무조건적으로 베풀어 주어야 할 의무라고 생각하며 감정보다는 의지로 사랑한다. 자신이 사랑하는 사람이 다른 사람과 더 행복할 수 있다면 기꺼이 그 관계를 포기할 수 있다고 생각한다. 배우자도 자신의 희생과 배려를 필요로 하는 사람을 선택한다.

사랑의 유형 이론에서 이야기하는 6가지 유형 중 가장 높은 순위에 속하는 유형이 자신이 선호하는 사랑의 방법 혹은 의미가 된다. 사랑의 종류 중 어느 것이 다른 것보다 더 가치 있다거나 혹은 더 성숙한 것이라고 이야기할 수 없다. 사랑의 유형은 고정적이지 않으며, 환경의 변화나 학습에 의해서도 변하게 된다. 사람들은 대개 여러 종류의 혼합된 사랑을 하고 있으며 그 중에서 우세한 것과 열세한 것이 있을 뿐인데 성숙한 사랑을 위해서는 6가지 유형을 다 높일 필요가 있다.

성숙한 사랑

누군가를 사랑하고 사랑을 받으며 그 사랑을 잘 키워나가는 일은 쉽지 않다. 특히 성숙한 사랑은 성숙한 사람들이 경험할 수 있는 것이다. 성숙한 사랑을 하기 위해서는 스스로가 관계를 이루는 데 성숙한 사람이 되어야 한다. 파트너를 충분히 배려할 줄 알고 관계의 진전에 따라 적절한 자기개방, 자기노출을 할 수 있으며 효과적인 의사소통 기술을 갖고 갈등을 해결하는 기술도 필요할 것이다. 스몰리(Smalley, 2000)는 진실한 사랑은 행복할 때나 슬플 때 서로 도와주고 함께 나누며 너무 성급한 기대나 황홀한 낭만적 환상, 특히 성적인 몰입을 자제할 수 있으며 상대방을 너무 이상화하지 않으며 상대방의 생각이나 감정을 있는 그대로 받아들이는 상태라고 하였다(김영희, 2019). 성숙한 사랑은 두 사람 사이에 명확한 독립성과 개별성의 경계가 있어야 한다. 경계란 두 사람의 관계에서 나와 상대방을 구분 짓는 규칙이다. 과하게 밀착되어 숨막히게 하거나, 너무 분리되어 있어서 외롭지 않도록 친밀감과 연결감의 교류를 조화롭게 하는 것이다.

성과 성행동

성은 인간 사회생활의 모든 것을 작동하게 하는 점화장치의 불꽃같은 존재로 묘사된다. 성은 마음과 몸의 합성어로서 마음과 몸의 조화를 필요로 한다. 마음과 몸은 따로 떼어낼 수 없이 밀접하게 연결되어 있다. 성과 성행동도 성에 대한 태도, 가치관, 상대방에 대한 친밀감, 애정과 성적인 쾌락이나 성행동의 생물학적인 측면, 즉 마음과 몸이 조화롭게 이루어지는 것이 바람직하다.

좀 더 알아봅시다 **성, 性**

성(性)이란 마음(심장, 心)과 타고난 모양 몸(生)을 의미하며 하늘로부터 주어지는 천성, 생명 아주 근원적인 것이라는, 즉 마음과 몸이 결합되어 연결된다는 뜻을 담고 있다.

출처: 네이버, 디지털 e-사전한자.

성차

남성과 여성이 서로 차이가 있는가? 우리는 대개 남자는 씩씩하고 용감하며 이성적이고 적극적, 지배적이라고 생각하는 반면 여자는 감정적이고 소극적이고 수동적인 존재라고 생각한다. 여자와 남자에 대한 이러한 고정관념은 사실인가? 아니면 검증되지 않은 편견에 불과한가? 남자와 여자는 태어나는가, 만들어지는가?

여기서는 남자와 여자가 태어나면서부터 다른 점과 또 사회적으로 만들어지는 다양한 맥락을 돌아봄으로써 성역할의 재학습에 대해 생각해 보기로 한다.

태어난다는 입장

여성과 남성의 특성이 선천적으로 타고나는 것일까? 개인차가 있지만 남아와 여아는 태어나면서 차이가 나는 여러 가지 생물학적인 특성이 있다.

먼저 남성과 여성의 신체적 특징에서는 대표적으로 체모가 나는 부위에서, 몸의 형태에서, 근육의 강도와 무게에서, 목소리에서, 신장과 체중 등에서 차이가 난다. 생식기와 생식기관의 성별 차이는 태아기부터 나타나는데 태아의 성은 생식선 세포에 의하여 결정되며 여성은 난소, 남성은 고환이 발달한다. 남성의 생식기는 외생식기인 음경과 음낭, 내생식기인 전립선, 정낭, 정관으로 나누어 살펴볼 수 있다. 여성의 생식기는 외생식기인 질 입구, 외음부와 내생식기인 자궁, 난관 및 난소로 구성되어 있다. 외음부는 대음순, 소음순, 음핵이 있다.

염색체와 호르몬에서의 성차를 살펴보면, 여성은 XX염색체를 가지고 있으며, 남성은 XY성염색체를 가지고 있다. 호르몬은 남녀 모두 테스토스테론, 에스트로겐과 프로게스테론을 가지고 있지만 여성은 에스트로겐과 프로게스테론의 양이 많고, 남성은 테스토스테론의 양이 많아 이를 통해 남녀의 신체적인 차이가 나타난다.

EBS 〈다큐 프라임: 아이의 사생활 2 남과 여〉

아동기에서의 성차를 탐색하는 여러 가지 실험을 통하여 남자아이와 여자아이의 차이를 살펴본다. 성차를 어떻게 볼 것인가?

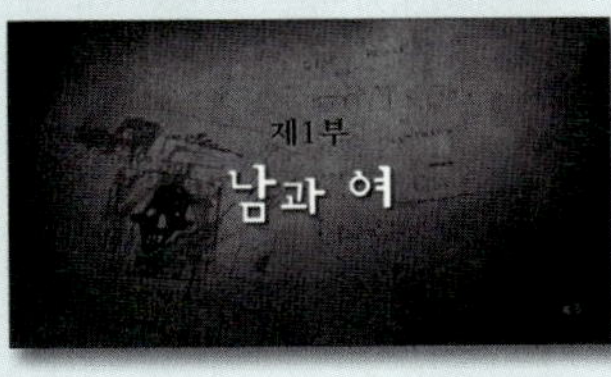

만들어진다는 입장

사회에서 남녀에게 적절하다고 하는 문화적 기대를 학습하는 과정을 성역할 사회화라고 한다. 이를 통해 남자나 여자에게 필요한 행동이나 태도는 권장되고 그렇지 못한 것은 제재를 받게 된다. 남성다움이나 여성다움은 일반적으로 그 사회에서 수용되는 기대를 나타내는 것으로 개인의 생물학적 사실에 기반한 변하지 않는 특성은 아니라고 할 수 있다. 과거와 많이 달라지기는 했지만, 아직도 우리 생활 곳곳에서 남자를 남자답게, 여자를 여자답게 키우려는 경향이 있다.

이야기할 때 남자와 여자는?

남자는 자기가 필요한 정보를 얻거나 사실을 전하기 위해서, 문제해결의 실마리를 찾거나 조언을 구하기 위해서 이야기한다. 기분이 상해도 이를 말로 표현하는 것은 자신의 약한 면을 드러내 보이게 되어 남자답지 못하다고 생각한다. 감정을 나누기 위해서 이야기하는 일도 많지 않다. 감정은 절제해야 하고 겉으로 표현해서는 안 된다는 훈련을 받아왔기 때문이다.

여자들도 정보와 사실 전달, 조언을 구하는 등 남자와 같은 이유에서 이야기를 한다. 그러나 다른 점은 기분이 언짢거나 우울할 때 그 기분을 풀어버리기 위해 이야기를 하고, 자기의 생활 경험이나 감정을 나누기 위해 이야기한다. 이를 통해 자신의 생각을 정리하고 감정을 해소한다.

스트레스를 받을 때 남자와 여자는?

남자는 기분이 좋지 않거나 스트레스를 받을 때 말 없이 자기 마음속의 동굴에 들어가 스트레스를 해결하려고 한다. 이때 자신의 문제에 골몰한 나머지 그 외의 다른 것들은 눈에 들어오지 않는다. 상대방을 건성으로 대하고 부주의하고 반응이 없다. 마음속에서 문제 해결방법이 정리가 되었을 때 스트레스가 풀리고 그 후에야 주변을 돌아본다. 여자는 스트레스에 노출되었을 때 주변 사람들과의 대화를 통해 위안을 받고자 한다. 무슨 일이 있었는지, 그 일로 자신의 생각과 기분이 어떤

지 이야기하고자 한다. 자신의 감정을 표현하고 이해받음으로써 자신의 감정적인 문제가 해결되는 것을 경험한다.

이렇듯 남성과 여성이 스트레스를 받을 때 행동과 대처방식이 다른데 이를 이해하지 못하고 자신의 방식으로 이성을 도와주려 할 때는 오히려 갈등이 생길 수 있다. 중요한 것은 상대방이 어떨 때 스트레스를 느끼고, 그 스트레스를 어떻게 푸는지 그 방식을 이해하는 것이다.

남성과 여성에게 이분법적으로 성역할 사회화를 하는 시대는 지났다. 생물학적 차이 이외에도 남성과 여성이 선천적으로 다르게 태어나서 지속적인 차이를 보이는 부분이 있고, 후천적인 노력에 의해 바뀌는 부분도 상당히 많다. 사회 문화에 따라 성역할에 대한 기대가 달라지므로 남성과 여성의 전형적인 역할이나 모습 또한 얼마든지 달라질 수 있다.

성에 따른 차이는 생물학적 구조와 환경의 상호작용에 의해 이루어지는 것이라는 결론에 도달하게 되는데 실제로 남녀 간에는 차이보다는 같은 점이 더 많다. 그럼에도 불구하고 우리 사회에서는 성에 따른 고정관념을 갖는 경우가 많다. 젠더 고정관념으로 남녀를 다르게 지각하려는 경향이 있고 이러한 지각은 자신이 가진 젠더 고정관념이 정확하다는 것을 증명하는 더 많은 증거를 수집하도록 만든다. 이렇게 확증된 고정관념은 남성과 여성을 다르게 지각하려는 경향을 더욱 견고하게 만드는 악순환을 반복하여 결과적으로 고정관념으로 깊이 자리 잡게 된다.

좀 더 알아봅시다 》 편견과 고정관념 관련 인지적 오류

암묵적 편견과 고정관념

편견과 고정관념이 갖는 위험성은 의식의 영역에서뿐만 아니라 부지불식간에 우리의 사고와 행동에 영향을 미칠 수 있다는 점이다. 편견적 태도와 고정관념적 작용이 의식적인 통제 밖에서 자동적 반응으로 나타나는 것을 암묵적 편견과 암묵적 고정관념이라고 하는데, 이러한 편견이나 고정관념은 이를 제대로 판단할만한 인지적 성숙이 이루어지기 전, 생애 초기부터 학습된 방식으로 우리의 사고 속에 자리 잡을 가능성이 높다(Denvine, 1989).

고정관념적 정보처리에 의한 대표적 인지적 오류

▶ 자기확인적 편향(Self-confirming biases)

고정관념적 지식을 재확증해 주는 방식으로 정보처리 과정을 왜곡시키는 것이다. 흔히 자신의 고정관념에 일치하는 정보가 불일치하는 정보보다 더 신속하게 그리고 더 많은 주의를 끌게 하고 더 잘 기억하게 한다.

▶ 자기이행적 예언효과(Self-fulfilling prophecy effect)

누군가에 대해 어떤 기대로 대하면, 실제로도 그 기대를 확정 짓는 방향으로 그 대상 인물의 행동이 나타나게 되는 것을 말한다. 고정관념의 '자기이행적 예언효과'는 고정관념을 가진 사람이나 그 대상이 되는 사람 모두의 행동에 영향을 미칠 수 있다. 이러한 정보처리 편향의 결과로 고정관념들은 재확인되고 더 강화되는 악순환을 거치게 되기도 한다(안상수 외, 2015).

생각해 봅시다

▶ 자신이 생각하는 남성과 여성의 차이점은 무엇이 있을까요?(생물학적, 사회문화적, 생활습관 등 차이)

▶ 성 차이에 대한 편견이나 차별을 경험해 보았나요?

▶ 여성다움, 남성다움은 무엇일까요? 성에 따른 콤플렉스에 대해 알고 있나요?(착한여자 콤플렉스, 사내대장부 콤플렉스 등)

성의식

인간은 발달과정에서 성 정체성을 형성하기 때문에 발달과정에서 경험하게 되는 사회문화와 환경적 요소는 매우 중요하다. 특히 청소년 시기는 성에 대한 정확한 지식을 습득하고 건전한 방법으로 성적 욕구를 해소할 수 있어야 하며 성에 대한 건전한 가치관을 정립해 나가야 하기 때문에 이 시기의 성의식은 매우 중요하다. 성의식은 성에 대해 개인이 가지는 체계화되고 일관성 있는 행동양식이라고 할 수 있다. 개개인의 성의식은 매우 다양하게 나타나는데 크게 전통적인 성의식과 개방적인 성의식으로 구분할 수 있다. 전통적인 성의식은 성에 대한 통제를 강조하고 결혼을 기반으로 하는 성행위만을 인정하려는 것이고 개방적인 성의식은 개인의 자유의사를 강조하고 성충동이 자유롭게 허용될 때 개인의 행복과 만족이 증대된다는 의식(김경신, 2001)이다.

성의식 발달에 지대한 영향을 미치는 요인 중의 하나는 대중매체이다. 우리는 인터넷이나 SNS를 통해 자극적이고 개방적인 성 정보에 무방비하게 노출되어 있고 이는 성충동을 유발하게 된다. 성충동은 대부분 음성화되는 경향이 있다. 이러한 성 정보로 음성화된 성 충동 경험이 누적되면 성을 순간의 즐거움을 추구하는 수단으로 여기는 쾌락주의에 자연스럽게 빠지기 쉬워서 성에 대한 올바른 정체감을 형성하는 데 방해가 된다. 따라서 학교에서는 성교육을 통해 성의 다양한 현상에 대한 비판적인 시각과 성에 관한 문제점을 바로 인식할 수 있도록 의식을 길러줄 필요가 있다.

성행동

성관계는 자신의 내면의 방에 상대를 초대하는 것이다. 자신의 자아가 성장하고 내면이 잘 정리되어 있을 때 성행위를 하는 것이 자신을 위해 바람직한 선택이 될 수 있는데, 이른 나이에는 그렇지 않을 확률이 높다. 따라서 안전하고 건강한 성행동을 위해서는 첫 경험 이전에 바른 성지식을 갖출 필요가 있다.

우리나라 첫 성경험 연령이 지속적으로 낮아지고 있다. 2018년 질병관리청이 우리나라 중1~고3까지 6만 명을 조사해 발표한 결과에 따르면 10대 청소년 중 성관계 경험률이 계속 증가하고 있다고 한다. 2017년에 5.7%, 즉 20명 중 1명 이상 성경험을 했다고 한다. 그리고 우리나라 성경험 청소년 10명 중 4명은 피임을 하지 않았다고 한다. 서울대학교 보라매병원에서 조사(2014)한 20~59세 성인 여성들의 피임법은 질외사정이 61.2%, 생리주기 조절이 20%, 남성 콘돔 착용 11%, 여성 피임약 복용이 10%로 나타났다. 이는 10년 전보다 질외사정이 늘고 콘돔 사용이 30% 이상 줄어드는 등 합리적인 피임실천을 하지 못하는 것을 볼 수 있다. 따라서 남성과 여성 성행동의 특성은 어떠한지, 그리고 성행동에 수반되는 임신과 관련해서 어떤 준비가 필요한지 살펴보고자 한다.

성차에 대한 연구결과, 남성과 여성의 성행동에 대하여 남성은 생물학적 욕구가 크고 능동적이고 충동적인 특징이, 여성은 감정적, 수동적이며 정서적 애착관계를 우선시한다는 특징이 있다는 연구가 많다. 또한 남성은 여성에 비해 시각, 후각적인 자극에 더 민감하고 성적 쾌감을 더 중시하고 성교를 통해 성적 긴장을 해소하는 경향이 더 강하고 여성은 남성에 비해 성을 사랑의 표현이며 낭만적 감정으로 인식하고 성행위보다는 로맨틱한 감정이나 파트너와의 정서적 친밀감을 더 중요하게 여긴다고 한다. 관련하여 성행위에 대한 기사를 남성과 여성에게 보여준 뒤, 기억내용에 대해서 실험한 결과, 남성은 성행위에 대한 내용을, 여성은 사랑이나 정서적 교감과 같은 내용을 더 잘 기억해 냈다(McCall et al., 2007)는 연구결과가 있다.

사랑과 관련된 화학물질은?

"두 인격의 만남은 마치 두 가지 화학물질의 접촉과 같다. 둘 사이에 반응이 있다면, 둘 다 변하게 된다."
– 칼 융

"우리가 사랑에 빠지는 순간, 우리는 천연 약품 공장과도 같아진다." – 헬렌 피셔

- 페닐에틸아민(PEA): 연인을 바라보고, 손을 잡고, 냄새를 맡을 때, 뇌에서 분비되는 신경전달물질이다. 지속기간은 2~3년이며, 그후로 감소한다. 페닐에틸아민을 함유한 것으로 유명한 음식은 바로 초콜릿이다. 페닐에틸아민은 술에든 설탕과 같고, 우리가 캔버스 위에 칠하는 옻과도 같다. 이 성분은 도파민과 세로토닌의 작용을 강화시킨다. 그것은 진정한 사랑의 화학을 형성한다.
- 에피네프린과 노르에피네프린: 부신, 척수, 뇌에서 분비되며 심장박동을 빠르게 하고 성적자극과 육체적 쾌감을 촉진하는 신경전달 물질이다.
- 세로토닌: 세로토닌은 행복이라는 단어 하나로 요약이 가능하다. 사랑에 빠지는 것 이상의 역할을 하기 때문이다. 우리가 소중한 사람과 함께하는 것이 더 강렬한 행복을 선사한다는 것을 깨닫게 한다. 그래서 이 긍정적 감정상태를 유지하기 위해 사랑의 관계에 노력과 헌신을 투자하게 된다. 세로토닌은 우리에게 낙관주의와 좋은 감정, 만족감을 부여한다.
- 엔도르핀: 뇌에서 분비되는 천연 진정제 혹은 진통제라고 할 수 있다. 엔도르핀 분비로 사랑하는 사람과 함께 있을 때 안정감과 평온감을 느끼게 된다. 그러나 사랑하는 사람과 헤어지게 되면 엔도르핀이 결핍되게 되므로 큰 스트레스를 경험하게 된다. 엔도르핀은 작용하는 기간이 길다. 그래서 사랑하는 사람과 오랫동안 애정을 유지시키는 역할을 한다.
- 옥시토신: 뇌에서 분비되고 출산 시 자궁을 수축시켜 분만을 촉진하며 젖을 만드는 데 관여하는 물질이다. 아기를 안거나 사랑하는 사람을 포옹하는 행동을 촉진시킨다. 성관계 시 오르가즘을 느낄 때 평소보다 5배 더 증가한다.

출처: 원더풀마인드(2018.4.1.). 사랑의 화학공식.

성관계를 갖기 전 점검할 것은 무엇이 있을까? 우선, 성병에 감염될 가능성을 생각할 필요가 있다. 파트너를 잘 알지 못하는 경우, 그리고 성행위 후 발생할 수 있는 일에 대해 편안하게 이야기할 만큼 친밀한 관계에 있지 않는 경우에는 그 가능성이 더 높아진다고 할 수 있다. 두 번째는 임신 가능성이다. 임신을 원하고 계획하는 경우가 아니라면 피임을 생각해야 한다. 피임을 할 것인가? 어떤 방법으로 피임할 것인가? 등을 상대방과 구체적으로 의논할 수 있어야 한다. 성경험 연령이 낮아지는 것에 비해 합리적 피임실천율은 높아지지 않고 있다. 피임(Contraception)이란 준비되지 않은 상황에서 원하지 않는 임신을 피하기 위한 것이다. 피임 종류와 원리, 이용법, 유의점과 구입방법을 구체적으로 알아보자.

피임의 종류에는 먹는 피임약, 붙이는 피임약, 살정제, 자궁 내 장치(루프), 정관수술, 난관수술, 콘돔, 월경주기법, 기초체온법, 점액관찰법이 있다. 다양한 피임방법이 있지만 각각의 방법은 사용이 용이하지 않거나 유의할 점이 많아서 이 중 아직까지 가장 안전하고 피임하기 편한 방법은 콘돔과 피임약이라고 할 수 있다.

피임방법 중 콘돔의 피임성공률은 85%로 매우 높다. 콘돔을 제대로 사용하여 피임을 실천한다면 피임뿐 아니라 성병을 예방하는 데 도움이 된다. 완전한 피임을 위해서는 다른 피임법과 함께 보조적으로 콘돔을 사용해야 한다. 다음으로 피임약은 99.8%의 높은 피임율을 보인다. 피임효과를 위해 생리 첫날부터 첫 복용을 시작해 한 달 분의 약을 매일 한 알씩 정해진 시간에 꾸준히 먹는다. 한 달 분의 약을 먹은 후 복용을 쉬는 휴약기 중에 생리가 시작된다.

병원 진료나 처방으로 가능한 피임방법은 붙이는 피임약, 자궁 내 장치(루프), 정관수술, 난관수술 등이 있다. 붙이는 피임약이나 자궁 내 장치는 한 번 시술로 상당기간 피임효과가 있는 방법이고 정관수술과 난관수술은 영구피임법으로서 자녀를 그만 낳겠다고 생각할 때 시도하는 방법이다.

이 외에 자연피임법으로 월경주기법, 기초체온법과 점액관찰법에 대해 알아보자. 월경주기법은 배란일을 계산해서 임신가능 기간에 성행동을 하지 않는 방법인데 월경주기가 일정하지 않은 경우 효과가 없다. 기초체온법의 원리는 체온변화를 통해 피임하는 방법이다. 건강한 여성은 월경주기 동안 기초체온을 측정하면 저온기가 계속되다가 약 0.3도씩 정도 상승하는 고온기가 되고 또 다시 저온기가 되면서 월경이 시작된다. 보통 저온기의 마지막 날에 고온상태와의 경계에서 체온이 저온상태보다 약간 떨어지는데 이날을 저온일이라고 하며 일반적으로 배란일은 저온일을 기점으로 전후 이틀 사이이다. 그래서 고온기를 맞이한 4일 이후부터 월경일이 시작되기 전 약 10일이 피임이 가능한 시기이므로 이를 계산하여 성관계를 피함으로써 피임을 하는 방법이다. 점액관찰법은 여성의 몸은 배란을 시작할 즈음 자궁경부에서 점액이 흘러나오는데 이 점액을 관찰함으로써 피임을 할 때는 점액이 맑아지고 투명하며 늘어지기 시작하는 점액증가 시기부터 그 절정기의 약 4일 후까지 금욕을 해야 한다. 점액관찰법은 불임 시 임신을 유도하기 위해 많이 사용되는데, 반대로 이 시기에 피임을 하여 임신을 방지할 수 있다. 그러나 이를 관찰하기가 용이하지 않다.

생각해 봅시다

다음에서 합의된 것과 더 상의해야 할 것은 무엇인지 연인과 함께 정리해 보세요.

성	• 피임은 누가, 어떻게 할 것인가? • 성관계를 원할 때와 원하지 않을 때 주고받는 신호는? • 상대방이 어떻게 해주는 것이 좋고, 어떤 것이 싫은가?

▶ 합의된 것

▶ 더 상의해야 할 것

성 관련 용어

- Sex: 생물학적인 성(남/여). 성적인 행동
- Gender: 사회문화적, 심리적인 성. 남성성(남성다움), 여성성(여성다움)
- Sexuality: 자신을 성적인 존재로 정의하는 일련의 가치나 믿음
- Pornography*: 성행위에 대하여 직접적으로 묘사한 모든 표현 양식

*성행위를 직접적으로 묘사한 포르노그래피(포르노)는 실제 우리의 일상생활에 깊이 침투해 있는 상태인데 이러한 포르노에 대해 우리 사회가 갖는 관점은 크게 두 가지로 나누어 볼 수 있다. 하나는 자유로운 성의 표현으로 보는 것이고 다른 하나는 여성과 그 육체에 대한 폭력으로 보는 것이다. 우리사회에서 포르노는 여성종속이나 비하와 폭력성과 연관되어 있어서 규제해야 한다는 입장이 다수를 차지하고 있다.

방송 〈거리의 만찬, 천개의 낙태〉와 〈베이비박스, 60일의 기록〉

낙태에 대해 생각해 보자. 임신과 출산에 대한 여성의 자기결정권과 태아 생명권에 대한 이슈는 정답이 없는 논쟁거리이다. 두 개의 동영상을 시청하고 자신의 생각을 정리해보자. 그리고 우리사회의 성문화 및 성에 대한 태도와 책임감에 대해 토의해 보자.

▶ 〈거리의 만찬, 천개의 낙태〉

▶ 〈베이비 박스, 60일의 기록〉

참/고/문/헌

김경신(2001). 대학생의 성의식 실태분석을 통한 성교육 프로그램 개발. 한국가족관계학회지, 6(1), 181-201.

김영희, 김경미(2019). 결혼과 가족. 파워북.

김중술(2007). 사랑의 의미. 서울: 서울대학교출판부. https://wonderfulmind.co.kr/chemistry-of-love.

네이버 사전. 디지털 e-한자사전. "성(性)". https://hanja.dict.naver.com/hanja?q=%E6%80%A7&cp_code=0&sound_id=0.

미래가족연구회(2011). 결혼과 가족. 양서원.

서울대학교 보라매병원(2014). 한국여성의 성생활과 태도에 관한 10년간의 간격연구: 한국 인터넷 성별조사. 서울대학교 보라매병원 비뇨기과 교수팀.

안상수, 김인순, 이정현, 윤보라(2015). 남성의 삶에 관한 기초연구 (II): 청년층 남성의 성평등 가치 갈등 요인을 중심으로. 한국여성정책연구원 보고서.

유계숙, 강수향(2010). 대학생의 성별 및 성경험에 따른 성지식 수준에 관한 연구. 한국가족복지학, 15(1), 101-118.

이기숙(2001). 결혼의 기술. 학지사.

질병관리청(2018). 청소년 건강행태 조사. 질병관리청.

Devine, P. G. (1989). Stereotypes and prejudice: Their automatic and controlled components. *Journal of personality and social psychology*, *56*(1), 5.

EBS 다큐 프라임(2011.05.13.). 아이의 사생활 2 남과 여. https://www.dailymotion.com/video/x5rftf8.

Lee, J. A. (1973). The Colors of Love: An Exploration of the Ways of Loving. Toronto: New Press.

Bomans, L. (2014). 사랑에 대한 모든 것. 민영진 옮김. 흐름출판.

McCall, K. M., Rellini, A. H., Seal, B. N., & Meston, C. M. (2007). Sex differences in memory for sexually-relevant information. *Archives of Sexual Behavior*, *36*, 508-517.

Olson, D., DeFrain, J., & Skogrand, L. (2019). *Marriage and families: Intimacy, Diversity, and Strengths*. McGraw-Hill Education New York.

Pew Research Center. (2016). "Attitudes Toward Online Dating Grow More Positive". http://www.pewresearch.org/fact-tank/2016/02/29/5-facts-about-online-dating/ft_16-02-29_onlinedating_attitudes/.

Reiss, I. L. (1960). Toward a sociology of the heterosexual love relationship. *Marriage and Family Living*, *22*(2), 139-145.

Smalley, S. L., McGOUGH, J. J., Del'Homme, M., NewDELMAN, J. O. D. I. E., Gordon, E., Kim, T. A. E., ... & McCRACKEN, J. T. (2000). Familial clustering of symptoms and disruptive behaviors in multiplex families with attention-deficit/hyperactivity disorder. *Journal of the American Academy of Child & Adolescent Psychiatry*, *39*(9), 1135-1143.

Sternberg, R. J. (1990). *Metaphors of mind: Conceptions of the nature of intelligence*. Cambridge University Press.

Sternberg, R. J. (2007, September). The concept of 'giftedness': A pentagonal implicit theory. In G. R. Bock & k. Ackrill (Ed.), *Ciba Foundation Symposium 178: The Origins and Development of High Ability*(pp. 5-21). Chichester, UK: John Wiley & Sons, Ltd.

The times (1999). True love is all over in 30 months. http://www.fact.on.ca/newpaper/ti990725.htm.

Welton. W., & Lioyde, M.A. (1977). *Applied Psychology to Modern Life*. Cengage Learning.

부록 2-1 나와 내 파트너의 사랑의 삼각형 검사

- 나와 내 파트너는 사랑의 3요소의 크기와 모양(균형)이 어떤지 비교해 봅시다.
- 사랑의 삼각형이론 척도는 친밀감, 열정, 헌신 각 15문항, 총 45문항으로 이루어져 있다. 아래의 문장들은 현재 당신이 좋아하거나 사귀고 있는 이성 친구에 대한 당신의 심리상태를 기술한 것이다. ○○에 이성친구의 이름을 생각하면서 각 문장을 읽고 ○○에 대한 당신의 상태를 잘 나타내는 정도라고 생각되는 숫자(1~9)를 적어보자.

전혀 아니다		약간 그렇다		웬만큼 그렇다		상당히 그렇다		매우 그렇다
1	2	3	4	5	6	7	8	9

문항	점수
1. 나는 ○○의 행복을 위해서 적극적으로 지원한다	
2. 나는 ○○와(과) 따뜻한 관계를 맺고 있다	
3. 나는 힘들 때 ○○에게 의지할 수 있다	
4. ○○은(는) 힘들 때 나에게 의지할 수 있다	
5. 나는 ○○와(과) 나의 모든 것을 공유할 의향이 있다	
6. 나는 ○○로부터 상당한 정서적 지지를 받고 있다	
7. 나는 ○○에게 상당한 정서적 지지를 주고 있다	
8. 나는 ○○와(과) 말이 잘 통한다	
9. 나는 내 인생에서 ○○을(를) 매우 중요시한다	
10. 나는 ○○와(과) 친밀감을 느낀다	
11. 나는 ○○와(과) 편안한 관계를 느끼고 있다	
12. 나는 ○○을(를) 정말 이해하고 있다고 느낀다	
13. 나는 ○○이(가) 나를 정말 이해하고 있다고 느낀다	
14. 나는 내가 ○○을(를) 정말 신뢰한다고 느낀다	
15. 나에 관한 매우 개인적인 정보를 ○○와(과) 공유하고 있다	
16. ○○을(를) 보기만 해도 나는 흥분된다	
17. 나는 낮에도 ○○에 대해서 생각하는 나 자신을 자주 발견한다	
18. ○○와(과) 나의 관계는 정말 낭만적이다	
19. 나는 ○○이(가) 매우 매력적이라고 느낀다	

20. 나는 ○○을(를) 이상화하고 있다	
21. 나는 ○○처럼 나를 행복하게 만들 수 있는 사람을 상상할 수 없다	
22. 나는 다른 어떤 사람보다도 ○○와(과) 함께 있고 싶다	
23. ○○와(과)의 관계보다 더 중요한 것은 이 세상에 없다	
24. 나는 ○○와(과) 신체적으로 접촉하는 것을 특히 좋아한다	
25. ○○와(과)의 관계에는 '마술적'인 점이 있다	
26. 나는 ○○을(를) 찬미한다	
27. 나는 ○○없는 인생을 생각할 수 없다	
28. ○○와(과) 나의 관계는 열정적이다	
29. 낭만적인 영화나 책을 볼 때면 ○○을(를) 생각하게 된다	
30. 나는 ○○에 대해서 공상을 하곤 한다	
31. 내가 ○○에 대해서 염려하고 있다는 것을 알고 있다	
32. 나는 ○○와(과)의 관계를 지속시키기 위해 최선을 다하고 있다	
33. 다른 사람이 우리 사이에 끼어들지 않도록 나는 ○○에 대해 헌신할 것이다	
34. 나는 ○○와(과)의 관계가 흔들리지 않을 것이라는 점에 대해 자신감을 가지고 있다	
35. 나는 어떤 난관에도 불구하고 ○○에게 헌신할 것이다	
36. ○○에 대한 나의 사랑은 남은 인생 동안 계속되리라고 예상한다	
37. 나는 ○○을(를) 위해서 항상 강한 책임감을 느낄 것이다	
38. ○○에 대한 나의 사랑은 확고한 것이다	
39. 나는 ○○와(과)의 관계가 끝나는 것을 상상할 수 없다	
40. 나는 ○○에 대한 나의 사랑을 확신한다	
41. 나는 ○○와(과)의 관계가 영원히 지속될 것이라고 생각한다	
42. 나는 ○○와(과) 사귀는 것을 잘한 결정이라고 생각한다	
43. 나는 ○○에 대한 책임의식을 느낀다	
44. 나는 ○○와(과)의 관계를 계속 유지할 작정이다	
45. 만약 ○○와(과) 갈등이 생긴다 해도, 나는 여전히 우리 관계를 유지할 것이다	

* 채점 및 해석(각 문항의 점수를 합한 후 평균을 내어 삼각형으로 그린다)

- 1번에서 15번까지의 점수를 합산한다. 이 점수가 당신의 친밀감 점수이다.
- 16번에서 30번까지의 점수를 합산하면 당신의 열정 점수이다.
- 31번에서 45번까지의 점수를 합산한 것은 당신의 헌신 점수이다.

출처: Sternberg(1990).

부록 2-2 나와 내 파트너의 사랑의 유형 검사

- 6가지 유형에 해당하는 문항 각각의 합산점수로 사랑의 유형을 판단해 보자.

문항	그렇다	아니다
1. 나는 '첫눈에 반한다'는 것이 가능하다고 생각한다		
2. 나는 한참 지난 다음에야 비로소 내가 사랑하고 있음을 알았다		
3. 둘 사이의 일이 잘 풀리지 않으면 나는 소화가 잘되지 않는다		
4. 현실적인 관점에서, 나는 사랑을 고백하기 전에 장래목표부터 생각해 보지 않으면 안 된다		
5. 먼저 좋아하는 마음이 얼마 동안 있은 다음에 비로소 사랑이 생기게 되는 것이 원칙이다		
6. 애인에게 나의 태도를 다소 불확실하게 해두는 것이 언제나 좋다		
7. 우리가 처음 키스하거나 포옹했을 때 강한 성적 욕망을 느꼈다		
8. 나는 전에 연애 상대였던 사람들 거의 모두와 지금도 좋은 친구관계를 유지하고 있다		
9. 애인을 결정하기 전에 인생 설계부터 잘해두는 것이 좋다		
10. 나는 연애에 실패한 후 너무나 우울해져서 자살까지도 생각해 본 적이 있다		
11. 나는 사랑에 빠지면 흥분되어 잠을 이루지 못하는 때가 있다		
12. 애인이 어려운 처지에 빠지면 설사 그가 바보처럼 행동하더라도 힘껏 도와주려고 노력한다		
13. 애인을 고통받게 하기보다는 차라리 내가 그 고통을 당하겠다		
14. 연애하는 재미란 그것을 진행하면서 동시에 내가 원하는 것을 얻어내는 재주를 시험해 보는 데 있다		
15. 사랑하는 애인이라면 나에 관해 모르는 것이 있다고 하더라도 그것 때문에 그렇게 속상해하지는 않을 것이다		
16. 비슷한 배경을 가진 사람끼리 사랑하는 것이 가장 좋다		
17. 우리는 만나자마자 서로 좋아서 키스했다		
18. 애인이 나에게 관심을 보이지 않으면 나는 온몸이 쑤시고 아프다		
19. 애인이 행복하지 않으면 나도 결코 행복해질 수 없다		
20. 대개 제일 먼저 나의 관심을 끄는 것은 상대방의 외모이다		
21. 최상의 사랑은 오랜 기간의 우정으로부터 싹튼다		
22. 나는 사랑에 빠지면 다른 일에는 도무지 집중하기가 어렵다		
23. 그의 손을 처음 잡았을 때 나는 사랑의 가능성을 감지했다		
24. 나는 누군가와 헤어지고 나면 그의 좋은 점을 발견하려고 무진 애를 쓴다		
25. 나는 애인이 다른 사람하고 같이 있는 것 같은 생각이 들면 도저히 견딜 수 없다		
26. 나의 두 애인이 서로 알지 못하도록 교묘하게 꾸민 적이 적어도 한 번은 있다		

27. 나는 사랑했던 관계를 아주 쉽게 그리고 빨리 잊어버릴 수 있다		
28. 애인을 결정하는 데에 있어서 가장 고려해야 할 점은 그가 우리 가정을 어떻게 생각하는가 하는 것이다		
29. 사랑에서 가장 좋은 것은 둘이 함께 살며, 가정을 꾸미고 함께 아이들을 키우는 일이다		
30. 애인의 소원성취를 위해서라면 기꺼이 나의 소원을 희생시킬 수 있다		
31. 배우자를 결정하는 데 가장 고려해야 할 점은 그가 좋은 부모가 될 수 있겠는가 여부이다		
32. 키스나 포옹이나 성관계는 서둘러서는 안 된다. 그것들은 서로 충분히 친밀해지면 자연스럽게 이루어지는 것이다		
33. 나는 매력적인 사람들과 즐기는 것을 좋아한다		
34. 나와 다른 사람들 사이에 있던 일을 애인이 알게 된다면 매우 속상해할 것이다		
35. 나는 연애를 시작하기 전부터 나의 애인이 될 사람의 모습을 분명히 정해놓고 있었다		
36. 만일 나의 애인이 다른 사람의 아기를 갖고 있다면 나는 그 아기를 내 자식처럼 키우고 사랑하며 보살펴 줄 것이다		
37. 우리가 언제부터 서로 사랑하게 되었는지 정확하게 알 수 없다		
38. 나는 결혼하고 싶지 않은 사람하고는 진정한 사랑을 할 수 없을 것 같다		
39. 나는 질투 같은 것은 하고 싶지 않지만, 나의 애인이 다른 사람에게 관심을 가진다면 참을 수 없을 것 같다		
40. 나의 존재가 애인에게 방해가 된다면 나는 이 관계를 차라리 정리하자고 말하겠다		
41. 나는 애인의 것과 똑같은 옷, 모자, 자전거, 자동차 등을 갖고 싶다		
42. 나는 연애하고 싶지 않은 사람하고는 데이트도 하고 싶지 않다		
43. 우리들의 사랑이 끝났다고 생각될 때도 그를 다시 보면 옛날 감정이 되살아나는 때가 한 번쯤은 있었다		
44. 내가 가지고 있는 것은 무엇이든지 나의 애인이 마음대로 써도 좋다		
45. 애인이 잠시라도 나에게 무심해지면 나는 그의 관심을 끌기 위해 때로는 정말 바보 같은 짓을 할 때도 있다		
46. 깊이 사귀고 싶지는 않더라도 어떤 상대가 나의 데이트 신청에 응하는지를 시험해 보는 것도 재미있는 일이다		
47. 상대를 택할 때 고려해야 할 중요한 것은 그가 자신의 직업을 어떻게 생각하는가 하는 것이다		
48. 애인과 만나거나 전화한 지 한참 되었는데도 아무 소식이 없다면 그에게 그럴 만한 이유가 있기 때문일 것이다		
49. 나는 누구와 깊게 사귀기 전에 앞으로 아기를 가지게 될 경우 유전적 배경이 서로 잘 맞는지부터 먼저 생각해 본다		
50. 가장 좋은 연애관계란 가장 오래 지속되는 관계이다		

• 애정유형검사 분석표

애정유형검사 50개 문항 중 '그렇다'고 답변한 문항의 번호를 아래에서 찾아 ○표를 하고 각 유형별로 자신이 표기한 ○표 개수와 백분율을 해당란에 적는다. 여섯 개의 백분율 값 중 가장 높은 것이 자신의 유형이다.

동료적 사랑	이타적 사랑	실용적 사랑	소유적 사랑	낭만적 사랑	유희적 사랑
2	12	4	3	1	6
5	13	9	10	7	14
8	19	16	11	17	15
21	24	28	18	20	26
29	30	31	22	23	27
32	36	38	25	35	33
37	40	42	39	41	34
50	44	47	43		46
	48	49	45		
합계(　　)개 %	합계(　　)개 %	합계(　　)개 %	합계(　　)개 %	합계(　　)개 %	합계(　　)개 %

출처: 김중술(2007).

부록 2-3 나의 성지식 검사

※ 문제를 읽고 맞다고 생각하는 곳에 ○표시하세요.

문항	○/X
1. 남성이 여성보다 오르가슴에 빨리 도달한다	
2. 남성의 성기는 발기가 되어야만 사정할 수 있다	
3. 부부가 동시에 오르가슴에 도달하지 않아도 원만한 성생활을 유지할 수 있다	
4. 부부 중 한쪽이 자위행위를 하는 것은 성생활이 원만하지 못하다는 징후다	
5. 자궁절제술을 받은 여성은 수술 후 성관계에서 오르가슴을 경험하지 못한다	
6. 성적 욕구가 가장 강한 시기는 남성은 10대 후반~20대 초반 여성은 30대이다	
7. 여성은 생리 중에도 임신이 가능하다	
8. 일반적으로 연령이 60세가 지나면 성에 대한 관심이 없어진다	
9. 남성이 느끼는 오르가슴은 여성이 느끼는 오르가슴보다 쾌감이 더 크다	
10. 콘돔을 사용하면 임신과 성병을 예방할 수 있다	
11. 여성의 질 액이 분비되는 것은 남성의 발기상태와 마찬가지로 성적으로 흥분상태임을 나타내는 것이다	
12. 입으로 성기를 애무하는 행위는 성병에 걸릴 위험성 때문에 비위생적이다	
13. 성관계 도중 성적인 공상을 즐기는 것은 자신의 성생활에 만족하지 못하기 때문이다	
14. 성교 횟수가 많을수록 부부관계가 좋다	
15. 여성은 자신의 성기를 손으로 자극하여 오르가슴에 도달할 수 있다	
16. 여성은 폐경이 되면 성욕이 눈에 띄게 감소한다	
17. 여성도 남성처럼 자주 성욕을 느낀다	
18. 가장 효과적인 피임법은 성교 후 여성의 질 속을 씻어 내는 것이다	
19. 남성은 성교 직후 잠시 성적 자극에 반응할 수 없다	
20. 남성의 성기가 클수록 성교 시 여성의 만족감도 크다	
21. 여성은 폐경기가 시작되면 더 이상 임신이 불가능하다	
22. 남성의 발기 현상은 음경에 혈액이 들어차기 때문에 생긴다	
23. 여성은 한 번의 성교에서 여러 번 오르가슴을 경험할 수 있다	
24. 대부분의 여성은 오르가슴에 도달하지 않아도 성생활을 즐길 수 있다	
25. 여성의 성기에서 성적 자극에 가장 민감한 부위는 음핵(클리토리스)이다	
26. 삽입 성교 시 3분이 지나면 여성은 고통을 느낄 수 있다	

[○ 표시 정답] 1, 3, 6, 7, 10, 11, 15, 17, 19, 22, 23, 24, 25, 26

출처: 유계숙, 강수향(2000)을 참고하여 수정함.

만남과 헤어짐

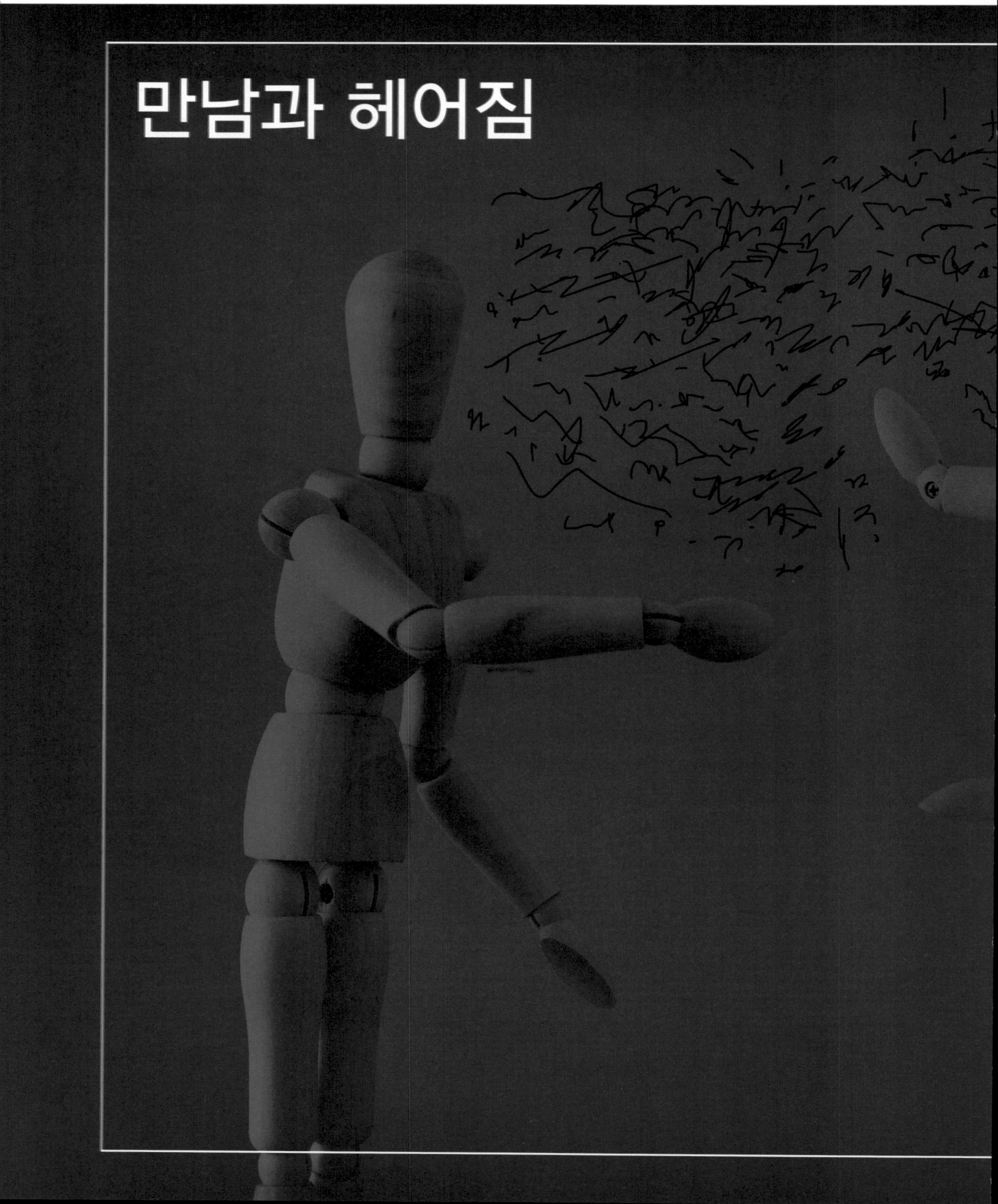

03 CHAPTER

챕터 개요

이 장에서는 연애 과정에서 이루어지는 만남과 헤어짐에 대해 알아본다. 만남 부분에서는 연애의 기능은 무엇이며 파트너 선택 시 중요한 점은 무엇인지 살펴본다. 헤어짐 부분에서는 헤어지는 과정에서 경험할 수 있는 감정과 행동 그리고 애착유형에 따라 헤어짐에 대한 태도가 어떻게 다른지 살펴본다. 그리고 배우자 선택 이론을 살펴봄으로써 배우자 선택 과정을 이해한다.

만남

- 파트너를 선택할 때 무엇이 중요할까?

헤어짐

- 사랑이 잘못되어 갈 때
- 애착유형과 헤어짐에 대한 태도
- 교제폭력(Intimate Partner Violence)

배우자 선택과 배우자 선택 이론

- 배우자 선택 이론

주요 용어

만남, 헤어짐, 연애의 기능, 애착유형, 교제폭력, 배우자 선택, 배우자 선택 이론

03 CHAPTER 만남과 헤어짐

만남

관계는 만남을 통해 이루어진다. 연애와 같은 친밀한 관계는 데이트를 통해 시작되는데, 함께 시간을 보내고 의사소통하는 과정에서 서로의 성격, 기질, 가족, 현재의 인간관계 등에 대해서 알게 된다. 만남의 횟수가 더해가고 두 사람이 함께 한 시간이 많아지면서 상대방의 과거와 현재를 이해하고 장단점을 파악하고 미래를 함께 계획할 수 있게 된다. 좋은 만남은 살아가는 데 큰 에너지가 되고 성장과 성숙을 경험하게 한다. "결혼은 연애의 결과"라는 말이 있듯이 연애과정은 단순히 친밀한 관계를 통해 정서적 지지 획득 기능 이외에 배우자선택과 결혼생활 탐색과 같은 중요한 기능을 가진다.

연애(戀愛)는 남녀가 서로 만나면서 사랑을 이어가고 그리워한다는 뜻이 있으며, 영어로는 데이트(date) 또는 로맨틱한 관계에 있다(have a romantic relationship)는 뜻이 있다. 두 사람이 친밀감을 형성하며 애정을 발전시켜 나가는 연애 과정을 통해 두 사람은 평생 동반자로 함께할 것인지, 또는 만남을 중단할 것인지를 결정한다. 연애 경험은 건강한 인간관계를 배우고 성장의 경험을 제공해주기도 하지만 큰 시련과 아픔을 남기고 지울 수 없는 상처를 주기도 한다.

대학 생활은 오랫동안 관계가 지속되는 진지한 파트너를 만날 좋은 기회가 된다. 퓨 연구소(Pew research center, 2006)에 따르면 결혼을 하거나 헌신적인 파트너가 있는 사람 중 38%가 학교나 직장에서 만남이 이루어졌다고 한다. 일반적으로 건강하고 지지적인 관계를 유지하는 사람들이 더 행복하다고 한다. 이는 과학적으로도 증명이 가능한 사실인데 사랑에 빠지면 옥시토신이 증가하여 소속감과 안정감이 촉진되므로 사람들과 더 잘 지낼 수 있는 능력이 생긴다. 심리학자들은 오랫동안 연인과 안전한 관계를 유지하면 더 행복하고 건강하며 생산적인 삶을 사는 데 큰 도움이 된다는 사실들을 밝혀왔다.

콘스탄틴과 케이스(Constantine & Keith, 1994)는 친밀한 파트너가 있을 때의 장점을 12가지로 밝혔다.

1. 동반자 관계(Companionship or Affiliation)
2. 행복의 느낌(Feeling of Happiness or Elation)
3. 독점(공식적인 남자친구와 여자친구)(Exclusivity: The state of being in a relationship with someone where you are officially boyfriend and girlfriend, and there is no-one else involved)
4. 사랑하는 감정(Feeling Loved or Loving Another)
5. 친밀감(Intimacy: Include mutual understanding, trust, and sharing)
6. 자기 성장과 자기이해(Self-Growth and Self-Understanding)
7. 관계 전문가(Expertise in Relationships)
8. 긍정적인 자존감(자기 존중과 자신감)(More Positive Self-Esteem: include higher self-respect and self-confidence)
9. 성적 만족(Sexual Gratification)
10. 안전감(Feeling Secure)
11. 다른 성에 대해 배움(Learning about Other Sex)
12. 파트너의 친구나 친척으로부터의 사회적 지지(Social Support from Partner's Friends or Relatives)

그러나 연애에는 부정적 측면도 있다. 연애감정은 큰 감정 에너지를 수반하므로 그만큼 신경을 많이 쓰게 되고 일에 집중력이 저하될 수 있다. 또 사고방식, 가치관, 생활양식의 차이로 인해 갈등이 나타날 수 있다. 연인 간 오해나 갈등이 생기면 해결하는 데 시간을 할애하게 되어 자신에게 주어진 학업이나 일에 투자할 수 있는 시간과 에너지가 부족해 지장을 받을 수 있다. 연애가 일반적으로 남녀 간에 이루어진다고 했을 때 남성과 여성은 같은 상황을 다른 의미로 해석하거나 기대하는 역할이나 행동도 다를 수 있다. 남성과 여성이 상대방에게 요구하는 외모나 성격에 대한 기준이 다를 수 있고, 성행동에 대한 태도나 결혼을 전제로 하는지 등에서도 생각의 차이가 나타날 수 있으며, 이는 갈등을 초래하게 된다.

이러한 단점은 자신에 대한 조절과 절제, 서로에 대한 이해과정을 통해 조정이 가능하다. 연애가 갖는 장단점을 모두 이해하고 청년기 발달과업으로서의 친밀한 관계 맺기를 잘 해낸다면 이는 행복감과 삶의 질에 긍정적인 관계적 자원으로 기능할 수 있다.

연애의 기능

- 사회화 기능: 서로 공감대를 형성하고 친밀감을 형성하는 등 사회적 기술을 습득하게 된다. 두 사람이 상호작용하면서 서로 상대방이 기대하는 역할에 맞추고 적응함으로써 사회화를 경험한다. 또한 자신의 장단점을 파악하게 되고, 다양한 상황에서 자신을 반성하여 자아의식과 정서적인 안정감을 발달시키게 된다.
- 오락의 기능: 연애는 즐거운 경험을 제공하고 여가를 즐길 수 있다. 지금까지 해보지 못한 경험을 새롭게 시도할 수 있고 여러 가지 차원의 함께 하는 즐거움을 느낄 수 있다.
- 동반자 기능: 일상을 공유하고 서로의 필요와 욕구를 충족하며, 외로움과 쓸쓸함보다는 사랑을 나눌 수 있다.
- 사회적 지위 달성의 기능: 다른 사람에게 청년기 발달과업인 '친밀감' 형성과정을 수행하고 있다는 인식을 갖게 할 수 있다. 이성교제를 하고 있다는 것은 자신에게 또 다른 지위나 역할을 부여하는 작용을 할 수 있다.
- 인격의 성장기능: 자신이 상대방에게 어떤 영향을 미치는지 알 수 있고, 성숙한 대인관계의 기술을 익히며, 파트너에 대한 막연한 환상을 버리고 경험을 통해

특정 사회적 상황에서 구체적으로 자신의 사고나 행동을 조절할 수 있는 능력을 기르게 된다. 이를 통해 인격의 성숙과 성장을 경험하게 된다.

- 배우자 선택의 기능: 배우자를 선택할 수 있게 한다. 데이트를 함으로써 이 사람과 평생 함께하며 헌신할 수 있을 것인지 아니면 이 만남을 중단할 것인지를 결정하게 된다. 즉 연애는 궁극적으로 배우자 선택이라는 잠재적 목적을 지닌다고 할 수 있다.

교제 상대 유무와 결혼의향

보건사회연구원(2018) 연구결과, 미혼남녀의 과반수는 교제 상대가 없는 것으로 나타났다. 특히 미혼남성과 미혼여성 모두 나이가 많아질수록 교제 상대가 없는 비율이 높았고 교제 상대가 없는 이유도 비자발적인 이유가 많았다. 이성 교제를 하지 않는 구체적인 이유를 살펴보면, 남성들은 '적당한 상대를 만나지 못해서'가 가장 높았다. 두 번째는 '이성 교제의 필요성을 느끼지 못해서'였다. 20대 남성의 경우 '일과 학업에 집중하고 싶어서'의 비율도 높았다. 남녀차이를 보면, 남성은 여성에 비해 '금전적인 부담 때문에' 교제를 하지 않는 비율이 높았고, 여성은 '이성 교제의 필요성을 느끼지 못해서', '혼자만의 자유로움, 편안함을 잃고 싶지 않아서'가 남성보다 높았다.

자신의 인생에 함께할 동반자를 찾는 데 데이트는 필수요소라고 할 수 있는데, 실제로 연애를 하는 사람들의 결혼의향이 더 높다는 연구결과(권소영 외, 2017)가 있다.

파트너를 선택할 때 무엇이 중요할까?

신체적 매력(Physical Attractiveness)

신체적 매력은 파트너를 선택할 때 가장 중요한 요소(Herz & Inzlicht, 2002)라는 견해가 있다. 만남에서 외모를 중요하게 생각하는 이유는 건강하게 보여서, 예쁜

(멋있는) 사람이 성격도 좋을 것 같아서, 상대가 아름다우면(외모가 출중하면) 내가 능력 있어 보여서 등 여러 가지가 있는데 우리는 보통 더 아름답고 멋있는 사람을 더 매력 있게 생각하는 경향이 있다.

성격(Personal Characteristics)

성격은 만남을 지속하게 하는 가장 중요한 요소로 작용한다. 버스와 동료들(Buss et al., 2001)은 50년 동안의 연구에서 남녀가 결혼파트너 결정 시 매우 중요하게 생각하는 몇 가지 특성이 있음을 발견했다. 신체적 매력은 시간이 지남에 따라 남녀 모두에게 덜 중요해졌다. 그 대신 상대적으로 파트너를 신뢰할 수 있는지, 자신의 감정을 안정감 있고 좋은 기분으로 유지할 수 있는지가 더 중요해졌다고 하였다.

유사한 성격과 상반된 성격 중 어떤 사람에게 더 매력을 느낄까? 어떤 사람과 만났을 때 관계가 더 좋을까? 실제로 행복한 부부에게 성격이 서로 유사한지 상이한지, 즉 성격유사성은 부부관계 만족도에 미치는 영향이 크지 않다고 한다. 오히려 얼마나 수용적인지, 너그러운지, 혹은 서로를 배려하는지 등이 더 중요하다고 한다.

일에 대한 협조, 가사/육아에 대한 태도, 학력, 직업, 건강 등

실제로 우리나라 미혼남녀의 배우자 조건을 살펴보면(보건사회연구원, 2018), 전반적으로 남녀 모두 배우자 조건으로 성격, 건강, 가사육아태도, 일에 대한 이해와 협조를 중요하게 생각하였다. 연령이 낮을수록 학력, 직업, 경제력이라는 조건을 중요하게 생각하였다. 주목할 만한 부분은 20대에서 30대 초반 남성의 경우 절반 이상이 여성의 '직업'과 '경제력'이 배우자 조건에서 중요하다고 생각하는 것으로 나타나 청년세대 남성에게 배우자에 대한 조건 중 '경제력'의 중요성이 점점 높아 가고 있는 사실을 알 수 있다. 또한, 미혼여성들의 배우자조건에 대한 응답에서 전 연령대에서 그동안 그 중요성이 컸던 남성의 경제력보다 '가사나 육아에 대한 태도'가 더 중요하다고 응답했다는 점도 주목할 만하다. 더 젊은 여성일수록 배우자의 조건에서 가사나 육아에 대한 태도, 일에 대한 이해와 협조가 중요하다고 응답하였다. 청년세대는 더 이상 결혼 후 남성은 경제력, 여성은 육아를 전담하는 전통적 역할규범을 받아들이지 않는다는 것을 알 수 있다.

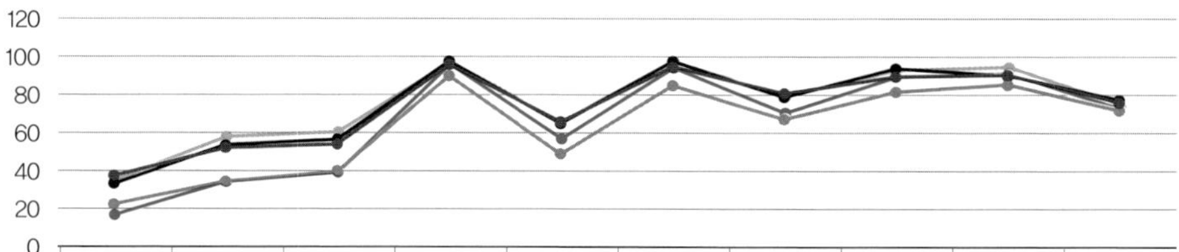

	학력 (%)	직업 (%)	경제력 (%)	성격 (%)	외모 등 신체조건 (%)	건강 (%)	공통의 취미 유무 (%)	일에 대한 이해, 협조 (%)	가사나 육아에 대한 태도(%)	가정환경 (%)
20~24세	34.6	57.4	60.0	96.5	65.5	96.9	79.1	92.6	94.2	74.8
25~29세	33.2	53.7	56.5	97.6	64.9	97.6	78.8	93.9	90.2	77.4
30~34세	37.5	52.1	54.0	95.8	65.8	94.8	80.7	89.6	90.5	76.1
35~39세	16.3	33.9	38.8	95.5	56.4	93.7	70.0	89.0	90.8	72.3
40~44세	22.4	34.5	39.6	89.9	48.8	84.9	67.2	81.6	85.5	71.8

그림 3-1 미혼남성의 배우자 조건

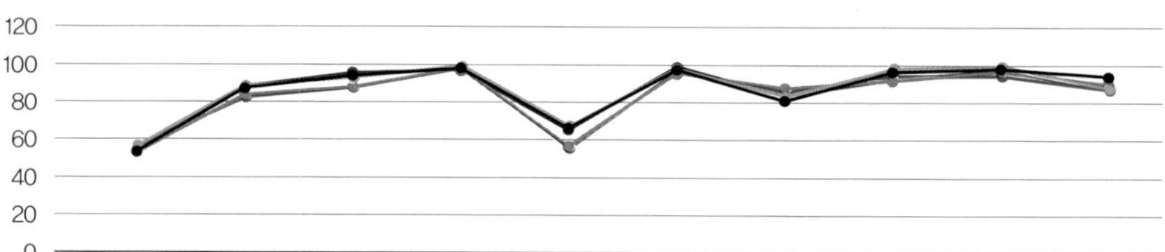

	학력 (%)	직업 (%)	경제력 (%)	성격 (%)	외모 등 신체조건 (%)	건강 (%)	공통의 취미 유무 (%)	일에 대한 이해, 협조 (%)	가사나 육아에 대한 태도(%)	가정환경 (%)
20~24세	56.2	88.5	92.8	99.1	66.8	98.0	83.0	97.9	99.2	87.6
25~29세	53.4	87.4	94.0	98.0	66.1	97.5	80.9	96.4	98.1	64.1
30~34세	56.1	88.2	95.6	97.1	65.2	99.2	83.7	92.4	97.2	87.9
35~39세	52.9	83.7	87.9	98.0	56.5	95.8	87.6	91.7	96.6	89.8
40~44세	55.9	82.1	87.4	97.9	55.3	96.7	85.2	93.9	93.9	86.6

그림 3-2 미혼 여성의 배우자 조건

출처: 한국보건사회연구원(2018). 전국출산력 및 가족보건복지 실태조사.

생각해 봅시다

'이상형'에 대해 생각합니다. 이 시간에는 '내가 원하는 사람이 어떤 사람인지'와 함께 '나는 내 파트너에게 어떤 사람이 되고 싶은지'도 생각해 봅시다.

▶ 내 파트너는 어떤 사람이면 좋을까? (내가 생각하는 배우자 조건 우선순위 1, 2, 3)

▶ 나는 내 파트너에게 어떤 사람이 되고 싶은가?

결혼경사(marriage gradient)

일반적으로 배우자를 선택할 때, 여성들은 남성들이 자신보다 더 나은 조건의 상대를 원하기 때문에 남성들은 학력이나 직업, 경제력 등에서 낮은 지위의 사람들이 남게 되고, 여성들은 최상위 지위에 있는 사람들이 남게 되는 현상을 일컫는 말이다.

▶ 남성과 여성의 상이한 배우자 조건과 결혼경사가 어떤 관계가 있는지 토론해 봅시다.

헤어짐

한번 연인관계가 되었다고 해서 이러한 관계가 영원할 것으로 기대하기는 어렵다. 연인들은 연인들의 수만큼 많은 이유로 헤어짐을 경험하게 된다.

시간과 공간의 문제가 헤어짐을 경험하게 한다. 한 사람은 시간 압박이 많은 상황인데 다른 사람은 연인관계에 몰입하고 싶을 때, 서로의 마음은 일치하나 공간적으로 너무 멀리 떨어져 있고 자주 만나지 못할 때 애정에 금이 가기도 한다. 타인과의 관계에서 누구나 자신이 느끼기에 편안한 심리적 거리가 있게 마련이다. 한 사람은 나만의 시간, 내 활동 영역을 확보하는 것이 중요한데 다른 사람은 그것이 용납되지 않을 때, 모든 것을 공유해야 한다고 생각할 때 갈등이 생기기도 한다. 한 사람은 이를 사랑이고 관심이라고 이야기하고 다른 사람은 이를 구속이고 속박이며 간섭이라고 여기는 것이다. 연인 사이에 적절한 거리에 대한 공감이 있거나 어느 한쪽이 상대방에게 맞춰줄 수 있을 때는 문제가 되지 않지만 이에 대한 갈등이 누적된다면 그 관계는 오래 지속되지 못한다.

매력적이라고 느꼈던 이유가 헤어지는 이유가 되기도 한다. '운동을 잘하고 사교적이어서' 매력을 느끼고 좋아하게 되었던 파트너가 '운동만 하고, 운동하는 사람들과 어울리는 시간이 너무 길어서' 헤어지고 싶어지게 되기도 하고, 화려하고 멋있는 모습에 매력을 느꼈는데 만남이 이어지다 보니 '사치스럽고 너무 꾸미는 것을 좋아해서' 헤어지고 싶었다는 커플도 있다. 사람이 달라진 것은 아닌데 그를 보는 내 마음이 변해서 이별을 생각하기도 한다.

사랑이 잘못되어 갈 때

자신을 사랑하고 자존감이 높은 것은 좋은 만남을 유지하는 데 도움이 되지만 자아도취에 빠져 있거나 자기애가 강한 사람과 오랫동안 관계를 유지하기는 쉽지 않다. 심한 질투를 하거나, 통제적인 행동을 하는 것 역시 사랑하거나 사랑받는 관계를 저해한다.

자기애(Narcissism)

자기애가 강한 사람은 자신이 다른 사람보다 특별하고 똑똑하고 더 매력적이라고 느낀다. 늘 타인의 관심을 받고자 하며 자신의 재능이나 이룬 일에 대해 과장해서 포장하거나 인정받기 위해 자랑하는 특성을 보이며 특권의식이 있다. 그래서 파트너가 인정하고 칭찬해 주기를 원하고 작은 지적이나 비난조차 참지 못하는 경향이 있다. 자신감은 있어 보이지만 내면은 약한 것이다. 자기애가 강한 사람과 만남을 지속하다 보면 타인에 대한 배려가 부족한 자기중심적인 모습에 지치게 되기도 한다.

질투(Jealousy)

질투는 일반적으로 잃게 될 것, 또는 개인이 가치 있게 생각하는 것(특히 인간 관계의 영역)을 잃게 될 것이라는 생각으로부터 오는 우려나 두려움, 불안이라는 부정적인 사고와 감정에 관련된 말이다. 질투는 사랑하는 사람이 자기 아닌 타인에게 애정을 준다고 화가 나고 잔소리를 할 때 생긴다.

사랑은 신뢰와 존경을 기반으로 할 때 깊어진다. 반대로 질투는 일반적으로 불안, 낮은 자존감, 소유욕과 같은, 건강하지 못한 표현이다. 질투하는 사람은 파트너에게 의존적이거나 파트너보다 감정적으로 더 깊이 사랑에 빠져 있거나 누군가의 파트너로서 스스로에 대하여 자신감이 없다고 생각하는 경향이 있다. 우리는 누구나 질투의 감정을 느낄 수 있지만 질투가 심하게 되면 관계를 해치게 된다. 질투하는 사람은 자기 자신이 하는 부정(속임)으로 인하여 오히려 상대를 의심하기도 하고 다른 경우, 질투는 현실 또는 상상의 경쟁자가 계기가 되어 일어나기도 한다. 가끔 너무 사랑하기 때문에, 사랑의 증거로 질투하는 감정이 생긴다고 하지만 질투는 대부분의 연인관계에서 적의적이고 파괴적이다(Benokraitis, 2015).

생각해 봅시다

- ▶ 연인들은 왜 질투하는가?
- ▶ 질투는 사랑의 증거인가?
- ▶ 여성이 남성보다 질투가 더 많은가?

통제 행동

연인들은 자신들의 관계가 자유롭고 융통성 있게 유지되기 바란다. 서로 공유영역과 자율적인 영역이 적절히 조화를 이룰 때, 그리고 그러한 조화에 대해 서로 동의할 때 원만한 관계가 지속적으로 이루어질 수 있다. 그런데 어떤 이는 파트너를 통제하려는 성향을 보인다. 이는 자신의 관점에서 상대를 보고 자신이 바라는 대로 상대를 조종하려고 하는 것이다. '나를 사랑한다면…….' 하는 조건으로 자신의 행동을 정당화하는 전략을 사용하는 등 파트너의 행동을 감독하고 제어한다. 또 상대의 기분을 조작해 상대가 잘못된 행동을 한 것처럼 생각하게 해서 더 의존적이게 하는 것도 이에 포함된다. 예를 들어, 개인적인 공간을 자꾸 침범한다거나, 의견이 일치하지 않을 때 이를 이해부족으로 몰아붙인다거나 항상 자신만이 올바른 것처럼 이야기하는 것 등이다.

토론해 봅시다

▶ 누군가에게 헤어지자고 이야기한 적이 있습니까? 그 이야기를 어떻게 했습니까?

▶ 누군가로부터 헤어지자는 이야기를 들은 적이 있습니까? 그 상황을 어떻게 받아들였나요?

▶ 만남처럼 헤어짐도 중요한 과정입니다. 어떻게 헤어지는 것이 좋을까요?

애착유형과 헤어짐에 대한 태도

애착유형에 따라 헤어짐에 대한 태도도 다르게 나타난다. 올슨과 동료들(Olson et al., 2014)은 성인 애착유형을 안정형, 회피형, 불안형, 혼란-공포 회피형으로 구분하였다. 이러한 애착유형은 연인과의 원만한 관계에 있을 때와 연락이 되지 않거나 관계에 어려움이 있을 때의 행동에 차이를 가져온다.

안정형은 아동기 때 부모와 지속적인 대화를 나누며 생활을 했고 자녀의 심리상태에 민감한 부모 밑에서 자랐을 확률이 높다. 안정형 연인들은 파트너와 갈등 상황에서 대화를 거부하거나 상처를 주기보다는 침착하게 문제를 잘 풀어나가는 능숙함이 있다. 연인과 연락이 되지 않거나 떨어져 있을 때도 불안해하지 않는다.

회피형은 자신의 공간과 경계가 침범 받는 것을 싫어한다. 이 유형은 연인에게도 적당한 거리를 요구한다. 감정을 잘 드러내지 않고 모호한 관계를 선호하는데, 파트너는 회피형 연인에게 거리감을 느끼거나 자신들이 진지한 관계인지 가벼운 관계인지 그 상태를 잘 구분하지 못할 수 있다. 회피형 연인은 자신만의 시간과 공간을 유지하는 것이 중요하기 때문에 이를 잘 지켜주는 연인과 원만한 관계를 유지할 수 있다.

불안형은 회피형과 반대로 연인과 연락이 되지 않으면 매우 불안하며 두려워한다. 이 유형은 연인과 친밀감을 넘어 밀착을 원한다. 이들은 파트너의 반응에 민감하고 많은 에너지를 연인에게 쏟는 경향이 있다. 불안형 연인은 덜 걱정하도록 자주 연락하고 배려하고 안심시켜 줄 수 있는 파트너와 좋은 관계를 유지할 수 있다.

혼란-공포 회피형은 남들과 가까운 관계를 원하기는 하지만 많이 가까워지면 편안해지지 않는 유형이다. 연인과 가까워지면 자신이 상처받을 것을 두려워하는 등 연인을 완전히 신뢰하거나 의지하기 어려워하는 유형이다.

나와 파트너의 애착유형을 이해하는 것이 중요하다. 연인의 행동을 주관적으로 해석하지 않고 애착유형에 따른 행동 패턴을 객관적으로 해석할 필요가 있다. 서로 애착유형을 안다면 상대방에 대하여 어떤 부분을 더 주의하고 존중해야 하는지, 연인이 화를 내는 이유가 무엇인지 더 깊이 이해할 수 있을 것이다.

교제폭력(Intimate Partner Violence)

교제폭력(친밀한 관계에서의 폭력)은 연인관계에서 한 사람이나 쌍방이 폭력을 행사하는 것으로 심리적, 신체적, 언어적, 성적 폭력을 뜻한다(Straus, 2004). 일반적으로 폭력은 상대가 원하지 않는데도 힘을 가하여 때리거나, 밀거나, 발로 차거나, 물건을 던지는 등의 행동을 의미한다. 교제폭력은 그동안 신체적 폭력에 초점을 맞춰져 있다가 최근에 심리적 폭력에 관심이 증가하고 있다. 심리적 폭력은 신체적 폭력과는 달리 가시적이지는 않지만, 내면에 오래도록 남아 더욱 큰 고통을 초래할 수 있다(Karakurt & Silver, 2013; 박경은, 2017). 심리적 폭력은 연인이나 친밀한 관계에서 얼마든지 일어날 수 있는데 통제(control)와 간섭(interfere)으로 이루어진다. 자신이 원하는 방식을 강요하고, 상대방의 생활방식이나 욕구, 의견을 무시하고 통제한다. 그런데 이러한 폭력은 보통 한 번으로 끝나지 않고 반복되는 것이 일반적이다. 교제폭력은 가해자가 친밀한 관계를 이용하여 힘으로 상대를 통제하고 간섭함으로써 애착과 불안, 두려움을 동시에 느끼게 하고 폭력의 굴레에서 계속 벗어날 수 없게 만든다. 이를 폭력의 사이클이라고도 표현하는데, 폭력을 당하는 사람은 상대가 폭력을 행사하더라도 저항을 하지 않거나 저항을 하더라도 그것을 멈추게 할 수 있는 대안이 없어서 지속적으로 교제폭력을 당하게 된다. 어떤 사람은 폭력의 원인이 자신에게 있다고 생각하거나 친밀한 관계에서 폭력은 가끔 일어날 수 있다고 받아들이고, 건강하지 못한 자아를 가지고 있는 사람이면 혼자 있기보다는 폭력을 당하더라도 파트너와 함께 있는 것이 더 낫다고 생각하기도 한다.

교제폭력과 함께 생각해 볼 수 있는 것은 교제강간(date rape)이다. 교제하는 동안 교제 상대에게 행해지는 성폭력을 교제강간이라고 하는데 남성이 여성에게 강요하는 경우가 대다수이지만 최근에는 남성 피해자의 사례도 보고되고 있다.

교제강간 관련 요인으로는 첫째, 폭력을 한 당사자가 자라왔던 성장기 가족환경과 그 가족으로부터 건강하지 못한 관계와 학대 경험들, 둘째, 폭력을 수용하는 태도, 성 가치관, 인성, 셋째, 성적인 행위가 허용되는 장소나 성 관련 내용의 비디오 시청 등과 같은 상황적인 여건이 있다(김예정, 김득성, 1999; 서경현, 이영자, 2001; Foo & Margolin, 1995). 여성에게 폭력을 쓰는 남자들의 특징은 여성에게 폭력을 행사한 남성에 대해서 옹호하는 표현을 한다(Stratmoen et al., 2018)고 한다. 그들은 남성다움을 강조하고, 폭력은 남자의 자존심이라고 표현하면서 이를 강하게 지키고자 하는 경향이 있으며(Vandello & Cohen, 2008), 자존심을 상하게 하는 경우 남성 여성 가릴 것 없이 폭력의 정당성을 부여하기도 한다(전영실 외, 2007; 이석재, 최상진, 2001; 유외숙, 박경, 2004).

교제폭력은 이를 인식하는 데서 해결의 열쇠를 찾을 수 있는데, 워커(Walker, 1984)는 피해자가 폭력을 가하는 가해자의 애정에 대한 욕구와 폭력으로 인한 상처와 갈등을 분별할 수 있는 능력을 갖춰서 폭력의 책임을 가해자에게 돌리고 피해자의 관계 상실에 대한 두려움을 줄일 수 있어야 한다고 하였다. 이러한 역동은 폭력의 순환을 끊어내는 데 가장 큰 힘으로 작용할 수 있는데 폭력의 사이클을 끊기 위해서는 피해자에게 심리적, 관계적, 사회적 지원이 필요하다.

배우자 선택과 배우자 선택 이론

연인관계가 오래 지속되면 결혼을 생각하게 된다. 배우자 선택 과정이 결혼 당사자들에 의해 이루어지지 않았던 시대도 있었지만, 현대사회에서는 대부분 자발적으로 배우자를 선택한다. 배우자 선택 과정은 결혼생활에서의 행복과 불행을 좌우할 수 있다. 내가 선택한 파트너는 호감과 매력을 바탕으로 한 인격 대 인격의 결합이자, 사랑과 애정에 기반한 관계여야 한다. 인생의 동반자로서 지속적으로 좋은 관계를 유지할 수 있을 것인가, 그리고 내 가족과 사회적 관계에도 원만하게 적응할 것인가 등 심사숙고하여 배우자를 선택할 필요가 있다.

배우자 선택 이론

배우자 선택 과정은 개인적인 차원에서는 우연히 혹은 운명적으로 이루어졌다고 여겨질 수 있지만 사실 배우자 선택 과정에 어떤 규칙이나 패턴이 있다고 한다. 배우자 선택 과정은 사회와 역사적 배경에 따라 다르고 인간의 정서가 개입되는 문제라는 점에서 과학적으로 이론화하기가 쉽지 않지만 많은 학자들이 이를 설명하고자 시도해왔다.

배우자 선택 이론인 동질성 이론과 보완욕구 이론, 사회교환이론과 공평이론, 여과망 이론, 자극-가치-역할(SVR) 이론, 결혼 전 배우자 관계형성 이론 등을 살펴보고자 한다.

동질성 이론 vs 보완욕구 이론

- 동질성 이론: 사람들은 자신과 비슷한 태도나 조건을 가진 사람에게 매력을 느끼고 그 결과 여러 가지가 유사한 사람들과 결혼하게 된다는 이론이다. 유사성의 특성은 연령, 교육수준, 지능, 사회적인 지위, 종교, 인종, 흥미, 태도, 가

치관 등이 있는데 이러한 여러 가지 특성이 유사할 때 공감대가 크고 서로 이해의 폭이 넓어 배우자로 더 선택하게 된다는 것이다.

- **보완욕구 이론**: 두 사람 사이에 서로를 보완해 줄 수 있는 특성이 있을 때 서로 매력을 느낀다는 이론(Winch, 1955)이다. 배우자를 선택할 때 의식적이든 무의식적이든 여러 특성을 살펴보게 되는데 성격과 같은 특성은 서로 보완이 될 때 더 매력적으로 느낀다는 것이다. 성격이 급한 사람은 좀 느긋한 사람에게, 소극적인 사람은 적극적이고 추진력이 강한 사람에게 더 매력을 느끼고 이러한 보완적인 특성이 서로를 배우자로 더 적합하게 여긴다는 이론이다.

동질성 이론은 상대방과 유사한 특성에, 보완욕구 이론은 서로 다른 특성에 끌린다는 이론으로서 일견 상반되는 이론으로 보인다. 배우자 선택에 있어서 파트너가 나와 유사하기를 바라는 특성도 있고 서로 다르기를 바라는 특성도 있어서 두 가지 이론은 각각 배우자 선택 과정을 부분적으로 설명하고 있다고 할 수 있다.

사회교환이론과 공평이론

- **사회교환이론**: '최소한의 비용으로 최대의 보상을 얻는다'는 고전 경제학의 행위원리를 배우자 선택에 적용한 이론이다. 배우자 선택을 할 때 누구나 본인에게 가장 많은 보상을 줄 수 있는 사람을 배우자로 선택한다는 것이다. 보상에는 대체로 직업 등의 경제적 조건, 외모와 같은 신체적 매력, 학벌, 가문, 권력과 같은 외적 조건과 함께 감정, 사랑과 같은 정서적 조건도 포함된다. 비용은 관계에 쏟은 시간, 금전적 비용, 파괴적 행동(모욕, 폭력) 등을 들 수 있다.
- **공평이론**: 교환이론이 보상을 최대로 줄 수 있는 대상을 선택한다는 이론이라면 공평이론은 공정한 거래에 더 매력을 느낀다는 이론이다. 누구나 인생에서 비용과 혜택 간 합리적인 균형을 기대할 권리가 있음을 반영한다. 두 파트너가 서로 주고받는 것이 비슷하여 공평하다고 여길 때, 서로에게 도움이 된다고 생각할 때 친밀한 두 사람의 관계가 보다 만족스럽고 안정적이라고 본다. 즉, 두 사람이 공평하다고 여길수록 관계에 더 만족하고 불공평하다고 여기게 되면 스트레스가 높아진다는 이론이다.

한편, 배우자 선택 과정은 단계적으로 이루어지며 각 단계가 갖는 특성이 있다고 설명하는 이론들이 있다. 단계이론으로서 여과망 이론, 자극-가치-역할 이론, 결혼 전 배우자 관계형성 이론에 대해 살펴보자.

여과망 이론(Fiter Theory)

여과망 이론(Udry, 1971)은 여러 단계의 여과망을 거치면서 다수의 잠재적 데이트 상대들에서 소수의 배우자 후보를 압축해나가는 과정을 설명한다. 초기 단계에는 사회계층이나 종교, 외모 등 외형적 조건에 맞는 사람을 택하고 가치관의 유사성을 타진하며 시간 경과에 따라 욕구 보완의 기능을 충족시키는 상대를 추구한다고 본다. 세분하면 6단계의 여과과정을 통해 최종적으로 배우자를 선택하게 된다는 것이다.

- 근접성의 여과망: 모든 가능한 데이트 대상자 중에서 시간적, 공간적으로 만날 수 있는 사람으로 그 범위가 제한된다. 우선 만나거나 접촉할 수 있는 범위 안에 있어야 한다는 것이다. 과거에 비해 인터넷을 통한 교제가 활발해지면서 간접적인 만남의 기회 증가로 공간의 범위가 확장되고 있다.
- 매력의 여과망: 가까이 있으면서 자주 접촉하는 사람이라도 매력의 여과망을 통과하지 못하면 배우자 선택과정에서 배제된다. 매력의 여과망을 통과하면서 서로 매력을 느끼고 호감을 느끼는 사람들로 그 대상이 좁혀진다.
- 사회적 배경의 여과망: 유사한 배경을 가진 대상으로 배우자 선택 범위가 더 좁혀진다. 나이, 종교, 계층, 교육수준, 직업 등이 비슷한 대상이 선별되는 것이다. 사회적 배경이 비슷하다는 것은 서로 이해하기가 쉽고 가까워지는 과정이 단축되어 친밀감을 더 잘 형성하게 된다.
- 상호의견일치의 여과망: 인생을 살아가는 데 중요한 가치관, 태도 등이 비교적 일치하는 대상으로 그 범위가 좁혀진다. 태도와 가치가 유사한 사람은 더 오랫동안 연인관계를 유지하기 쉽고 결혼 가능성이 높으며 결혼 후에도 서로 적응하는 것이 더 용이하다. 많은 상황에서 두 사람의 의견이 일치한다는 것은 어떤 일을 결정할 때 갈등이 적음을 나타낸다.

- 상호보완성의 여과망: 두 사람이 서로의 욕구를 채워줄 수 있고 필요를 충족시켜 줄 수 있으며 나의 단점을 상대의 장점으로 보완해줄 수 있다면 배우자로서 더 적합할 것이다. 상호보완성의 여과망은 이러한 과정을 통과하는 여과망이다. 상호보완성은 구체적으로 성격, 역할, 기질, 생활습관 등에서 서로 조화를 이룰 수 있는 능력을 말한다.
- 결혼준비상태의 여과망 : 지금까지의 여과망을 모두 통과하여 두 사람이 서로 배우자로서 적합하다고 생각한다고 하더라도 결혼에 대한 준비가 되어 있는지를 보는 결혼준비상태 여과망을 통과해야 결혼에 이르게 된다. 결혼에 대한 준비상태는 일반적으로 군 복무 완료, 졸업, 취업 등이다.

자극-가치-역할 이론(Stimulus-Value-Role: SVR 이론)

배우자 선택과정이 자극 단계, 가치 비교 단계, 역할조화의 단계라는 3가지 단계로 이루어졌다는 이론(Murstein, 1987)이다. 자극 단계는 처음 만남의 단계로서, 자극은 매력을 의미하는데 외모나 지적 능력 등 외적인 특성을 기초로 서로에게 매력을 느끼는 단계이다. 가치 비교 단계에서는 인생목표, 가치관, 성 역할 태도 등 주요 영역에 대한 가치관이 서로 얼마나 모순되는지, 일치하는지 비교하는 단계이다. 가치관에서 서로 비슷하다고 느끼면 관계는 다음 단계로 진전된다. 역할조화의 단계는 두 사람이 서로가 바라는 배우자로서의 역할기대를 충족시킬 수 있는지를 타진하는 단계이다. 여기서 역할이란 남편 혹은 아내로서 수행해야 할 역할을 의미하다. 역할기대가 일치하고 조화롭게 생활할 수 있다고 판단이 되면 결혼하게 된다. 자극-가치-역할 이론에서는 각 단계를 연속적이며 단계적으로 설명하고 있지만 전 단계에 걸쳐서 3가지 요인이 비중을 달리하면서 함께 작용할 가능성도 있다.

결혼 전 배우자 관계형성 이론(Premarital Dyadic Formation Theory)

르위스(Lewis, 1973)는 배우자 선택 경험이 있는 사람을 대상으로 관계형성 모델을 제시했다. 그는 배우자 선택이 6단계로 이루어진다고 설명한다.

- **유사성(similarity) 인식 단계:** 상대와 비슷한 점을 인식할수록 관계가 더 발전할 수 있는 단계이다. 사회문화적 배경, 가치관, 취미, 성격 등 서로에게 공감을 성취하는 단계이다.
- **친화력(rapport) 성취 단계:** 서로 호감을 가지고 의사소통을 통해 친밀감을 형성함으로써 두 사람과의 관계가 지속되는 단계이다.
- **자기노출(self-disclosure) 단계 :** 솔직하고 개방적인 자기표현을 통해 서로 개인적 생애사건들과 기억들을 공유하게 된다. 이러한 단계는 상호적인 성격이 강해서 한쪽에서 노출한 만큼 상대방도 노출하게 된다.
- **역할취득(role taking) 단계:** 상호 간의 장단점이 파악되고 자신의 역할이 무엇인지 알게 되며, 서로 역할기대에 대해서 일치된 의견을 가질 때 두 사람 간의 관계가 발전된다.
- **역할 적합성(role fit) 단계:** 서로 유사성과 차이점을 알고 서로 함께 살 수 있는지 가능성을 파악하면서 역할분담의 의견 조정과정을 거쳐 역할에 대한 적합성을 발달시킨다.
- **배우자 관계결정(dyadic crystalization) 단계:** 커플로서의 정체감을 발전시키고 외부와의 경계를 설정, 배우자로 정하게 되는 단계이다. 이러한 단계는 연속적인 과정이고 앞 단계가 완성되어야 다음 단계가 이루어지고 이를 충실히 거쳐야 행복한 결혼 지속이 가능하다고 보았다.

과거와는 달리 현대사회에서는 결혼을 미루거나, 평생 혼자 살거나, 동거하거나, 함께 살더라도 관계의 해소가 쉽게 이루어지고, 이혼과 재혼율이 높아지는 등 파트너 선택과정이 매우 다양하고 복합적으로 이루어지고 있다.

앞에서 언급한 고전적인 배우자 선택이론에서는 인생의 어느 한 시기에 이루어지는 배우자 선택 과정에 대해 다루고 있다. 현대사회에서 결혼을 선택하기도, 선택하지 않기도 하고, 여러 차례의 이혼과 재혼을 선택하기도 한다. 결혼에 대한 다양성이 존재하는 사회에서 개인의 생애과정에 따라 이전의 경험이 다음에 영향을 미친다고 보는 생애과정관점은 생애과정을 통한 개인이나 커플 관계를 설명한다(Waller & Peters, 2008; Sassler, 2010). 생애과정 관점은 개인의 전이와 궤적이 연령범주와 연결되어 있어 첫 번째 파트너가 그 다음 파트너 선택에 미치는 영향, 그리고 이전 결혼이나 부모됨의 경험이 결혼 해소 후 관계에 어떤 영향을 미치는지 등을 설명한다.

관계에서의 의사결정패턴이 커플관계에 중요하다는 연구도 있다. 낭만적인 연인관계는 사람들에게 행복감과 충족감을 주지만 좋지 않은 관계는 스트레스, 직업상의 문제, 다른 관계를 방해하는 등 많은 대가를 치르게 한다. 의사결정패턴 관련 여러 연구에서 '어떤 일이 일어나는 대로 행동하거나 전환기로 미끄러져 들어가는 것(Sliding)'보다는 '관계에서의 의사결정을 적극적으로 하는 것(Deciding)'이 더 좋은 결과를 가져온다고 하였다. 스탠리와 동료들(Stanley et al., 2006)은 관계에서 일어날 수 있는 위험을 설명하는 모델을 제시했다. 즉 상호 의사결정과정 없이 성행동, 동거, 임신과 같은 관계 전이로 미끄러져 들어간(Sliding) 커플은 부정적인 문제에 노출될 위험이 더 크다고 한다. 실제로 동거관계에 있는 커플을 심층 면접한 연구결과(Manning & Smock, 2005), 두 사람의 미래에 대한 고려나 의사소통 없이 동거단계로 미끄러져 들어간(Slide) 커플들이 많았다. 이런 경우 동거관계에서 혹은 결혼 후에도 낮은 관계의 질을 보였다고 한다. 반대로 오언 등(Owen et al., 2013)의 연구에서는 연인이 두 사람의 관계에 대해서 얼마나 심사숙고하는지가 중요하다고 하였다. 즉 사려 깊고 분명한 의사결정과정(Deciding)이 있는 커플은 상대에 대한 헌신과 만족 수준이 높은 것으로 나타났다. 이러한 연구들은 배우자 선택 과정의 중요성을 설명하는 것으로서 파트너의 특성에 대한 자신의 선호를 아는 것과 파트너 선택에 대한 건전한 의사결정이 관계 적응과 조화를 증진한다는 것을 보여주고 있다.

생각해 봅시다

▶ 나는 내 연인과의 의사결정 패턴이 Sliding인가? Deciding인가?

- Deciding이 바람직한 의사결정 패턴이라고 한다면 왜 많은 연인들은 보다 적극적인 의사결정과정 없이 Sliding하는가?

'가족이 없다' 무엇이 문제일까?

오늘날 일본에서는 배우자가 없는 사람, 즉 싱글(독신)의 비율이 그 어느 때보다 높다. 싱글을 둘러싼 사회적 의미에 대해서 긍정적이고 부정적인 다양한 평가가 공존해왔으나, 2000년대 이후는 사회적 차원에서 '결혼을 못해 가족을 만들 수 없는 것이 문제'라고 보는 인식 전환이 이루어지기 시작했다. 특히 NHK 다큐멘터리 '무연사회'는 예상외의 큰 반향을 불러일으켰다. 결혼이 필수로 간주되던 시대, 이와 더불어 결혼하겠다고 마음만 먹으면 비교적 힘들이지 않고 결혼할 수 있었던 시대를 지나, 이젠 결혼을 원한다고 해서 쉽고 간단하게 결혼제도 속으로 진입하는 것이 불가능해진 시대로 이행하고 있음에 대한 현실적 반응이라 할 수 있다.

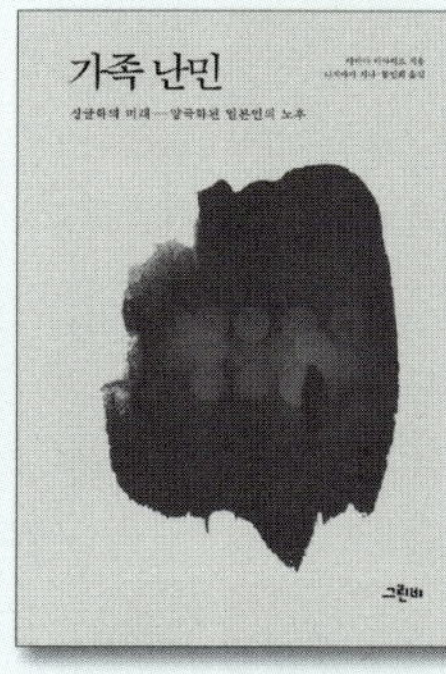

야마다 마사히로(2019). 가족난민.

▶ 독신으로서의 삶은 '전 생애를 통해' 어떤 의미일까?

참/고/문/헌

권소영, 강시은, 엄세원, 박지수, 이재림(2017). 청년 남녀의 사회경제적 특성 및 세대관계 특성이 결혼의향에 미치는 영향. 한국가족관계학회지, 21(4), 3-25.

김예정, 김득성(1999). 대학생들의 데이팅폭력에 영향을 미치는 변인들 (I)-가해자를 중심으로. 대한가정학회지, 37(10), 27-42.

박경은(2017). 결혼적령기 남성의 심리적 교제폭력 경험. 상담학연구, 18(4), 409-430.

서경현, 이영자(2001). 고등학생들의 연애폭력에 대한 예측변인. 한국심리학회지: 문화 및 사회문제, 7(2), 91-106.

야마다 마사히로(2019). 가족난민: 싱글화의 미래-양극화된 일본인의 노후. 함인희 옮김. 그린비.

옥선화, 정민자(1992). 결혼과 가족. 하우출판사.

유외숙, 박경 (2004). 이성교제에서 원하지 않는 성관계 요구의 응낙에 대한 설명모형: 대학생을 중심으로. 한국심리학회지: 상담 및 심리치료, 16(4), 793-812.

이석재, 최상진(2001). 강간통념수용도에 따른 성행동, 성폭력 및 성폭행사건 지각. 한국심리학회지: 사회 및 성격, 15(1), 97-116.

전영실, 강은영, 박형민, 김혜정, 황태정, 정유희(2007). 성폭력 범죄의 유형과 재범억제방안. 한국형사정책연구원.

한국보건사회연구원(2018). 전국출산력 및 가족보건복지 실태조사. http://repository.kihasa.re.kr/handle/201002/35960.

Benokraitis (2015). *Marriages and Families: Changes, Choices and Constraints*. Pearson India Education.

Buss, D. M., Shackelford, T. K., Kirkpatrick, L. A., & Larsen, R. J. (2001). A half century of mate preferences: The cultural evolution of values. *Journal of marriage and Family*, *63*(2), 491-503.

Foo, L., & Margolin, G. (1995). A multivariate investigation of dating aggression. *Journal of Family Violence*, *10*, 351-377.

Herz, R. S., & Inzlicht, M. (2002). Sex differences in response to physical and social factors involved in human mate selection: The importance of smell for women. *Evolution and Human Behavior*, *23*(5), 359-364.

Karakurt, G., & Silver, K. E. (2013). Emotional abuse in intimate relationships: The role of gender and age. *Violence and victims*, *28*(5), 804-821.

Lewis, R. A. (1973). A longitudinal test of a developmental framework for premarital dyadic formation. *Journal of Marriage and the Family*, 16-25.

Manning, W. D., & Smock, P. J. (2005). Measuring and modeling cohabitation: New perspectives from qualitative data. *Journal of marriage and family*, *67*(4), 989-1002.

Murstein, B. I. (1987). A clarification and extension of the SVR theory of dyadic pairing. *Journal of Marriage and Family*, *49*(4), 929-933.

Olson, D. H., DeFrain, J., & Skogrand, L. (2014). *Marriages and Families: Intimacy*. Diversity, and Strengths New York: McGraw Hill Education.

Owen, J., Rhoades, G. K., & Stanley, S. M. (2013). Sliding versus deciding in relationships: Associations with relationship quality, commitment, and infidelity. *Journal of couple & relationship therapy*, *12*(2), 135-149.

Pew research center. (2006.05.14.). Spring 2006 Survey Data. https://www.pewresearch.org/global/2006/05/14/spring-2006-survey-data/.

Sassler, S. (2010). Partnering across the life course: Sex, relationships, and mate selection. *Journal of Marriage and Family*, *72*(3), 557-575.

Stanley, S. M., Rhoades, G. K., & Markman, H. J. (2006). Sliding versus deciding: Inertia and the premarital cohabitation effect. *Family relations*, *55*(4), 499-509.

Stratmoen, Evelyn, et al. (2018). "What, I'm not good enough for you? Individual differences in masculine honor beliefs and the endorsement of aggressive responses to romantic rejection". *Personality and Individual Differences 123*, 151-162.

Straus, M. A. (2004). Prevalence of violence against dating partners by male and female university students worldwide. *Violence against women*, *10*(7), 790-811.

Udry, J. (1971). *The social context of Marriage*. Lippincott Company.

Vandello, J. A., & Cohen, D. (2008). Culture, gender, and men's intimate partner violence. *Social and Personality Psychology Compass*, *2*(2), 652-667.

Walker, L. E. (1984). *The Battered Woman Syndrome*. NY: Springer Publishing Company.

Waller, M. R., & Peters, H. E. (2008). The risk of divorce as a barrier to marriage among parents of young children. *Social Science Research*, *37*(4), 1188-1199.

Winch, R. F. (1955). The theory of complementary needs in mate-selection: Final results on the test of the general hypothesis. *American Sociological Review*, *20*(5), 552-555.

결혼, 비혼, 동거

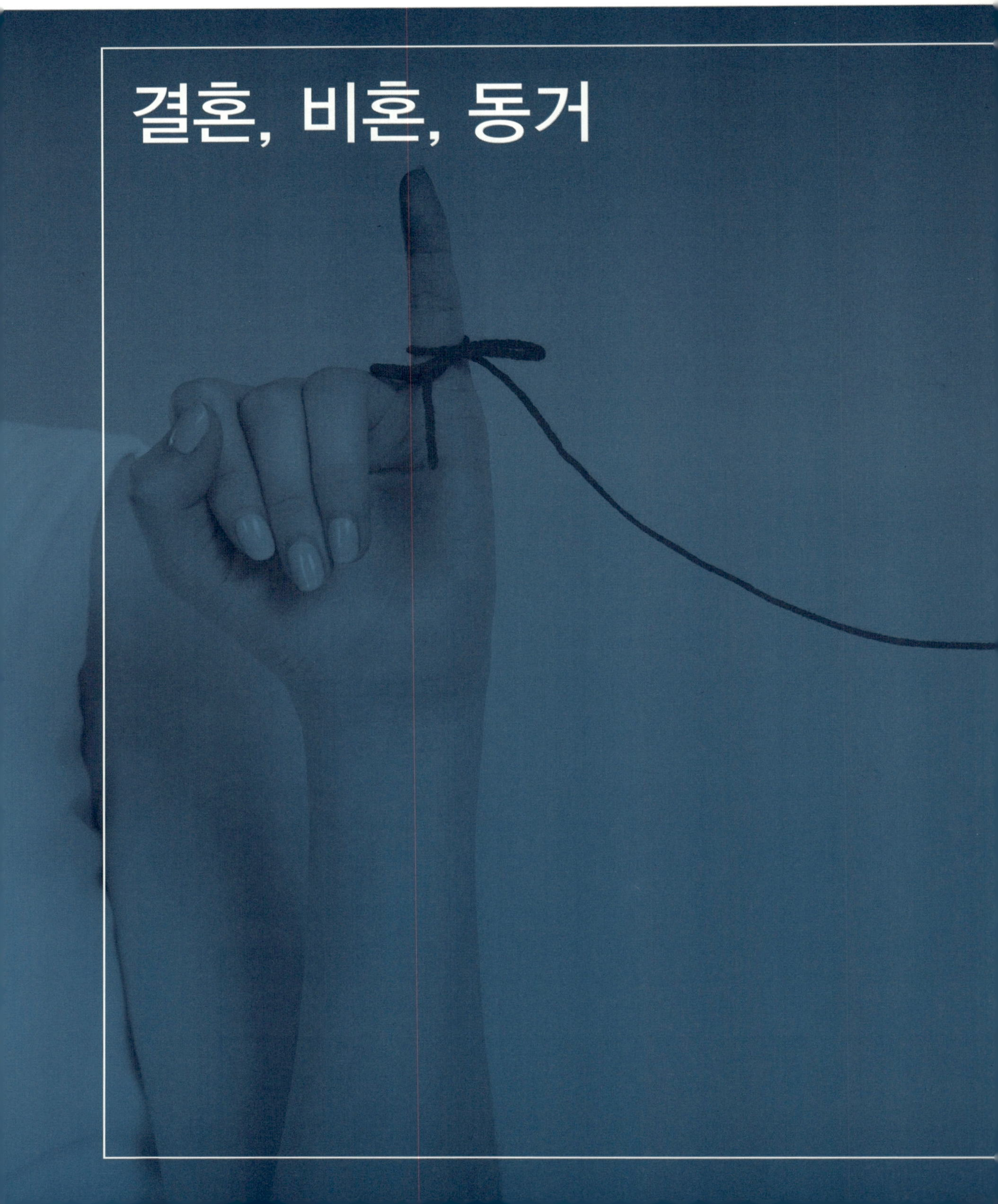

04

CHAPTER

챕터 개요

이 장에서는 결혼이 선택이 된 최근의 경향을 살펴본다. 또한 비혼 1인가구 등 결혼하지 않고 혼자 사는 경우와 비혼동거 등 결혼하지 않고 파트너와 같이 사는 경우에 대해 구체적으로 알아본다.

결혼, 선택이 되다

- 결혼통계 추이
- 결혼이 필수였던 시대
- 결혼이 선택인 시대
- 왜 결혼하지 않을까?

비혼의 이해

- 비혼이라는 용어
- 비혼자의 삶
- 비혼 1인가구

비혼동거의 이해

- 비혼동거의 다양성
- 동거커플의 법적 지위

주요 용어

결혼, 혼인, 비혼, 미혼, 독신, 싱글, 1인가구, 비혼동거, LAT, 청년

CHAPTER 04 결혼, 비혼, 동거

Marriages and Families

결혼, 선택이 되다

결혼통계 추이

최근 우리나라에서는 결혼을 늦게 하거나 하지 않는 경향이 두드러진다. 통계청(2023) 2022년 혼인 · 이혼 통계에 따르면, 전체 혼인신고 건수는 1996년에 43만 건이었던 것에 비해 2022년에는 19만 건으로 크게 감소하였다. 조혼인율(인구 1천 명당 당해년도 혼인건수)은 1980년에 가장 높아 10.6건이었는데, 2022년에는 역사상 가장 낮은 3.7건이었다.

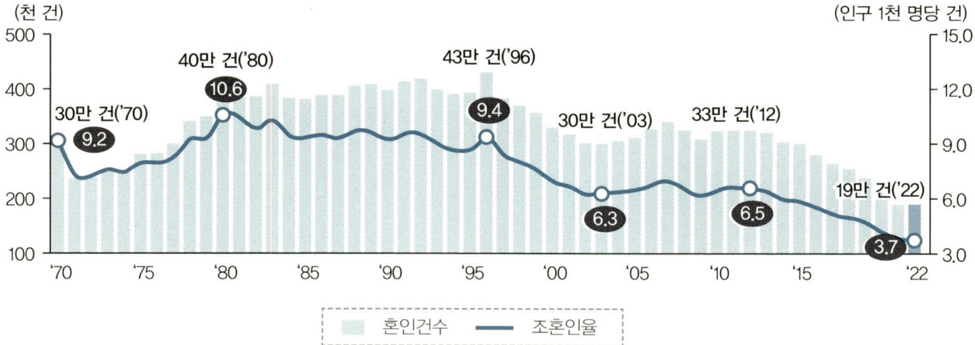

그림 4-1 혼인건수 및 조혼인율 추이

출처: 통계청(2023). 2022년 혼인 · 이혼 통계.

평균 초혼연령은 2022년에 여성 31.3세, 남성 33.7세였다(통계청, 2023). 1990년에 여성 24.8세, 남성 27.8세이었으므로, 약 30년 전에 비해 여성은 6.5년, 남성은 5.9년 늦게 결혼하고 있다. 결혼을 늦게 하는 것은 전 세계적인 경향으로, 미국에서 초혼연령의 중앙값이 점차 증가하여 2021년에는 여성 28.6세, 남성 30.4세였다(U.S. Census Bureau, 2021). 미국에 비해 우리나라에서는 평균적으로 약 3세 정도 늦게 결혼한다고 볼 수 있다.

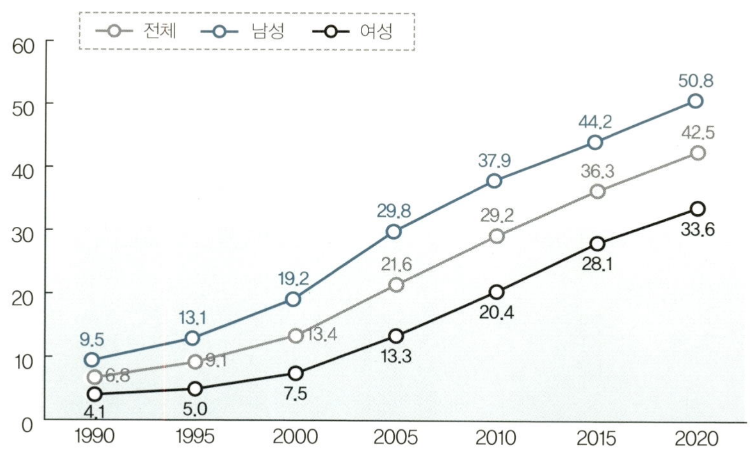

그림 4-2 30~39세 미혼인구 비중(%)

출처: 통계청(2021). 2020 인구주택총조사 표본 집계 결과: 인구 · 가구 기본 항목.

연령대별로 결혼하지 않은 인구의 비율도 지속적으로 증가하고 있다. 2020년 「인구주택총조사」(통계청, 2021)에서는 20~29세의 92.8%, 30~39세의 42.5%, 40~49세의 17.9%가 미혼이었다. 30대를 기준으로 보면, 30년 전인 1990년에 6.8%만이 미혼이었던 것에 비해 2020년에는 42.5%로 크게 증가했다.

결혼이 필수였던 시대

결혼은 오랫동안 낭만적 친밀성을 토대로 여성 1인과 남성 1인이 관계를 형성하는 것을 사회적, 법적으로 인정하는 유일한 제도였다(Lee & Chin, 2017). 즉, 결혼은 사회제도로서 중요한 의미가 있었다.

한국의 전통사회에서 결혼은 일생에 한 번쯤 경험하게 되는 자연스러운 생애사건으로 여겨졌다. 이를 보편적 결혼관이라 한다. 보편적 결혼관이 얼마나 강력했던지 우리나라의 민간설화에는 결혼하지 못한 한을 품고 있는 처녀귀신이 등장하기도 한다. 과거 한국 사회에서는 결혼을 성인됨과 연결하기도 하였다. 결혼해야 '어른'이 된다는 믿음도 있었고, 여성의 성년식에 해당하는 계례(笄禮)를 혼례 중에 거행하기도 하였다.

보편적 결혼관이 자리를 잡게 된 배경에는 정상가족 이데올로기의 영향도 있다. 정상가족 이데올로기란 결혼이라는 제도를 통해 여성과 남성이 가족을 형성하고, 결혼제도 안에서 생물학적 자녀를 출산하는 것이 정상적이라는 이념이다. 정상가족은 결혼제도를 통해서 형성된다고 믿기 때문에 결혼을 필수로 여기게 되며, 출산은 결혼이라는 제도 안에서 이루어져야 한다고 본다. '속도위반'으로 임신하여 결혼을 서두르는 커플이 그 예이다.

한국 사회에서 보편적 결혼관이 자리를 잡았던 배경에는 부계혈연주의도 있다. 17세기 중엽 이후에는 성리학의 영향력이 강화되면서 자녀, 특히 적장자(嫡長子: 본처가 낳은 맏아들)의 출산을 통해 부계혈통을 잇는 것을 강조했다. 적장자의 출산은 결혼제도 안에서의 출산을 의미했기 때문에 결혼은 선택이 아닌 필수였다.

누구나 결혼을 할 것이라고 기대하는 보편적 결혼관이 강력한 사회에서는 언제

결혼을 할 것이냐에 대한 연령규범이나 순서규범이 존재할 가능성이 크다. 결혼시기에 대한 연령규범(age norm)은 결혼하기에 적절한 연령대가 있다는 결혼적령기 규범을 의미한다. 한국 사회에 '노처녀', '노총각'이라는 말이 있었던 것은 결혼적령기 규범을 반영한다. 결혼적령기의 존재 여부나, 결혼적령기가 언제인가는 사회에 따라, 시대에 따라 다르다.

결혼시기에 대한 순서규범(sequence norm)이란 졸업, 취업, 결혼, 부모됨 등 일반적으로 성인 초기에 겪게 되는 생애사건을 경험하는 순서에 대한 규범이다. 예를 들어 한국 사회에서는 최종학교를 졸업한 후에 취업을 하고, 취업한 이후에 결혼하며, 결혼한 후에 부모가 되는 것이 일반적이라는 순서규범이 존재한다. 이러한 순서규범의 영향으로 안정된 직장을 결혼의 조건이라고 여기거나, 결혼 전에 임신을 하더라도 출산은 결혼 이후에 하려는 경우가 적지 않다. 그러나 한국 사회에서도 순서규범의 영향력이 약화되고 있다. 순서규범 자체가 강하지 않은 국가나 문화도 많다.

결혼이 선택인 시대

한국 사회에서 보편적 결혼관이나 정상가족 이데올로기의 영향력은 약화되고 있다. 2022년 「사회조사」(통계청, 2022a)에서는 결혼을 '반드시 해야 한다' 또는 '하는 것이 좋다'는 문항에 동의하는 비율이 50.0%로 절반 수준이었다. 1998년 「사회조사」에서 73.5%였던 것과 비교하면 큰 변화이다. 2022년 「사회조사」에서는 결혼을 '반드시 해야 한다' 또는 '하는 것이 좋다'는 여성의 비율(44.3%)이 남성의 비율(55.8%)보다 10%p 이상 낮아서, 성별 차이도 컸다. 과거의 「사회조사」 결과와 비교해 보면, 결혼을 '해야 한다'고 생각하는 여성의 비율이 2008년에 61.6%였는데, 2022년에는 44.3%로 20%p 가까이 감소하였다(통계청, 2022a).

결혼이 선택이 되는 경향은 청년층의 결혼의향 조사결과에서도 알 수 있다. 2021년 한국보건사회연구원 「가족과 출산조사」(박종서 외, 2021)에서 배우자 또는 동거하는 연인이 없는 성인에게 결혼의향을 질문한 결과 50.8%만이 결혼(재혼)할 생각이 있었다(미혼, 이혼, 사별, 별거 모두 포함). 성별로는 남성 응답자의 56.1%, 여성 응답자의 43.4%만이 결혼할 생각이 있다고 하였다.

다큐멘터리 〈결혼의 진화〉 및 〈저출생 보고서〉

결혼과 비혼, 동거는 우리나라 다큐멘터리에서 자주 다루어지는 주제이다.

EBS 다큐멘터리 프로그램인 '다큐프라임'에서는 2015년에 3부작 〈결혼의 진화〉를 방영하였다. 1부 '인류, 결혼하다'에서는 결혼의 역사를, 2부 '결혼, 하셨습니까?'에서는 결혼 비용 등 결혼문화를, 3부 '새로운 가족이 온다'에서는 대안적 관계를 소개하였다. QR 코드로 들어가면 3부를 볼 수 있다.

2023년에는 EBS 다큐프라임에서 3부작 〈저출생 보고서-인구에서 인간으로〉를 방영하였다. 저출생 문제를 1부 '선택', 2부 '밀도', 3부 '육아'로 나누어 논의하였는데, 이 중 1부에서는 비혼과 동거를 실제 사례와 함께 다루었다(2023.1.16. 방영).

왜 결혼하지 않을까?

한국 청년이 결혼하지 않는 이유는 무엇일까? 통계청 2022년 「사회조사」에서 결혼하지 않는 이유를 조사한 결과 '결혼자금이 부족해서'가 1위(28.7%)를 차지했고, 이어서 '고용상태가 불안정해서'(14.6%), '결혼의 필요성을 느끼지 못해서'(13.6%), '출산과 양육이 부담되어서'(12.8%), '결혼하고 싶은 상대를 만나지 못해서'(12.2%) 등의 순으로 나타났다. 경제적 이유 등 현실적 장벽이 부각되는 결과이지만, 규범 및 가치관의 변화도 중요함을 알 수 있다. 또한 '결혼의 필요성을 느끼지 못해서'라는 응답을 선택한 여성 응답자의 비율이 남성보다 높은 것을 통해, 결혼하지 않는 이유에서 젠더 차이가 있음도 알 수 있다.

표 4-1 결혼을 하지 않는 이유 (단위: %)

	계	결혼 자금이 부족해서	고용 상태가 불안정 해서	결혼의 필요성을 느끼지 못해서	출산과 양육이 부담 되어서	결혼하고 싶은 상대를 만나지 못해서	행동과 삶의 자유를 포기할 수 없어서	결혼생활과 일을 동시에 잘하기 어려워서	배우자 가족과의 관계가 부담 되어서	결혼 하기에 나이가 어리거나 많아서	기타
2022년	100.0	28.7	14.6	13.6	12.8	12.2	8.5	7.7	1.1	0.6	0.2
남성	100.0	32.8	16.6	12.3	11.9	11.5	7.6	5.6	0.7	0.7	0.3
여성	100.0	24.6	12.7	15.0	13.7	12.9	9.3	9.7	1.6	0.5	0.2
비혼(미혼) 남성	100.0	35.4	13.4	15.2	9.3	11.3	8.4	4.7	0.6	1.1	0.6
비혼(미혼) 여성	100.0	22.0	7.7	23.3	12.5	11.9	11.2	9.1	1.6	0.6	0.2

출처: 통계청(2022). 사회조사.

한국 사회에서 결혼이 선택이 된 이유에 대해 학자들은 크게 규범 및 가치관의 변화, 현실적 장벽, 결혼의 성차별성 등을 꼽고 있다. 각각에 대해 좀 더 살펴보면 다음과 같다.

규범 및 가치관의 변화

결혼과 가족형성에 대한 사회적 규범이나 사람들의 태도가 변화했기 때문에 더 이상 결혼이 필수가 아닌 선택의 시대가 된 측면도 크다. 제2차 인구변천이론(second demographic transition theory)은 개인주의, 자율성, 자아실현을 강조하는 태도 등 관념적인 측면에서의 변화가 혼인율 감소, 초혼연령 상승, 비혼동거 증가 등의 인구학적 변화로 이어졌다고 설명한다(Lesthaeghe, 2010).

결혼제도의 강제성이 약화된 것은 결혼의 탈제도화라는 개념으로 설명할 수 있다. 결혼의 탈제도화(deinstitutionalization of marriage; Cherlin, 2004)란 결혼이라는 제도를 선택하게 하는 사회적 규범이 약화되고, 전통적인 결혼제도 밖에서 낭만적 친밀성을 추구하는 경향이 강화되고 있음을 설명하는 개념이다. 결혼하지 않고 동거의 형태로 파트너십을 유지하는 경우를 그 예로 들 수 있다.

그러나 결혼이라는 제도의 상징적 의미는 국가나 문화별로 차이가 크다. 예를 들어, 결혼이 중요한 상징적 의미를 갖는 미국에서는 결혼을 통해 자아실현을 기대하는 것과 같이, 결혼을 통해 달성하기 쉽지 않은 목표를 달성하고자 하는 경향이 과거에 비해 증가하였다(Finkel, 2017). 그리고 역설적으로 결혼에 대한 기대가 클수록 결혼을 선택하기 어려워하기도 한다.

한국과 맥락은 다르지만 이든과 케팔라스(Edin & Kefalas, 2005)의 연구는 결혼에 대한 신화와 비혼의 연관성을 보여준다. 이들은 『지킬 수 있는 약속: 왜 빈곤 여성들은 결혼하기 전에 자녀를 낳는가(Promises I Can Keep: Why Poor Women Put Motherhood Before Marriage)』라는 책에서 미국의 빈곤 여성들이 결혼하지 않고 아이를 낳는 이유를 심층적으로 살펴보았다. 연구 결과, 빈곤 여성들은 안정된 소득이 있는 남성, 안정된 주택, 낭만적인 결혼식 등 결혼에 대해 높은 기대를 갖고 있었다. 그러나 빈곤 여성들이 처한 현실은 결혼의 상징성이 큰 미국사회에서 이들이 꿈꾸는 결혼과 거리가 멀었기 때문에 결혼을 선택하지 않는 경향이 있었다.

결혼이 필수가 아닌 선택이 되는 경향을 개인화(individualization)로 설명하는 학자들도 있다. 개인화는 개인과 사회의 관계가 구조적으로 변화하면서 개인의 선택이 증가한 것을 의미한다(Beck, 2002). 개인화는 1970년대 서구에서 등장한 개념이지만, 우리나라에서도 1990년대 IMF 금융위기와 신자유주의 경제체제를 경험하면서 개인화 경향이 나타나기 시작했다(홍찬숙, 2012). 특히 청년세대에서의 개인화는 가족과 같은 사생활의 측면에서 빠른 속도로 진행되었다. 이러한 관점에서 보면 개인화의 영향으로 결혼하지 않거나 결혼을 미루기로 선택하는 개인이 증가한 것이라고 볼 수 있다.

현실적 장벽과 위험 회피

연애, 결혼, 출산을 포기한다는 '3포세대'에서 시작되어 'N포세대'로 확장된 청년 담론은 현실적 여건 때문에 한국의 청년들이 결혼하지 않는다고 가정한다. 안정된 직장, 번듯한 신혼집, 화려한 결혼식 등 일반적으로 결혼하려면 일정한 조건이 준비되어야 한다는 사회적 각본이나 기대가 존재하는 상황에서, 이러한 조건이 갖추어지지 않았다고 인지하기 때문에 결혼을 미루거나 하지 않는다는 것이다. 높은 취업의 문턱, 불안정한 고용, 높은 주택가격 등 험난한 현실은 결혼을 연기하거나, 결혼 자체를 선택하지 않는 장벽으로 작용하고 있다.

한국 사회가 가족에게 부담스러운 역할과 책임을 기대해 왔기 때문에, 이러한 부담을 회피하기 위해 결혼하지 않는다는 설명도 있다. 예를 들어 장경섭(2011, 2018)은 가족주의적인 한국 사회가 압축적 근대화를 통해 사회경제적 발전을 이룰 수 있었던 근간에는 가족이 있었다고 설명한다. 가족은 이질적인 가족이념의 영향으로 모순적인 역할과 책임을 수행하면서 만성적인 가족피로에 시달렸고, 이러한 부담을 회피하기 위해 청년들이 결혼이나 출산을 기피하게 되었다는 것이 그의 설명이다.

결혼과 친족의 성차별성

여성의 교육수준이 증가하고 경제활동이 보편화되었으나, 가사와 육아는 여성이 일차적으로 담당할 것이라는 기대가 남아 있다. 버나드(Bernard, 1972)는 결혼제도와 결혼생활이 갖는 성차별적 요소를 염두에 두고 '그의 결혼, 그녀의 결혼(his marriage and her marriage)'이라는 표현을 사용했다. 결혼은 두 사람이 같이하는 것이지만, 남성이 결혼에서 얻는 것이 여성이 결혼에서 얻는 것보다 많다는 것이 버나드의 설명이다. 여성에게 결혼은 덜 매력적인 제도라는 주장은 오늘날 한국 사회에 잘 들어맞는다.

여성에게 가사와 육아의 일차적인 책임을 기대하는 가족문화가 잔존하고 있는 상황에서 결혼은 여성 청년에게 부담으로 인식된다. 경제활동과 자녀양육을 병행하는 것에 어려움을 경험하는 여성들은 노동시장을 떠남으로써 속칭 '경단녀(경력단절여성)'가 되고 있다. [그림 4-3]과 같이 여성의 연령대별 고용률은 자녀양육이 집중되는 시기에 낮은 M자형을 띠고 있다. 남편이나 다른 이들의 도움 없이 혼자 육아를 하는 여성들의 자조적인 상황은 '독박육아'라는 신조어를 통해 표출되고 있다. '경단녀'나 '독박육아' 등의 신조어로 대표되는 한국 사회 결혼에 대한 부정적인 이미지, 특히 전통적 성역할에 대한 기대는 여성들이 결혼 자체를 꺼리게 되는 요인 중의 하나이다.

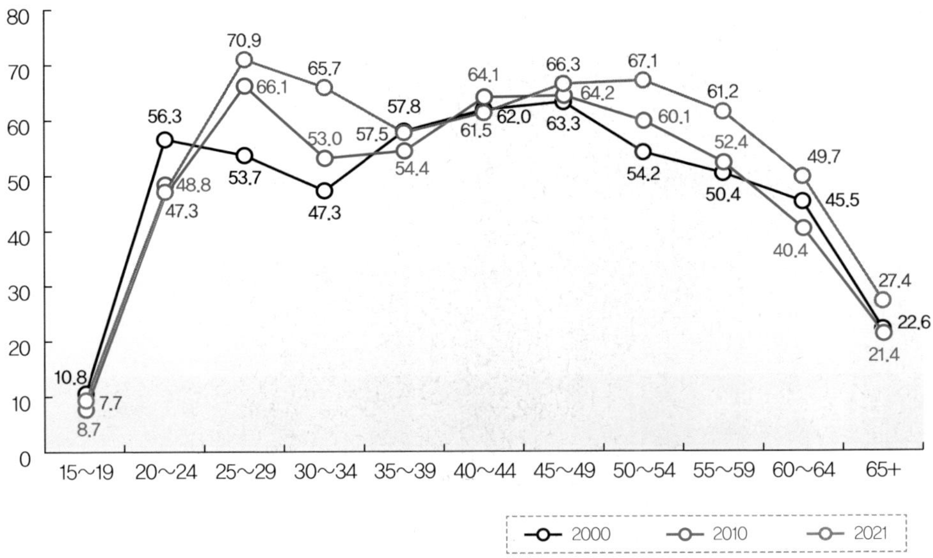

그림 4-3 연령대별 여성 고용률

출처: 여성가족부(2022). 2022 통계로 보는 남녀의 삶.

부계친족에서 여성이 차지하는 열등한 지위도 여성들이 결혼을 기피하게 되는 배경이라고 볼 수 있다. 17세기 중엽부터 영향력이 막강해진 부계직계가족의 원리는 적장자 출산을 통해 부계혈연을 영속적으로 이어가는 것을 핵심으로 하였다. 대를 잇기 위해 며느리가 아들을 출산하는 것은 매우 중요했다. 또한 부계조상에 대한 효를 강조하여 직계부모뿐만 아니라 부계조상에게도 제례, 차례 등을 통해 효도할 것을 기대하였다. 쇠약한 노부모를 돌보거나 명절, 제사를 준비하는 것은 며느리의 역할이었다.

오늘날 남아선호나 전통적 가족의례에 대한 기대는 상당히 약화되었다. 그러나 부계친족에서 며느리가 열등한 지위를 차지하는 상황은 지속되고 있다. 예를 들어, 남편의 동생은 '도련님', '아가씨' 등으로 높여 부르면서, 부인의 동생은 '처제', '처남' 등으로 낮춰 부르는 것과 같은 친족호칭도 친족관계에서 열등한 여성의 지위를 반영한다는 지적이 많다. 시가를 '시월드'라고 칭하는 신조어는 며느리의 열등한 지위에 대한 반감을 드러낸다. 이상과 같이 결혼을 한다는 것은 자녀출산에 대한 압박, 여성의 지위가 열등한 친족관계 등으로 이어질 가능성이 있기 때문에 한국의 여성들에게 결혼은 점차 필수가 아닌 선택이 되어 가고 있다.

좀 더 알아봅시다 》 요즘 청년들이 결혼을 하지 않는 이유

결혼하지 않는 이유에 대한 서울대학교 아동가족학과 진미정 교수의 설명을 QR 코드의 영상을 통해 좀 더 알아보자.

비혼의 이해

비혼이라는 용어

비혼(非婚)이라는 용어는 기존의 미혼(未婚)이라는 용어에 문제의식을 가진 여성주의자들 사이에서 1990년에 처음 사용되었다(박수민, 2017). 일반적으로 기혼(旣婚)과 반대되는 상태를 지칭하는 미혼이라는 용어는 '아닐 미(未)' 자를 사용하여서, 결혼하지 않지 않은 상태가 완성되지 않은 불완전한 상태임을 가정한다는 비판에서 출발한 것이다. 비혼이라는 용어가 처음 등장했을 때는 일부 학자나 실천가 사이에서만 통용되었지만, 청년층에서 결혼이 점차 개인의 선택으로 여겨지면서 비혼이라는 용어도 일반인의 언어로 자리를 잡았다. 비혼이라는 신조어가 정착되면서 비혼선언(결혼을 하지 않겠다고 주변인에게 선언하는 것), 비혼식(결혼식과 유사한 형태의 예식을 통해 비혼을 알림) 등이 새로운 트렌드가 되었다.

현재 한국 사회에서 비혼이라는 용어는 매우 다양한 의미로 사용되고 있으며, 한 가지로 정의하기 어렵다. '비혼주의' 등의 표현에서처럼 결혼을 적극적으로 거부한다는 의미로 사용하기도 하고, 결혼한 적이 없다는 의미로 미혼이나 독신을 대체하는 용어로 사용하기도 한다. 이혼, 사별까지 포괄하여 현재 결혼하지 않은 상태라는 의미로 사용되는 경우도 있다. 이 장에서는 결혼을 한 적이 없다는 의미로, 미혼과 동일한 의미에서 비혼을 사용하기로 한다.

영어로는 싱글(single)이라는 단어가 다양한 의미로 사용된다. 파트너십 상태를 의미하는 싱글은 결혼상태가 아니라는 의미로 사용되기도 하고, 현재 교제하는 연인이 없다는 의미로 사용되기도 하고, 현재 성관계를 맺지 않고 있다는 의미를 갖기도 하고, 이 세 가지 조건 중 두 개 이상을 의미기도 한다(Beckmeyer & Jamison, 2023). 선행연구에서 싱글은 자발적 싱글과 비자발적 싱글, 일시적 싱글과 장기적 싱글 등으로 분류되는 경향이 있는데, 실제로는 이렇게 이분법적으로 분류하기 어려운 매우 다양한 상태를 의미한다(Adamczyk, 2021).

비혼과 유사한 영어단어로는 에버싱글(ever-single)이 있다. 미혼을 의미하는 unmarried, never-married 등의 표현이 결혼을 당연한 것으로 가정한다는 비판의식에서 일부 학자들이 이 용어를 제안하였다. 기혼(married)과 미혼(unmarried)을 비교하는 기존의 용어와는 달리 ever-single은 '줄곧 싱글'이었다는 의미를 갖고 있기 때문에 중립적이라는 것이 이 용어를 제안한 학자들의 관점이다.

비혼자의 삶

비혼자는 누구와 사는가?

결혼하지 않거나 결혼을 늦게 하는 경향이 증가하면서 비혼자의 삶에 대한 관심도 커지고 있다. 이재림, 이진경(2020)은 '비혼'을 언급한 소셜 빅데이터의 토픽을 분석한 결과, 뉴스에서는 결혼에 대한 태도 변화 등을 다룬 경우가 많았고, 블로그 및 카페 등에서는 생활 속의 경험이나 라이프스타일로서 비혼을 언급한 경우가 많았음을 발견했다. 이 중 비혼자의 삶과 관련된 토픽을 살펴보면, 뉴스 기사에서는 '싱글 라이프스타일'이라는 토픽, 블로그 및 카페 게시글에서는 '비혼 생활에서의 사랑과 행복', '취미와 라이프스타일', '독신, 이혼, 무자녀 라이프스타일'이라는 토픽이 등장했다.

비혼자는 누구와 사는가? 한국의 비혼자들은 대체로 부모와 살거나, 혼자 산다. 2022년 「청년 삶 실태조사」(국무조정실, 2023)에서 청년(만 19~34세)의 가구유형을 살펴본 결과, 부모와 미혼 청년으로 구성된 가구가 53.3%로 가장 높은 비율을 차지하였다. 이어 증가 추세인 청년 1인가구가 22.6%로 두 번째였다. 1인가구의 연령대를 보면, 20~30대 청년 1인가구가 28.9%를 차지하여(통계청, 2022b) 1인가구 중 비혼자의 비율이 상당히 높음을 추론할 수 있다.

전통적으로 우리나라에서는 결혼할 때까지 분가하지 않고 부모와 함께 사는 것이 일반적이었다. 학교, 군대, 직장 때문에 예외적으로 떨어져 사는 경우 아니라면 결혼 전에는 부모의 집에서 사는 것이 당연했다. 법적으로 성인이 되면 부모의 집을 떠나는 것이 일반적인 북미나 서유럽 등 서구와는 다른 점이다. 앞서 1장에서 학습한 가족생활주기에서 서구에서는 자녀 청소년기에 이어 진수기가 있지만, 유영주(1984)의 한국형 가족생활주기에서는 첫 자녀 결혼이 가족생활주기에서 새로운 단계로 넘어가는 생활사건인 것도 이러한 문화적 차이와 관계가 있다.

비혼자녀가 부모와 함께 사는 것은 한국 사회에서 새로운 현상이 아니지만, 비혼자녀와 부모의 동거기간이 길어진 것은 새로운 현상이다. 결혼할 때까지 부모와 함께 사는 것이 자연스러운 한국적 맥락에서 초혼연령이 증가하면서 20대를 넘어 30대의 비혼자녀가 부모와 함께 사는 비율이 증가했다(최연실, 2014). 부모와 동거하는 비혼자녀의 상당수가 부모로부터 경제적 지원을 받는다는 것도 주목할 부분이다. 비혼자녀와 부모의 동거 및 경제적 지원에 대해서는 7장에서 자세히 살펴보기로 한다.

비혼자는 외로운가?

비혼자는 배우자가 없어서 외로울 것이라는 추측이 있다. 「2022년 서울가족보고서」에 따르면 비혼자가 기혼자보다 '주거비 부담', '낮은 임금 및 불안정한 소득', '정신건강 문제', '아프거나 위급할 때 대처하기 어려움', '대인관계의 어려움', '혼자 죽음을 맞이할 수 있다는 불안', '안전 문제'에 대해 경험하는 어려움의 정도가 유의하게 더 높은 것으로 나타났다(손서희 외, 2022). 또한 다수의 선행연구가 기혼자가 비혼자보다 심리적 복지 수준이 높다고 보고한다(김진영, 2016, 2021). 비혼자의 비율이 높은 일본에서 등장한 고독사(孤獨死: 홀로 살다가 홀로 죽음), 무연사(無緣死: 사후에 거두어 줄 사람이 없는 죽음) 등의 신조어가 우리나라에도 소개된 바 있다.

반면 비혼자는 결혼제도에 얽매여 있지 않기 때문에 사회관계망과의 상호작용이 활발하다는 연구도 있다. 미국의 한 연구에서는 비혼자가 기혼자보다 부모, 형제자매, 이웃, 친구와 더 자주 연락하고 도움을 주고 받았다(Sarkisian & Gerstel, 2016). 우리나라에서도 취미, 사교 등을 즐기며 자유로운 삶을 사는 비혼자의 삶을 예능 프로그램에서 심심치 않게 소개하고 있다. 고학력 고소득으로 자신에게 집중하는 여성을 지칭하는 '골드미스'라는 신조어는 생긴 지 오래다.

비혼 1인가구 관련 TV 프로그램

비혼자의 일상생활에 주목하여 인기를 끌고 있는 TV 프로그램으로는 '나 혼자 산다'가 있다. '나 혼자 산다'(2013.03.22. 첫 방송)는 1인가구 유명인의 일상생활을 그리는 MBC의 예능 프로그램으로, 청년 비혼자들이 주로 출연하고 있다.

비혼자에 대한 선행연구를 살펴보면 이들이 결혼제도 밖에 있지만 개인화된 삶을 산다고만 볼 수 없다고 지적한다. 동아시아의 경우 한국(성미애, 2014)과 일본(지은숙, 2017) 모두에서 비혼여성들이 부모돌봄 등 딸로서의 역할을 상당한 수준으로 수행하고 있다고 연구자들은 보고하고 있다. 비혼자 중에서도 여성들은 보살필 자녀나 남편이 없다는 이유로 부모돌봄의 가용인력으로 기대되는 경향이 있다는 것이 연구자들의 설명이다.

토론해 봅시다 비혼 축하금

비혼자가 증가하면서 국내 기업 중에는 사내 복지 차원에서 지급하던 결혼 축하금을 비혼을 선언한 직원에게도 지급하는 경우가 나타나고 있다. 아래의 뉴스 기사를 읽어보고, 비혼 축하금의 필요성과 지급대상 선정방식에 대해 의견을 나누어 보자.

▶ LG유플러스 "비혼 선언하면 결혼 직원과 똑같이 축하금 · 휴가 준다"
한국일보(2022.11.23.).

▶ '비혼'하면 축하금 400만원 준다 했더니… 40대 총각 · 처녀 줄섰다?
헤럴드경제(2023.04.05.).

▶ 결혼 안 해도 축하금 준다… '비혼 복지' 늘리는 기업들
매거진 한경(2023.02.09.).

비혼 1인가구

부모와 함께 사는 비혼자도 있지만 1인가구를 이루고 혼자 사는 비혼자가 증가하고 있다. 이에 따라 비혼 1인가구에 대한 사회적 관심도 뜨겁다. 1인가구와 이코노미의 합성어인 일코노미, 혼밥(혼자 밥 먹기), 혼술(혼자 술 마시기) 등의 신조어가 한국 사회의 트렌드를 대표하는 표현으로 자리 잡았다. 1인가구는 형성배경도 다양하고 연령대도 다양하지만, 비혼 1인가구는 주로 직장이나 학업, 부모로부터의 독립 등의 사유로 형성된다.

1인가구의 비율은 계속 증가하고 있다. 통계청(2022b)이 발표한 1인가구 현황을 정리하면 [그림 4-4]와 같다. 2000년에는 4인가구가 전체 가구의 31.3%를 차지하여 주된 형태였고 이어 3인가구(20.9%), 2인가구(19.1%), 1인가구(15.5%)의 순이었다. 그러나 2015년부터 1인가구가 가장 높은 비율을 차지하기 시작했다. 2021년에는 1인가구가 전체의 33.4%를 차지하였고, 이어 2인가구(28.35%), 3인가구(19.4%), 4인가구(14.7%)의 순이었다.

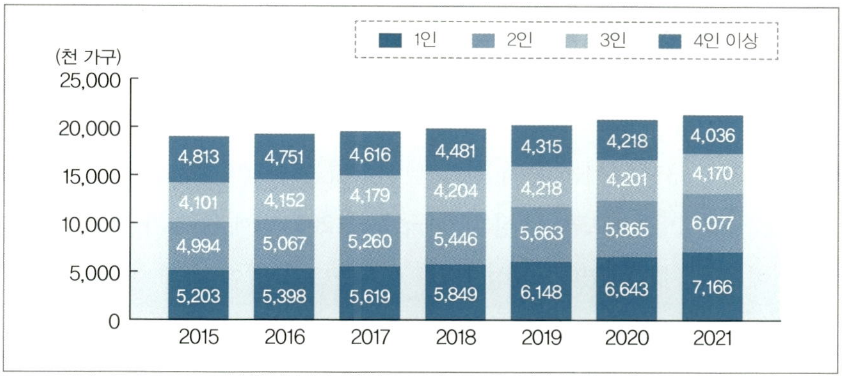

a. 가구원수별 가구 현황

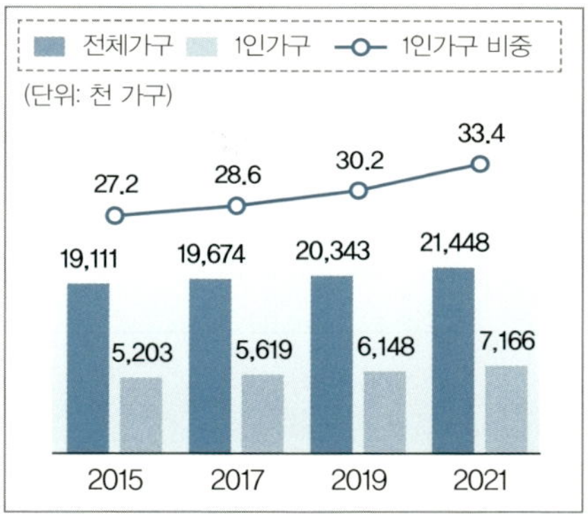

b. 1인가구 추이(2020년)

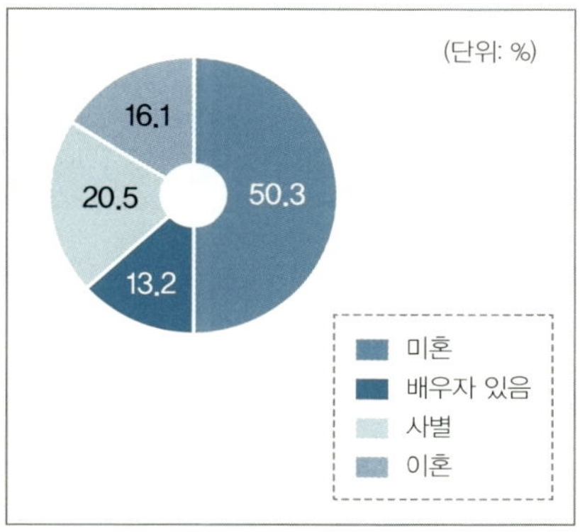

c. 1인가구 혼인상태(2020년)

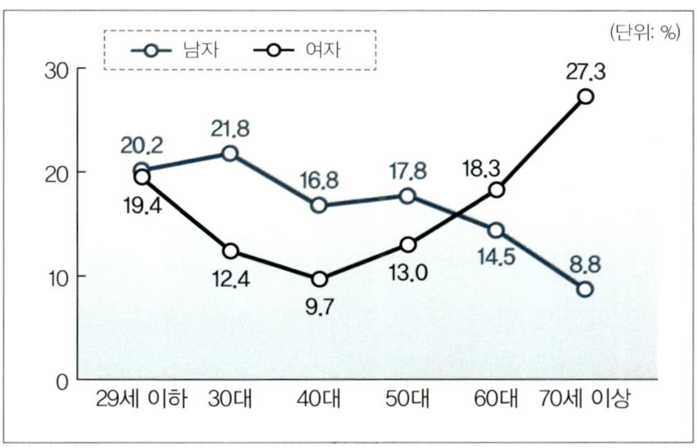

d. 1인가구의 성별, 연령대별 비율(2021년)

가구원수별 가구수 최신 통계보기

세대구성별 가구수 최신 통계보기

그림 4-4 1인가구 현황

출처: 통계청(2022b). 2022 통계로 보는 1인가구.

1인가구주의 혼인상태는 비혼 비율이 가장 높아서 2021년에는 비혼이 50.3%를 차지하였다. 1인가구는 20~30대(36.1%)와 60대 이상(34,5%)의 비율이 높다(통계청, 2022b). 한편, 1인가구가 혼자 사는 이유로 25~34세는 직장, 학업 때문이라는 응답의 비율이 높았고, 35~44세는 혼자 살고 싶어서라는 응답의 비율이 더 높았다(홍승아 외, 2017). 성별로 살펴보면, 남성 1인가구주는 2021년에 30대가 전체의 21.8%로 가장 높은 비율을 차지하였다. 여성 1인가구주는 2021년에 70세 이상 고령층의 비율(27.3%)이 가장 높았고, 30대는 전체의 12.4%를 차지하였다.

비혼동거의 이해

비혼동거의 다양성

결혼을 하지 않고 동거하는 커플에 대한 학문적, 정책적 관심이 우리나라에서도 증가하고 있다. 동거(cohabitation)는 결혼을 하지 않은 커플이 함께 사는 것을 의미하는데 비혼동거나 미혼동거(nonmarital cohabitation, unmarried cohabitation)를 간략하게 표현한 것이다. 우리나라의 비혼동거에 관한 공식적인 통계는 존재하지 않기 때문에 정확한 규모를 파악할 수 없으나, 경험적으로 보았을 때 증가하는 추세임에 학자들이 동의하고 있다.

비혼동거에 대한 한국인의 태도는 긍정적으로 변화하고 있다. 통계청 「사회조사」에서 '남녀가 결혼하지 않더라도 함께 살 수 있다'는 문항에 대해 동의하는 응답자가 2008년에는 42.3%였는데, 2022년에는 65.2%로 증가하였다(통계청, 2022a). 그러나 국내에서 비혼 동거커플이 자녀를 출산, 양육하는 경우는 흔치 않다(변수정 외, 2016). 결혼제도 밖에서의 출산에 대한 한국인의 태도의 경우, 2021년 「가족과 출산 조사」에 따르면 '결혼하지 않은 여성이 아이를 낳아 기르는 것도 괜찮다'에 동의한 응답자는 44.5%였다(박종서 외, 2021).

'미래에는 동거가 결혼제도를 대체할 것인가?'라는 질문은 여러 나라의 학자들이 관심을 가져온 주제이다. 현재까지의 연구결과를 보면 국가나 문화에 따라, 개인의 태도에 따라 동거가 다른 의미를 갖기 때문에 한 가지로 설명하기는 어렵다. 미국처럼 결혼제도의 상징적인 의미가 강해서 이혼율도 높지만 결혼율도 높은 국가도 있고, 서유럽이나 북유럽처럼 동거가 보편적인 생활양식으로 자리를 잡은 국가도 있기 때문이다(Cherlin, 2020). 개별 커플 수준에서도 결혼을 원하지 않아서 동거하는 커플도 있지만, 경제적 기반이 마련되지 않아서 동거하는 커플도 있고, 서로를 미래의 배우자로 좀 더 알아보기 위해 동거하는 커플도 있기 때문이다.

비혼동거를 분류하는 방식은 학자에 따라 매우 다양하다. 가장 간단한 방식은 결혼과정으로의 동거와 결혼의 대안으로의 동거(Hiekel et al., 2014)로 구분하는 것이다. 첫째, 결혼과정으로의 동거(cohabitation as a stage in the marriage process)는 결혼제도에 긍정적인 태도를 가진 상태에서 동거하는 것이다. 이 유형의 동거는 좀 더 세분화하여 결혼을 전제한 동거, 서로를 배우자로 테스트하는 동거, 결혼할 경제적 기반이 부족하여 선택한 동거 등으로 분류할 수 있다. 둘째, 결혼의 대안으로의 동거(cohabitation as an alternative to marriage)는 보편적 결혼관에 반기를 드는 동거이다. 이 유형의 동거는 결혼제도를 거부하는 동거, 결혼의 필요성을 느끼지 못하는 동거 등으로 분류할 수 있다.

유럽 10개국 자료를 분석한 연구(Hiekel et al., 2014)에 따르면, 동거가 보편적인 서유럽과 북유럽에서는 결혼의 대안으로의 동거가 더 높은 비율을 차지하였다. 반면 동거가 덜 보편적인 중앙유럽과 동유럽의 동거자 중에는 결혼제도에 대한 태도가 호의적이지는 않지만 결혼의향은 높은 집단의 비율이 높았다. 국내에서 동거 중이거나 동거 경험이 있는 사람들을 대상으로 조사한 연구(변수정 외, 2016)에서는 결혼과정으로의 동거와 결혼의 대안으로의 동거가 각각 절반 정도의 비율을 차지하였다.

한편, 우리나라의 경우 2021년 「가족과 출산 조사」에서 동거 상대와 혼인신고를 하지 않은 이유를 조사한 결과, '집 마련, 결혼식 비용 등 경제적인 문제가 해결되면 그때 하려고'(32.2%), '같이 살아보면서 상대에 대한 확신을 먼저 가지기 위해'(28.7%), '결혼제도나 규범에 얽매이지 않고 자유롭게 살고 싶어서'(20.7%) 등을 선택한 비혼 동거자의 비율이 높았다(박종서 외, 2022). 동거를 결혼의 과정으로 여기는 경우의 비중이 높음을 알 수 있으나, 동거를 결혼의 대안으로 여기는 경우도 적지 않음을 알 수 있다.

생각해 봅시다 **커플이 같이 산다는 것의 의미**

커플이 같이 산다는 것은 현실적으로, 상징적으로 어떤 의미가 있는지 생각해 보자. 커플 중에는 같은 집에서 더 오랜 시간을 같이 보내고, '집'이라는 공간에서 일상생활을 공유하는 것에 매력을 느껴서 동거를 선택하는 커플도 있다. 아래 [책 소개]에서처럼 같은 방에서 한 이불을 덮고 생활하는 것은 커플로서 상징성이 있다(Rosenblatt, 2006). 같이 산다는 것은 주변인들에게 커플관계를 공식화하는 방법인 경우도 많다. 같이 사는 동안에는 배타적인 연인관계를 유지할 것이 기대된다.

그러나 아래의 **[좀 더 알아봅시다]**에서 소개한 LAT처럼 따로 사는 커플도 있다. 같이 살면 개인만의 시간과 공간이 부족해질 것이라거나, 관계에 부정적일 것이라고 여겨 따로 사는 커플도 있다. 동거에 대해 부정적인 주변의 시선이 부담스러워서 따로 사는 커플도 있다.

같이 산다는 것은 일상생활 전반을 공유하는 것이다. 침실, 화장실 등 공간뿐만 아니라 냉장고 안의 음식까지 함께 사는 '집'이라는 공간의 물리적 자원을 공유한다. 그 공간에 함께 있는 시간, 분위기, 소리, 냄새, 온도 등 일상의 총체를 공유한다. 커플이 같이 산다는 것은 스킨십, 성생활도 포함한다.

같이 살면서 일상생활을 공유한다는 것은 새로운 적응과 협상을 의미한다. 커플로서 규칙을 설정하고, 서로의 생활방식에 적응해야 한다. 의견이 다르거나, 자원을 공유할 때 협상해야 하는 지점도 많다.

좀 더 알아봅시다 **따로 사는 커플(Living Apart Together)**

커플이라면 같이 살아야 한다는 생각에 모두가 동의하는 것은 아니다. 어떤 커플은 같이 살지 않는 것을 선호해서 따로 살고, 어떤 커플은 같이 살 수 없는 형편 때문에 따로 산다.

동거가 보편적인 유럽에서 등장한 living apart together(LAT)라는 용어가 있다. LAT에 대해 완벽하게 합의된 정의가 있는 것은 아니지만, 부부 같은 친밀성과 배타성을 유지하면서 함께 살지 않는 커플관계를 의미한다. 국내 미디어에서는 기혼부부의 자발적 별거를 LAT로 설명하는 경우가 많으나(이안수, 2019), LAT에 관한 해외 선행연구를 살펴보면 대체로 비혼, 이혼, 사별 등 기혼상태가 아닌 커플에 LAT 개념을 적용하는 것이 보편적이다(Oh et al., 2019). 국내에서는 임춘희(2018)가 LAT를 '이중주거 커플관계'로 번역하고, 이혼 후 형성하는 새로운 파트너십으로 동거와 LAT에 대해 논의하였다. 재혼이나 동거라는 선택지와는 달리 자신의 생활을 유지하면서 커플관계를 지속할 수 있기 때문에 향후 우리나라에서도 등장할 가능성이 있다는 것이다.

[참고] 위키피디아.

동거커플의 법적 지위

비혼 동거커플을 제도적인 관계로 인정하는 정도는 국가마다 다르다. 서구의 국가 중에서는 신고절차를 거치면 비혼 동거커플에게 법적 권리와 책임을 부여하는 경우가 있다. 예를 들어 프랑스에서는 1999년부터 팍스(PACS: pacte civil de solidarité)라는 제도를 통해 비혼 동거커플이 서로에 대한 법적 권리와 책임에 대해 계약할 수 있다. 프랑스 민법에서 PACS는 공동생활을 위해 이성 또는 동성의 성인 2명에 의해 체결되는 계약으로 정의된다. PACS의 구속력은 결혼만큼 강하지 않다. 영어권에서는 이렇게 국가에 등록한 비혼 커플을 기혼 부부와 구분하여 'domestic partnership', 'civil union', 'civil partnership' 등으로 부른다. 우리나라에서도 비혼 동거커플 등에게 서로에 대한 권리와 의무를 부여하는 생활동반자법에 대한 논의가 2014년부터 본격화되었으나, 거센 반대에 부딪히기도 했다.

혼인신고를 하지 않은 동거커플을 제도적으로 인정하는 문제는 성별이 같은 동성(同性)커플을 제도적으로 인정하는 문제와 연결되어 있어서 더욱 쟁점이 되는 경향이 있다. 앞서 소개한 프랑스의 PACS 역시 처음 발의되었을 때는 동성커플에게 법적 지위를 부여하기 위한 취지가 컸다. 그러나 프랑스에서는 2013년에 동성결혼이 합법화되면서, 현재는 PACS로 등록하는 커플은 90% 이상이 이성커플이다(박준혁, 2022). 우리나라에서도 생활동반자법에 대한 우려의 목소리 중 상당 부분은 동성커플을 법적으로 인정하는 것에 대한 우려인 것과 같은 맥락이다.

성별이 같은 커플을 제도적으로 인정하는 정도는 대륙마다, 국가마다 다르다. 동성커플이 법적으로 혼인신고를 할 수 있는 국가도 있고, 혼인신고는 할 수 없지만 신고절차를 거쳐 법적 동반자로 인정하는 국가도 있고, 동성관계 자체를 금지하는 국가도 있다. 2023년 현재 아시아에서는 타이완이 동성결혼(same sex marriage)을 인정하는 유일한 국가이다.

[책 소개] Two in a Bed: The Social System of Couple Bed Sharing(Rosenblatt, 2006)

같이 사는 커플은 대체로 같이 잔다. 여기서 같이 잔다는 것은 섹슈얼리티와 무관하게 한 이불을 덮고 잔다는 의미이다. 부부싸움 후 '각방 쓴다'는 말을 보면 같은 방에서 한 이불을 사용하는 것이 커플로서 상징적인 의미가 있다는 것을 알 수 있다.

미국 미네소타대 가족학과 명예교수 로젠블랫(Rosenblatt, 2006)은 『Two in a Bed: The Social System of Couple Bed Sharing』이라는 책에서 커플 40여 쌍을 인터뷰하여 같이 자는 것(couple bed sharing)이 어떤 의미가 있는지 밝혔다. 커플이 한 이불을 덮고 함께 잔다는 것에는 취침 준비(문단속 등), 잠들기, 침실 온도, 커플의 대화와 스킨십, 갈등, 건강 문제, 취침 및 기상 시간, 커플 수면의 방해요인들(아기 등), 수면 습관(자세, 코골이 등), 주중과 주말 등 여러 요인이 연결되어 있었다. 커플의 생애주기에 따라 그 내용이 변화하기도 하였다.

이 책은 일반인들이 공감할 수 있는 주제와 내용으로 미국뿐 아니라 세계 여러 나라의 언론에 소개되었다. 국내에도 『한 침대에 두 사람: 부부 잠자리의 사회학』(배현석, 배은결 역, 2008)이라는 제목의 번역본이 출간된 바 있다.

참/고/문/헌

국무조정실(2023). 2022년도 청년 삶 실태조사 결과. https://www.korea.kr/news/pressReleaseView.do?newsId=156556083

김진영(2016). 교육수준에 따른 결혼의 우울에 대한 차별적 효과: 종단분석. 한국 사회학, 50(5), 173-201. http://dx.doi.org/10.21562/kjs.2016.10.50.5.173

김진영(2021). 결혼지위와 결혼만족도가 건강과 갖는 관계: 연령 및 소득과의 상호작용 효과. 보건사회연구, 41(4), 280-294. http://dx.doi.org/10.15709/hswr.2021.41.4.280

박수민(2017). 비혼을 통해 본 결혼의 탈제도화와 문화적 영향력의 지속. 가족과 문화, 29(4), 94-121. https://doi.org/10.21478/family.29.4.201712.004

박종서, 임지영, 김은정, 변수정, 이소영, 장인수, …송지은(2021). 2021년도 가족과 출산 조사(연구보고서 2021-50). 한국보건사회연구원.

박준혁(2022). 프랑스의 PACS에 관한 연구 -2006, 2016년 개정을 반영하여-. 법학논총, 34(3), 115-147.

배현석, 배은결(2008). 한 침대에 두 사람: 부부 잠자리의 사회학. 커뮤니케이션북스.

변수정, 김혜영, 백승흠, 오정아, 기재량(2016). 다양한 가족의 출산 및 양육실태와 정책과제-비혼 동거가족을 중심으로. 한국보건사회연구원.

성미애(2014). 40, 50대 비혼 여성의 결혼 및 가족 담론. 한국가정관리학회지, 32(2), 131-141. http://dx.doi.org/10.7466/JKHMA.2014.32.2.131

손서희, 이재림, 서찬란, 백예슬, 이가은(2022). 2022 서울가족보고서. 서울특별시.

여성가족부(2022). 2022 통계로 보는 남녀의 삶. http://www.mogef.go.kr/nw/rpd/nw_rpd_s001d.do?mid=news405&bbtSn=708745

유영주(1984). 한국도시가족의 가족생활주기 모형 설정에 관한 연구. 한국가정관리학회지, 2(1), 111-129.

이안수(2019). 따로 산 지 13년, 나는 아내 집으로 휴가 간다. 오마이뉴스. https://www.ohmynews.com/NWS_Web/View/at_pg.aspx?CNTN_CD=A0002551322

이재림, 이진경(2020). 비혼 관련 온라인 뉴스, 블로그, 카페, 트위터 게시글의 토픽모델 분석. 2020 한국가족관계학회 추계학술대회 자료집.

임춘희(2018). 이혼 후 파트너십으로서의 동거와 이중주거 커플관계(LAT). 한국가족관계학회지, 23(3), 51-76. https://doi.org/10.21321/jfr.23.3.51

장경섭(2011). '위험회피'시대의 사회재생산: 가족출산에서 여성출산으로? 가족과 문화, 23(3), 1-23.

장경섭(2018). 가족자유주의와 한국 사회: 사회재생산 위기의 미시정치경제적 해석. 사회와 이론, 32, 189-218. https://doi.org/10.17209/st.2018.05.32.189

지은숙(2017). 비혼여성의 딸노릇과 비혼됨(singlehood)의 변화: 일본의 부모를 돌보는 딸들의 사례를 중심으로. 한국문화인류학, 50(2), 189-235.

최연실(2014). 성인자녀의 부모 동거 현황 및 분석틀의 탐색. 가정과삶의질연구, 32(4), 75-89. https://doi.org/10.7466/JKHMA.2014.32.4.75

통계청(2021). 2020 인구주택총조사 결과. https://www.census.go.kr/cds2020/surv/RealSurvRslt.do?q_menu=1&q_sub=11

통계청(2022a). 2022년 사회조사 결과. https://url.kr/s3pb7t

통계청(2022b). 2022 통계로 보는 1인가구. https://www.korea.kr/news/pressReleaseView.do?newsId=156556388

통계청(2023). 2022년 혼인 이혼 통계. https://www.kostat.go.kr/board.es?mid=a10301010000&bid=204&list_no=424356&act=view&mainXml=Y

홍승아, 성민정, 최진희, 김진욱, 김수진(2017). 1인가구 증가에 따른 가족정책 대응방안 연구. 한국여성정책연구원.

홍찬숙(2012). 한국 사회의 압축적 개인화와 젠더범주의 민주주의적 함의 -1990년대를 중심으로. 여성과 역사, 17, 1-25.

Adamczyk, K. (2021). Current and future paths in research on singlehood. In R. J. Coplan, J. C. Bowker, & L. J. Nelson (Eds.), *The handbook of solitude: Psychological perspectives on social isolation, social withdrawal, and being alone* (2nd ed., pp. 163-177). John Wiley & Sons.

Beck, U. (2002). *Individualization: Institutionalized individualism and its social and political consequences* (Vol. 13). Sage.

Beckmeyer, J. J., & Jamison, T. B. (2023). Understanding singlehood as a complex and multifaceted experience: Insights from relationship science. *Journal of Family Theory and Review*. https://doi.org/10.1111/jftr.12497

Bernard, J. (1972). *The future of marriage*. Bantam Books.

Cherlin, A. J. (2004). The deinstitutionalization of American marriage. *Journal of Marriage and Family, 66*(4), 848-861. https://doi.org/10.1111/j.0022-2445.2004.00058.x

Cherlin, A. J. (2020). Degrees of change: An assessment of the deinstitutionalization of marriage thesis. *Journal of Marriage and Family*, *82*(1), 62-80. https://doi.org/10.1111/jomf.12605

Edin, K., & Kefalas, M. (2005). *Promises I can keep: Why poor women put motherhood before marriage*. University of California Press.

Hiekel, N., Liefbroer, A. C., & Pootman, A. R. (2014). Understanding diversity in the meaning of cohabitation across Europe. *European Journal of Population*, *30*(4), 391–410. https://doi.org/10.1007/s10680-014-9321-1

Lee, J., & Chin, M. (2017). Family and marriage. In Turner, B. S. (Eds.), *The Wiley Blackwell encyclopedia of social theory* (pp. 1–3). John Wiley & Sons. https://doi.org/10.1002/9781118430873.est0120

Lesthaeghe, R. (2010). The unfolding story of the second demographic transition. *Population and Development Review*, *36*(2), 211–251. https://doi.org/10.2307/25699059

Oh, S., Yu, K., & Lee, J. (2019, August). *Living apart together (LAT): Research trends in academic journals* [Poster presentation]. 20th Biennial International Congress of Asian Regional Association of Home Economics. Hangzhou, China.

Rosenblatt, P. C. (2006). *Two in a bed: The social system of couple bed sharing*. State University of New York Press.

Sarkisian, N., & Gerstel, N. (2016). Does singlehood isolate or integrate? Examining the link between marital status and ties to kin, friends, and neighbors. *Journal of Social and Personal Relationships*, *33*(3), 361–384. https://doi.org/10.1177/0265407515597564

U.S. Census Bureau. (2021). Census Bureau releases new estimates on America's families and living arrangements. https://www.census.gov/newsroom/press-releases/2021/families-and-living-arrangements.html

결혼생활

05

CHAPTER

챕터 개요

결혼은 선택일 수 있지만, 일단 결혼을 선택하였다면 누구나 행복한 결혼생활을 꿈꾸게 된다. 하지만 현실적으로 모두가 만족스러운 결혼생활을 하는 것은 아니다. 이 챕터에서는 부부의 유형에 대해서 살펴보고, 결혼생활을 만족스럽게 하는 요소가 무엇인지 이론을 통해 이해하도록 한다. 이어서 부부의 역할과 권력의 성격에 대해서도 알아보도록 한다.

부부의 행복

- 부부의 유형
- 부부관계의 질
- 결혼만족도의 변화
- 결혼만족과 안정에 대한 이론
- 결혼만족에 영향을 주는 그 밖의 요인
- 재혼부부 및 국제결혼부부의 결혼만족도

부부의 역할과 권력

- 부부의 역할분화 유형
- 부부권력에 관한 이론
- 부부재산제

주요 용어

결혼의 질, 결혼 만족도, U자 곡선, 부부역할, 부부권력, 부부재산제

CHAPTER

05 결혼생활

부부의 행복

부부는 가족의 가장 기본이 되는 단위이며, 행복한 부부생활은 배우자 자신과 가족의 윤택한 삶을 위해서 필수적 조건이라 해도 과언이 아니다. 누구나 달콤한 결혼생활을 꿈꾸며 시작하지만 실상 모두가 행복한 결혼생활을 하는 것은 아니며, 불행한 결혼은 결국 해체의 과정을 겪기도 한다. 한때의 위기는 어느 부부에게나 닥칠 수 있지만, 위기 이후의 결말은 다양하기만 하다. 결혼을 오래도록 행복하게 지속할 수 있는 비결이 있을까? 전 세계 수많은 학자가 이를 연구하고 있지만, 아쉽게도 성공적 결혼의 방정식은 아직 완성되지 않은 듯하다. 이번 장에서는 부부관계의 질을 나타내는 지표인 결혼안정성과 결혼만족도의 개념, 그리고 그와 관련된 이론을 살펴보고, 부부의 역할에 대해서 알아보도록 한다.

부부의 유형

서두에서 모든 부부가 행복한 것은 아니라고 하였는데, 부부의 다양한 모습을 몇 가지로 분류할 수 있을까? 올슨과 동료들(Olson et al., 2008)은 5만 쌍이 넘는 미국 부부의 데이터를 성격, 의사소통, 갈등 해결방식 등 열 가지 기준으로 분석하여 활력 넘치는(vitalized) 부부, 조화로운(harmonious) 부부, 전통적(traditional) 부부, 갈등(conflicted) 부부, 무기력한(devitalized) 부부와 같이 다섯 가지 부부 유형으로 분류하였다([그림 5-1] 참조). 이후, 알렌과 올슨(Allen & Olson, 2001)은 앞선 연구가 주로 백인을 상대로 진행된 연구임을 지적하면서 이를 보완하기 위해 흑인 부부의 데이터를 분석한 결과를 발표하였으나, 그 결과 역시 이전의 연구결과와 크게 다르지 않았다. 이와 같은 결과는 다섯 유형의 부부 형태가 인종과 문화와 상관없이 보편적일 수 있음을 시사한 것이라 할 수 있으며, 각 유형의 특징은 다음과 같다.

- **활력 넘치는 부부**: 전체 부부의 18%를 차지하며, 의사소통, 갈등 해결 방법, 성생활, 경제적 부분에서 강점을 지닌다. 이에 해당하는 부부 중 극히 일부만이 이혼을 고려해 본 적이 있는 것으로 나타났다.
- **조화로운 부부**: 전체 부부의 24%가 조화로운 부부 유형에 속하며, 활력 넘치는 부부보다는 강점이 적다. 이들은 부부갈등을 해소하는 능력과 역할분배에 대해 특히 만족도가 높았다.
- **전통적 부부**: 전통적 부부는 전체의 17%를 차지하고 있었는데, 성격, 의사소통, 갈등 해결 능력 측면에서 활력 넘치는 부부나 조화로운 부부보다는 못하지만 대체로 행복한 결혼생활을 하는 것으로 나타났다. 이들은 신앙, 전통적 역할, 지지적 가족이나 친구 관계 유지 등에서 강점을 보였다.
- **갈등 부부**: 전체의 22%는 갈등 부부 유형이었으며, 이들은 행복도가 낮고, 강점이 적으며, 여러 영역에서 성장의 필요를 보이는 것이 특징이다. 이들 중 73%는 이혼을 고려한 적이 있었으며, 의사소통과 문제해결 능력에서 낮은 점수를 보였다.
- **무기력한 부부**: 무기력한 부부는 전체의 19%를 차지하며, 이들은 거의 모두 이

혼을 고려한 적이 있는 것으로 나타났다. 이들은 대부분 부부치료 등 외부의 도움을 찾고 있었다.

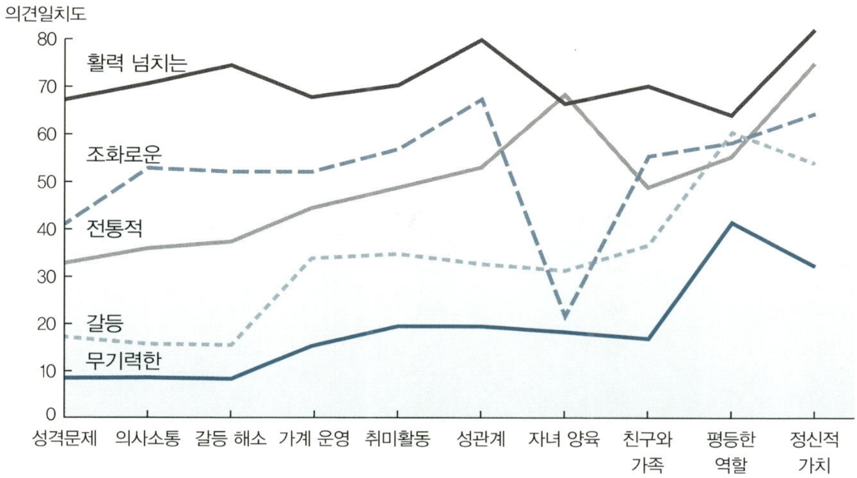

그림 5-1 다섯 가지 부부 유형

출처: Olson, Olson-Sigg, & Larson(2008).

흥미롭게도, 결혼 전 커플들을 대상으로 위와 동일한 분석을 진행한 연구에서는(Fowers & Olson, 1992; Olson & Olson, 2000) 무기력한 커플 유형을 제외한 네 가지 유형이 포착되었다(〈표 5-1〉 참조). 보통 결혼하지 않은 커플은 관계에 대해 낙관적이고 만족도가 높은 특징이 있으며, 무기력해지는 과정에서 헤어지기 쉬우므로 연구 참여 가능성 자체가 낮았던 것으로 해석할 수 있다. 총 5,030커플이 참여한 이 연구에서는 네 유형이 각각 전체 참여 커플의 25~30% 정도를 차지하고 있었다. 3년 후에 다시 이들을 대상으로 조사한 결과, 활력이 넘치던 커플 중 60%는 행복한 결혼생활을 하고 있었으며, 17%만이 결별한 것으로 나타났다. 반대로, 갈등 커플은 16%만이 행복한 결혼생활을 유지하고 54%는 결혼 전이나 후에 헤어진 것으로 나타났다. 전통형 커플은 행복하지 않다고 응답한 수가 절반이나 되었지만, 결혼 전후 헤어진 비율이 가장 낮았다. 결혼 전 커플들을 대상으로 한 이 연구결과는 결혼 안정성과 만족도가 결혼 전 관계의 질로 충분히 예측 가능하다는 것을 보여주는 것이라 할 수 있다. 하지만 주의해야 할 점은 커플이 불행한 정도나 불일치는 시간에 따라 변하는 것이며, 한때 행복도가 낮은 커플도 나중에 행복해질 수 있다는 것이다. 힘든 시간을 겪은 부부가 오히려 더 끈끈한 관계로 발전했다는 사례는 얼마든지 주위에서 찾아볼 수 있으며, 가족상담이나 치료를 받지 않아도 시간이 흐르면서 행복도가 크게 높아지는 자연적 회복(spontaneous remission)이 일어나기도 한다(Fincham et al., 2007).

표 5-1 결혼 전 커플 유형에 따른 결혼 만족도 (단위: %)

결혼 전 네 유형	매우 행복	다소 행복	별거/이혼	총계
활력 넘치는	60	23	17	100
조화로운	46	29	25	100
전통적	34	50	16	100
갈등	16	30	54	100

출처: Flowers, Montel, & Olson(1996).

부부관계의 질

부부관계의 질을 나타내는 지표로써 결혼안정도(marital stability)와 결혼만족도(marital satisfaction) 등이 사용된다. 결혼안정도는 부부가 이혼이나 별거를 하지 않고 혼인관계가 유지되는가를, 결혼만족도는 한쪽 또는 양쪽 배우자가 자신의 결혼을 얼마나 긍정적으로 평가하는가를 나타낸다. 그러므로 결혼안정도는 이혼이나 별거의 발생, 또는 결혼유지 기간으로 측정하며, 결혼만족도는 갈등, 헌신, 행복 등의 개념을 통해 측정할 수 있다(Glenn, 1991; Stanley, 2007). 이 중 결혼의 만족을 측정하는 것은 두 가지 이유에서 중요하다. 첫째, 이를 통해서 이혼을 예측할 수 있기 때문인데, 결혼만족도가 낮은 부부는 높은 부부보다 상대적으로 이혼을 할 가능성이 더 크다고 할 수 있다. 둘째, 결혼만족도가 낮으면 부적절한 자녀 양육, 심리적 문제, 신체적 건강 문제 등 다양한 영역에 부정적 영향을 줄 수 있기 때문이다(Amato et al., 2007).

아쉽게도 결혼만족도의 변화에 대한 우리나라의 자료는 없지만, 미국인의 결혼만족도를 '결혼행복(marital happiness)'의 개념을 통해 살펴본 한 종단연구(Marquardt et al., 2012)에서는 결혼만족의 수준이 낮아지는 추세가 제시된 바 있다([그림 5-2] 참조). '결혼행복'이라는 것은 추상적인 개념이고 설문응답자가 이해한 결혼행복이 '혼자 사는 것보다는 낫다'라든지 '여럿 중 이 배우자를 선택한 것이 옳았다'와 같은 다양한 의미로 해석될 수 있는 여지가 있기는 하지만, 미국인의 전체적인 결혼만족도는 70년대에 비해 낮아졌으며, 이는 이 시기에 급격히 증가한 이혼율과 무관하지 않은 것으로 보인다.

흥미로운 것은, 여성이 남성보다 결혼만족도가 더 낮은 것처럼 보이는데, 버나드(Bernard, 1972)와 같은 학자들은 페미니즘 시각을 제시하면서 남성이 결혼으로 인해서 얻는 혜택이 여성이 얻는 것보다 더 크기 때문이라고 주장한 바 있다. 남성과 여성이 가족 내에서 갖는 권력의 크기가 서로 다르며, 여성이 자녀 양육과 가사에 더 많은 부담을 지고 살며 부부폭력에 더 취약하기 때문이라는 것이다. 하지만, 잭슨 등(Jackson et al., 2014)은 결혼만족도와 관련된 226개의 연구결과에 대한 메타분석을 통해 종합적으로 결론을 내리면서 심리상담이나 가족치료를 받지 않는 부부를 제외한다면 남녀 간의 결혼만족도는 차이가 나지 않는다고 주장하기도 하였다.

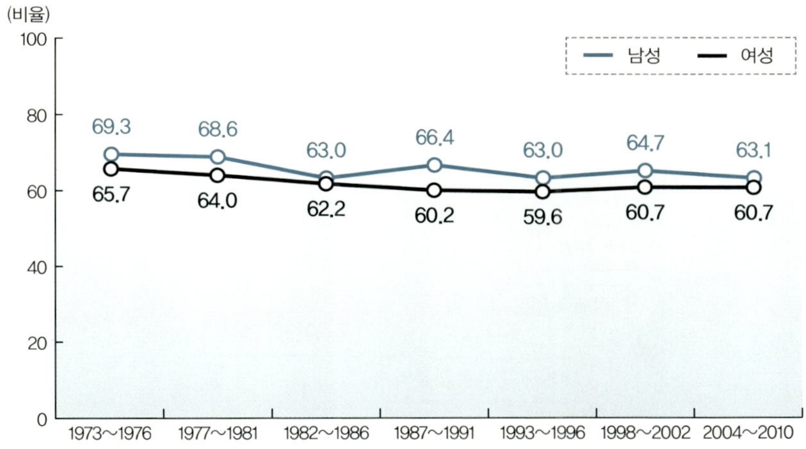

그림 5-2 결혼이 매우 행복하다고 응답한 사람의 비율 변화

출처: Marquardt et al.(2012).

결혼만족도의 변화

결혼만족도는 U자 곡선을 따라 움직이며(Anderson et al., 1983; Belsky et al., 1985; Glenn, 1990), 결혼 초반에 가장 높다가 10~20년 동안 하락하는 경향이 있다. 결혼만족도의 하락 원인을 밝히려 한 연구에서는 자녀 출생에 따라 부모로서의 역할이 추가되는 것을 여러 원인 중 하나로 제시하는데, 자녀가 태어나면서 부부간의 정서적 친밀도가 낮아졌다가 진학이나 취업 등으로 자녀가 출가하는 빈둥지기(empty nest) 시기에 이르게 되면 다시 높아지는 것을 그 근거로 들 수 있다(Belsky et al., 1985; Lee, 1988). 자녀의 유무가 주는 영향에 대한 다른 연구자들은 U자 곡선은 자녀의 존재가 아니라 결혼이 지속된 기간과 부모의 연령에 의해 영향을 받으며 단순히 이 시간이 자녀의 출생이나 출가와 시기적으로 겹칠 뿐이라는 주장도 있다(Gagnon et al., 1999; Glenn, 1990). 은퇴로 겪는 삶의 패턴과 성역할 변화의 영향에 초점을 둔 연구에서는 남편이 은퇴한 이후에 아내가 계속해서 일을 할 때 결혼만족도가 낮아질 위험이 있으며, 특히 여성의 학력이 낮은 경우에 이 시기에 낮은 결혼만족도를 경험하는 경향이 짙다(Belsky et al., 1985; Glenn, 1990). 결혼만족도의 U자형 변동의 이유를 사람들이 결혼 이후 시간이 지나면서 점차 결혼에 대한 기대나 태도를 바꾸기 때문으로 볼 수도 있다(Holahan, 1984; Weishaus & Field, 1988).

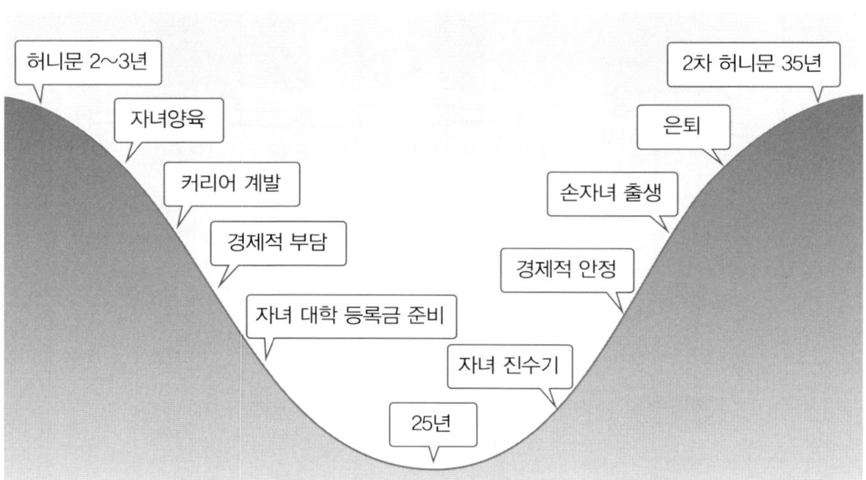

그림 5-3 U자형 결혼만족도

U자형 결혼만족도 곡선에 대한 비판적인 의견도 존재한다. 중년기 부부의 결혼만족도가 낮은 까닭은 이 시기의 부부생활에 문제가 있는 것이 아니라 연구방법론의 오류 때문이라는 것이다(Spanier & Lewis, 1980). 먼저, 결혼만족도 변화를 살피는 연구들이 대부분 연구대상의 상태와 경험을 시간을 두고 반복해서 측정하는 종단연구가 아니라 어느 한 시점에서 측정하여 다른 연령의 참여자들과 비교하는 횡단연구를 진행했다는 것이다. 따라서, 다른 연령이나 가족주기에서 결혼만족도의 차이가 났다고 하더라도 이것이 개인이 나이를 먹으면서 겪게 되는 연령효과(age effect)인지, 다른 시대에 태어난 사람들 간에 보이는 세대효과(cohort effect)인지 알 수 없다. 그리고 나이가 든 참여자일수록 결혼만족도가 낮은 부부들은 이미 이혼을 겪으며 연구대상에서 제외되고 오직 결혼만족도가 높은 부부만 선택되었을 가능성이 있다. 또한, 일반적으로 사람들은 자신의 행동과 자신의 태도가 불일치할 때 심리적 불편감을 느끼므로 자신의 태도를 행동에 맞추려는 경향이 있다는 인지일관성이론(cognitive consistency theory)을 적용하면, 오래도록 배우자와 같이 살았다는 자신의 행동을 정당화하기 위해 긍정적인 태도를 보이는 것으로 해석할 수도 있다. 한편, 연구방법론의 차원을 떠나서도 한 가지 형태의 가족 주기를 복잡한 현대 가족에 적용할 수는 없다(Mettessich & Hill, 1987). 한부모가족이나 무자녀가족 등 이제는 예외적이라고 할 수 없는 형태의 가족에서, 그리고 자녀를 먼저 낳은 후 결혼하거나 중년이 되기까지 출산을 미루는 부부는 다른 궤적의 결혼만족도 변화를 겪을 수 있다는 것이다.

결혼만족과 안정에 대한 이론

사회교환이론

사회교환이론(social exchange theory)은 부부관계 연구에서 가장 많이 사용되는 이론으로, 부부관계가 두 배우자 사이에서 발생하는 교환의 결과로 생성, 발전, 소멸한다고 본다. 레빈저(Levinger, 1965)는 교환이론을 가족에 적용한 초기의 학자인데, 그는 결혼생활의 안정성, 즉 결혼의 유지와 종료는 결혼생활을 유지하는 것이 주는 매력(attraction, 예: 정서적 안정, 성적 만족, 사회적 지위 등)과 같은 긍정값, 이혼할 때 겪는 장애물(예: 사회적 · 종교적 제약, 경제적 비용), 현재의 결혼 외부에 존재하는 매력(예: 다른 이성 상대, 현재 결혼으로부터의 탈출)의 유무와 같은 부정값의 총합으로 결정된다고 주장하였다. 이 관점에 의하면 긍정값이 부정값보다 큰 경우에 결혼을 유지하고, 반대로 부정값이 더 큰 경우에는 결혼을 종료하게 된다는 것이다.

이 이론을 적용하여 결혼의 만족과 안정(유지)의 관계를 사분면 위에 정리를 시도한 연구도 있다(Lewis & Spanier, 1979). 즉, 만족하면서 안정된 부부, 만족하지만 불안정한 부부, 불만족하지만 안정된 부부, 불만족하고 불안정한 부부의 네 가지 유형이 존재한다는 것이다. 불만족하지만 안정된 부부의 경우, 양쪽 배우자가 결혼에서 느끼는 매력은 적지만 결혼을 떠나는 데 장애물이 많아서 안정적인 관계를 유지한다고 설명한다. 이 유형에 따르면 만족하지만 불안정한 부부가 있을 수도 있는데, 상대방 배우자에 대한 만족도는 낮지 않더라도 이혼을 하는 데 장애물이 적고 현재의 결혼 외부에 더 큰 매력 요소가 있는 경우가 이에 해당한다. 이 접근은 매력이란 개념으로 동반자 의식, 소득, 취업상태와 같은 미시적인 변수와 이혼에 대한 지역의 의식과 같은 거시적인 변수를 모두 설명할 수 있는 장점이 있다. 하지만, 한때 안정적이었던 부부가 불안정하게 변하는 과정에 대한 설명을 제시하는 데 한계가 있다. 마찬가지로, 부부가 결혼생활에서 경험하는 만족도의 변화 역시 설명하지 못한다.

행동이론

행동이론(behavioral theory)은 비용과 보상을 고려하는 측면에서 사회교환이론과 유사하지만, 사회교환이론이 비용과 보상에 대한 인지에 초점을 두는 데 반해, 행동이론은 배우자 간의 상호작용 행동에 초점을 둔다는 데 차이가 있다. 즉, 행동이론은 문제해결을 위한 상호작용을 하는 동안 배우자가 보상적이고 긍정적인 행동을 하는 것은 결혼에 대한 상대방의 평가를 높여주고, 이러한 행동이 오래 쌓이게 되면 배우자의 결혼만족도를 높여준다고 본다.

사회교환이론과 달리, 행동이론은 배우자의 결혼만족도에 대한 평가가 시간이 흐름에 따라 어떤 과정을 거쳐 변화하는가를 제시한다는 장점이 있다. 배우자는 상대방과의 상호작용 과정에서 배우자의 행동이 정서적으로 보상을 줄 때 결혼의 만족을 느끼게 되므로, 행동의 변화는 결혼만족도의 변화를 가져올 수 있다고 이해할 수 있다. 일상적인 부부간의 의견 불일치를 잘 다루지 못하면서 해결되지 않은 부정적 감정은 점점 쌓이게 되어 부부의 상호작용과 관계의 질이 악화되어 이혼에까지 이를 수 있다(Markman, 1991). 관계의 변화를 해석하는 데 유용한 행동이론은 배우자 사이에 일어나는 행동에 초점을 둔 나머지 그 행동을 하게 되기까지의 맥락(성격, 성장환경, 교육수준 등)을 고려하지 않으며, 부부마다 부정적인 행동이 가져다 주는 결과가 다른 이유를 충분히 설명하는 데 한계를 보인다.

애착이론

결혼관계의 애착이론은 본래 아동의 발달단계에서 부모와 맺는 애착 형성의 중요성을 강조한 볼비(Bowlby, 1969)의 이론에서 그 기원을 찾을 수 있다. 볼비는 자녀가 부모와 애착을 처음 경험하면서 사람들과 관계를 맺는 것을 배우게 되고, 평생의 인간관계를 결정짓는다고 주장하였다. 그는 일반적으로 안정형, 혼동형, 회피형의 세 가지 애착유형이 두드러진다고 하였다. 안정형 애착은 가장 바람직한 애착유형이며, 아동이 부모를 찾을 때마다 부모가 항상 존재를 확인시켜 주면 형성된다. 이런 안정적인 애착을 바탕으로 아동은 새로운 자극을 찾아 나설 수 있게 된다. 혼동형 애착은 아이에게 부모가 일관되지 않은 반응을 보일 때 나타나게 되며, 부모는 아이에게 갈망의 대상이자 동시에 분노의 대상이 된다. 회피 애착은 부모가 아이에게 적절한 반응을 주지 않아서 생기는 애착유형으로, 아이는 부모와의 접촉을 피하게 되고 부모와의 분리 상황에도 스트레스를 받지 않는 경향이 있다.

어린 시절 원가족에서 형성된 애착이 성인기의 대인관계에 반영이 되고, 나아가 배우자와의 관계에까지 지속될 수 있다(Hazan & Shaver, 1994). 즉, 개인이 어떤 애착유형을 갖게 되는가에 따라 결혼생활을 통해 배우자로부터 기대하는 관계 욕구가 달라진다는 것이다. 이 이론은 개인의 발달이 평생에 걸쳐서 일어나고 한 시점의 발달수준이 다음 단계의 삶에 영향을 준다는 전생애적(life-span) 관점에 입각한 이론으로, 결혼 관계의 한 시점에만 초점을 둔 사회교환이론이나 행동이론에 비해 더 발전된 발달 관점을 제시한 것이었다. 하지만 결혼만족도가 시간의 흐름에 따라서 변한다는 것을 고려할 때, 결혼생활에 대한 애착이론적 접근은 서로 다른 애착유형을 가지는 것이 왜 결혼만족도의 변화를 가져오는가에 대한 설명을 제시하지는 못한다는 한계를 보인다.

역동적 목표이론

역동적 목표이론(dynamic goal theory, Li & Fung, 2011)은 결혼만족도의 변화를 설명하기 위해 사람들이 결혼생활을 통해서 성취하려는 목표의 우선순위가 개인의 발달에 따라 바뀌는 과정에 주목한다. 역동적 목표이론의 네 가지 전제는 다음과 같다. 첫째, 사람들은 결혼을 통해서 성취하고자 하는 다수의 목표를 갖고 있다. 둘째, 결혼생활 목표의 우선순위는 성인기에 역동적으로 변한다. 셋째, 발달단계에서 이루고자 하는 우선순위가 높은 결혼생활 목표의 성취 여부는 결혼만족도를 결정짓는 중요한 요소이다. 넷째, 결혼만족도를 높이기 위해서 우선순위 목표를 성취할 수 있도록 돕거나 결혼생활 목표의 우선순위를 바꾸는 방법을 선택할 수 있다.

결혼생활 목표를 다루기에 앞서 먼저 목표가 일반적으로 우리의 삶에 미치는 영향에 대해 살펴보자. 목표는 "개인이 원하는 결과, 사건, 과정 등을 내면에서 나타내는 것"이라고 정의할 수 있다(Austin & Vancouver, 1996). 개인의 목표는 성적을 잘 받는 것에서부터 시작해서 세계평화에 이르기까지 매우 다양하고 범위도 넓다. 목표에는 층위가 있어서 상위 목표는 자아실현과 같은 추상적이고 장기적인 데 비해, 하위 목표는 외국어를 배우겠다든지, 좋은 일자리를 얻겠다는 등 구체적이고 단기적이다. 한 개의 상위 목표는 여러 개의 하위 목표를 통해서 성취되며, 한 가지 행동으로 여러 층위의 다수 목표에 동시에 다가갈 수 있기도 하다. 설정된 목표에 따라 상황에 대한 인식이 달라져서 접근 방식이나 동기가 달라지기도 하는데, 접근 동기가 활성화되면 성공에 대한 열망이 커지고 성공모델을 바라보게 되며, 회피 동기가 활성화되면 실패모델을 타산지석으로 삼아 손실과 피해를 줄이려는 방향으로 행동하게 된다(Elliot, 2006; Higgins, 1997). 목표는 이처럼 우리의 행동에 영향을 줄 뿐 아니라, 목표의 성취 여부는 심리적 안녕에 중요한 역할을 한다. 실제로 우리의 이상적 자아(ideal self: 자신이 도달했으면 하는 이상적 상태)가 성취되지 못하면 실망, 낙담, 좌절 등에 빠지게 되며, 의무적 자아(ought self: 사회의 구성원으로서 해야 하는 의무와 관계된 자아)를 성취하는 데 실패하게 되면 죄책감, 두려움 등의 부정적 감정을 느끼게 된다(Higgins, 1987).

역동적 목표이론에서는 결혼생활의 다양한 목표를 동반자적 목표(companionship goals), 개인 성장 목표(personal growth goals), 도구적 목표(instrumental goals)의 세 가지 유형으로 분류한다.

동반자적 목표

동반자적 목표는 결혼생활을 통해서 소속감과 연결됨을 경험하고자 하는 목표이다. 자기결정이론(self-determination theory)에 따르면 연결됨은 유능감(competence: 환경을 효과적으로 통제할 수 있는 능력), 자율성(autonomy: 자신의 삶을 스스로 통제하는 능력)과 더불어 인간의 가장 기본적인 욕구 중 하나이다. 동지애 목표는 일반적 사회관계에서도 매우 중요한 목표이며, 특히 부부생활의 맥락에서 친밀감, 헌신, 열정의 균형을 강조하는 사랑의 삼각형 이론(Sternberg, 1986, 2장 참조)에서 중요한 두 개의 축(친밀감과 헌신)과 관련되어 있다.

개인 성장 목표

개인 성장 목표는 결혼생활에서 자아를 발전시키고 실현하고자 하는 욕구를 의미한다. 사회관계는 개인 성장의 목표를 성취하는 중요한 자원이며, 사람들은 자신의 성장에 도움이 되는 사람들과 더 가까운 관계를 맺는 경향이 있다(Fintzsimons & Shah, 2010). 부부관계를 통해 새로운 정체성, 경험, 지식, 사회관계망을 획득하면서 자신을 확장하는 것은 결혼의 성립과 유지에 필수적인 요소이며(Aron et al., 2002), 바람직한 결혼생활은 개인의 성장을 촉진하기 마련이다. 배우자로부터 지지를 받게 되면 미켈란젤로 현상(Michelangelo phenomenon: 개인의 내면에 잠들어 있는 모습을 다른 사람이 끄집어내는 과정)이 일어나게 되어 자아가 성장하게 되는 것이다. 특히 부부가 비슷한 이상적 자아를 가질 때 이러한 현상이 뚜렷하게 나타난다(Rusbult et al., 2009). 부부는 상대 배우자에 대한 긍정적인 환상을 갖곤 하는데(Miller et al., 2006), 배우자의 지지는 장기적으로 이러한 환상이 현실이 되게 하는 힘이 있다는 흥미로운 연구도 있다(Murray et al., 1996).

도구적 목표

결혼생활에서 실제적인 부분을 나타내는 도구적 목표는, 배우자와 가사노동, 경제적 관리, 자녀양육 등의 책임을 분담하려는 목표를 의미한다. 이러한 도구적 목표의 성취도가 높으면 결혼의 질이 높아지며, 반대로 낮을 때에는 부부갈등의 주요 원인이 되기도 한다(Cutrona, 1996; Frisco & Williams, 2003). 특히 맞벌이부부일 경우에 도구적 목표 성취의 여부는 부부관계에 미치는 영향이 큰데, 맞벌이는 이제 한국에서도 새로운 규범으로 자리 잡았다고 볼 수 있는 만큼 도구적 목표의 성취에 관심을 기울일 필요가 있다.

역동적 목표이론(dynamic goal theory)은 위의 세 가지 목표의 우선순위가 개인의 발달에 따라 변한다고 본다. 이와 같은 접근은 이전의 몇 가지 이론을 적용한 것인데, 전생애적 통제이론(life-span theory of control, Heckhausen & Schulz, 1995)에 따르면 통제의 유형을 주요통제(primary control)와 이차적 통제(secondary control)로 구분할 수 있는데, 사람들은 노화의 발달과정과 함께 신체 능력의 감퇴를 경험하면서 주위환경을 자신에게 맞춰 바꾸려는 주요통제를 줄이고 환경에 맞춰 자신을 변화시키려는 이차적 통제를 늘려간다는 것이다. 이와 비슷하게, 청년기에는 자신의 목표에 맞춰 자신과 환경을 변화시키려 하지만 노년기에는 현실에 맞춰 자신의 목표를 변화시킨다는 주장도 있다(Brandstädter & Renner, 1992). 사회정서 선택이론(socio-emotional selectivity theory)은 노인들은 점차 자신의 정서를 만족시키는 방향으로 관계를 정리하고 유지한다고 본다(Carstensen, 2006). 또한, 선택적 최적화 이론(selective optimization with compensation)은 사람들이 노화와 함께 오는 기능의 상실을 보완하기 위해 중요한 목표와 활동만을 선택하여 삶을 최적화한다고 설명한다(Boltes, 1997). 이상의 이론들은 모두 인간이 나이 듦에 따라 목표의 우선순위를 바꾼다는 역동적 목표이론과 일맥상통하는 것이라 할 수 있다.

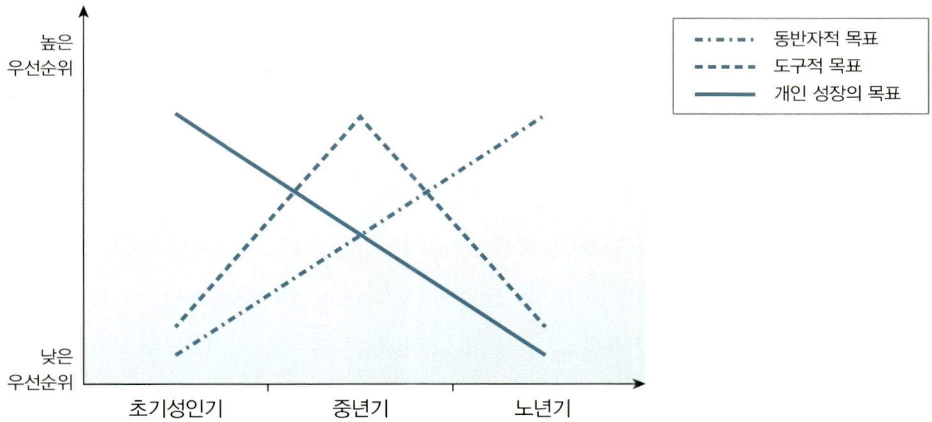

그림 5-4 결혼 목표의 우선순위 변화

출처: Li & Fung (2011).

역동적 목표이론은 [그림 5-4]와 같이, 앞서 언급한 세 가지 결혼생활 목표의 우선순위가 발달단계에 따라 변화하는 것을 제시한다. 먼저 개인 성장 목표는 청년기에 가장 높은 우선순위에 위치하다가 점점 낮아져서 노년기에는 가장 낮은 순위에 놓이게 된다. 개인 성장의 목표는 자신의 능력을 키우고 환경을 변화시키려는 의도를 지니고 있으므로 이러한 목표는 노화와 함께 그 중요도가 낮아진다. 반면, 동반자적 목표는 이와 정반대로 청년기에 가장 낮은 우선순위에 머물다가 노년기에 가장 높아지는데, 사회정서 선택이론에서 주장하는 것처럼 동반자 관계에서 오는 정서적 역할이 점차 중요해지기 때문이라고 설명한다. 마지막으로 도구적 목표는 중년기에 가장 높다고 가정하는데, 그 이유는 직장에서의 책임과 육아, 부모부양 등의 가족 책임이 중년기에 가장 크기 때문이다.

결혼만족에 영향을 주는 그 밖의 요인

부부의 나이 차이

연구마다 다른 결과를 보이기도 하지만, 상당수의 연구에서 부부의 나이 차이가 결혼만족도에 어느 정도 영향을 준다는 것을 밝힌 바 있다. 어느 정도의 나이 차이가 적당한가에 대해서 공통적인 연구결과는 밝혀진 바가 없지만, 10년 이상 차이 나는 부부와 그 이하의 부부를 비교한 연구에서는 대체로 10년 이하의 차이가 나는 부부의 결혼만족도가 더 높은 것으로 나타났다(Student & Student, 2011). 이와 같은 결과에 대해 일부 연구자들은 남성의 나이가 많을수록 성욕과 성적 능력이 감퇴하는데, 여성이 아직 젊고 성적 욕구가 왕성한 경우에는 갈등과 불만족이 커지므로 나이 차이가 큰 부부의 결혼만족도가 낮아질 가능성이 크다고 설명하기도 한다. 그 외에도, 부부간의 불일치를 결혼만족도 저하의 원인으로 설명하기도 한다. 우리가 나이 들면서 일반적으로 삶의 목표나 역할 변화를 겪게 되는데, 나이 차이가 큰 부부는 이러한 영역에서 불일치가 커지므로 부부만족도가 낮아진다는 것이다(Cheng, 2004).

교육수준

교육이 결혼에 미치는 영향에 대해서는 엇갈린 결과가 제시되고 있다. 일부 연구에서는 교육수준이 높은 부부는 그렇지 않은 부부보다 결혼만족도가 높은 경향이 있음을 보였다. 이러한 결과는 교육수준이 높은 사람들이 더 나은 대인관계를 유지하는 것과 같은 맥락에서 생각할 수 있는데, 교육수준이 높을수록 현실에서 겪는 문제를 더 잘 파악하며 문제를 해결하게 되어 갈등을 덜 겪게 된다고 설명할 수 있다. 다른 연구에서는 여성의 경우 교육의 수준이 높을수록 결혼을 지속하지 못할 가능성이 크다는 결과를 보이기도 했다(Cherlin, 1979; Janssen et al., 1998; Kalmijn, 1999). 여성의 교육수준이 높으면 경제력이 생기면서 부부갈등의 상황에서 결혼을 종료할 가능성이 커지는 것으로 해석 가능하다.

일치성(compatibility)

사람들은 처음에는 외모에 끌리기 마련이지만, 이후에는 비슷한 가치관이나 신념 등이 관계를 지속시키는 주요 요인으로 작용한다. 비슷한 사회적 배경(인종, 종교, 교육수준)은 관계에서 갈등이나 의견 불일치를 불러일으킬 가능성을 줄여준다. 결혼 이후에는 배우자의 성격이 매우 중요해지는데, 부부는 성격 차이가 작을수록 행복도가 높아진다. 연애시기와는 달리 결혼생활은 지속적인 상호작용이 일어나고 일상의 크고 작은 일들을 처리하기 위해 높은 수준의 협력이 필요하며, 성격의 차이가 큰 경우 이런 일의 처리에서 마찰이 일어나기 쉽기 때문이다.

일반적인 관념과는 달리, 함께 '노는' 부부의 관계가 반드시 더 좋은 것은 아니다. TV 시청, 등산, 조깅 등의 여가생활을 함께 할 때 한쪽 배우자만 이 활동을 좋아하고 다른 배우자가 마지못해 따르면 시간이 지날수록 부부관계가 더 나빠진다는 연구결과가 이를 뒷받침해 준다(Crawford et al., 2002; Gager & Sanchez, 2003).

유연성(flexibility)

하지만 결혼생활에서 배우자와 모든 방면에서 백 프로 일치하는 것을 기대할 수는 없는 일이다. 러시아의 문호 톨스토이는 "행복한 결혼생활에서 중요한 것은 부부가 얼마나 일치하는가가 아니라 불일치를 어떻게 다루는가에 달려 있다"라고 한 바 있다. 예를 들어, 한쪽이 성격이 더 활발한 장점이 있다면 그 배우자는 보다 차분하여 실수하지 않는 장점이 있을 수 있다. 행복한 부부는 상대방과 서로 맞지 않는 점에 어떻게 적응할 것인가를 의논하는 특징이 있다. 의견이 서로 맞지 않은 상황에서 자신의 의지만 관철하려 하거나 배우자의 마음을 바꾸려 애쓰는 대신 타협하고 유연하게 대처하는 태도는 행복한 결혼을 유지하는 중요한 요소라 할 수 있다.

우정(friendship)

배우자를 한 명의 사람으로 좋아하고 서로 친구처럼 지내는 것은 행복한 결혼생활을 유지하는 데 도움이 된다. 열정적 사랑에 기반을 두어 결혼한 부부는 이혼의 확률도 높은데, 감정은 오래 지속되기 어려운 까닭이다. 즉, 결혼생활에 대한 비현실적인 기대와 환상으로 결혼식을 치르는 데까지는 성공하더라도 부부관계를 유지하는 데에는 어려움을 겪게 된다.

의사소통과 갈등 해결능력

행복한 부부는 부부관계에서 일어나는 문제와 의견 불일치 상황의 중요성을 인지하고 이를 해결하고자 노력하는 특징이 있다. 갈등 해결을 위해서는 적극적인 대화를 하는 것이 필요하지만, 한쪽 또는 양쪽 배우자가 심하게 화가 나거나 상처를 입으면 잠시 서로 거리를 두고 침묵하거나 물러서야 하기도 한다. 혹은 어떤 경우에는 단순히 "미안해"라고 말하는 것만으로도 상황이 종료되고 관계가 나아지기도 한다.

정서적 지지(emotional support)

정서적 지지는 공감과 동정심 등 상대방의 정서를 배려하는 행위를 의미한다. 인간은 모두 정서적 지지가 필요한 존재이며, 부부관계는 이를 채울 수 있는 중요한 원천이라 할 수 있다. 부부를 대상으로 한 연구들은 실제로 정서적으로 배우자를 지지하는 것은 행복한 부부생활을 유지하는 데 로맨스보다 더 중요한 역할을 한다는 결과를 제시한다.

부부간의 정서적 지지를 보여주는 예

"남편과 함께 있으면 제가 영리하고, 예쁘고, 유능하고, 소중한 존재가 된 느낌이에요."

-결혼 21년 차 여성-

"남편에게 우리 결혼 성공의 요인을 물어봤더니 우리가 서로 경쟁을 하지 않고 서로를 독립적 존재로 받아들이기 때문이라고 답했어요. 저도 동의합니다."

-결혼 33년 차 여성-

재혼부부 및 국제결혼부부의 결혼만족도

이혼이 증가하면서 재혼부부의 수가 늘고 있어 이들에 대한 관심이 증가하고 있다. 베머 등(Vemer et al., 1989)은 재혼가족에 대한 기존의 여러 연구결과를 다시 데이터로 사용하여 신뢰도 높은 결과를 재도출하는 방법인 메타분석(meta-analysis)을 적용한 바 있다. 그들은 일단 초혼자들이 재혼자보다 결혼만족도가 높음을 발견하였으며, 재혼자의 경우에도 초혼자와 마찬가지로 남편이 아내보다 만족도가 높다는 결과를 제시하였다. 자녀와 관련하여, 자신의 친자녀를 데리고 결혼한 쪽이 그렇지 않은 경우보다 만족도가 높았으며, 배우자가 자녀를 데려오는 경우, 여자가 남자보다 만족도가 더 낮은 것으로 나타났다. 재혼부부와 관련된 국내 연구를 살펴보면, 배우자의 높은 자기분화수준(박희정, 변상해, 2017), 자녀들의 적극적지지(임춘희, 1997), 재혼가족부모프로그램 참여(김미옥, 천성문, 2014) 등이 높은 결혼만족도와 상관이 있는 것으로 나타났다.

다문화가족 부부의 결혼만족도에 대한 관심 역시 증가하고 있는데, 이는 이들 다문화 부부의 수가 증가할 뿐 아니라 이들의 이혼 역시 더불어 증가하고 있기 때문이다. 2018년 한 해에 총 22,698쌍이 국제결혼을 통해 부부가 되었고, 10,254쌍이 이혼을 한 것으로 나타났다(통계청, 2019). 일반적인 부부만족도 관련 특성과 더불어 연령차이, 결혼중개업소 이용 유무(강기정, 변미희, 2009), 배우자에 대한 정보일치도(김은경, 2008), 이주자의 문화적응 태도와 배우자의 자국문화 전달태도(장온정, 2007), 문화적응 스트레스(2009) 등의 특성이 영향을 미치는 것으로 나타났다.

부부의 역할과 권력

부부의 역할분화 유형

남성과 여성의 행동 차이는 염색체, 생식샘, 호르몬 등과 관련된 생물학적 성(sex)과 관련이 깊다. 이 생물학적 성은 출생과 동시에 결정되는 데 반해, 사회적, 문화적으로 규정된 남녀 간의 성별인 젠더(gender)는 개인의 발달과정에서 형성된다. 사회는 생물학적 성별에 따라 성역할(gender role)을 기대하고, 개인은 이 기대를 인지하고 그에 따른 역할을 수행하며 이를 내면화한다. 전통적으로 남성성(masculinity)은 공격적, 독립, 지배적, 유능함, 수학과 과학의 자질로, 여성성(femininity)은 수동적, 민감함, 감성적, 예술과 문학의 자질 등으로 이해하는 고정관념이 있었다. 분명 개인에 따라 이런 고정관념과는 상관없는 특성과 능력을 갖출 수 있음에도 불구하고 이러한 고정관념은 개인의 특정한 행동을 부추기거나 제약하는 역할을 한다.

개인이 사회 속에서 어떠한 성으로 살아가는가는 부부관계 속에서 어떤 역할을 할 것인가에 대한 역할인지와 역할수행과 관련이 깊다. 부부는 한 단위를 이루며 살아가면서 공동의 과제를 수행하는 동시에 각 배우자는 개인의 삶에서 성취해야 하는 과업을 수행해야 하기에 부부의 역할분배는 결혼만족도에 중요한 역할을 하며, 이에 따라 결혼의 지속 여부가 영향을 받기도 한다. 부부의 역할분화 방식을 나누는 방법은 관점에 따라 다를 수 있으며 이 책에서는 남편과 아내의 역할 경계의 명확도에 따른 역할분화 유형과 남편과 아내의 생활시간 분배에 따른 유형을 살펴보기로 한다.

먼저, 역할 경계의 명확도에 따라 조정문과 장상희(2001)는 역할분리형, 역할공유형, 과도기형으로 구분하였다. 역할분리형 부부는 남편과 아내의 역할을 엄격하게 분리하는 유형으로, 남성이 경제활동을, 그리고 여성이 가사 및 돌봄의 역할을 맡게 된다. 이러한 분리를 지지하는 측에서는 남녀가 신체적 조건과 기질이 다르다는 생물학적인 근거를 제시하기도 하고 역할분리가 가족생활의 효율성 높이고 서로에 대한 필요성을 증대시킨다는 기능주의적 관점을 제시하기도 한다. 하지만 이런 부부유형의 단점도 제기되는데, 페미니즘 시각에서는 남성의 경제력에 여성이 절대적으로 의존하게 되면서 남성의 권력에 여성이 지배될 수 있다고 본다. 앞으로는 점차 여성의 경제 참여가 늘어나는 상황이기 때문에 여성이 돌봄과 가사까지 전담하게 되면 과도한 역할부담을 경험하게 될 위험도 있다. 그리고 이혼이나 사별 등으로 인해 부부관계가 해체될 경우, 남성은 생활의 부적응을, 여성은 경제적 어려움을 겪게 될 위험이 있다.

역할공유형 부부는 가정생활에 필요한 대부분의 일을 아내와 남편이 공동으로 책임지는 형태로, 아내도 경제활동에 참여하고 남편도 가사활동에 적극적으로 참여한다. 이러한 부부의 특징은 아내가 자신의 사회생활을 희생하면서까지 가사를 하지는 않는 것이다. 이미 여성들의 경제활동 참여는 새로운 규범으로 자리 잡은 지 오래이며, 남성의 신체적 능력은 가사에 도움이 되는 부분도 있는 데다, 남녀평등사상의 확대로 인해 이러한 역할공유형은 앞으로 더욱 확대될 것으로 전망된다.

과도기형 부부는 전통사회의 역할분리형에서 현대사회의 역할공유형으로 넘어가는 과정에서 볼 수 있으며, 표면적으로 역할공유형처럼 남녀 모두 경제생활과 가사에 참여하지만, 남편은 사회생활 역할에, 아내는 가사 역할에 더 비중을 두는 유형이다. 따라서 과도기형 부부는 일가족 충돌이 생길 경우, 아내가 사회생활을 희생하는 경향을 띠고 있다.

이상의 세 가지 부부 유형 중에 역할공유형 부부가 가장 좋은 것이라고 볼 수 있으나, 부부의 상황에 따라 다를 수 있음을 유의할 필요가 있다. 예를 들어, 조정문과 장상희(2001)는 자녀가 어려서 애착 형성이 필요한 경우 아내가 가사와 양육에 전념하는 역할분리형으로 운영하다가 자녀가 성장한 때 다시 역할공유형으로 넘어가는 것을 제안한 바 있다. 또한, 교육의 기회가 적어 학력이 낮은 여성의 경우 양질의 직업을 갖기 어려울 가능성이 크기 때문에 부부의 합의에 따라 분리된 역할분업을 하는 것이 효율적일 수도 있다.

한편, 장미나와 한경혜(2015)는 맞벌이부부를 상대로 생활시간을 기준으로 역할분배 유형을 구분하였다([그림 5-5]). 이들은 만 10세 이하의 자녀를 둔 맞벌이 부부 91쌍의 시간사용 구조를 파악하기 위해 5일 동안 하루에 8번 무작위로 휴대전화로

문자를 보낼 때마다 참여자가 어떤 활동을 하고 있었는가를 응답하도록 하는 경험표집법(experience sampling method)을 활용하였다. 이 연구는 어떤 응답자의 특정한 활동이 빈도가 높았다면 그 활동을 한 시간이 더 길다는 가정하에 진행되었으며, 응답자의 활동은 일, 가족, 여가, 개인유지, 기타의 다섯 가지 영역으로 분류되었다.

이 연구의 첫 번째 부부유형은 전체 가구의 35%를 차지한 '양육중심형'이며, 다른 유형에 비해 남편이 상대적으로 가사 참여도가 높은 특징을 지니고 있다. 두 번째 유형은 전체 가구의 21%를 차지하는 '여가중심형'이고, 부부 모두 유급일, 가족일 시간의 비중이 다른 유형들에 비해 낮은 반면, 여가활동 시간의 비중이 큰 것이 특징이다. 세 번째 유형은 '잠재적 역할공유형'으로, 부부 모두 가족일보다는 유급일에 더 많은 시간을 사용하며 여가활동시간에 남녀 간의 차이가 없는 유형이다(전체 부부의 19%). 마지막 네 번째 유형은 '신전통형'으로, 남편이 아내보다 경제활동을 2배나 더 많이 하며 아내는 가족일을 남편보다 3배 더 많이 하는 유형이다(전체 부부의 25%).

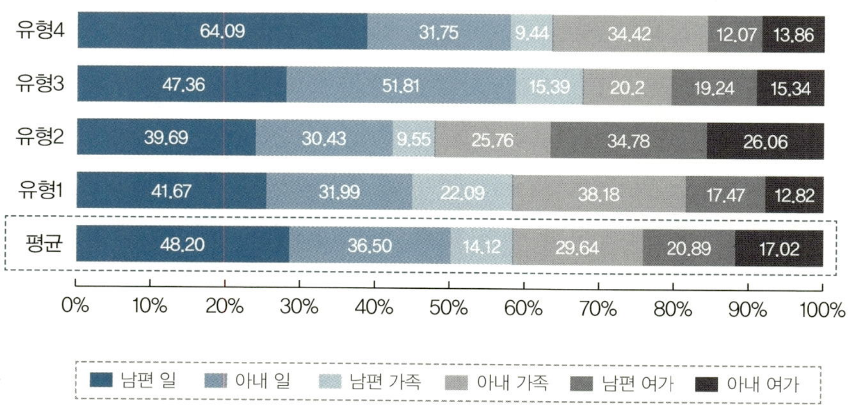

그림 5-5 시간을 기준으로 한 맞벌이부부의 역할분배 유형

출처: 장미나, 한경혜(2015).

이 연구가 갖는 의의 중 한 가지는 부부역할 분배 유형에 따라 일상생활에서 경험하는 정서가 달라진다는 것을 밝혔다는 것이다. 남편의 경우 역할공유형보다 신

전통형일 경우에 긍정정서가 더 높았으며, 아내는 반대로 신전통형보다는 역할공유형에서 더 긍정정서가 높은 것으로 나타났다. 이와 비슷하게 맞벌이 부부 연구에서도 배우자가 가사나 돌봄에 쏟는 시간이 짧을수록 우울 수준이 높아진다는 결과가 제시된 바 있다(최유정 외, 2018). 이와 같은 결과는 남편과 아내 모두 본인의 가사 부담률이 낮아질 때 긍정정서를 경험하게 되는 결과를 보이는 것이라 할 수 있어, 부부의 역할분담 중에서 특히 가사를 어떻게 분담하는지가 부부의 만족도와 개인의 정신건강을 유지하는 핵심이 될 수 있음을 시사한다.

부부권력에 관한 이론

권력은 다른 사람의 행동을 변화시키는 잠재적 또는 실제적 능력(Olson & Cromwell, 1975)이라고 할 수 있으며, 이런 차원에서 부부권력은 부부체계 내에서 발생하는 상대적 영향력, 즉 부부간의 불일치 및 갈등 상황에서 의사결정 영향력을 갖거나 상대방의 행동에 영향을 주거나 줄 수 있는 능력을 의미한다고 볼 수 있다. 하지만 부부권력은 항상 가시적으로 드러나는 것은 아니며, 가정의 특정한 영역과 관련된 의사결정을 누가 내리는가를 살피거나 가사업무를 누가 더 많이 부담하는가 등을 통해 유추할 수 있다(Blood & Wolfe, 1960; Brines, 1993).

부부권력의 형태는 평등형, 분리형, 남편우위형, 부인우위형으로 구분할 수 있다. 남편우위형과 아내우위형은 남편이나 아내가 어떤 일을 결정할 때 상대 배우자에 비해 막강한 결정권한을 갖는 것을 의미하는 것이며, 따라서 불평등한 부부권력구조라 할 수 있다. 평등형과 권력분리형은 앞의 두 유형에 비해서 남편과 아내의 권력 크기가 비슷하다고 할 수 있는데, 평등형은 대부분의 결정을 부부가 함께 내리는 것인데 비해, 권력분리형은 남편과 아내의 책임영역이 구분되는 특징이 있다.

부부권력 형태는 결혼만족도와 직결되기 때문에 이를 파악하는 것은 매우 중요하다. 대다수의 연구에서는 부부의 공동의 의사가 반영되는 일치형일 경우에 결혼만족도가 가장 높은 것으로 나타났다(신화용, 조병은, 2009). 부부권력에 대한 논의는 1960년대부터 활발하게 진행되었으며, 관점으로는 자원이론(resource theory; Blood & Wolfe, 1960), 교환이론(exchange theory; Heer, 1963), 균형이론(balance theory; Heider, 1946)이 대표적이다. 부부권력에 대한 이론들은 결혼생활의 특정 영역에서 누가 더 큰 권력을 갖게 되는지, 그리고 왜 한쪽 배우자가 더 큰 권력을 갖게 되는가에 대한 설명을 제공하고자 했다.

자원이론

자원이론(Blood & Wolfe, 1960)은 남편과 아내가 각각 가지고 있는 자원의 양에 의해 권력이 결정된다고 본다. 대부분 남녀 모두 결혼을 통해서 성적인 만족, 정서적 반응, 동반자의식, 부모가 되는 경험 등을 기대한다. 이러한 기대를 채우기 위해 남편과 아내가 모두 동일한 수준으로 기여하면 완전한 평등관계가 성립되어 권력의 균형을 이룰 수 있을 것이다. 하지만 현실에서 완벽한 균형을 찾기란 어렵다. 한쪽 배우자가 자원을 많이 갖고 있어 부부생활에 많이 기여하면 상대 배우자는 부채의식을 느끼게 되어 권력을 주장하기 힘들게 된다. 예를 들어, 남편의 교육수준과 수입이 높고 아내가 경제활동을 하지 않는 경우 남편이 아내보다 경제적 상황 및 문제해결, 가족의 사회적 지위 유지 등 가족에 기여하는 부분이 많아지게 되고, 아내보다 큰 권력을 거머쥐게 된다.

하지만 자원이론은 교육, 직업, 수입만을 자원에 포함했다는 한계 때문에 비판을 받는다. 가치관, 정서적 자원, 성격, 외모, 역할수행 능력 등과 같은 다양한 자원을 포함해야 한다는 것이다(McDonald, 1980). 자원이론이 공격을 받는 다른 한 가지 이유는 자원의 평가가 주관적이라는 사실을 간과하고 있다는 점인데, 특정 자원의 중요도와 개인의 자원의 양은 사람들마다 평가가 다르기 때문에 이러한 주관성을 담아내지 못했다는 것이다. 여권론자들도 자원론이 남성의 우월적 권위를 인정하는 것이라고 비판의 목소리를 내는데(Bell & Newby, 1976), 이들은 현재 남성과 여성이 가진 자원이 아니라 구조적 기회의 불균형에 초점을 맞춰야 한다고 주장한다.

한편, 부부 권력의 유형을 살피기 위해 결정권이 어느 쪽 배우자에게 있는가를 살피는데 블러드와 울프(Blood & Wolfe, 1960)는 다음과 같은 질문을 활용했다.

(1) 남편이 무슨 직업을 가질 것인가? (2) 무슨 차를 구입할 것인가? (3) 보험에 가입해야 할 것인가, 말 것인가? (4) 휴가를 어디서 보낼 것인가? (5) 어떤 집에서 살 것인가? (6) 아내가 직장생활을 해야 할 것인가, 그만두어야 할 것인가? (7) 가족이 아플 때 어떤 의사에게 갈 것인가? (8) 식비에 얼마를 지출할 것인가?(1점=아내가 항상 결정한다, 5점=남편이 항상 결정한다)

여덟 항목의 응답수와 총점을 바탕으로 다음의 네 가지 유형을 분류했다.

1. 남편우위형(husband-dominant type): 결정권이 주로 남편에게 있다.
2. 아내우위형(wife-dominant type): 결정권이 주로 아내에게 있다.
3. 일치형(syncratic type): 부부가 평등한 입장에서 상의한 후 결정하는 타입이며, 함께 결정하는 일상의 영역이 넓다.
4. 자율형(autonomic type): 결정권한의 정도가 공평하되, 남편과 아내가 결정권을 갖는 영역이 분리되어 있다.

교환이론

히어(Heer, 1963)의 교환이론은 자원이론의 한계점을 극복하기 위해 대안으로 제시한 이론으로, 자원이론이 배우자 사이에서 기여하는 자원의 양을 비교하며 권력이 생성되는 것을 주목하는 반면, 교환이론은 배우자로부터 얻을 수 있는 자원과 결혼생활의 해소(이혼)로 인해 얻을 수 있는 자원의 양 사이의 비교에 초점을 둔다. 히어는 자신의 이론이 전혀 새로운 것이 아니라, 사랑에 덜 빠진 사람이 관계에서 더 유리한 위치에 서게 된다는 최소관심의 원칙(principle of least interest; Waller & Hill, 1951)과 비슷한 것임을 주장하였다. 하지만 그는 최소관심의 원칙이 왜 한쪽 배우자가 관계에 관심이 적은지 설명할 수 없던 것을 교환이론이 설명할 수 있음을 강조했다. 이 이론에 따르면, 현재의 관계 내에서 얻을 수 있는 자원보다 관계 밖에서 더 많이 얻을 수 있다고 인지하는 배우자는 상대적으로 관계에 적게 몰입하게 되고, 반대로 관계 밖에서 얻을 수 있는 자원보다 현재의 배우자에게서 얻는 자원이 더 많다고 생각하는 배우자는 상대방에게 더 의지하게 되고 상대방보다 더 적은 권력을 갖게 된다.

규범적 자원이론

앞서 다룬 자원론과 교환론은 부부권력 현상의 해석을 합리적이고 이성적인 방법으로 제시하고 있다. 하지만 가부장적 유교문화가 여전히 남아 있는 한국 사회를 비롯한 비서구 사회의 부부관계에 적용하기에는 무리가 있다. 또한, 여성들이 경제활동에 참여하면서 경제적 자원이 증가하더라도 모든 여성들이 그 자원을 활용하여 남편우위의 부부권력 관계를 변화시키려 하지는 않는다는 연구결과(Hood, 1983; Wallace & Wolfe, 1991)는 대안적 이론의 필요성을 보여주는 것이라 할 수 있다. 따라서 자원과 함께 그 사회의 규범을 함께 고려하는 차원에서 문화적 맥락 속에서의 자원이론(resource theory in a cultural context) 또는 규범적 자원이론(normative resource theory; Rodman, 1972)이 등장하였다. 이 이론은 부부 권력의 분포가 사회·문화적 영향을 받는다는 내용이 핵심이며, 결국 개인이 가지고 있는 성역할 태도와도 깊은 관련이 있다고 볼 수 있다. 부계적 규범하에서는 남편의 상대적 자원이 권력과 정적인 관계가 있었지만 평등적 규범하에서는 그렇지 않으며(김홍은, 1986), 성역할 태도가 남편이나 아내가 가진 경제적인 자원보다 권력에 더 큰 영향을 줄 수 있다(이진숙, 1989). 우리나라와 마찬가지로 유교문화의 영향을 받는 중국인들 역시 지금까지도 남녀의 뚜렷한 역할분리규범을 따르는 경향이 있고 남편들이 중요한 결정을 독차지하는 권력구조를 보인다(Choi & Lee, 1997). 이러한 결과는 부부권력이 자원에 의해서만 결정되는 것이 아니라 적어도 몇몇 사회에서는 전통과 문화에 의해 결정되는 것임을 보여주는 것이라 할 수 있다.

균형이론

하이더(Heider, 1946)의 균형이론은 두 사람이 모두 한 대상을 추구할 때 생기는 삼각형의 대칭구조를 통해 권력을 설명한다. 삼각형의 세 꼭지점에는 P(person: 주요인물), O(other person: 타인), X(non-person object or issue: 사람이 아닌 물건이나 이슈)가 각각 위치한다. P와 O는 감정적 관계(sentiment relations)이며, 좋아하거나 싫어하는 경우로 나뉜다. 모두 여덟 가지의 관계 형태를 통해 균형과 불균형을 보여준다. 하이더(Heider)는 사람들이 대인관계에서 균형을 선호한다고 보았으며, 긴장이나 압력 상황에서 불균형 상태에 이르면 스트레스를 받기 때문에 균형을 추구하기 위해 P는 X에 대한 태도를 바꾸거나 O에 대한 감정을 바꿔서 균형을 확보한다는 것이다. 예를 들어, P를 남편, O를 아내, X를 함께 쇼핑하는 물건이라 하자. 3번의 상황, 즉 남편이 아내를 사랑하는 상황에서 아내가 좋아하는 쇼핑을 남편이 싫어한다면 이는 어색한 불균형 상태이며, 남편은 아내에 대한 태도를 바꿔 화를 내거나 쇼핑에 대한 흥미를 늘리는 방식으로 균형상태에 이르려고 노력하게 된다. 이때 행동을 바꾼 쪽은 남편이므로 남편의 권력 수준이 더 낮다고 할 수 있다.

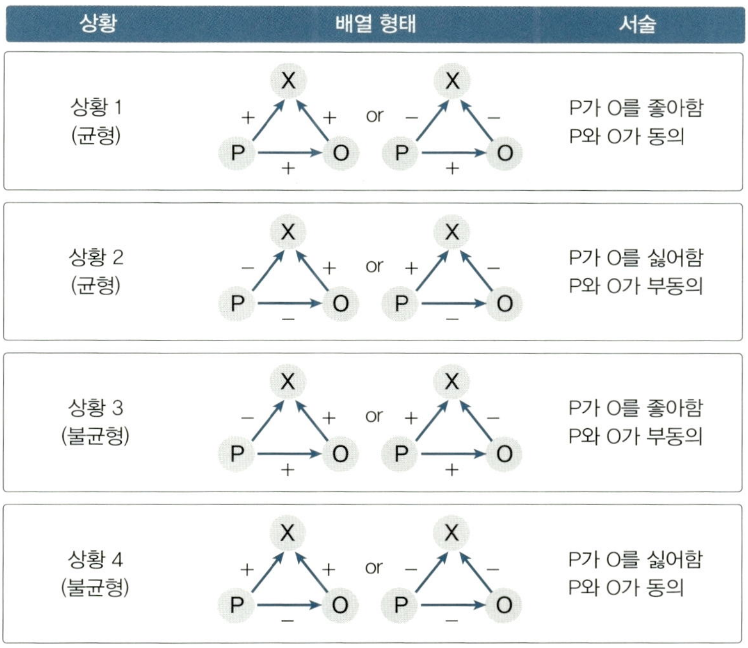

그림 5-6 균형과 불균형의 여덟 가지 형태

출처: Taylor(1967). p. 263.

한편, 부부의 권력이 실생활에서 어떻게 표현되는가와 부부관계에 어떤 영향을 미치는가는 부부 권력을 이해하는 데 의의를 더하는 중요한 부분이라 할 수 있다. 먼저, 부부 권력이 일상에서 표현되는 방식을 살펴보자. 부부 중 더 큰 권력을 가진 쪽이 더 많은 결정권을 갖는다는 것을 고려할 때, 한국보건사회연구원(2019)이 전국의 기혼여성들을 대상으로 부부의 권력을 조사한 결과를 보여주는 〈표 5-2〉는 부부가 행사하는 권력의 크기가 영역별로 다를 수 있음을 보여준다. 예를 들어, 생활비 지출이나 자녀양육과 관련한 영역에서는 아내가 남편보다 현저하게 더 많은 권한을 행사하지만, 주택매매와 이사, 투자와 같은 부분에서는 남편과 아내가 공동으로 결정하는 비율이 높은 것을 볼 수 있다. 물론, 사소한 생활비 지출의 결정 권한을 권력 행사로 볼 것인지, 생활비 관리 노동의 한 형태로 볼 것인지에 대해서는 논란의 여지가 있다. 하지만 이처럼 영역별로 남녀의 권력 행사의 수준이 다르다는 연구결과를 통해 부부의 권력 관계를 파악할 때에는 다양한 맥락을 고려해야 함을 알 수 있다.

표 5-2 영역별 부부 권력 (단위: %)

영역 / 결정권자	일상생활비 지출	주택매매 및 이사	투자 및 재산증식	자녀양육 및 교육
전적으로 남편	1.2	3.1	3.2	0.6
대체로 남편	4.8	9.7	12.3	2.9
부부 공동	26.6	75.4	67.5	54.2
대체로 부인	41.6	8.1	11.6	32.7
전적으로 부인	25.8	3.7	5.4	9.7

출처: 한국보건사회연구원(2019). 전국 출산력 및 가족보건복지 실태조사.

명확한 인과관계가 있는 것으로 결론짓기는 힘들지만, 여러 경험적 연구결과에 의하면 부부권력의 유형은 부부폭력과도 연관이 있는 것으로 보인다(김재엽, 1997; Coleman & Straus, 1990; Yillö, 1984). 대개 남성이 여성보다 상대적으로 높은 지위를 소유하고 신체적인 힘이 세기 때문에 여성은 가족 안에서 폭력의 대상이 되기 쉽다(Gerber, 1991). 시카고와 뉴욕에 거주하는 남편 256명의 응답을 분석한 연구는(김재엽, 1997) [그림 5-7]과 같이 남성우위형인 부부에서 다른 권력 유형의 부부보다 더 많은 폭력이 일어나고 있음을 밝힌 바 있다. 이와 같은 결과는 가정폭력이 남성우위의 전통 속에서 일어나는 구조적인 산물인 것과 부부간에 평등한 권력을 지향해야 함을 보여주는 것이라 할 수 있다.

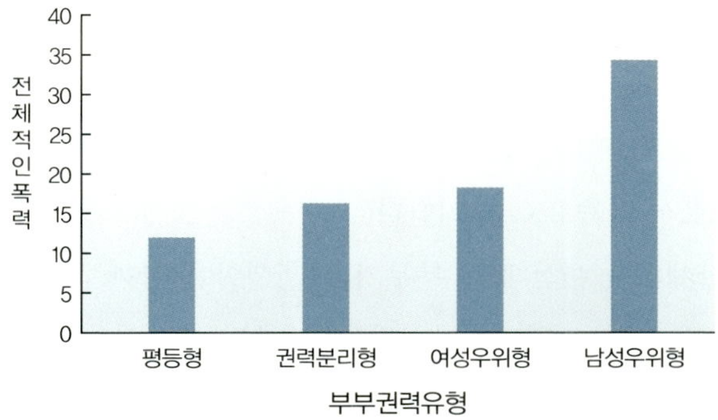

그림 5-7 부부권력 유형에 따른 폭력 비율

출처: 김재엽(1997).

부부재산제

가족 내에서도 누가 재산을 관리하고 실질적 권한을 갖고 있는가는 중요한 문제이며, 특히 부부 사이에서 부부의 권력과 역할에 영향을 줄 수 있다. 따라서 재산관계상의 양성평등, 즉 경제적 평등의 정도를 살펴보기 위해 재산과 관련한 소유 및 관리 행동을 살피는 것은 부부의 힘의 관계를 이해하는 데 도움이 되며, 관련 제도를 살피는 것은 그 사회가 부부의 역할을 어떻게 바라보는가를 보여준다고 할 수 있다.

부부재산제는 부부간의 재산관계를 규정하는 법적 제도로서, 부부가 결혼생활을 함께 하며 획득한 재산에 대한 권리와 책임을 규정한다. 이러한 규정은 부부간의 역할과 권력의 불균형이나 갈등을 예방하고, 재산분할에 대한 분쟁을 해결하는 역할을 한다. 부부의 역할과 권력은 부부재산제에서 각자의 재산관계에 영향을 미친다. 일반적으로, 가장 일반적인 부부재산제는 공동재산제와 분리재산제가 있다.

공동재산제는 부부가 결혼생활을 함께 하며 획득한 모든 재산이 부부의 공동재산이 되는 제도로, 부부는 서로 동등한 권리와 책임을 지니게 된다. 공동재산제를 채택한 국가로는 프랑스와 이탈리아가 대표적이다. 프랑스에서는 혼인 중 취득한 재산은 명의와 상관 없이 공동재산으로 간주된다(프랑스 민법 제 1401조). 공동재산은 거래의 불편을 최소화하기 위해 각자에게 공동재산에 관한 관리, 사용, 수익, 처분의 권한을 주되 배우자 일방이 공동재산에 대한 권한을 넘는 경우에는 상대 배우자가 취소를 청구할 수 있다. 단, 혼인 전부터 소유하는 재산과 무상으로 취득한 재산은 고유재산으로서 단독으로 관리한다.

반면, 분리재산제(또는 별산제)는 부부가 결혼생활을 함께 하면서 획득한 재산이 각자의 재산으로 유지되는 제도다. 이 경우, 부부는 자신의 재산을 직접 관리하고, 자신의 권리와 책임을 가지게 된다. 따라서 재산에 대한 부부 공동의 역할과 노력이 상대적으로 덜 중요하다. 별산제를 채택하는 국가로는 영국이 있다. 통상 부인이 전업주부이고 남편이 유일한 소득원인 경우 판례는 재산의 1/3이 부인에게 귀속되는 것으로 하고 있다.

한편, 독일에서는 잉여공유제(또는 유예공동제)를 채택하고 있는데, 이는 혼인 중에는 별산제와 같이 부부가 각자의 특유재산을 관리하지만 일단 혼인이 해소되면 공유재산제의 요소를 가미해 배우자가 이혼할 때의 재산과 혼인 당시 재산의 차액을 비교하여 상대적으로 적은 이익을 얻은 배우자가 증가이익 차액의 반을 청구할 수 있다. 또한, 별산제와는 달리 특별히 중요한 계약의 체결에는 배우자로부터 동의를 구해야 한다. 이러한 잉여공유제는 혼인 중에는 부부가 각자의 고유재산을 관리하므로 부부 평등이 실현될 수 있을 뿐만 아니라 부부 한쪽의 채무가 상대방 배우자에게 전가되지 않을 수 있다는 점에서 별산제의 본질적 장점을 지니면서 공동재산제의 장점을 결합한 것으로 설명된다(이화숙, 2000).

우리나라 민법에서는 제829조부터 제833조에 이르기까지 법정재산제를 위주로 부부의 재산관계에 관해 다루고 있다. 부부 사이에 부부재산계약(혼전계약이라고도 함)을 별도로 체결한 경우 그에 따르되 부부재산계약이 없다면 법정재산제에 따르게 된다. 그런데 현실적으로 부부재산계약이 체결되는 경우는 극히 적어 대부분의 경우 민법이 채택하고 있는 부부별산제를 따르게 된다. 한편, 이혼으로 인한 재산분할 시에는 공동재산제가 일부 적용되는데, 아내의 가사노동의 참작 정도가 낮아 처에 대한 보호가 미흡하고 일방 배우자가 사망하는 경우 생존 배우자의 상속분이 낮고 유동적이어서 생존 배우자의 보호에도 미흡하다는 비판을 받아오고 있다(박홍래, 2006). 이 점이 우리나라와 비슷하게 부부별산제를 채택하고 있는 미국의 9개주와 비교되는 부분인데, 해당 주에서는 이혼으로 인해 재산을 분할하는 경우, 공평분할을 원칙으로 하여 아내의 보호 정도가 상대적으로 높은 것으로 보인다.

생각해 봅시다

1. 장미나, 한경혜(2015)의 맞벌이부부 연구에서, 경제활동과 가사 둘 다 스트레스를 줄 수 있는 '노동'임에도 불구하고 경제활동에 비해 가사활동이 정서에 부정적인 역할을 하는 이유는 무엇일까?
2. 결혼소진(marital burnout)에 이른 부부에게 해줄 수 있는 조언이 있다면 무엇일까?

영화 〈결혼 이야기〉

니콜(스칼렛 요한슨)은 연극 연출가인 남편 찰리(아담 드라이버)와 함께 뉴욕에서 살기 위해 LA에서의 삶을 정리하고 남편의 연극배우로 살아간다. 뜨겁게 사랑했던 이 부부에게도 시간은 서로에 대한 냉랭함을 가져왔고, 찰리의 외도사건 이후 니콜은 이혼을 결심한다. 양육권을 포기하지 않기 위해 이혼 소송 중 서로에 대한 잔인함까지 확인하는 이 부부, 어쩌다 이렇게 되었을까?

참/고/문/헌

김미옥, 천성문(2014). 재혼가족의 생활적응향상을 위한 부모교육 프로그램 개발 및 효과. 한국심리학회지: 상담 및 심리치료, 26(4), 903-928.

김재엽(1997). 부부권력구조와 갈등 그리고 폭력. 한국가족복지학, 1, 41-64.

김홍은(1986). 부부의 자원과 부부권력과의 관계 연구. Family and Environment Research, 24(4), 179-188.

박희정, 변상해(2017). 재혼부부의 자기분화, 부부친밀감, 부부갈등대처방식이 결혼만족도에 미치는 영향. 한국콘텐츠학회논문지, 17(7), 236-252.

변미희, 강기정(2010). 다문화 가족 아내의 결혼만족도에 영향을 미치는 부부 관련 요인. 한국가족복지학, 15(2), 127-141.

신화용, 조병은(2009). 자원 및 부부역할 갈등시의 최종적인 의사결정권과 결혼의 질: 재미교포 기혼여성을 중심으로. 한국가족관계학회지, 14(3), 269-295.

이화숙(2006). 가족법개정안에 관한 연구: 부부재산제와 협의이혼제도의 개정안을 중심으로. 연세법학연구, 16(4), 1-36.

임춘희(1997). 재혼한 남자노인의 재혼가족생활 적응에 관한 연구. 한국노년학, 17(2), 119-138.

Anderson, S. A., Russell, C. S., & Schumm, W. R. (1983). Perceived marital quality and family life-cycle categories: A further analysis. *Journal of Marriage and the Family*, 127-139.

Belsky, J., Lang, M., & Rovine, M. (1985). Stability and change in marriage across the transition to parenthood: A second study. *Journal of Marriage and the Family*, *47*, 855-865.

Blood Jr, R. O., & Wolfe, D. M. (1960). *Husbands and wives: The dynamics of family living*. The Free Press: Toronto, ON.

Cheng, S. T. (2004). Age and subjective well-being revisited: a discrepancy perspective. *Psychology and Aging*, *19*(3), 409.

Cherlin, A. (1979). Work life and marital dissolution. In G. Levinger, O. C. Moles (Eds.), *Divorce and separation: context, causes, and consequences*. New York: Basic Books.

Choi, P. K., & Lee, C. K. (1997). The hidden abode of domestic labor: The case of Hong

Kong. In F. Cheung (Eds.). *Engendering Hong Kong society: A gender perspective of women's status*, pp. 157–200. Hong Kong: The Chinese University Press.

Coleman, D. H., & Straus, M. A. (1986). Marital power, conflict, and violence in a nationally representative sample of American couples. *Violence and Victims*, *1*(2), 141–157.

Gagnon, M., Hersen, M., Kabacoff, R., & Van Hasselt, V. (1999). Interpersonal and psychological correlates of marital dissatisfaction in late life: A review. *Clinical Psychology Review, 19*, 359–378.

Gerber, G. L. (1991). Gender stereotypes and power: Perceptions of the roles in violent marriages. *Sex Roles*, *24*(7–8), 439–458.

Glenn, N. (1990). Quantitative research on marital quality in the 1980's: A critical review. *Journal of Marriage and the Family, 52*, 818–831.

Gottman, J. M., & Krokoff, L. J. (1989). Marital interaction and satisfaction: A longitudinal view. *Journal of Consulting and Clinical Psychology*, *57*(1), 47–52.

Heer, D. M. (1963). The Measurement and Bases of Family Power: An Overview. *Marriage and Family Living*, *25*(2), 133–139.

Holahan, C. (1984). Marital attitudes over 40 years: A longitudinal and cohort analysis. *Journal of Gerontology, 39*(1), 49–57.

Holman, T. B., & Linford, S. T. (2002). Premarital factors and later marital quality and stability: Premarital prediction of marital quality or breakup, pp. 1–27.

Hood, J. C. (1983). *Becoming a two-job family* (p. 183). New York: Praeger.

Jackson, J. B., Miller, R. B., Oka, M., & Henry, R. G. (2014). Gender differences in marital satisfaction: A meta-analysis. *Journal of Marriage and Family*, *76*(1), 105–129.

Janssen, J., Poortman, A., De Graaf, P. M., & Kalmijn, M. (1998). The instability of marital and cohabiting relationships in the Netherlands. *Mens en Maatsschappij*, *73*, 4–26.

Lee, G. (1988). Marital satisfaction in later life: The effects of nonmarital roles. *Journal of Marriage and the Family*, *50*, 775–783.

Mattessich, P., & Hill, R. (1987). Life cycle and family development. In *Handbook of marriage and the family* (pp. 437–469). Springer: Boston, MA.

Olson, D. H., Olson-Sigg, A., & Larson, P. J. (2009). National survey of marriage: Based on over 50,000 couples who took ENRICH. Unpublished manuscript. Minneapolis, MN: Live Innovations.

Orbuch, T., House, J., Mero, R., & Webster, P. (1996). Marital quality over the life course. *Social Psychology Quarterly*, *59*, 162–171.

Patrick, S., Sells, J. N., Giordano, F. G., & Tollerud, T. R. (2007). Intimacy, differentiation, and personality variables as predictors of marital satisfaction. *The Family Journal, 15*(4), 359-367.

Spanier, G. B., & Lewis, R. A. (1980). Marital quality: A review of the seventies. *Journal of Marriage and the Family*, *42*(Nov), 825-839.

Student, R. A. P., & Student, A. L. P. (2011). Relationship between sexual pleasure and marital satisfaction. *Iran Journal of Nursing*, *24*(70), 82-90.

Taylor, H. F. (1967). Balance and change in the two-person group. *Sociometry*, 262-279.

Vemer, E., Coleman, M., Ganong, L. H., & Cooper, H. (1989). Marital satisfaction in remarriage: A meta-analysis. *Journal of Marriage and the Family*, *51*(3), 713-725.

Wallace, R. A., & Wolf, A. (1999). *Contemporary sociological theory: Expanding the classical tradition*. Upper Saddle River, NJ: Prentice Hall.

Weishaus, S., & Field, D. (1988). A half century of marriage: Continuity or change? *Journal of Marriage and the Family*, *50*, 763-774.

Yllö, K. (1984). The status of women, marital equality, and violence against wives: A contextual analysis. *Journal of Family Issues*, *5*(3), 307-320.

Marriages and Families

Marriages and Families

PART 03

친밀한 관계의 확장

부모됨의 선택과 부모역할

Marriages and Families

06

CHAPTER

챕터 개요

결혼과 마찬가지로 부모됨도 필수가 아닌 선택의 시대가 되었다. 이 장에서는 저출생의 현황과 이를 설명하는 이론을 살펴보고, 부모됨에 따르는 보상과 비용을 알아본다. 이어서 자녀가 발달해 가면서 부모도 함께 성장한다는 관점에서 부모발달의 6단계를 이해하고, 바움린드의 양육행동 유형을 학습한다. 부모역할의 성별 분리가 명확했던 과거에 비해 어머니와 아버지의 공동부모역할이 중요해진 배경과 모성이데올로기, 아버지의 부모역할 등에 대해서도 알아본다.

부모됨의 선택

- 저출생 현황
- 저출생 현상의 원인
- 부모됨의 보상과 비용

부모역할

- 부모발달의 단계
- 양육행동의 유형

어머니와 아버지의 부모역할

- 부모역할의 성별 분리와 변화
- 어머니의 부모역할
- 아버지의 부모역할

주요 용어

저출산, 저출생, 부모됨, 모성, 부성, 양육행동, 부모역할

CHAPTER 06 부모됨의 선택과 부모역할

부모됨의 선택

저출생 현황

자녀를 적게, 늦게 갖는 경향이 이어지고 있다. 이에 따라 한국의 합계출산율은 세계에서 가장 낮은 수준이다. 한 명의 여성이 가임기간(15~49세)에 낳을 것으로 기대되는 평균 출생아 수를 의미하는 합계출산율은 2022년에 0.78명으로 역대 최저치를 경신했다([그림 6-1]). 2020년부터는 한 해의 사망자 수가 출생아 수를 넘어서서 인구가 처음 감소세로 접어들었다([그림 6-2]). OECD 국가의 평균 합계출산율이 2020년에 1.59명(OECD, 2022)인 것보다 훨씬 낮은 수준이다.

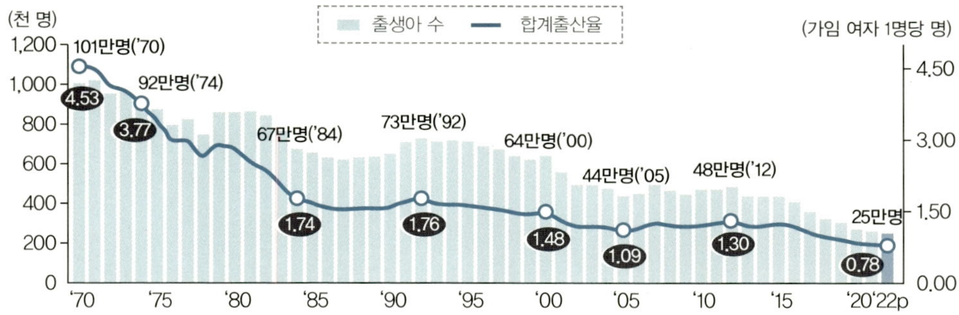

그림 6-1 출생아 수 및 합계출산율 추이

출처: 통계청(각 연도). 인구동향조사.

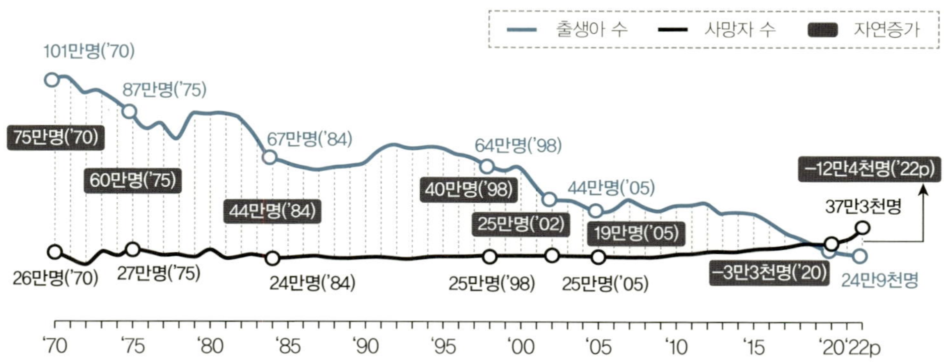

그림 6-2 출생아 수 및 사망자 수 추이

출처: 통계청(각 연도). 인구동향조사.

출산하는 여성의 평균 연령도 꾸준히 증가하고 있다. 첫째 자녀를 출산한 어머니의 평균 연령은 2022년에 만 33세로, 20년 전에 비해 4.7세 늦은 나이에 첫째 자녀를 출산하였다([그림 6-3]). 2022년에 자녀를 출산한 어머니의 연령대는 30~34세가 45.8%를 차지했고, 35~39세도 29.2%로 높은 비중을 차지했다. 2002년에 자녀를 출산한 어머니의 절반에 가까운 45.9%가 25~29세였으나, 20년 후인 2022년에 25~29세가 차지하는 비율은 15.9%에 불과했다([그림 6-4]).

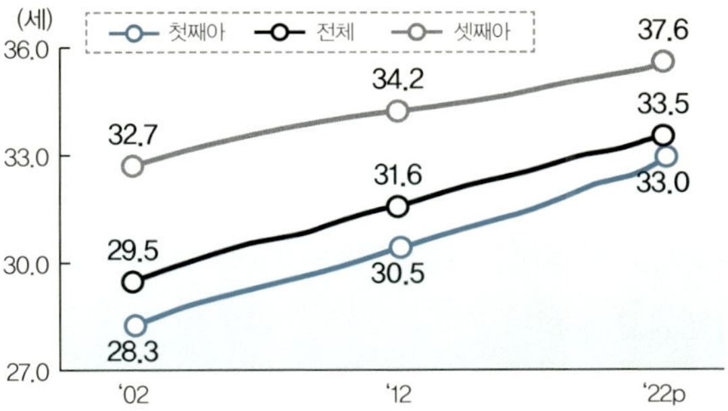

그림 6-3 어머니의 평균 출산연령 추이

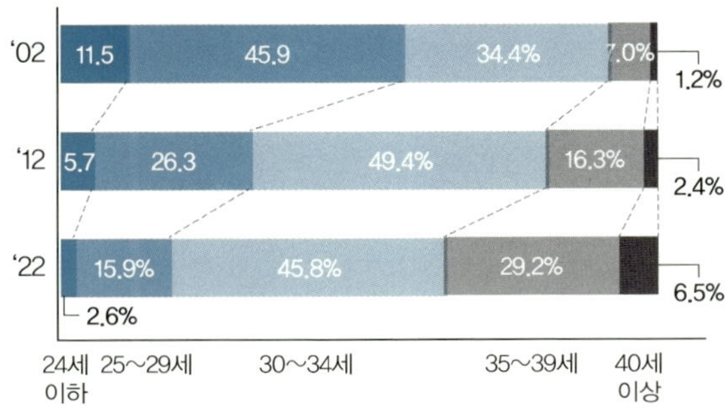

그림 6-4 어머니의 연령별 출생아 비중

출처: 통계청(각 연도). 인구동향조사.

우리나라 지역별 합계출산율에도 차이가 있다. 서울특별시의 합계출산율은 2022년에 0.59로 전국에서 가장 낮았고, 다음으로 대도시인 부산, 인천, 대구의 합계출산율이 전국의 합계출산율보다 낮았다. 주거비, 생활비가 상대적으로 높은 대도시에서 자녀를 더 적게 갖는 것는 경향을 확인할 수 있다.

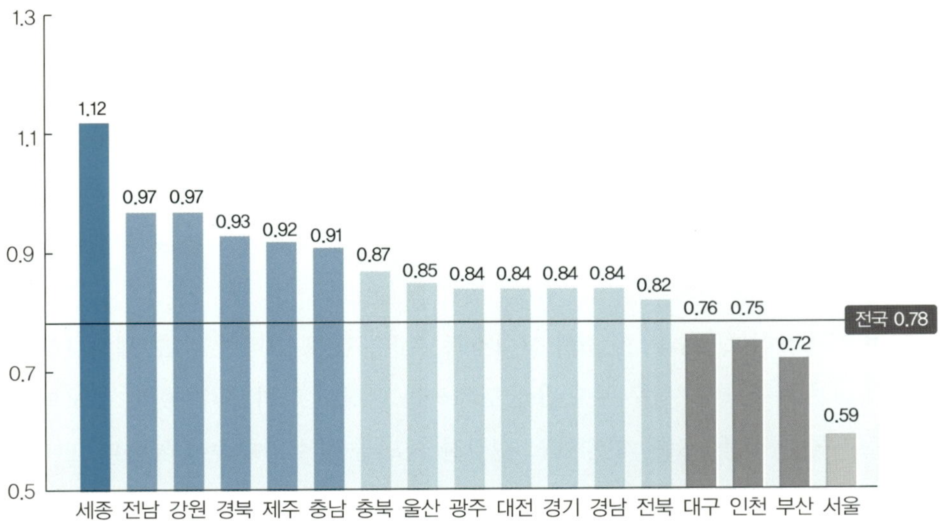

그림 6-5 시도별 합계출산율

출처: 통계청(2022). 인구동향조사.

저출생 현상의 원인

저출생의 원인은 매우 여러 가지이며, 학자나 학문 분야에 따라 중요하게 설명하는 측면도 다르다. 여기에서는 저출생을 설명하는 대표적인 접근인 경제학적 관점, 문화적 관점, 성평등 관점을 살펴보기로 한다.

경제학적 관점

경제학의 효용이론에서는 사람들이 부모가 됨으로써 얻는 것과 잃는 것을 비교하여 효용(utility)을 극대화하는 방향으로 의사결정을 한다고 가정한다(Becker, 1973). 즉, 부모가 됨으로써 얻는 것보다 잃는 것이 많다면 부모됨을 선택하지 않는다는 것이다.

이 이론에서는 부모가 되면서 잃는 것, 즉 출산에 따르는 비용의 증가에 주목한다. 자녀를 양육하는 데 드는 비용이 과거에 비해 증가한 것은 부모됨에 따르는 비용이 커졌음을 의미한다. 또한 여성의 교육수준이 증가하고 경제활동 참여가 활발해지면서 여성의 잠재적 소득이 증가하였다. 따라서 여성이 자녀를 가짐으로써 경제활동을 할 수 없게 되거나 경제활동을 축소해야 경우, 이에 따른 간접비용 또한 증가하였다. 즉, 효용이론에 따르면 여성의 경제활동 참가율이 증가한 사회에서는 출산으로 인한 기회비용(opportunity cost)이 증가함으로써 저출생 현상이 발생한다.

한편 이스털린(Easterlin, 1975)의 상대소득가설을 토대로 보면, 부모 세대보다 자녀 세대의 소득이 낮을 경우 부모됨을 포기하는 현상이 나타날 수 있다. 부모의 소득수준이 높아서 풍요로운 환경에서 성장한 청년들은 소비수준이 높은데, 미래에 기대하는 소비수준에 비해 소득수준이 낮을 것으로 예측하면 부모됨을 선택하지 않는다는 것이다. 반대로 성장하면서 경험한 소비수준보다 향후 상황이 좋아질 것으로 기대하면 부모됨을 선택하게 된다. 우리나라에서도 저성장이 지속되면서 자신의 소득 및 생활수준이 부모 세대에 미치지 못할 것으로 생각하는 청년 자녀 세대가 부모됨을 선택하지 않는 경향이 나타나고 있다(정진화 외, 2019).

문화적 관점

제2차 인구변천이론(second demographic transition theory)에 따르면 저출생의 가장 중요한 원인은 결혼 및 출산에 대한 가치관의 변화이다(Lesthaeghe, 2010). 제2차 인구변천이론에 따르면, 20세기 후반 탈산업화의 결과 개인주의 및 탈물질주의가 확대되면서, 개인의 자아실현, 자기계발, 자율성, 독립성을 중시하게 되었다(이병호, 2020; 정성호, 2009). 이에 따라 개인의 자유로운 선택이 중요해졌고, 결혼과 같은 전통적인 삶의 형태와는 다른 비혼, 비혼동거 등 다양한 생활방식을 선택하는 사람들이 증가했다. 부모됨 역시 전통적인 결혼제도 밖에서 출산하는 사람들이 나타나는 등 결혼과 출산의 단절이 발생하고, 궁극적으로 낮은 출산율로 이어진다(Lesthaeghe, 2010). 즉, 제2차 인구변천이론에 따르면 가족주의적 가치관에서 개인주의적 가치관으로 전환되는 관념적 변화가 저출생 현상의 주요 원인이다.

성평등 관점

성평등이론(gender equity theory)에 따르면 경제적으로 발전한 국가에서 저출생의 대표적인 원인은 공공 영역과 사적 영역의 성평등 수준이 일치하지 않는 것이다(McDonald, 2000). 골드슈나이더 등(Goldscheider et al., 2015)은 남성이 생계부양자 역할을 수행하고 여성은 가사와 양육을 담당하는 방식의 성별 분업이 뚜렷한 사회는 두 단계의 젠더 혁명(gender revolution)을 통해 성평등한 사회로 변화한다고 주장하였다. 첫 번째 단계는 여성이 교육, 고용, 정치와 같은 공적 영역에 활발하게 진출하는 변화이며, 두 번째 단계는 남성이 가사 및 돌봄과 같은 사적 영역에 활발하게 참여하는 변화이다. 이때 공공 영역에서 여성의 역할이 증가하는 첫 번째 단계로 넘어갔지만, 사적 영역인 가정에서 남성의 역할이 변화하는 두 번째 단계로 넘어가지 못하는 상황에서 저출생이 발생한다는 것이 성평등이론의 설명이다(McDonald, 2006). 첫 번째 단계에 고착되면 여성은 일과 가사·돌봄의 이중부담을 피하고자 결혼을 미루고 자녀를 더 적게 낳기로 선택한다는 것이다.

부모됨의 보상과 비용

한국 사회에서 부모됨은 필수가 아닌 선택이 되었지만, 여전히 많은 사람이 부모가 된다. 부모가 되면 어떤 경험을 할까? 부모됨에 따르는 비용이나 부담에도 불구하고 부모됨을 선택하는 동기는 무엇일까? 앞서 설명한 경제학적 관점에 따르면 자녀가 생기면 잃는 것보다 얻는 것이 많아서 부모됨을 선택할 것이다. 그러나 오늘날 부모가 됨으로써 얻는 보상은 대부분 추상적이어서 경험하기 전까지는 알기 어려운 것이 많다. 부모됨에 따르는 비용인 자녀 양육에 드는 돈과 시간, 자녀 양육으로 인해 포기해야 하는 기회비용 등이 매우 구체적이어서 쉽게 이야기할 수 있는 것과는 대조적이다.

이미 부모가 된 사람들이 이야기하는 부모됨의 보상을 살펴보자. 다음은 『부모라는 기회』(이성아, 김아연, 2022: 6-7)라는 책의 서문 중 일부를 발췌한 것이다.

> 부모가 자녀를 낳고 기르는 이유에 대한 의식을 '자녀 가치'라고 말합니다. 가문을 승계하거나 부모를 돕는 역할을 하는 '도구적 가치'와 부모로서의 역할과 지위를 가지게 해주는 '사회적 가치', 친밀감과 심리적 만족감을 주는 '정서적 가치', 그리고 사회적 활동에 제약이 생기고 경제적 · 심리적 부담감이 커지는 것과 같은 '부정적 가치'도 있습니다. 삶에 밝은 면이 있으면 필연적으로 어두운 면이 있는 것처럼 부모로 사는 것도 예외가 아닙니다.
>
> 저와 남편이 부모라는 삶을 선택하지 않았다면 경제적 부담도 덜 하고, 조금 더 편안하게 지냈을 수도 있지만 그날 감동의 깊이도 달랐을 것입니다. 어느 쪽에 더 의미를 두고 살아갈 것인지는 나의 선택입니다. 저에게 부모의 삶은 나와 깊이 연결되고 내가 사랑하는 사람들과 연결될 수 있게 해준 '기회'였습니다. 부모가 되지 않았다면 이렇게까지 나에 대해 이해하고 싶었을까? 이렇게까지 대답하려고 노력했을까? 그리고 이렇게까지 잘 살고 싶었을까 하는 생각이 들거든요.

대학생 등 성인예비부모를 위한 부모교육 자료(박응임 외, 2017: 90-91)에서 제시한 부모됨의 기쁨과 어려움은 다음과 같다.

부모됨의 기쁨

- 자녀와 사랑을 나눌 수 있다.
- 자녀가 주는 즐거움과 기쁨을 경험할 수 있다.
- 책임감 있는 어른이 되며, 사회에서도 성숙한 성인으로 바라본다.
- 덜 이기적인 사람이 되고 희생하는 것을 배운다.
- 자녀의 성장을 지켜보면서 성취감을 느낀다.
- 자녀의 성장을 함께하면서 나 자신이 성장하여 삶이 보다 의미 있게 된다.
- 내 부모가 사용하지 않았던 새로운 양육법을 사용하면서 창의적으로 된다.
- 자녀가 대를 이어준다.
- 자녀가 성장하면 부모를 도와주거나 친구가 된다.

부모됨의 어려움

- 자녀양육 때문에 자유가 많이 없어진다.
- 양육비 및 교육비가 많이 들어 재정적인 부담이 커진다.
- 어머니의 경우, 양육 때문에 취업(경제활동)에 영향을 받는다.
- 부부만이 즐길 수 있는 시간과 개인의 사생활이 줄어든다.
- 사회적인 문제(범죄, 환경오염 등)를 접하면, 자녀가 해를 입지 않을까 두려워진다.
- 자녀가 건강하고 안전하고 행복하게 자랄 것인지 걱정한다.
- 부모가 잘 키우려고 노력해도 자녀가 잘못될까봐 두렵다.

스나이더(Snider, 2013)는 자신의 홈페이지에 올린 작품에서 부모역할 1년 이후 자신의 많은 것이 변화했음을 유머러스하게 표현했다. 마지막에는 부모가 되고 1년이 지난 후 한 가지 확실해진 것은 자신의 세계가 ME(나만의 삶)에서 WE(우리의 삶)로 180도 뒤바뀌었다는 것이라고 그렸다([그림 6-6]). '나(me)' 중심에서 함께하는 '우리(we)'의 삶으로 확장되었다는 의미로 이해할 수 있을 것이다. 항간에 '육아(育兒)는 육아(育我)', 즉 아이를 키우는 것은 자신을 성장시키는 것이라는 부모들의 이야기와 일맥상통한다.

그림 6-6 부모역할 1년(A Year of Parenting)

출처: Snider, G. (2013). http://www.incidentalcomics.com/2013/11/a-year-of-parenting.html

웹툰 〈닥터앤닥터 육아일기〉

닥터앤닥터 육아일기

글/그림 닥터베르 > | 235화 완결 · 전체연령가

산부인과 의사 엄마의 임신과 출산, 공학박사 아빠의 논문 기반 육아.
완벽할 것만 같은 이들의 앞길은 과연 순탄할까?
탄탄대로를 달리던 두 사람의 좌충우돌, 우여곡절 중구난방 육아 이야기!
웃다 울고, 울다가 웃게 되는 최고의 항문용 발모제툰!

#일상 #완결일상

부모역할

부모발달의 단계

사람이 태어나서 영아기, 유아기, 아동기, 청소년기, 성인초기, 중년기, 노년기를 거쳐 발달하는 것처럼 부모도 점차 발달하고 성장한다. 자녀가 발달해 가면서 부모도 함께 성장하고 성숙해 나가는 것이다.

이런 관점에서 갈린스키(Galinsky, 1987)는 부모발달의 6단계(six stages of parenthood)를 제안했다. 1단계는 이미지 형성(image-making)으로 자녀가 아직 태어나기 이전인 태아기일 때 부모로서 자신의 이미지를 구성해 나가는 단계이다. 2단계는 양육(nurturing)으로 영아기 자녀와 애착을 형성하는 등 양육자의 역할을 하는 단계이다. 3단계는 권위(authority)로 유아기에 접어든 자녀에게 규칙을 가르치고 권위 있는 인물로 자리매김하는 단계이다. 4단계는 해석(interpretive)으로 자녀의 생활세계가 초등학교로 확대되는 시기에 자녀에게 필요한 지식, 기술, 가치를 이해하고 이를 습득하도록 격려하는 단계이다. 5단계는 독립(independent)으로 청소년기에 진입한 자녀와 적절한 거리를 두고 경계를 설정하며, 자녀가 질풍노도의 시기를 건강하게 보낼 수 있도록 지지하는 단계이다. 6단계는 분리(departure)로 성인이 되어 독립한 자녀를 먼발치에서 바라보면서 서로 존중하고 의지하는 단계이다.

양육행동의 유형

양육행동(parenting)은 양육자가 보편적으로 나타내는 행동을 의미한다(허묘연, 2004). 양육자는 부모인 경우가 많지만, 조손가족의 조부모일 수도 있고, 위탁가정이나 아동복지센터에서 부모의 역할을 하는 사람일 수도 있다.

양육행동을 유형화하는 방법은 학자에 따라 다양한데, 바움린드(Baumrind, 1991)의 양육행동 유형이 가장 잘 알려져 있다. 바움린드는 부모역할에서 핵심적인 요소인 반응(responsiveness)과 요구(demandingness)라는 두 축을 교차하여 네 가지 양육행동을 분류하였다([그림 6-7]). 여기서 반응이란 자녀의 요구에 반응하고 지지하는 정도를 의미한다. 반응에는 자녀에 대한 온정, 자율성 지지, 합리적인 의사소통 등이 포함된다. 또 다른 축인 요구란 자녀의 행동에 한계를 두는 정도를 의미한다. 요구에는 행동 통제, 자녀의 행동 감시 및 모니터링 등이 포함된다. 반응과 요구의 두 축을 기반으로 바움린드는 초기에 세 가지 양육행동 유형을 제안하였고, 이후 한 가지를 추가하여 다음과 같이 네 가지 양육행동 유형을 분류하였다(Baumrind, 1991).

첫째, 권위형(authoritative)은 반응과 요구 수준이 모두 높은 양육행동이다. 권위형 부모는 자녀의 생각과 감정을 경청하는 등 개방적으로 의사소통하는 동시에, 자녀의 행동에 대해 명확한 기준을 설정하고 분명하고 일관된 반응을 보인다. 선행연구에 따르면 권위형 양육행동의 부모 밑에서 자란 아동은 자아존중감, 창의성, 학습동기, 기본생활습관, 사회적 유능감, 친사회적행동, 학교생활적응 등이 높다(가영희, 2008; 임성윤, 2006; 최순자, 2007).

둘째, 권위주의형(authoritarian)은 반응 수준은 낮지만 요구 수준은 높은 유형이다. 권위주의형 부모는 자녀에게 일방적으로 의사소통하며, 자신이 설정한 규칙에 대해 합리적인 설명도 없이 자녀가 복종하기를 기대하고 강요한다.

셋째, 허용형(permissive)은 권위주의형과 반대로 반응 수준은 높으나 요구 수준은 낮은 유형이다. 허용형 부모는 자녀에 대해 높은 수준의 온정을 보이지만, 자녀의 행동에 대한 한계를 적절히 설정하지 못하고 자유를 지나치게 허용한다.

마지막으로, 거부·방임형(rejecting-neglecting)은 반응과 요구 수준이 모두 낮은 유형이다. 거부·방임형 부모는 자녀의 행동에 대한 반응 수준이 낮고, 자녀의 행동에 대한 한계도 거의 설정하지 않는 등 자녀에게 별로 관심이 없다.

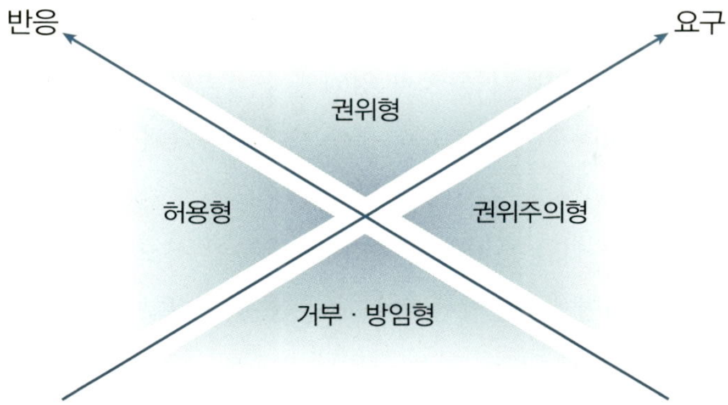

그림 6-7 바움린드의 양육행동 유형

영상으로 보는 바움린드의 양육행동 유형

여성가족부 '영유아기 부모교육' 영상

※ 참고: 이 영상에서는 시청자의 쉬운 이해를 위해 반응을 '애정'으로, 요구를 '통제'로 표현하였음

출처: 여성가족부 유튜브.

어머니와 아버지의 부모역할

부모역할의 성별 분리와 변화

엄부자모(嚴父慈母)라는 말에서 알 수 있듯이 유교적 가부장제 사회에서 어머니와 아버지의 역할은 분리되었다. 17세기 중반에 강화된 성리학적 전통에서 아버지는 가족을 대표하는 가장의 역할을 했고, 실질적인 자녀 양육 및 교육 등의 역할은 주로 어머니가 맡았다. 이후 산업화, 근대화 과정에서 서구의 전통적 성역할 이데

올로기와 남성 생계부양자 모델이 유입되면서 어머니와 아버지의 역할 분리는 공고해졌다. 즉, 아버지는 일터라는 공적 영역에서 가족의 생계를 책임지는 도구적 역할을, 어머니는 가정이라는 사적 영역에서 자녀의 양육과 교육, 가사노동을 책임지는 표현적 역할을 수행하는 것으로 분리되었다.

부모의 역할에 따른 역할 분리는 산업화 초기 분업 시스템의 관점에서 보면 기능적인 것처럼 보이지만, 자녀 양육이나 가사 등 어머니가 사적 영역에서 담당한 무급노동은 산업사회에서 평가절하될 수밖에 없었다. 공적 영역에서 아버지가 담당한 유급노동이 경제적으로 가치 있게 인정받은 것과는 대조적이다. 보이지 않는 손(the invisible hand)이 작동하는 시장경제를 가능하게 한 것은, 사적 영역인 가정에서 경제활동 종사자와 그들의 가족을 돌본 이른바 '보이지 않는 가슴(the invisible heart; Folbre, 2002)'이었다. 그러나 보이지 않은 가슴, 즉 주로 여성이 가정에서 담당한 돌봄노동의 가치는 적절히 인정받지 못하고 있다.

부모역할이 성별로 분리되면서 나타난 또 다른 문제는 아버지의 가족 내 소외와 어머니의 역할 과부하이다. 장시간 근로, 회식 등으로 대표되는 직장 문화에서 일 중심적 삶을 구성하여 부양자 역할을 담당하는 아버지는 가족과 공유하는 시간이 적고, 자녀 돌봄에 덜 참여하면서 가족관계에서 소외되기에 이르러졌다. 반대로, 어머니는 가정 내 역할을 전담하면서 역할 과부하 상태가 되었다. 모-자녀 중심의 가족관계는 현대 한국 가족의 특징 중의 하나인데, 어머니 삶이 지나치게 자녀 중심적으로 구성될 가능성이 있다. 한때 자녀의 학업적 성공을 위해서는 '어머니의 정보력, 아버지의 무관심'이 필요하다는 우스갯소리는 이러한 세태를 대변한다. 특히, 어머니의 경제활동 참여가 확대되면서 취업모가 처한 역할 과부하는 오늘날 저출생 현상의 주요 원인 중 하나로 지목되고 있다.

어머니의 부모역할

어머니의 역할에 대한 지나친 기대는 모성 이데올로기(intensive mothering ideology)로 설명할 수 있다. 모성 이데올로기는 어머니가 자녀에게 시간, 에너지, 돈을 최대한으로 사용해야 한다는 신념 체계이다(Hays, 1996). 모성 이데올로기는 오늘날의 어머니 역할은 '자녀를 중심으로 해야 하고, 전문가의 의견에 따라야 하며, 정서집약적이자 노동집약적이고, 경제적으로 비용이 많이 드는 것'이라는 고정관념을 의미한다(Hays, 1996: 8). 어머니의 노력이나 희생을 지나치게 기대하는 경향은 '과학적 육아'를 강조하는 육아서나 지식 중심 부모교육의 유행으로 강화되는 경향도 있다.

모성 이데올로기는 어머니와 자녀 모두에게 부정적인 측면이 많다. 자녀를 모든 것의 중심에 두고 부모, 특히 어머니를 자녀를 키우는 도구로만 여김으로써 어머니 개인의 행복이나 자유를 희생할 우려가 있다. 부모가 자녀의 모든 것을 결정하는 것으로 오인하고, 자녀의 문제가 모두 부모의 탓이라고 생각하면 부모는 죄책감을 경험할 수밖에 없다. 이렇게 왜곡된 방식으로 부모역할을 기대함으로써 어머니의 양육스트레스, 불안, 역할 부담이 가중된다. 이러한 환경에서 성장한 자녀 역시 행복하기 어려울 것이다.

부모와 자녀는 함께 성장하면서 서로를 돌보는 관계이다(이성아, 김아연, 2022). 자녀가 시행착오를 거치면서 성장하듯이, 부모도 부모역할은 처음이기에 시행착오를 거치면서 성장한다. 어머니가 어머니이기 이전에 건강하고 행복한 개인일 때 건강하게 부모역할을 할 수 있다. 널리 알려진 미국의 부모교육 모델 NEPEM(National Extension Parent Education Model)에서도 자기돌봄(care for self)을 부모교육의 첫 번째 내용으로 설정하고 있다(Smith et al., 1994). 부모의 자기돌봄이란 부모가 자신을 알고 이해하며, 스트레스를 관리하고, 부모로서 명확한 방향을 정하는 것이다. 부모가 자녀에게 무엇을 할 것인지 생각하기 이전에 '나'는 어떤 사람이고, 어떤 부모가 되고 싶은지 성찰하는 것이 무엇보다 중요하다는 것이 많은 전문가들의 조언이다(김광호, 2023).

이런 관점은 위니콧(Winnicott, 1973)의 충분히 좋은 어머니(good enough mother) 개념과 맞닿아 있다. 베텔햄(Bettelheim, 1988)은 이 개념을 충분히 좋은 부모(good enough parent)로 확장시켰다. 충분히 좋은 어머니, 부모 개념은 누구도 완벽한 부모가 될 수는 없다고 가정한다. 부모역할은 어렵고 복잡하며, 부모도 인간이기에 완벽할 수 없다는 것이다. 따라서 완벽한 부모가 되겠다는 비현실적인 기대를 하는 것보다 '이 정도면 됐다(good enough)'는 태도가 부모와 자녀 모두에게 현실적이면서 건강한 방식이라는 것이다. '이 정도면 됐다'는 것은 부모역할을 대충한다는 의미는 아니다. 충분히 좋은 부모는 자녀에게 필요한 것, 자녀가 원하는 것을 잘 이해하고 반응한다. 그러나 자녀의 필요와 요구 이상으로 지나치게 개입하지 않는다. 완벽한 자녀나 부모를 기대하지 않을 때, 부모로서 자신의 실수나 실패에 대해 지나치게 자책하지 않고 너그러울 수 있다.

아버지의 부모역할

아버지의 부모역할에 대한 사회적 기대와 인식은 상당히 변화하였다. '프렌디(friend와 daddy의 합성어로 친구같은 아버지라는 의미)'나 '스칸디대디(육아에 적극적으로 참여하는 북유럽 아버지라는 의미)', '라떼파파(카페라떼를 들고 유모차를 끌고 다니는 육아에 적극적인 아버지라는 의미)' 등 육아하는 아버지를 묘사하는 신조어도 등장하였다. 어머니에게 집중된 자녀 양육과 교육의 과부하를 해소하고, 아버지와 자녀의 상호작용을 통해 자녀의 건강한 발달과 아버지의 심리적 복지를 증진하는 것이 필요하다는 사회적 공감대가 형성되었다.

아버지의 부모역할은 자녀의 발달에 어머니의 부모역할과는 다른 고유한 역할을 한다(Parke, 2000; Stoltz et al., 2005). 흔히 '아버지 효과'라고 불린다. 선행연구에 따르면, 아버지의 부모역할은 아동 및 청소년 자녀의 긍정적 발달과 관련이 있을 뿐만 아니라, 아버지의 부부관계와 아버지 본인의 심리적 복지에 긍정적인 영향을 미친다(이재림 외, 2012; 황연덕, 이진숙, 2012; Cabrera et al., 2007; Schindler, 2010). 아버지는 자녀양육에 참여함으로써 부모로서 본인에 대한 이해를 높이며, 자신의 인생을 되돌아볼 수 있다(조윤경, 2011; 황정해, 이정덕, 2000).

이러한 배경에서 육아하는 아버지를 지원하는 공공 정책이나 서비스도 크게 확대되었다. 남성의 육아휴직 확대는 정책적으로 노력을 기울이는 분야 중 하나이다. 그 결과 최근에는 육아휴직을 활용하는 남성의 수도 증가하였다. 2021년에는 전체 육아휴직급여 수급자의 26.3%가 남성이었다(정성미, 2022)([그림 6-8]). 아버지를 위한 부모교육을 별도로 실시하는 경우도 많다. 예를 들어 서울시 25개 모든 자치구의 가족센터에서는 서울가족학교의 일환으로 아버지교실을 운영하고 있다.

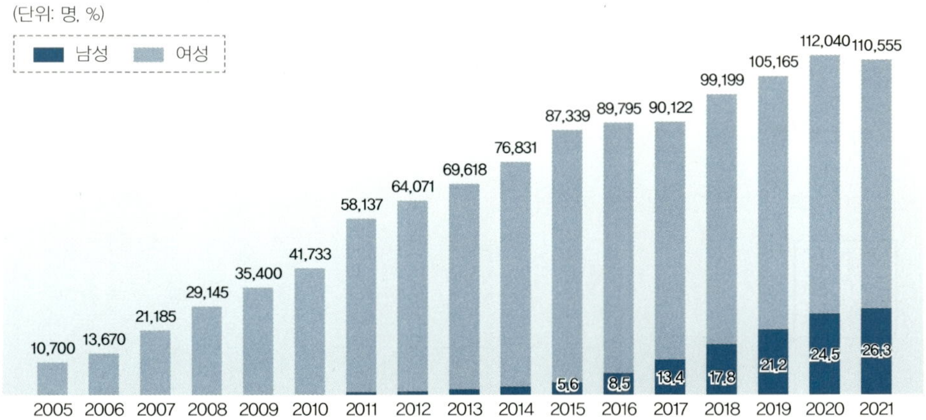

그림 6-8 육아휴직급여 수급자수 및 남성 수급자 비율 추이

출처: 정성미(2022).

아버지의 역할에 대한 사회적 인식이 변화한 것에 비해 현실에서의 아버지는 여전히 직장 일을 우선시하는 등 부차적인 양육자로 남아 있는 경우가 많다. 통계청 「생활시간조사」 결과를 보면, 2019년에 맞벌이 남편의 가사노동(가정관리 및 가족돌봄) 시간은 하루 평균 54분으로, 맞벌이 아내의 가사노동 시간은 하루 평균 3시간 7분의 약 1/4에 불과하였다(이재림, 2022). 서울시여성가족재단(2016)에 따르면 하루 평균 자녀와 함께하는 시간이 남성은 23분, 여성은 71분으로 나타나, 아버지가 자녀 양육 및 교육에 할애하는 시간은 어머니보다 적은 편이다.

그러나 어머니와 아버지의 공동부모역할에 대한 사회적 기대와 실천적 노력, 부모의 자발적인 변화는 꾸준히 이어지고 있다. 공동부모역할이란, 부모 두 사람이 '한 팀'이 되어서 자녀를 함께 키우는 것으로, 두 사람이 자녀양육에 대한 신념과 가치를 서로 공유하고 지지하는 것은 중요하다(전미경 외, 2017).

[다큐멘터리] 아버지의 부모역할

아버지의 부모역할을 다룬 EBS 프로그램을 몇가지 소개하면 다음과 같다.

▶ EBS 육아학교 아빠효과

▶ EBS 다큐프라임 [파더 쇼크]

▶ EBS 다큐프라임 [아버지의 성] 2부-아빠의 역습

좀 더 알아봅시다 영유아를 양육하는 부모에게 제공되는 현금지원

어린 자녀를 양육하는 부모를 지원하기 위한 정책 및 서비스는 꾸준히 확대되고 있다. 부모의 소득수준과 무관하게 모든 부모에게 제공되는 현금 및 서비스 지원은 매우 다양한데, 2023년에는 부모급여가 신설되었다. 2023년을 기준으로 초등학교에 입학하기 이전의 자녀를 둔 부모에 받을 수 있는 현금지원을 정리하면 다음과 같다.

<table>
<tr><th colspan="6">2023년 현재</th></tr>
<tr><td colspan="2">연령</td><td colspan="2">0세</td><td>1세</td><td>2~7세</td></tr>
<tr><td colspan="2">아동수당</td><td colspan="4">월 10만 원</td></tr>
<tr><td rowspan="4">보육</td><td rowspan="2">시설
미이용</td><td rowspan="4">영아수당</td><td rowspan="2">월 70만 원</td><td rowspan="2">월 35만 원</td><td>가정양육수당</td></tr>
<tr><td>월 10만 원</td></tr>
<tr><td rowspan="2">시설이용</td><td rowspan="2">보육료 지원
+ 현금</td><td rowspan="2">보육료 지원</td><td>바우처(보육료)지원</td></tr>
<tr><td>월 28~36만 원</td></tr>
</table>

출처: 육아정책연구소. [영상보고서] 부모급여 도입에 따른 통합적 제도 구축 연구, https://youtu.be/PKX9Lcz2NeQ

참/고/문/헌

가영희(2008). 부모의 양육태도와 자아존중감 및 주관적 안녕감 간의 관계. 한국청소년시설환경학회, 6(4), 31-42.

김광호(2023). 자신을 먼저 알아야 좋은 부모가 될 수 있다. 한국인간발달학회 2023 춘계학술대회 자료집, 26-67.

박응임, 전은다, 하유미(2017). 부모교육 매뉴얼 제4권 성인 예비부모. 여성가족부.

서울시여성가족재단(2016). 여성가족정책연구보고서. 서울: 서울시여성가족재단.

이병호(2020). 제2차 인구변천 이론, 1986-2020: 특징, 논쟁, 함의. 한국인구학, 43(4), 37-68. https://doi.org/10.31693/KJPS.2020.12.43.4.37.

이성아, 김아연(2022). 부모라는 기회. 한빛라이프.

이재림, 김지애, 이윤주, 진윤아(2012). 아버지의 부모역할 수행과 자녀의 발달특성의 관련성 메타분석. 한국가족관계학회지, 17(1), 151-173.

이재림(2022). 맞벌이 가구의 구성과 특성. 통계청 통계개발원, 한국의 사회동향 2022(pp. 84-93).

임성윤(2006). 중학생이 지각한 가정환경이 학교생활적응에 미치는 영향. 사회복지개발연구, 12(4), 339-379.

전미경, 왕석순, 유난숙, 최새은, 이은주(2017). 부모교육 매뉴얼 제2권 청소년 예비부모 I. 여성가족부.

정성미(2022). 누가 육아휴직을 활용하고 있을까? KOSTAT 통계플러스, 19, 6-21.

정성호(2009). 산업국가에서의 제2차 인구변천. 한국인구학, 32(1), 139-164.

정진화, 김현숙, 임지은(2019). OECD 국가들의 합계출산율: Becker 및 Easterlin 가설 검증과 가족정책의 효과와 시사점. 재정학연구, 12(4), 1-47.

조윤경(2011). 한국 사회의 아버지들의 자녀 양육. 민족문화논총, 47, 149-191.

최순자(2007). 유아를 둔 한국과 일본 부모의 양육태도 비교. 한국일본교육학연구, 12(1), 111-130.

허묘연(2004). 청소년이 지각한 부모 양육행동 척도의 개발 및 타당화 연구. 청소년상담연구지, 12(2), 170-189.

황연덕, 이진숙(2012). 아버지 의사소통과 아동의 주관적 행복감의 관계: 부정적 자동적 사고의 매개역할. 아동학회지, 33(1), 223-236.

황정해, 이정덕(2000). 남성의 아버지됨 경험에 관한 연구-취학전 자녀를 둔 아버지를 대상으로. 한국가족관계학회지, 5(2), 43-65.

Baumrind, D. (1991). The influence of parenting style on adolescent competence and substance use. *The Journal of Early Adolescence*, *11*(1), 56-95. https://doi.org/10.1177/0272431691111004

Becker, G. S. (1973). A theory of marriage: Part I. *Journal of Political Economy*, *81*(4), 813-846. https://doi.org/10.1086/260084

Bettelheim, B. (1988). *Good enough parent: A book on child-rearing*. Vintage.

Cabrera, N. J., Shannon, J. D., & Tamis-LeMonda, C. (2007). Fathers' influence on their children's cognitive and emotional development: From toddlers to pre-K. *Applied Development Science*, *11*(4), 208-213. https://doi.org/10.1080/10888690701762100

Easterlin, R. A. (1975). An economic framework for fertility analysis. *Studies in Family Planning*, *6*(3), 54-63. https://doi.org/10.2307/1964934

Folbre, N. (2002). *The invisible heart: Economics and family values*. The New Press.

Galinsky, E. (1987). *Six stages of parenthood*. Addison-Wesley.

Goldscheider, F., Bernhardt, E., & Lappegård, T. (2015). The gender revolution: A framework for understanding changing family and demographic behavior. *Population and Development Review*, *41*(2), 207-239. https://doi.org/10.1111/j.1728-4457.2015.00045.x

Hays, S. (1996). *The cultural contradictions of motherhood*. Yale University Press.

Lesthaeghe, R. (2010). The unfolding story of the second demographic transition. *Population and Development Review*, *36*(2), 211-251. https://doi.org/10.1111/j.1728-4457.2010.00328.x

McDonald, P. (2000). Gender equity in theories of fertility transition. *Population and Development Review*, *26*(3), 427-439. https://doi.org/10.1111/j.1728-4457.2000.00427.x

McDonald, P. (2006). Low fertility and the state: The efficacy of policy. *Population and Development Review*, *32*(3), 485-510. https://doi.org/10.1111/j.1728-4457.2006.00134.x

OECD (2022). OECD Family Database SF2.1. Fertility rates. https://www.oecd.org/els/family/SF_2_1_Fertility_rates.pdf

Parke, R. D. (2000). Father involvement: A developmental psychological perspective. *Marriage & Family Review*, *29*(2-3), 43-58. https://doi.org/10.1300/j002v29n02_04

Schindler, H. S. (2010). The importance of parenting and financial contributions in promoting fathers' psychological health. *Journal of Marriage and Family*, *72*(2), 318-332. https://doi.org/10.1111/j.1741-3737.2010.00702.x

Smith, C. A., Cudaback, D., Goddard, H. W., & Myers-Walls, J. (1994). National Extension

Parent Education Model. Kansas Cooperative Extension Service. https://www.k-state.edu/wwparent/nepem/nepem.pdf

Snider, G. (2013). A year of parenting. http://www.incidentalcomics.com/2013/11/a-year-of-parenting.html

Stolz, H. E., Barber, B. K., & Olsen, J. A. (2005). Toward disentangling fathering and mothering: An assessment of relative importance. *Journal of Marriage and Family*, *67*(4), 1076-1092. https://doi.org/10.1111/j.1741-3737.2005.00195.x

Winnicott, D. W. (1973). *The child, the family, and the outside world*. Penguin.

성인기 부모자녀관계

Marriages and Families

챕터 개요

부모자녀관계는 부모와 자녀의 생애과정에 따라 역동적으로 변화한다. 흔히 '품안의 자식'이라고 하는 아동기와 청소년기 자녀와는 달리, 자녀가 성인기에 진입하면서 부모자녀관계의 성격도 변화한다. 또한 부모가 노년기에 접어들면서 부모자녀관계의 양상이 변화하기도 한다. 본 장에서는 성인기 부모자녀관계를 설명하는 주요 이론을 살펴본 후, 성인초기 자녀와 부모의 관계, 중노년기 자녀와 부모의 관계를 중심으로 성인기 부모자녀관계의 특성을 알아본다.

성인기 부모자녀관계에 관한 주요 이론

- 세대 간 결속
- 세대 간 양가성
- 세대 간 교환 및 호혜성

성인초기 부모자녀관계

- 부모로부터의 독립과 부모의 지원
- 부모와의 동거 및 주거독립
- 헬리콥터 부모역할

중노년기 부모자녀관계

주요 용어

세대관계, 세대 간 결속, 세대 간 양가성, 세대 간 자원이전, 교환이론, 성인진입기, 성인이행기, 부모-자녀 동거, 캥거루족, 헬리콥터 부모역할

07 CHAPTER 성인기 부모자녀관계

대학생 자녀에 대한 적절한 개입은 어디까지인가?

부모가 대학생 자녀에게 다음과 같은 행동을 한다면 지나친 개입이라고 볼 수 있을까? 대학생 자녀에게 적절한 부모의 개입은 어떤 형태이며, 지나친 개입은 형태인지 다음의 예시를 활용하여 토론해 보자.

1. 식생활(예: 아침을 먹었는지, 무엇을 먹었는지 등)을 확인한다.
2. 패션과 스타일링에 관여한다.
3. 체중 및 체형에 관여한다.
4. 음주에 관여한다(음주 여부, 음주 정도 등).
5. 흡연에 관여한다(흡연 여부, 흡연 정도 등).
6. 귀가시간에 관여한다.
7. SNS(카카오톡, 인스타그램, 페이스북 등)로 자녀의 일상을 관찰한다.
8. 기숙사/자취방에 방문하여 청소나 빨래를 한다.
9. 지출을 어디에, 얼마나 하는지에 관여한다.
10. 아르바이트 선택에 관여한다.
11. (따로 사는 경우) 정기적으로 연락하기를 바란다.
12. 학점 관리에 관여한다.
13. 진로 결정(고시, 대학원, 취업 등)에 관여한다.
14. 전공 선택에 관여한다(전공분리, 복수전공, 부전공, 전과 포함).

15. 휴학/졸업 결정에 관여한다.
16. 동아리 및 대외활동에 관여한다.
17. 자녀가 타인과 갈등상황에 있을 때 문제 해결에 관여한다.
18. 누구랑 친하게 지내는지에 관여한다.
19. 연애 여부에 관여한다.
20. 누구와 연애하는지에 관여한다(외모, 학벌, 집안, 성격, 출신지역 등).

출처: Schiffrin 등(2014)이 개발하고 채명옥 외(2016)가 한국어로 타당화한 헬리콥터 양육 척도를 참고하여 서울대학교 아동가족학과 제21회 학부 심포지엄팀(2017)이 구성한 문항임.

성인기 부모자녀관계에 관한 주요 이론

부모자녀관계라고 하면 일반적으로 '부모와 관계가 좋다', '관계가 좋지 않다' 등 친밀감이나 갈등과 같은 정서적 측면만을 생각하는 경향이 있다. 그러나 부모자녀관계는 지리적 거리, 대면 및 비대면 연락, 지원 교환 등 다양한 측면을 포함하는 다차원적인 개념이다. 또한 자녀라고 하면 아동 및 청소년 등 미성년 자녀를 연상하는 경우가 있기 때문에, 다양한 생애주기의 부모자녀관계를 아우르기 위해 세대관계(intergenerational relationship)라는 용어를 사용하는 학자들도 많다. 부모자녀관계 또는 세대관계를 설명하는 이론을 살펴보자.

세대 간 결속

세대 간 결속(intergenerational solidarity)은 뒤르켐(Durkheim)의 사회학 이론에서 출발한 결속(solidarity)의 개념을 부모자녀관계, 손자녀관계 등 세대관계에 적용한 개념이자 이론이다. 부모자녀관계의 다양한 측면을 체계적으로 이해하는 데 도움이 되어 널리 사용되는 이론이다. 세대 간 결속 개념을 제안한 벵슨(Bengtson)과 동료들(Bengtson & Roberts, 1991; Roberts et al., 1991)은 구조적, 연합적, 애정적, 합의적, 기능적, 규범적 결속의 여섯 가지 차원으로 세대 간 결속을 설명하였다. 각각을 살펴보면 다음과 같다.

① 구조적 결속(structural solidarity): 지리적 근접성과 같은 세대관계의 구조적 특성이다. 부모세대와 자녀세대가 동거하거나, 가까운 곳에 살고 있다면 구조적 결속이 강하다고 볼 수 있다.

② 연합적 결속(associational solidarity): 대면 만남이나 비대면 연락 등 세대 간 접촉을 의미한다. 부모와 자녀가 자주 만나서 시간을 보내거나, 만나는 대신 전화, 문자, 메신저 등 비대면으로 자주 상호작용을 한다면 연합적 결속이 강하다고 볼 수 있다. 실버스타인(Silverstein)과 동료들은 최근 디지털 결속(digital solidarity)을 별도의 차원으로 제안하기도 하였다(Hwang et al., 2022).

③ 애정적 결속(affectional solidarity): 세대 간 정서적 친밀감을 의미한다. 부모와 자녀가 서로를 잘 이해하고, 심적으로 가깝다고 느끼면 애정적 결속이 강하다고 할 수 있다.

④ 합의적 결속(consensual solidarity): 각종 사안에 대한 견해, 가치관, 세계관 등에서 두 세대가 유사함을 의미한다. 예를 들어 부모와 자녀가 어떤 사회적 사안에 대해 비슷한 견해를 갖고 있다면 합의적 결속이 강하다고 볼 수 있다.

⑤ 기능적 결속(functional solidarity): 부모와 자녀가 지원을 주고받는 것을 의미한다. 지원의 유형은 경제적, 도구적, 정서적 지원 등 다양할 수 있다. 지원의 방향은 부모가 자녀에게 제공하는 아랫세대로의 지원도 있고, 자녀가 부모에게 제공하는 윗세대로의 지원도 있다.

⑥ 규범적 결속(normative solidarity): 아랫세대의 윗세대에 대한 책임(예: 효), 윗세대의 아랫세대에 대한 책임(예: 부모의 지원), 가족의 중요성 등 세대관계의 규범적 측면을 의미한다. 가족주의나 부양의식이 강하다면 규범적 결속이 강하다고 볼 수 있다.

세대 간 결속 개념은 성인기 부모자녀관계에 관한 수많은 연구에서 활용되어 왔다. 선행연구에 따르면 결속의 6가지 하위차원은 각기 고유한 개념이지만 서로 연결되어 있다. 세대 간 결속 개념을 사용한 연구 중에는 구조적, 연합적, 애정적, 합의적, 기능적 결속 5개 차원에 대한 미국 성인자녀의 응답을 토대로 세대관계를 유형화한 실버스타인과 벵슨(Silverstein & Bengtson, 1997)의 연구가 대표적이다. 이 연구에서 발견된 세대관계의 5가지 유형은 다음과 같다.

① 긴밀한(tight-knit) 관계: 모든 차원에서 결속이 강한 유형. 즉 부모와 가까이 살면서 자주 연락하고 친밀하며, 가치관이 유사하고 도움을 주고받는 유형

② 원만한(sociable) 관계: 기능적 결속(지원 교환)을 제외한 모든 차원의 결속이 강한 유형. 즉 부모와 가까이 살면서 자주 연락하고 친밀하며 가치관이 유사하지만, 도움을 주고받지는 않는 유형

③ 의무적(obligatory) 관계: 부모와 가까이 살면서 자주 연락하지만, 정서적으로는 다소 거리가 있고 가치관도 유사하지 않은 유형

④ 친밀하지만 지리적으로 거리가 있는(intimate but distant) 관계: 정서적으로 가깝고 가치관이 유사하지만, 지리적으로 떨어져 살고 도움도 주고받지 않는 유형

⑤ 소원한(detached) 관계: 세대 간 결속의 모든 차원에서 부모와의 결속이 낮은 유형

국내에서는 세대 간 결속의 차원에 기초해 만 19~34세 청년의 세대관계를 유형화한 이재림 외(2020)의 연구가 있다. 이 연구에서 발견된 4가지 세대관계 유형을 일러스트와 함께 살펴보면 다음과 같다.

① 전반적 결속형(38.2%): 모든 차원에서 결속이 강한 유형. 즉 부모와 동거하면서, 자주 연락하고, 정서적으로 친밀하며, 가치관이 유사하고, 부모가 청년자녀에게 지원을 자주 제공하는 유형

② **표면적 결속형(32.4%)**: 독립적 친밀형과는 반대로, 겉으로 드러나는 구조적, 연합적, 기능적 결속 수준은 높지만, 내면적 차원인 애정적, 합의적 결속 수준은 낮은 유형

③ **독립적 친밀형(22.7%)**: 구조적, 연합적, 기능적 결속은 약해서 독립적인 관계를 맺고 있으나 애정적(친밀감), 합의적 결속(가치관 유사성)은 강한 유형

④ **아버지 소원형(6.7%)**: 아버지와의 결속이 매우 약하며, 어머니와의 결속도 다른 유형에 비해 전반적으로 약한 유형. 부모가 이혼이나 별거 상태이고 사회경제적 지위가 낮은 집단에서 발견됨

일러스트: 박선영.

세대 간 양가성

세대 간 결속 개념은 부모와 자녀 간의 유대에 초점을 맞추지만. 부모와 자녀가 서로에 대해 항상 긍정적인 것만은 아니다(Connidis & McMullin, 2002). 가족관계를 다루는 소설이나 드라마에서는 부모 또는 성인자녀가 서로를 매우 각별하게 여기지만 동시에 서로를 원망하는 '애증'의 감정이 자주 등장한다. 치매에 걸린 노부모를 수발하는 성인자녀의 경우 부모에 대해 이러한 애증의 감정을 겪을 수 있다. 세대 간 양가성(intergenerational ambivalence)이란 부모-자녀 등 세대관계에서 공존하기 어려운 모순을 경험하는 것을 의미한다(Lüscher & Phillemer, 1998). 부모와 자녀 간에는 도와주거나 의지하고 싶은 욕구도 있지만, 독립적, 자율적으로 행동하고

싶은 욕구도 함께 존재하기 때문에 양가성을 경험하게 된다.

양가성에는 심리적 차원의 양가성과 사회적 차원의 양가성이 있다(Lüscher & Phillemer, 1998). 심리적 양가성은 지각, 감정, 동기 등 주관적인 차원에서의 모순이다. 예를 들어, 동일한 대상에 대해 사랑과 미움과 같이 모순된 감정, 또는 긍정적인 감정과 부정적인 감정을 동시에 느끼는 것이다. 양가감정이라고 이해할 수 있다.

심리적 차원의 양가성은 사회적 양가성이 존재하기 때문에 경험하게 된다(Connidis & McMullin, 2002). 사회적 양가성이란 부모, 자녀 등의 역할을 맡고 있는 사람은 어떠해야 한다는 사회적 규범 자체가 모순적인 것을 의미한다. 예를 들어, 세대관계에 대해 독립(예: 성인자녀는 부모로부터 독립해야 한다)과 의존(예: 성인자녀는 부모로부터 지원을 받아도 괜찮다)이라는 상반된 규범이 한 사회에 공존한다면 사회적 양가성이 존재한다고 할 수 있다. 이렇게 사회적 양가성이 존재하는 상황에서 성인자녀를 지원하는 부모는 독립하지 못하는 성인자녀가 얄밉기도 하지만 안쓰럽기도 한 심리적 양가성을 경험할 수 있다(이진경, 이재림, 2018, 2019).

세대 간 양가성 개념은 최근 20년간 학계에서 크게 주목받아 온 개념이다. 부모자녀관계에서의 미묘하고 복잡한 경험을 설명할 수 있다는 장점과 매력 때문이다. 한국 청년이 경험하는 심리적 양가성을 살펴본 연구에서는 어머니, 아버지에 대한 양가성의 평균이 중간보다 약간 낮은 수준이었지만, 긍정감정과 부정감정이 모두 높은 집단이 확연히 나타났다(이진경, 이재림, 2019). 다른 선행연구에 따르면 한국인의 세대 간 심리적 양가성은 자녀의 연령대나 부모의 성별에 따라 다양한 수준이었다(문정희, 안정신, 2014; 안정신, 최명애, 2019).

부모님에 대한 나의 심리적 양가성 수준은?

세대 간 양가성은 모순되고 복잡한 경험이기 때문에 하나의 척도로 측정하는 것이 쉽지 않다. 학자들은 부모자녀관계에서 경험하는 심리적 양가성을 측정하는 방식으로 직접측정 방식과 간접측정 방식을 제안해 왔다. 직접측정 방식은 양가적인 감정을 경험하는지 직접 질문하는 것이고, 간접측정 방식은 긍정적인 감정과 부정적인 감정의 점수를 각각 구한 후에 계산식에 대입하는 것이다.

직접측정 방식의 경우 자신이 부모나 자녀에 대해 양가적인 감정을 경험하고 있다는 사실을 응답자가 인지하지 못하고 있을 수도 있기 때문에(Suitor et al., 2011), 간접측정 방식을 추천하는 학자들이 있다. 반면, 계산식을 사용하는 간접측정 방식은 결국 부정적인 감정 점수에 따라 양가성 점수가 결정되는 경향이 있기 때문에(Giligan et al., 2015), 직접측정 방식을 추천하는 학자들도 있다. 이 책에서는 독자의 평균적인 연령대를 감안하여, 청년자녀가 부모에 대해 경험하는 심리적 양가성을 측정하는 척도의 직접측정과 간접측정 문항을 소개한다. 이 척도(부록 7-1)는 미국 청년을 대상으로 개발된 세대 간 양가성 척도(Zygowicz, 2006)를 한국어로 타당화한 이진경, 이재림(2018)의 문항 중 일부이다.

세대 간 교환 및 호혜성

세대 간 교환 및 호혜성은 세대 간 자원이전(intergenerational transfer) 모델을 통해 설명할 수 있다. 이 모델은 부모 등 윗세대에서 자녀 등 아랫세대로, 또는 아랫세대에서 윗세대로 자원(resources)이 이동하는 현상을 설명하는 이론이다. 여기서 자원은 금전, 물품 등 재무 자원과 시간, 노동 등 서비스 자원을 모두 포함한다. 세대 간 자원이전을 크게 세 가지 관점으로 나누어 살펴보면 다음과 같다.

단기적 교환

부모와 성인자녀 간에도 돈과 시간의 교환(time-for-money exchanges; Cox, 1987)과 같이 즉각적이거나 단기적인 교환이 이루어질 수 있다. 부모가 가사노동이나 손자녀 돌봄 등 시간 자원을 제공하고, 성인자녀는 용돈이나 생활비 등 금전적 자원이나 주택 등을 제공하는 교환을 예로 들 수 있다. 반대로 성인자녀가 노부모 돌봄 등 시간자원을 제공하고, 이에 대한 댓가로 노부모는 성인자녀에게 경제적 도움을 제공하는 교환도 이에 해당한다.

장기적 호혜성

장기적 호혜성(long-term reciprocity) 모델은 부모와 자녀 사이의 주고받음이 장기적으로 균형을 이룬다고 가정한다. 자녀가 어릴 때는 부모가 돈, 시간, 에너지를 들여 자녀를 양육하지만, 자녀가 성인이 되고 부모가 노화하면 성인자녀가 노부모를 돌보고 부양하게 된다. 따라서 자녀의 출생부터 부모의 사망까지 장기적인 관점에서 부모자녀관계를 보면 도움을 주고받는 호혜성이 성립한다는 것이 장기적 호혜성 관점이다.

호혜성 개념은 다양한 인간관계에 적용되지만, 부모자녀관계에서의 호혜성은 다른 인간관계와는 달리 오랜 시간이 지나야 교환이 균형을 이룬다(Silverstein et al., 2002). 부모자녀관계의 장기성 호혜성은 생애과정 호혜성, 지연된 호혜성이라고도 불린다. 생애과정 호혜성(life course reciprocity; Antonucci & Jackson, 1989)은 생애과정 전체를 고려하면 호혜적이라는 의미이다. 지연된 호혜성(deferred reciprocity; Wentowski, 1981)은 즉각적인 교환관계와는 다르게 교환이 연기된다는 의미에서 붙여졌다. 사회교환이론에 따르면 호혜성은 접착제 역할(Homans, 1951)을 하는 경향이 있으므로, 부모자녀관계는 장기적 호혜성을 기반으로 하기 때문에 끈끈하게 유지될 수 있다.

이타주의

이타주의(altruism) 모델에 따르면 이타적인 부모는 보상이나 대가를 바라지 않고 자녀를 지원한다(Becker & Tomes, 1976). 자녀의 행복은 부모의 행복을 결정하는 요인 중 한 가지이기 때문이다. 이타적인 부모는 자녀가 여러 명이면 더 많은 도움이 필요한 자녀에게 더 많은 지원을 제공한다(고선강, 2013). 교환이론 관점에서는 나중에 성공할 가능성이 높은 자녀나 미래에 자신을 부양할 가능성이 높은 자녀에게 투자하는 선택을 하겠지만, 이타주의 관점에서는 대가를 바라지 않고 부모나 자녀를 돌보거나 경제적으로 부양하는 선택을 할 수도 있다.

성인초기 부모자녀관계

부모로부터의 독립과 부모의 지원

20~30대 청년시기를 일컫는 성인초기(young adulthood) 또는 성인진입기(emerging adulthood)는 부모자녀관계를 재정립하는 시기로 알려져 있다. 성인이 된 자녀는 부모로부터의 독립이라는 발달과업과 마주한다. 여기서 독립은 심리적 독립 이외에도 경제, 가사노동, 주거 등 여러 차원에서의 독립을 포함한다. 심리적 독립이란 자녀가 부모와의 의존적인 관계에서 벗어나 자율적인 관계를 형성하고, 사고와 행동에 자유를 획득하는 심리 내적 과정을 말한다(Josselson, 1988). 부모에게 심적으로 의존하지 않고 자율적으로 생각하고 행동할 수 있으며, 스스로 중요한 의사결정을 할 수 있다면 심리적으로 독립했다고 할 수 있다. 심리적 독립 이외에 부모에게 경제적으로 의존하지 않고 생계를 유지하는 경제적 측면의 독립, 부모에게 집안일 등 도구적으로 의존하지 않고 일상생활을 영위할 수 있는 도구적 측면의 독립, 부모의 집을 떠나 독립적인 주거공간을 유지하는 주거 측면의 독립 등이 부모로부터의 독립에서 중요한 차원이다.

좀 더 알아봅시다 성인진입기(Emerging Adulthood)

성인진입기(emerging adulthood)는 발달심리학자인 아넷(Arnett, 2000)이 제안한 개념이다. 과거에는 청소년기가 끝나면 성인기에 진입했지만, 오늘날에는 청소년도 아니고 성인도 아닌 '낀 시기'에 해당하는 새로운 발달단계가 등장했다는 것이 아넷의 주장이다. 기존에는 주거독립, 졸업, 취업, 결혼, 부모됨 등 주요 생애사건을 경험했는지에 따라 성인이 되어가는 시기라는 의미로 성인이행기(transition to adulthood)라는 용어를 사용하는 것이 일반적이었다. 그러나 아넷에 따르면 청년시기에는 성인이 되어감에만 초점을 맞추기 어려운 그 시기 자체의 발달적 특성이 있기 때문에, 청소년기와 성인기 사이의 고유한 발단단계인 성인진입기를 고려할 필요가 있다.

아넷이 설명한 성인진입기의 5가지 특성은 (1) 정체성 탐색, (2) 불안정성, (3) 자기중심성, (4) 청소년도 성인도 아닌 낀 시기라는 느낌, (5) 가능성과 낙관주의이다. 처음 성인이행기 개념이 제안되었을 때는 만 18~24세를 성인진입기로 규정했으나, 최근 서구 학자들은 만 18~29세를 성인진입기로 보는 편이다. 그러나 성인진입기의 연령범위는 사회문화적으로 달라질 수 있다(Arnett, 2015). 예를 들어, 청년기본법에서 청년을 만 19~34세로 정의하는 우리나라에서는 이 연령범위를 성인진입기로 볼 수도 있다(이재림 외, 2020).

성인진입기 개념은 전세계적으로 공감을 얻고 있지만, 이 시기를 인간발달의 새로운 단계로 볼 수 있는지에 대해서는 논란이 있다. 아넷은 성인진입기 개념이 다양한 문화와 계층에서 나타난다는 보편성을 주장하고 있으나(Arnett, 2015), 이에 반박하는 학자들도 적지 않다. 경제적으로 발전한 국가에서만 성인진입기가 발견되는 경향이 있으며, 이들 국가에서도 사회경제적 지위가 낮은 청년은 성인진입기의 고유한 특성을 경험하지 않고 일찍 성인이 될 수밖에 없다는 것이 한 가지 이유이다.

여러분은 인생에서 현재가 어떤 시기라고 생각하는가? 응답자가 현재 자신이 성인진입기에 해당한다고 인식하는지를 알아보는 척도를 한 가지 소개하면 [부록 7-2]와 같다.

그러나 오늘날 부모로부터 독립하지 않는 성인초기 또는 성인진입기(emerging adulthood) 자녀는 한국을 포함하여 전세계적으로 이슈가 되고 있다. 부모가 대학등록금, 주거비, 취업준비 비용, 결혼비용 등 경제적 지원을 제공하는 경우가 적지 않기 때문이다. 성인이 된 자녀에게 가사노동이나 손자녀 돌봄 등 도구적 지원을 제공하는 부모도 많다(이재림, 2015; Lee & Bauer, 2013).

부모로부터의 독립이 지연되는 것은 사회경제적 여건과 관련이 깊다. 예를 들어, 한국의 경우 교육기간이 장기화되고, 취업경쟁이 치열하며, 고용불안성이 높고, 만혼과 비혼 추세가 가속화되면서 20~30대 청년을 'N포세대'라고 부르고 있다. 연애, 결혼, 부모됨 등 인생에서 중요한 N가지를 포기해야 할 정도로 녹록하지 않은 성인초기를 보내고 있다는 의미이다. N포세대 중에는 부모의 도움을 받지 않고 경쟁사회에서 성공하기 어렵다는 청년이 적지 않다. '금수저, 은수저, 흙수저' 등 부모의 사회경제적 지위에 따라 자녀의 사회경제적 지위가 결정된다는 이른바 수저론도 자녀의 성공을 위해서는 부모의 경제적 지원이 필요하다는 시대상을 반영한다.

부모세대 역시 성인초기 또는 성인진입기 자녀가 독립해야 한다고 생각하면서도, 현실적인 이유로 계속 지원하는 경우가 많다. 경제적 불평등이 자녀에 대한 부모의 개입을 심화시킨다는 주장도 있다(Doepke & Zilibotti, 2019). 빈부격차가 큰 사회에서는 부모의 지원이나 개입이 자녀의 성공적인 미래로 이어질 가능성이 높기 때문이라는 것이다. 자녀의 성공과 실패가 곧 부모의 성공과 실패라고 여기는 가족주의 문화의 영향으로, 한국의 부모들이 성인초기 자녀를 지원하는 측면도 있다(이재림, 2022).

성인자녀를 지원할 의향이 있는 부모를 둔 청년자녀들은 치열한 경쟁과 저성장의 시대를 살면서 자연스럽게 부모에게 의존하게 된다. 이러한 배경에서 한국의 청년자녀들은 부모로부터 독립을 '못' 하기도 하고 '안' 하고 있기도 하다(이재림, 2015). 그러나 성인자녀에 대한 경제적 지원은 노년기를 앞두고 있거나 이미 노년기에 진입한 부모에게 부담으로 작용할 가능성이 높다. 자녀가 노후에 부모를 부양할 수 있는 정도의 자산을 획득하기 어려울 뿐만 아니라, 노부모부양에 대한 기대가 약화되는 상황이기 때문에 자산이 있다고 하더라도 부모를 부양할 것이라고 기대하기 어렵다.

한편, 부모의 지원을 받을 수 없는 성인초기 자녀는 경제적 측면뿐만 아니라 심리적 측면에서 가장 취약한 집단이다. 저소득층 청년들은 고용안정성이 매우 낮은 저임금 노동자로서 가족을 부양해야 하는 상황에 직면하고 있다. 더 나은 삶을 위해 부모의 집에서 '탈출'한 경우에는 감당할 수 없는 높은 주거비로 고통을 겪게 된다(정민우, 이나영, 2011). 이들은 부모와 친밀한 관계를 유지하는 데 어려움을 경험하며, 우울 등 심리적 디스트레스를 경험할 가능성이 높다. 한국 청년의 부모자녀관계를 유형화한 이재림 외(2020)의 연구에서는 부모와 관계가 소원한 유형이 6.7% 나타났는데, 사회경제적 지위가 낮은 경우 이 집단으로 분류될 가능성이 높았다. 또한 이 집단은 다른 유형에 비해 생활만족도가 낮고 우울증상을 더 자주 경험하였다.

부모의 사회경제적 지위와 자녀의 사회경제적 지위

유복한 가정에서 자란 리처드와 형편이 넉넉하지 않은 가정에서 자란 폴라의 이야기를 담은 이 짧은 카툰은 부모의 사회경제적 지위가 자녀의 사회경제적 지위로 이어짐을 그렸다.

Toby Morris(2015.5.22.). The Pencilsword: On a plate.

출처: https://www.rnz.co.nz/news/the-wireless/373065/the-pencilsword-on-a-plate

부모와의 동거 및 주거독립

자녀가 법적으로 성인이 되면 부모와 더 이상 같이 살지 않을 것이라고 기대하는 북미나 서유럽에서는 부모의 집을 떠나는 주거독립(leaving home)을 성인초기 독립의 중요한 지표로 본다. 가족발달이론의 가족생활주기(Duvall, 1977)에서도 청소년자녀기 다음에 자녀진수기가 이어지는 것은 서구의 문화적 기대를 반영한다. 이렇게 자녀가 10대 후반이나 20대 초반에 주거독립을 하는 문화에서는 자녀가 성인초기일 때 부모는 빈둥지기(empty nest)에 진입한다.

그러나 최근 서구에서는 자녀의 주거독립이 늦어지는 현상에 주목하고 있다. 북미와 유럽의 통계에 따르면, 1960년대에서 1980년대 후반까지는 주거독립의 시기가 점차 빨라졌으나 1990년대부터는 주거독립의 시기가 점차 늦어지고 있다(Seiffge-Krenke, 2016). 유럽연합(EU) 국가에서는 2017년에 만 16~29세 청년의 68.2%가 부모와 동거하였다(Eurostat, 2018). 이렇게 주거독립이 늦어진 이유는 사회경제적인 요인(예: 경제적 어려움, 사회복지 구조의 취약성, 주택시장의 제약) 이외에도 자녀의 심리적 요인(예: 애착유형, 심리적 독립 수준), 부모역할 요인(예: 자녀와 정서적, 신체적 근접성을 유지하고자 하는 부모) 등 다양하다(Seiffge-Krenke, 2016). 주거독립을 했다가 다시 부모의 집으로 돌아오는 부메랑키즈(boomerang kids)도 관심의 대상이 되고 있다. 부메랑키즈 등으로 가족의 규모가 작아졌다 커졌다 하는 현상을 아코디언에 비유해 아코디언가족(Newman, 2013)이라는 용어를 제안한 학자도 있다. 성인자녀가 부모의 집에 살 경우, 주거비뿐만 아니라 대학등록금 등 경제적 측면이나 식사준비 등 도구적 측면도 부모의 도움을 받게 될 가능성이 높다.

서구와는 달리 우리나라에서는 전통적으로 '부모 슬하'에서 결혼할 때까지 부모와 함께 사는 것이 일반적이다. 결혼하지 않은 자녀는 타지역에서 학교나 직장에 다니거나, 군복무 중인 경우 등에만 부모와 따로 살 것으로 기대된다. 이 때문에 한국가족의 가족생활주기를 연구한 학자들도 서구에서 자녀의 주거독립을 기준으로 가족생활주기를 구분한 것과는 달리, 첫 자녀의 결혼을 기준으로 가족생활주기를 구분하였다(유영주, 1984). 이렇듯 성인초기 자녀와 부모의 동거는 우리나라에서 새로운 현상이 아니지만, 과거에 비해 성인자녀의 주거독립이 상당기간 지연된 것에 주목할 필요가 있다. 평균 초혼연령이 남성 25.4세, 여성 21.6세였던 1960년(통계청, n.d.)과 비교하면, 2022년에는 평균 초혼연령이 남성 33.7세, 여성 31.3세로 성인자녀가 부모와 동거하는 기간이 상당히 길어진 셈이다(통계청, 2023). 만혼, 비혼 경향에 따라 최근에는 부모로부터 주거독립하여 비혼 1인가구, 비혼 동거가구를 형성하거나 공동체주택으로 이주하는 사례도 증가하고 있다.

부모의 집에 살면서 부모에게 경제적으로 의존하는 성인자녀를 일컫는 이른바 '캥거루족'은 현재 한국에서 성인초기 자녀에 대한 대표적인 이미지이다. 만 20~34세 청년층을 분석한 보고서에서는 부모와 동거하면서 부모에게 경제적으로 의존하는 캥거루족이 전체의 절반을 넘는 56.8%라고 하였다(오호영, 2017). 20대 초반 대학생 자녀를 제외하면 절반까지는 되지 않겠지만 높은 비율이다. '캥거루족' 자녀는 부모에게 경제적으로 의존함으로써 중노년기 부모에게 경제적 부담이 되고 있다. 베이비붐 세대 연구에서 이들이 느끼는 가장 큰 짐은 독립을 못하는 '캥거루족' 자녀였다(한경혜 외, 2011).

한편, 미혼 성인자녀와 부모의 동거에 대해 세대 간 상호의존성을 강조하는 학자들도 있다. 부모는 함께 사는 성인자녀에게 가사노동 등의 도구적 지원이나 경제적 지원을 제공하지만, 심리적인 측면에서는 부모가 성인자녀를 필요로 하거나 성인자녀에게 의지할 때도 많다는 것이다(성미애 외, 2017). 만 35세 이상 미혼 자녀와 부모의 동거에 대한 연구(김혜지, 이재림, 2021)에 따르면, 부모는 성인자녀에게 가사노동을 제공하고 성인자녀는 부모에게 경제적 지원을 제공하는 경향이 있었으며, 부모와 성인자녀 모두 동거가 자신에게 단점보다 장점이 많다고 인식하였다.

다큐멘터리 〈우리 집에 신(新) 캥거루가 산다: 언제까지 부양하시겠습니까?〉

SBS 스페셜 447회(2016년 9월 4일 방송)

이 프로그램에서는 자립할 나이가 되었음에도 독립하지 않고 부모에게 경제적으로 의존하는 젊은이를 캥거루족으로 정의하고, 신(新) 캥거루족은 취업 혹은 결혼 후에도 부모와 같이 사는 젊은이라고 보았다. 이 프로그램에는 여러 명의 캥거루족이 등장하는데 부모의 집에 살면서 세 자녀의 양육비까지 부모에게 의존하는 하는 20대 기혼 아들, 부모가 어린 아이 취급하는 30대 비혼 아들, 계약직으로 일하다가 갑자기 계약이 종료된 아들, 여성가장 어머니에게 의존하는 은둔형 외톨이 딸, 명문대를 졸업했으나 사업실패로 캥거루 생활을 하는 중년 아들 등이다. 이러한 사례를 통해 이 프로그램에서는 캥거루족이 나타나는 이유와 캥거루족 성인자녀로 인한 부모의 고충을 다각도로 소개하고, 해결방안을 제언하였다.

헬리콥터 부모역할

성인초기 자녀의 독립이 지연되면서 청년시기 세대관계나 부모역할에 대한 사회적 관심과 연구가 증가하였다. 미국에서 생겨난 신조어인 헬리콥터 부모역할(helicopter parenting)은 전세계적으로 공감을 얻어 이제는 일상적으로 통용되는 표현이 되었다. 자녀의 곁을 떠나지 않고 헬리콥터처럼 맴돌다가 자녀가 장애물에 봉착하거나 의사결정을 내려야 하는 순간에 즉각적인 도움을 주는 부모가 헬리콥터 부모의 전형적인 예이다. 북유럽에서는 자녀 앞에 놓인 장애물을 제거해 준다는 의미에서 동계올림픽 종목인 컬링에 빗대 '컬링 부모'라고 하기도 하고, 비슷한 의미에서 '잔디깎기 부모' 등으로 불리기도 한다.

헬리콥터 부모역할은 자녀의 발달에 적합하지 않은 수준으로 지나치게 자녀를 개입, 통제, 보호하는 양육태도 및 양육행동을 의미한다(이재림, 2022; LeMoyne & Buchanan, 2011; Schiffrin et al., 2014). 학술적으로는 과도한 부모역할(overparenting)의 한 유형이다(Segrin et al., 2012). 지나친 개입과 통제를 특징으로 하는 과도한 부모역할은 영유아기 자녀부터 다양한 발달단계에 발견할 수 있는데, 선행연구에서는 주로 대학생 등 성인진입기의 맥락에서 헬리콥터 부모역할을 논의하는 경향이 있다.

헬리콥터 부모역할은 자녀에게 부정적인 영향을 미친다는 연구가 대부분이다. 자기결정성 이론(self-determination theory)에서는 유능성, 관계성, 자율성을 인간의 기본적인 심리욕구라고 설명하는데(Deci & Ryan, 2000), 선행연구에 따르면 헬리콥터 부모역할은 자녀의 유능성, 관계성, 자율성 충족을 방해한다고 한다(Cook, 2020; Schiffrin et al., 2019). 기본 심리욕구를 충족하지 못한 성인이행기 자녀는 대학생활 적응에 어려움을 겪거나, 심리적 어려움을 겪게 된다(이재림, 2022; Schiffrin et al., 2019; Schiffrin et al., 2021 등 선행연구 고찰 참고). 한국 미취업 청년자녀를 대상으로 한 연구에서는 헬리콥터 부모역할을 높은 수준으로 인식한 청년은 진로에 대한 부모의 기대로 높은 수준의 부담을 경험하였고, 그 결과 삶의 만족도가 낮았다(Lee & Kang, 2018). 최근에는 헬리콥터 부모역할이 나르시즘(Winner & Nicholson, 2018), 특권의식(Fletcher et al., 2019), 완벽주의(Segrin et al., 2020)를 강화한다는 연구도 있다.

내가 생각하는 부모님의 헬리콥터 부모역할 수준은?

성장하면서 현재까지 부모님의 헬리콥터 부모역할 수준이 어떠했다고 인식하는지, 성인초기 자녀의 관점을 알아보기 위한 한국판 헬리콥터 부모역할 지각 척도(강시은, 이재림, 2017)를 소개하면 [부록 7-3]과 같다. 어머니, 아버지 각각에 대해 응답해 볼 수도 있다.

중노년기 부모자녀관계

부모와 자녀의 관계는 서로의 생애과정에 따라 변화한다. 청소년기 자녀가 성인기로 진입하면서 자녀의 독립 여부와 시기가 부모자녀관계에 중요하듯, 자녀가 중노년기로 진입하게 되면서 부모와의 관계도 변화할 수 있다. 특히, 부모와 자녀의 지원교환에서의 변화가 두드러질 수 있다. 부모든 자녀든 점차 지원에서의 욕구가 변화하게 되면서 가족생활에서의 역동이 증가하게 되고, 이에 따라 앞서 살펴본 세대 간 결속, 양가성에도 변화가 생길 수 있다. 예를 들어, 주로 자녀세대에게 지원을 제공했던 부모세대는 노년기에 접어들면서 건강의 쇠퇴나 은퇴, 배우자와의 사별 등으로 인해 지원에 대한 필요성이 증가할 수 있다. 앞서 살펴본 '호혜성'의 개념을 적용하자면 일종의 '지연된 호혜성'이 나타날 수 있다는 것이다.

생애과정관점(life course perspective; Elder, 1991)에서는 지위나 역할에서 중요한 변화가 일어나는 사건(은퇴, 사별 등)이 발생하는 시기를 전이(transition)라 일컫는다. 이 과정에서 부모는 자녀의 도움을 받는 긍정적인 측면도 경험하지만, 독립성의 측면에서 자녀세대에게 의존하는 것에 대한 부담을 경험하기도 한다. 한편 자녀는 이러한 부모의 변화를 바라보면서 안타까움을 느낄 수도 있고, 혹은 청소년 자녀나 성인초기의 자녀들에게 지속적으로 경제적인 지원을 제공하는 동시에 노인이 된 부모에게도 지원을 제공하는 상황에 처하면, 이른바 '샌드위치' 세대의 입장에서는 노부모에게 양가적인 감정을 느낄 수도 있다.

그렇다면 노년기 부모가 지원이 필요할 경우, 누구에게 도움을 요청할 것인가? 배우자에게 먼저 도움을 요청할까 혹은 자녀에게 도움을 먼저 요청할까? 같이 사는 배우자와 사별을 경험한다면, 혹은 도움을 요청할 자녀가 없다면 어떨까? 만약 자녀들이 모두 멀리 떨어져 산다면 어떨까? 학자들은 이러한 질문에 답하기 위해 연구를 통해 몇 가지 이론을 제시했는데, 다음에서는 세 가지의 주요 모델을 살펴보자.

첫째는 위계적 보상 모델(hierarchical-compensatory model; Cantor, 1979)이다. 이 모델에 따르면 도움이 필요할 때 위계적으로 구성된 선호하는 관계가 있다고 가정한다. 사람들은 제일 먼저 배우자나 자녀에게 도움을 요청한다. 하지만 이들로부터 도움을 구할 수 없으면 그 다음으로는 친척이나 이웃에게 도움을 요청한다고 보는 것이다. 여기서 주목할만한 점은 만약 배우자나 자녀가 없다면, 도움을 요청할 가장 중요한 원천이 없다고 본다는 것이다. 이 모델은 일반적인 경향성을 설명하지만, 도움이나 지원의 종류에 대해 주목하지는 않는다.

부모와 자녀가 주고받는 지원의 종류는 다양할 수 있다. 예를 들어 용돈과 같은 물질적인 지원도 있고, 집안일과 같은 도구적인 지원도 있으며, 어려울 때 고민을 나누고 힘들 때 위로를 주고 받는 정서적인 지원도 있다. 자녀들이 모두 전화는 자주 하지만 멀리 살아서 자주 찾아오지는 못하는 자녀가 있는 경우, 앞서 살펴본 것처럼 자녀와의 연합적 결속은 높아도 당장 심부름이나 은행에 가는 일과 같은 도구적 지원을 자녀로부터 매일 받기는 어려울 것이다. 이럴 때는 이웃에 사는 친구가 급한 일에 도움을 줄 수 있을 것이다. 이처럼 지원의 종류나 과업의 특성에 따라 도움을 청하는 사람이 바뀔 수 있다고 주장하는 모델이 과업-전문화 모델(task-specificity model; Litwak, 1985)이다. 즉 배우자, 부모, 이웃처럼 특정 관계에 따라 도움을 청하는 순서가 결정된다기보다는, 필요한 도움이나 과업에 가장 적절한 관계에 도움을 청한다는 모델이다. 이러한 점에서 이 모델에서 강조하는 것은 사회적 관계망의 다양성이라 볼 수 있다.

한편, 사회적 관계망은 시간이 지나면서 변화한다. 늘상 근처에 살면서 도구적 지원을 주던 자녀가 직장이나 출산 등으로 멀리 이사를 가게 될 수도 있다. 혹은 노년기에 접어들면서 어려운 일이 있을 때 의논을 하던 친구같던 배우자와 사별할 수도 있다. 이처럼 사회적 지원의 역동적 관점에 주목한 모델이 콘보이 모델(convoy model; Antonucci et al., 2011)이다. 콘보이 보델은 개인은 지원을 주고받는 사람들로 연결되어 있고, 시간이 지나면서 사회적 지원과 지지 관계망의 속성이 변한다는 데 주목한다. 개인의 생애과정에 따라 사회적 지원 관계망이 변할 수 있는 것은 물론이고, 개인별 차이도 있을 수 있다. 이 모델에 따르면 부모와 자녀와의 지원관계도 끊임없이 변화할 수 있다. 매우 친밀한 관계에서 소원한 관계가 될 수도 있고, 갈등이 높은 관계라도 자녀도 나이를 들면서 부모에 대한 이해가 높아지면서 긍정적인 정서도 높아져서 양가적인 감정을 느낄 수도 있다.

생애 초기에 자녀는 부모로부터 많은 지원을 받는다. 자녀가 성장하면서 점차 독립해 나가고, 노년기에 부모가 도움이 필요하게 되면 자녀는 부모에게 다시 지원을 제공하면서, 때로는 부모에게 일차적인 돌봄을 제공하는 주 돌봄자가 되기도 한다. 이처럼 생애과정 동안 가장 활발하게 지원을 교환하면서 배우자만큼이나 중요한 존재가 자녀이다.

[관련 법] 상속법(민법 제5편 상속)

1. 상속인과 상속분

제1000조(상속의 순위) ① 상속에 있어서는 다음 순위로 상속인이 된다.

1. 피상속인의 직계비속
2. 피상속인의 직계존속
3. 피상속인의 형제자매
4. 피상속인의 4촌 이내의 방계혈족

② 전항의 경우에 동순위의 상속인이 수인인 때에는 최근친을 선순위로 하고 동친등의 상속인이 수인인 때에는 공동상속인이 된다.
③ 태아는 상속순위에 관하여는 이미 출생한 것으로 본다.

제1003조(배우자의 상속순위) ① 피상속인의 배우자는 제1000조제1항제1호와 제2호의 규정에 의한 상속인이 있는 경우에는 그 상속인과 동순위로 공동상속인이 되고 그 상속인이 없는 때에는 단독상속인이 된다.
② 제1001조의 경우에 상속개시전에 사망 또는 결격된 자의 배우자는 동조의 규정에 의한 상속인과 동순위로 공동상속인이 되고 그 상속인이 없는 때에는 단독상속인이 된다.

제1009조(법정상속분) ① 동순위의 상속인이 수인인 때에는 그 상속분은 균분으로 한다.
② 피상속인의 배우자의 상속분은 직계비속과 공동으로 상속하는 때에는 직계비속의 상속분의 5할을 가산하고, 직계존속과 공동으로 상속하는 때에는 직계존속의 상속분의 5할을 가산한다.

☞ 예시: 85세에 사망한 A씨는 부인 B 씨와의 슬하에 기혼 아들 C씨, 기혼 딸 D씨, 미혼 딸 E씨를 두었다. 피상속인 A씨의 재산 4억 5천만 원은 누구에게 얼마나 상속될까? 위의 조항에 따르면 피상속인의 직계비속인 C, D, E씨는 동일한 비율을 받으며, 배우자 B씨는 자녀의 상속분에서 1.5배를 받는다. 즉, B : C : D : E = 1.5 : 1 : 1 : 1가 되므로, 부인 B씨는 1억 5천만 원을 받고 세 자녀는 각각 1억 원을 받을 수 있다.

2. 기여분

제1008조의2(기여분) ① 공동상속인 중에 상당한 기간 동거 · 간호 그 밖의 방법으로 피상속인을 특별히 부양하거나 피상속인의 재산의 유지 또는 증가에 특별히 기여한 자가 있을 때에는 상속개시 당시의 피상속인의 재산가액에서 공동상속인의 협의로 정한 그 자의 기여분을 공제한 것을 상속재산으로 보고 제1009조 및 제1010조에 의하여 산정한 상속분에 기여분을 가산한 액으로써 그 자의 상속분으로 한다.
② 제1항의 협의가 되지 아니하거나 협의할 수 없는 때에는 가정법원은 제1항에 규정된 기여자의 청구에 의하여 기여의 시기 · 방법 및 정도와 상속재산의 액 기타의 사정을 참작하여 기여분을 정한다.

③ 기여분은 상속이 개시된 때의 피상속인의 재산가액에서 유증의 가액을 공제한 액을 넘지 못한다.
④ 제2항의 규정에 의한 청구는 제1013조제2항의 규정에 의한 청구가 있을 경우 또는 제1014조에규정하는 경우에 할 수 있다.

☞ 기여분은 공동상속인 중에 피상속인을 특별히 부양하였거나, 피상속인의 재산을 유지 또는 증가하는 데 특별히 기여한 사람의 기여분을 인정하는 제도이다. 그러나 '특별한' 기여에 대한 기준이 없어서 판결에 어려움이 있다. 기여분에 관한 판례를 분석한 연구에 따르면, 자녀가 제공한 부양이 특별한 부양으로 인정을 받기 위해서는 장기간에 걸쳐, 경제적 지원과 동거의 방법으로 부양했으며, 부모와 자녀가 동등한 생활수준을 유지한 경우에 기여분이 인정되는 경향이 있었다(남보람 외, 2015).

3. 유류분

제1112조(유류분의 권리자와 유류분) 상속인의 유류분은 다음 각호에 의한다.

1. 피상속인의 직계비속은 그 법정상속분의 2분의 1
2. 피상속인의 배우자는 그 법정상속분의 2분의 1
3. 피상속인의 직계존속은 그 법정상속분의 3분의 1
4. 피상속인의 형제자매는 그 법정상속분의 3분의 1

제1115조(유류분의 보전) ① 유류분권리자가 피상속인의 제1114조에 규정된 증여 및 유증으로 인하여 그 유류분에 부족이 생긴 때에는 부족한 한도에서 그 재산의 반환을 청구할 수 있다.
② 제1항의 경우에 증여 및 유증을 받은 자가 수인인 때에는 각자가 얻은 유증가액의 비례로 반환하여야 한다.

☞ 상속법에 따르면 피상속인은 법적 효력이 있는 방식의 유언을 남겨서 누구에게 얼만큼의 재산을 상속할 것인지 자유롭게 결정할 수 있다. 그러나 유언에 동의하지 않는 상속인은 생계를 위해 일정비율의 재산을 유류분으로 청구할 수 있다. 예를 들어, 위에서 A씨가 유언을 통해 장남인 아들 C씨에게 재산 전체를 남기겠다는 의사를 표현했다고 하자. 이에 동의하지 않는 딸 E씨는 유류분 청구소송을 제기한다면, 법정상속분의 절반인 5천만 원 이내의 유류분을 받을 수도 있다.

참/고/문/헌

강시은, 이재림(2017). 한국판 헬리콥터 부모역할 지각 척도(Helicopter Parenting Scale) 타당화: 30대 초반까지의 청년을 대상으로. 한국가족관계학회지, 22(2), 3-25. https://doi.org/10.21321/jfr.22.2.3

고선강(2013). 중년기 가정의 자산과 3세대 간 경제자원 이전. 한국가정관리학회지, 31(4), 131-144. https://doi.org/10.7466/JKHMA.2013.31.4.131

김민지, 이진경, 박지수, 이재림(2017). 청년의 현재시기에 대한 인식 관련 요인: IDEA (Inventory of the Dimensions of Emerging Adulthood)의 활용. 가정과삶의질학회 학술발표대회 자료집, 219-219.

김혜지, 이재림(2021). 35세 이상 성인자녀와 부모의 동거: 세대관계 특성과 생활만족도의 관련성. *Family and Environment Research*, *59*(3), 369-386. http://dx.doi.org/10.6115/fer.2021.027

남보람, 이재림, 최새은(2015). 재판상 상속재산 분할에서 기여분에 판례 분석. 가족과 문화, 27(2), 212-261.

문정희, 안정신(2014). 노부모에 대한 성인자녀의 양가감정 탐색. 한국노년학, 34(2), 409-429.

서울대학교 아동가족학과 제21회 학부 심포지엄팀(2017). 엄마! 나 헬리콥터 타고 서울대 온 거야?! 서울대학생들이 인식하는 헬리콥터 부모역할의 경향과 부모와의 친밀감 및 부모 부양의지와의 관계.

성미애, 이재림. 최연실, 최새은(2017). 아버지 부재 비혼 딸과 어머니의 동거 경험: 일방적 의존과 상호적 의존의 경계에서. 한국가정관리학회지, 35(3), 81-98. http://dx.doi.org/10.7466/JKHMA.2017.35.3.81

안정신, 최명애(2019). 의존적 미혼성인 자녀와 동거하는 어머니의 양가감정이 자녀분리불안과 심리적 안녕감에 미치는 영향. 한국지역사회생활과학회지, 30(1), 71-82. http://dx.doi.org/10.7856/kjcls.2019.30.1.71

오호영(2017). 캥거루족 실태분석과 과제. 한국노동연구원 KLI 패널 워킹페이퍼 제7호.

유영주(1984). 한국도시가족의 가족생활주기 모형 설정에 관한 연구. 한국가정관리학회지, 2(1), 111-129.

이재림(2015). 부모는 영원한 봉인가?: 20-30대 성인자녀의 도구적 의존 재조명. 최연실 외. 한국가족을 말하다: 현상과 쟁점 (pp. 378-403). 하우.

이재림(2022). 무한경쟁 시대의 헬리콥터 부모. 진미정 외. 가족과 돌봄(pp. 93-119). 하우.

이재림, 박제인, 김혜지, 오상민, 권소영(2020). 청년의 세대관계 유형화: 세대 간 결속의 하위차원을 중심으로. *Family and Environment Research*, *58*(1), 43-60. https://doi.org/10.6115/fer.2020.004

이진경, 이재림(2018). 한국판 세대 간 심리적 양가성 척도 타당화: 청년자녀를 중심으로. 한국가족관계학회지, 23(3), 105-130. https://doi.org/10.21321/jfr.23.3.105

이진경, 이재림(2019). 한국 청년의 세대 간 양가성과 세대 간 결속의 연관성 탐색. 한국가정관리학회지, 37(1), 1-21. http://doi.org/10.7466/JKHMA.2019.37.1.1

정민우, 이나영(2011). '가족'의 경계에 선 청년세대: 성별화된 독립과 규범적 시공간성. 경제화 사회, 89, 105-145.

채명옥, 임소연, 이용화, 김지현, 오진아(2016). 한국어판 헬리콥터 양육 측정도구의 신뢰도 및 타당도 검증. *Child Health Nursing Research*, *22*(3), 207-214. https://doi.org/10.4094/chnr.2016.22.3.207

통계청(n.d.). 인구정책 어제와 오늘 〉 인구변화 펴기 〉 평균 초혼 연령. https://theme.archives.go.kr/next/populationPolicy/statisticsPopup_20.do

통계청(2023). 2022년 혼인 이혼 통계. https://www.kostat.go.kr/board.es?mid=a10301010000&bid=204&list_no=424356&act=view&mainXml=Y

한경혜, 차승은, 김주현(2011). 한국의 베이비부머 연구. 서울대학교 노화고령사회연구소 & MetLife Korea Foundation 심포지움.

Antonucci, T. C., & Jackson, J. S. (1989). Successful aging and life course reciprocity. In Warnes, A. M. (Eds.), *Human aging and later life: Multidisciplinary perspectives* (pp. 83-95). Hodder & Stoughton.

Antonucci, T. C., Birditt, K. S., Sherman, C. W., & Trinh, S. (2011). Stability and change in the intergenerational family: A convoy approach. *Ageing & Society*, *31*(7), 1084-1106. https://doi.org/10.1017/s0144686x1000098x

Arnett, J. J. (2000). Emerging adulthood: A theory of development from the late teens through the twenties. *American Psychologist*, *55*(5), 469-480. https://psycnet.apa.org/doi/10.1037/0003-066X.55.5.469

Arnett, J. J. (2015). *Emerging adulthood: The winding road from the late teens through the twenties* (2nd edition). Oxford University Press.

Baggio, S., Iglesias, K., Studer, J., & Gmel, G. (2015). An 8-item short form of the Inventory of Dimensions of Emerging Adulthood (IDEA) among young Swiss men. *Evaluation & the Health Professions*, *38*(2), 246-254. https://doi.org/10.1177/0163278714540681-31

Becker, G. S., & Tomes, N. (1976). Child endowments and the quantity and quality of children. *Journal of Political Economy*, *84*(4), 142-163. https://doi.org/10.1086/260536

Bengtson, V. L., & Roberts, R. E. L. (1991). Intergenerational solidarity in aging families: An example of formal theory construction. *Journal of Marriage and Family*, *53*(4), 856-870. https://doi.org/10.2307/352993

Cantor, M. H. (1979). Neighbors and friends: An overlooked resource in the informal support system. *Research on Aging*, *1*(4), 434-463. https://doi.org/10.1177/016402757914002

Connidis, I. A., & McMullin, J. A. (2002). Sociological ambivalence and family ties: A critical perspective. *Journal of Marriage and Family*, *64*(3), 558-567. https://doi.org/10.1111/j.1741-3737.2002.00558.x

Cook, E. C. (2020). Understanding the associations between helicopter parenting and emerging adults' adjustment. *Journal of Child and Family Studies*, *29*(7), 1899-1913. https://doi.org/10.1007/s10826-020-01716-2

Cox, D. (1987). Motives for private income transfer. *Journal of Political Economy*, *95*(3), 508-546. https://doi.org/10.1086/261470

Deci, E. L., & Ryan, R. M. (2000). The "what" and "why" of goal pursuits: Human needs and the self-determination of behavior. *Psychological Inquiry*, *11*(4), 227-268. https://doi.org/10.1207/s15327965pli1104_01

Doepke, M., & Zilibotti, F. (2019). *Love, money, and parenting*. Princeton University Press.

Duvall, E. M. (1977). *Marriage and family development* (5th ed.). Lippincott.

Elder, G. H., Johnson, M. K., & Crosnoe, R. (2003). The emergence and development of life course theory. In J. Mortimer, & M. J. Shanahan (Eds), *Handbook of the life course* (pp. 3-19). Springer.

Eurostat. (2018, 12, 14). Young people living with their parents. https://ec.europa.eu/eurostat/en/web/products-eurostat-news/-/ddn-20181214-1

Fletcher, K. L., Pierson, E. E., Speirs Neumeister, K. L., & Finch, W. H. (2019). Overparenting and perfectionistic concerns predict academic entitlement in young adults. *Journal of Child and Family Studies*, *29*(2), 348-357. https://doi.org/10.1007/s10826-019-01663-7

Gilligan, M., Suitor, J. J., Feld, S., & Pillemer, K. (2015). Do positive feelings hurt? Disaggregating positive and negative components of intergenerational ambivalence. *Journal of Marriage and Family*, *77*(1), 261-276. https://doi.org/10.1111/jomf.12146

Hwang, W., Fu, X., Brown, M. T., & Silverstein, M. (2022). Digital and non-digital solidarity between older parents and their middle-aged children: Associations with mental health during the COVID-19 pandemic. *International Journal of Environmental Research and Public health*, *19*(19), 12560. https://doi.org/10.3390/ijerph191912560

Homans, G. C. (1951). *The human group*. Routledge.

Josselson, R. (1988). *Finding herself: Pathways to identity development in woman*. Jossey-Bass.

Lee, J., & Bauer, J. W. (2013). Motivations for providing and utilizing child care by grandmothers in South Korea. *Journal of Marriage and Family*, *75*(2), 381-402. https://doi.org/10.1111/jomf.12014

Lee, J., & Kang, S. (2018). Perceived helicopter parenting and Korean emerging adults' psychological adjustment: The mediational role of parent-child affection and pressure from parental career expectations. *Journal of Child and Family Studies*, *27*(11), 3672-3686. https://doi.org/10.1007/s10826-018-1193-2

LeMoyne, T., & Buchanan, T. (2011). Does "hovering" matter? Helicopter parenting and its effect on well-being. *Sociological Spectrum*, *31*(4), 399-418. https://doi.org/10.1080/02732173.2011.574038

Litwak, E. (1985). *Helping the elderly: The complementary roles of informal networks and formal systems*. Guilford.

Lüscher, K., & Pillemer, K. (1998). Intergenerational ambivalence: A new approach to the study of parent-child relations in later life. *Journal of Marriage and the Family*, *60*(2), 413-425. https://doi.org/10.2307/353858

Newman, K. S. (2013). *The accordion family: Boomerang kids, anxious parents, and the private toll of global competition*. Beacon Press.

Roberts, R. E. L., Richards, L. N., & Bengtson, V. (1991). Intergenerational solidarity in families: Untangling the ties that bind. *Marriage and Family Review*, *16*(1-2), 11-46. https://doi.org/10.1300/j002v16n01_02

Schiffrin, H. H., Batte-Futrell, M. L., Boigegrain, N. M., Cao, C. N., & Whitesell, E. R. (2021). Relationships between helicopter parenting, psychological needs satisfaction, and prosocial behaviors in emerging adults. *Journal of Child and Family Studies*, *30*(4), 966-977. https://doi.org/10.1007/s10826-021-01925-3

Schiffrin, H. H., Erchull, M. J., Sendrick, E., Yost, J. C., Power, V., & Saldanha, E. R. (2019). The effects of maternal and paternal helicopter parenting on the self-determination and well-being of emerging adults. *Journal of Child and Family*

Studies, *28*(12), 3346–3359. https://doi.org/10.1007/s10826-019-01513-6

Schiffrin, H. H., Liss, M., Miles-McLean, H., Geary, K. A., Erchull, M. J., & Tashner, T. (2014). Helping or hovering? The effects of helicopter parenting on college students' well-being. *Journal of Child and Family Studies*, *23*(3), 548–557. https://doi.org/10.1007/s10826-013-9716-3

Segrin, C., Burke, T. J., & Kauer, T. (2020). Overparenting is associated with perfectionism in parents of young adults. *Couple and Family Psychology: Research and Practice*, *9*(3), 181–190. https://doi.org/10.1037/cfp0000143

Segrin, C., Woszidlo, A., Givertz, M., Bauer, A., & Murphy, M. (2012). The association between overparenting, parent-child communication, and entitlement and adaptive traits in adult children. *Family Relations*, *61*(2), 237–252. https://doi.org/10.1111/j.1741-3729.2011.00689.x

Seiffge-Krenke, I. (2016). Leaving home: Antecedents, consequences, and cultural patterns. In J. J. Arnett (Eds.), *The Oxford handbook of emerging adulthood* (pp. 177–189). Oxford University Press.

Silverstein, M., & Bengtson, V. L. (1997). Intergenerational solidarity and the structure of adult child-parent relationships in American families. *Aging Journal of Sociology*, *103*(2), 429–460. https://doi.org/10.1086/231213

Silverstein, M., Conroy, S. J., Wang, H., Giarrusso, R., & Bengtson, V. L. (2002). Reciprocity in parent-child relations over the adult. *Journal of Gerontology: Social Sciences*, *57*(1), S3–S13. https://doi.org/10.1093/geronb/57.1.s3

Suitor, J. J., Gilligan, M., & Pillemer, K. (2011). Conceptualizing and measuring intergenerational ambivalence in later life. *Journals of Gerontology Series B: Psychological Sciences and Social Sciences*, *66B*(6), 769–781. https://doi.org/10.1093/geronb/gbr108

Thompson, M. M., Zanna, M. P., & Griffin, D. W. (1995). Let's not be indifferent about (attitudinal) ambivalence. In R. E. Petty, & J. A. Krosnick (Eds.), *Attitude strength: Antecedents and consequences* (pp. 361–386). Erlbaum.

Wentowski, G. J. (1981). Reciprocity and the coping strategies of older people: Cultural dimensions of network building. *The Gerontologist*, *21*(6), 600–609. https://doi.org/10.1093/geront/21.6.600

Winner, N. A., & Nicholson, B. C. (2018) Overparenting and narcissism in young adults: The mediating role of psychological control. *Journal of Child and Family Studies*, *27*(11), 3650–3657. https://doi.org/10.1007/s10826-018-1176-3

Zygowicz, S. D. (2006). Interpersonal complementarity and intergenerational ambivalence: Parent-adult child relationships (Unpublished doctoral dissertation). Arizona State University, Tempe, AZ, USA.

부록 7-1 세대 간 심리적 양가성 척도

(Zygowicz, 2006; 이진경, 이재림, 2018)

※ 다음은 어머니, 아버지 각각에 대해 응답하는 문항입니다. 평소 귀하가 어머니(혹은 어머니와 같은 분)에 대해 느낀 바와 가장 가까운 번호를 선택해 주십시오. 응답이 끝나면 아버지(혹은 아버지와 같은 분)에 대해서도 평소에 느낀 바와 가장 가까운 번호를 선택하십시오.

	심리적 양가성: 직접측정 문항	전혀 그렇지 않다	별로 그렇지 않다	약간 그렇다	매우 그렇다
1	아버지/어머니에 대한 내 감정은 이랬다저랬다 한다	①	②	③	④
2	나는 아버지/어머니에 대해 긍정적인 감정과 부정적인 감정을 둘 다 갖고 있다	①	②	③	④
3	나는 아버지/어머니에 대해 뒤섞인 감정을 갖고 있다	①	②	③	④
4	아버지/어머니에 대한 내 감정들은 모순된다	①	②	③	④

주: 직접측정 8문항 중 역산을 할 필요가 없는 4문항만 제시하였음.

	심리적 양가성: 간접측정 문항	전혀 그렇지 않다	별로 그렇지 않다	약간 그렇다	매우 그렇다
1	나는 어머니/아버지와 있을 때 느긋해진다	①	②	③	④
2	나는 어머니/아버지에 대해 긍정적인 감정을 갖고 있다	①	②	③	④
3	나는 어머니/아버지가 가깝게 느껴진다	①	②	③	④
4	어머니/아버지에 대한 내 감정은 따뜻하다	①	②	③	④
5	나는 어머니/아버지가 편하다	①	②	③	④
6	어머니/아버지에 대한 내 감정을 냉랭하다	①	②	③	④
7	나는 어머니/아버지와 있을 때 긴장이 된다	①	②	③	④
8	나는 어머니/아버지가 멀게 느껴진다	①	②	③	④
9	나는 어머니/아버지에 대해 부정적인 감정을 갖고 있다	①	②	③	④
10	나는 어머니/아버지가 불편하다	①	②	③	④

주: **[간접측정 계산 및 해석 방법]** 1~5번의 점수를 합산하여 5로 나눈 평균을 구한다. 이 점수가 긍정감정 점수이다. 이어서 6~10번의 점수를 합산한 후 5로 나눈 평균을 구한다. 이 점수가 부정감정 점수이다. 마지막으로, 긍정감정

점수와 부정감정 점수를 아래의 계산식(Thompson et al., 1995)에 대입하면, 심리적 양가성 점수를 얻을 수 있다. 심리적 양가성이 높다는 것은 긍정감정과 부정감정을 모두 높은 수준으로 경험하는 것이다. 반대로 심리적 양가성이 낮다는 것은 긍정감정과 부정감정 둘 중 한 가지만 높거나, 둘 다 높지 않음을 의미한다.

$$\text{양가성} = \frac{\textit{긍정} + \textit{부정}}{2} - |\textit{긍정} - \textit{부정}| + 1.5$$

부록 7-2 단축형 IDEA(Inventory of the Dimensions of Emerging Adulthood) 척도

(Baggio et al., 2015; 김민지 외, 2017)

※ 귀하는 자신의 현재 시기에 대해 어떻게 생각하십니까? 귀하의 경우와 가장 가까운 번호를 선택하십시오.

	내 인생에서 지금은…	전혀 그렇지 않다	별로 그렇지 않다	약간 그렇다	매우 그렇다
1	가능성의 시기이다	①	②	③	④
2	탐색하는 시기이다	①	②	③	④
3	스트레스를 받는 시기이다	①	②	③	④
4	압박감을 느끼는 시기이다	①	②	③	④
5	내가 어떤 사람인지 정립해가는 시기이다	①	②	③	④
6	나의 신념과 가치관을 결정하는 시기이다	①	②	③	④
7	어떨 때는 성인인 것 같지만 어떨 때는 성인이 아닌 것 같은 시기이다	①	②	③	④
8	점차 성인이 되어 가는 시기이다	①	②	③	④

주: 단축형 IDEA(Inventory of the Dimensions of Emerging Adulthood) 척도(Baggio et al., 2015)를 한국어로 타당화한 김민지 외(2017)의 번안을 일부 수정한 것임.

[해석방법] 성인진입기의 특성으로 위 척도에서 1번과 2번 문항은 가능성의 시기, 3번과 4번 문항은 불안정한 시기, 5번과 6번 문항은 정체성 탐색의 시기, 7번과 8번 문항은 낀 시기에 해당한다. 각 하위요인의 점수가 높으면 해당하는 특성을 높은 수준으로 경험하고 있음을 의미한다. 8개 문항의 총점이 높으면 청소년도 아니고 성인도 아닌, 성인진입기를 경험하고 있다고 해석할 수 있다.

부록 7-3 헬리콥터 부모역할 지각 척도

(LeMoyne & Buchanan, 2011; 강시은, 이재림, 2017)

※ 다음은 귀하가 '어린 시절부터 현재까지' 성장하면서 경험한 부모님의 태도와 행동에 관한 질문입니다. 각 문항을 읽고, 귀하의 부모님과 가장 가까운 번호를 각각 선택하십시오.

		전혀 그렇지 않다	별로 그렇지 않다	보통이다	약간 그렇다	매우 그렇다
1	나의 부모님은 나의 모든 성장과정에서 모든 것을 감독하셨다	①	②	③	④	⑤
2	부모님께서 내가 나의 일을 스스로 결정할 수 없다고 생각하시는 것 같은 느낌이 들 때가 가끔 있었다	①	②	③	④	⑤
3	내가 인생에서 절대로 실패하지 않는 것은 나의 부모님에게 매우 중요한 문제이다	①	②	③	④	⑤
4	나의 부모님은 내 인생의 문제를 해결해주려고 종종 개입하셨다	①	②	③	④	⑤
5	나이를 먹으면서 내가 부모님 인생의 목표 같다는 느낌이 들 때가 가끔 있다	①	②	③	④	⑤
6	나의 부모님은 늘 내가 하는 활동들에 많이 관여해오셨다	①	②	③	④	⑤
7	나는 내 판단보다 부모님의 판단을 신뢰해 왔다	①	②	③	④	⑤

주: LeMoyne과 Buchanan(2011)이 개발한 헬리콥터 부모역할 지각 척도를 한국어로 타당화한 강시은, 이재림(2017)의 7문항 중 저자들이 제안한 바와 같이 표현을 일부 수정한 것임.

[채점 및 해석 방법] 7문항의 점수를 합산하여 7로 나눈 평균을 구해 보자. 참고로, 어머니와 아버지 각각에 대해 조사한 강시은, 이재림(2017)의 연구에서는 전반적으로 어머니에 대해 지각한 헬리콥터 부모역할의 평균이 아버지의 평균보다 높았다. 만 19~24세 집단에서는 어머니 평균 3.10점, 아버지 평균 2.93점이었고, 만 25~29세 집단에서는 어머니 평균 3.01점, 아버지 평균 2.87점이었다.

가족 의사소통

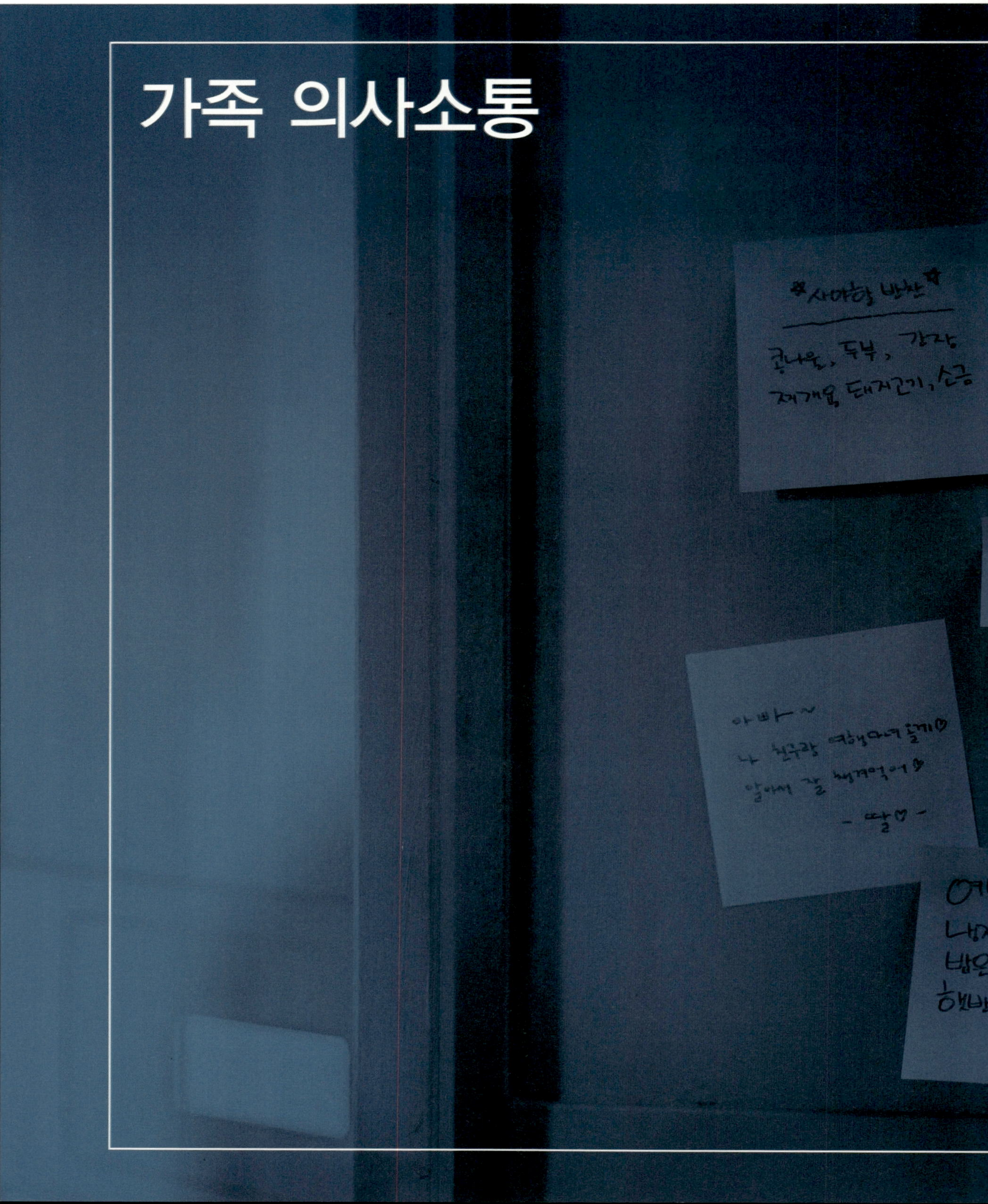

CHAPTER 08

챕터 개요

인간은 사회적 동물로서, 완전히 고립된 상태로 존재하지 않고 의사소통을 매개로 다른 사람들과 관계를 형성하고 유지하며 존재한다. 다른 사람들과 정보, 지식, 서로의 감정이나 생각, 태도 등을 주고받는 일련의 과정을 의사소통이라 한다. 의사소통은 언어적 · 비언어적 측면을 포함하는 개념으로 상호교류 과정의 특성을 지니며, 내용을 전달할 뿐만 아니라 그 과정에서 '관계'를 형성하게 된다. 친밀한 관계에서의 의사소통은 가족관계와 밀접한 관련이 있다. 특히 가족의 기능 가운데 정서적 기능이 부각되는 현대사회에서 의사소통은 매우 중요하다.

의사소통의 의미
- 의사소통의 개념
- 의사소통의 기본요소
- 의사소통의 다양한 형태

친밀한 관계에서의 의사소통
- 파트너와의 의사소통
- 부모-자녀 관계와 의사소통

역기능적 의사소통
- 관계를 망치는 지름길: 묵시록의 네 기사
- 관계의 위험신호: 파괴적인 의사소통

다양한 의사소통 유형
- 알베르티와 에몬스의 자기주장적 의사소통
- 사티어의 일치적 의사소통

효율적 의사소통을 위한 노력
- 관계적 의사소통
- 경청하기
- 표현하기

주요 용어

의사소통의 정의, 언어적 의사소통, 비언어적 의사소통, 가족 의사소통, 역기능적 의사소통, 경청, 나-전달법, 자기노출, 말하기 기술, 자각의 수레바퀴

CHAPTER

08 가족 의사소통

의사소통의 의미

의사소통의 개념

의사소통을 뜻하는 영어단어 커뮤니케이션(communication)은 '공통되는(common)', 혹은 '공유한다(share)'라는 뜻의 라틴어 'communis'(파생 단어 중 '공동체'를 의미하는 'community'가 있음)에서 유래한다. 단어의 어원을 통해 의사소통은 혼자 하는 것이 아니며 다른 사람과 함께하는 것임을 알 수 있다.

의사소통은 의미를 공유하는 것이며 상징적 상호교류의 과정이다. 사람들은 상징을 사용하여 자신이 원하는 바를 전달하며 의사소통을 통해 서로에게 영향을 미친다. 타인들과의 관계와 마찬가지로 가족생활 속에서도 의사소통은 중요한 매체로 작용한다.

의사소통의 기본요소

의사소통을 구성하는 기본요소에는 여러 가지가 있는데 여기서는 송수신자, 메시지, 피드백, 채널, 잡음에 대해 알아보도록 한다.

송수신자

송신자는 메시지를 보내는 사람, 수신자는 메시지를 받는 사람을 의미한다. 의사소통의 가장 기본적인 형태는 2인의 송수신자(sender-receivers) 혹은 몇몇 사람들 사이에서 일어나는 것이다. 송신자가 전하고자 하는 신호의 의미를 상대방이 이해할 때 의사소통이 이루어진다. 의사소통의 주체는 송신자이지만 수신자가 없다면 무의미해진다는 것을 의미한다. 의사소통에서는 이처럼 상호작용(interaction)이 중요하다.

메시지를 보내는 송신자는 메시지를 전달하기 위해 언어적 혹은 비언어적인 다양한 상징들을 사용한다. 효율적인 의사소통을 위해 송신자는 적절한 단어선택, 관련사항에 대한 신뢰할만한 정보 및 지식, 언어와 일치하는 비언어적인 태도, 상대방에 대한 감수성 등을 갖추어야 한다.

메시지를 듣고 받아들이는 수신자는 메시지를 올바르게 전달받기 위해 건강한 사고능력, 감정상태, 경청하는 태도, 여유로운 시간 등이 필요하다. 수신자가 경청하지 않는 태도를 보이거나, 편견을 갖고 정보를 왜곡하거나, 전달받은 정보를 자기 입장에서만 해석하는 미숙한 태도를 보인다면 의사소통 과정에서 갈등을 유발하기 쉽다.

메시지

의사소통에 참여하는 사람들이 주고받고자 하는 것은 '메시지(messages)'이다. 메시지란, '상대방을 이해시키려는 의도에서 만들어 내는 신호'라고 할 수 있다. 메시지는 언어적 형태와 비언어적 형태로 전달되며 내용 차원의 메시지와 관계 차원의 메시지가 있다.

언어적 형태의 메시지는 가장 손쉽고 효과적인 방편이긴 하지만 손짓이나 발짓, 얼굴표정 등 비언어로 간단히 메시지를 주고받을 수도 있다. 문자나 그림, 상징 등도 메시지로 사용할 수 있다.

내용 차원의 메시지는 전달하고자 하는 메시지 자체로서 언어로 표현되는 말 그 자체를 뜻한다. "나는 축구를 좋아합니다.", "점심식사로 제육볶음을 먹었습니다."와 같이 내용 그 자체의 메시지를 말한다. 관계 차원의 메시지는 메시지를 주고받는 과정에서 나타나는 송신자와 수신자 간의 관계를 나타내주는 메시지이다. 말을 주고받는 사람 간의 권력관계, 상·하 관계, 애정관계 등의 다양한 관계의 특성들이 표출되는 것을 뜻한다. "제가 잘못했습니다."라고 누군가 이야기할 때 '제'와 '~습니다.'라는 표현이 송신자가 수신자보다 아랫사람이거나 적은 권력을 가지고 있음을 알게 해준다.

피드백

피드백(feedback)이란 송수신자가 서로에게 반응하는 것을 말한다. 더 정확하게는 정보가 송출되었던 원래의 지점으로 정보에 대한 반응을 보내는 것을 뜻한다. 따라서 송신자는 피드백을 통해 수신자가 메시지를 얼마나 잘 이해했는지를 파악할 수 있다. 송신자는 수신자의 피드백을 통해 자신의 의사소통 내용과 방법을 재확인하며 잘못 이해된 부분은 수정·보완 하여 다시 메시지를 전달한다. 또한 수신자는 자기가 보낸 피드백에 대한 송신자의 반응에 의해 메시지의 잘못 이해한 부분을 재수정한다.

메시지와 마찬가지로 피드백을 보내는 방법 역시 언어적 방법과 비언어적 방법이 있다. 언어적 방법은 직접 질문을 한다거나 이해한 것이 맞는지를 말로 확인하는 것이며, 비언어적 방법에는 수긍의 의미로 고개를 끄덕거리거나 부정의 의미로 고개를 갸웃거리는 것 등이 있다.

채널

채널(channels)은 메시지가 이동하는 통로이며, 송신자가 수신자에게 메시지를 도달하게 하는 방법이다. 면 대 면(face-to-face) 커뮤니케이션 상황에서는 음성과 시각이 주요한 채널이 된다. 불특정한 대중에게 정보를 전달하는 매스커뮤니케이션에서는 매스미디어인 신문, 잡지, 라디오, 텔레비전 등이 채널이 된다. 과거 매스커뮤니케이션은 정보를 독점하고 있거나 채널을 보유할 수 있을 만큼의 자본을 가진 사람이나 집단만이 송신자가 될 수 있었으며 수신자 역시 제한되었다.

최근에는 과학과 정보통신의 발달로 인터넷 게시판, SNS, 유튜브(Youtube) 등의 채널을 통해 개인도 매스커뮤니케이션의 송신자가 될 수 있으며 스마트폰이나 인터넷 사용자 누구라도 수신자가 될 수 있다. 이는 잘못된 정보나 가짜뉴스의 채널로 작동하기도 하지만 많은 사람이 정보를 공유함으로써 정보계층화에 따른 권력차를 줄여 민주주의에 기여하기도 한다.

잡음

의사소통에 방해가 되는 행위나 그런 상황을 뜻하는 잡음은 메시지를 원래의 뜻대로 보내지 못하는 원인이 된다. 잡음에는 물리적 잡음, 심리적 잡음, 의미적 잡음이 있다.

물리적 잡음은 실제 외부 환경에서 끼어 들어오는 것으로 인터넷 · 통신 두절, 거리상의 문제가 여기에 해당된다. 심리적 잡음은 송수신자의 마음 내에서 일어나는 잡념으로 인해 발생한다. 예를 들어 다른 생각을 하다가 송신자의 말을 놓치는 경우다. 의미적 잡음은 전달되는 메시지의 의미를 전혀 모르는 경우다. 생소한 표현이나 외국어 등으로 수신자가 송신자의 뜻을 이해하지 못해 커뮤니케이션 자체가 이루어지지 않을 수 있으며 수신자의 '해석'의 오류도 이에 해당한다. 올바른 해석은 송수신자가 기존에 가지고 있는 지식과 정보의 교집합에 따른 의미공유가 존재하여야 가능하다. 생각의 차이가 극명한 두 사람은 의사소통 과정 중에 서로 다른 해석을 할 가능성이 많고 이는 의미적 잡음으로 작동하여 메시지를 원래의 뜻대로 보내지 못하게 된다.

의사소통의 다양한 형태

언어적 의사소통과 비언어적 의사소통

의사소통의 형태는 '말'이나 '글'로 표현하는 언어적 의사소통과 언어 외의 방법으로 의미를 전달하는 비언어적 의사소통이 있다. 비언어적 의사소통에는 자세, 몸짓, 표정, 윙크, 찌푸림, 악수 등이 있다. 일상생활에서는 이러한 비언어적 의사소통이 더 자주 사용되는데, 메시지가 전달되는 수단인 말(언어적)과 행동(비언어적)의 비율은 35대 65이다(설기문, 2000).

심리학자 메러비언 등(Mehrabian et al., 1967)에 따르면 사람 간 의사소통에서 언어적 요소의 중요성은 7%에 불과하고, 청각적 요소는 38%, 시각적 요소는 55%를 차지한다고 한다. 7 : 38 : 55 비율을 '메러비언의 법칙'이라고 부른다. 시각적 요소는 외적으로 보이는 부분으로 복장이나 자세, 제스처 등이 이에 속한다. 청각적 요소는 발성이나 목소리의 톤, 즉 음색처럼 언어의 품질에 관련한 것이고, 언어적 요소는 말의 내용, 말 그 자체를 뜻한다. 이 이론에 따르면 대화를 통하여 상대방에게 느끼는 호감 또는 비호감의 감정에 영향을 주는데 말의 비중의 7%로 그 영향이 미미하다. 말을 할 때의 태도나 목소리 등 말의 내용과 직접적으로 관계가 없는 요소가 93%를 차지하여 이러한 비언어적인 요소가 상대방으로부터 받는 이미지를 좌우한다고 한다.

메타 의사소통

메타 의사소통이란 한층 높은 차원의 의사소통으로 '의사소통 자체에 대한 의사소통(communication about communication)'을 뜻한다. 의사소통이 이루어지는 방법에 대하여 의사소통할 때 발생한다. 사람들은 말하는 방식이나 싸우는 방법, 애정을 표현하는 방식에 대해 많은 대화를 하는데 이를 메타의사소통이라고 한다. 메타 의사소통을 함으로써 욕구를 표현하고 혼란을 바로잡으며 건강하고 건설적인 관계를 만들어 나갈 수 있다(Galvin & Brommel, 1986). 가족들은 메타 의사소통을 통해 의사소통에 대한 가족규칙을 만들어 갈 수 있다. 이때 민주적이고 평등한 의사소통이 전제되는 것이 건강한 가족의 모습이라 할 수 있다.

구두점 찍기

'끊어읽기'라고도 하는 구두점 찍기(punctuation)는 어떤 행동이나 말의 '원인과 결과를 규정하는 것'을 말한다. 의사소통은 자극(stimulus)과 반응(response)의 형식으로 연결되는데 연속적인 의사소통 과정에서 누구의 말이 자극이 되고 누구의 말이 반응인가를 밝히는 것은 어려운 일이다. 의사소통 과정에서 자극과 반응을 다르게 끊어 읽음으로써 서로 다른 의미를 부여하게 되어 오해와 갈등이 생긴다(유영주 외, 2013).

예를 들어, "아내의 잔소리가 심해 일찍 집에 들어가고 싶지 않다."라고 말하는 남편과 "매일 늦게 들어오니 좋은 말을 해줄 수가 없다."라고 말하는 아내는 서로가 자기의 입장에서 구두점을 찍고 상대를 비난하고 있다. 구두점을 어떻게 찍느냐에 따라 문제가 다르게 보일 수 있고 문제에 대한 초점이 달라질 수 있다. 상대의 입장이 되어 상황을 객관적으로 바라보면 서로를 이해하는데 도움이 될 수 있다.

가족체계 안의 순환적인 인과성을 고려했을 때 체계를 끊어 읽어 출발점(문제의 원인)을 찾는다는 것은 별 의미가 없을 수도 있다. 가족은 연속적 상호작용 패턴으로 진행되는 체계이므로 서로를 비난하며 자기합리화하는 것은 서로 다른 끊어읽기를 강화시켜 오해를 쌓고 갈등을 심화시킬 수 있다. 가족 안의 갈등이나 문제를 해결하기 위해서는 공동의 책임의식을 갖는 자세가 필요하다.

이중구속 메시지

언어적 메시지와 비언어적 메시지의 의미가 서로 일치하지 않고 상이한 의미를 나타내는 것을 이중구속 메시지(double-bind message)라 한다. 예를 들어 언성을 높이고 화를 내면서 "당신 마음대로 해!"라고 말한다면 언어적 메시지는 '마음대로 해'라고 하고 있지만 비언어적 메시지(높은 언성)는 그렇게 하지 말라는 강한 부정의 의미를 전달하고 있음을 알 수 있다.

친밀한 관계에서의 의사소통

가족은 대화하는 공동체로, 건강한 가족은 바람직한 의사소통 기술을 통해 서로의 생각이나 감정을 공유하고 성장한다. 대화에 실패하고 갈등을 겪는 가족들은 정서적 교감을 나누지 못하고 관계가 단절되기도 한다. 가족들은 건강한 가족 상호작용을 위한 의사소통 기술, 대화하는 방법을 알고 실천해야 한다. 가족의 유대감과 친밀감은 저절로 생기는 것이 아니며 특별한 갈등 이슈가 없는 상황에서 서로의 잘못된 말 한마디 때문에 갈등의 골이 생기고 깊어질 수 있다. 반대로 힘든 상황에서 서로의 따뜻한 말 한마디 덕분에 극복할 수 있는 힘을 주고받기도 한다.

파트너와의 의사소통

의사소통과 부부(파트너)간의 친밀감 형성을 연구한 존 가트먼(John Gottman)은 행복한 부부와 이혼하는 부부를 대상으로 한 실험결과를 토대로 부부를 이혼에 이르게 하는 것은 성격차이가 아니라 의사소통방식의 문제 때문임을 밝혔다.

파트너와의 관계는 두 사람이 의미와 감정을 공유하는 의사소통의 방식에 따라 많은 영향을 받게 된다. 부부의 의사소통에는 육체적 요소와 정서적 요소가 함께 요구된다. 부부 의사소통을 촉진시키기 위해서는 배우자에 대한 인격적 존중이라는 심리적 자원과 함께 원만한 성생활을 유지해 나가는 육체적 자원이 함께 준비되어야 한다(유영주 외, 2013). 존중은 심리적 자원으로서 상대방에게 확신과 안정감을 준다. 상대방을 존중하는 행동은 그의 존재를 받아들이고 상대방의 존재에 가치를 부여해 주는 것을 의미한다. 또한 상대방을 존중한다는 것은 상대방이 이해한 '나의 모습'과 '관계의 성격'을 받아들이는 것이다(Galvin & Brommel, 1986). 부부간의 성생활과 성적인 대화는 육체적 자원으로서 신체적 접촉 이상의 의미를 지닌다. 성생활을 통해 두 사람의 성적 정체감, 성적인 문제에 대한 기본적인 태도, 성적 욕구 등 다양한 메시지를 주고받을 수 있다. 이는 또 다른 형태의 의사소통이라고 할 수 있다.

부모-자녀 관계와 의사소통

부모-자녀 관계에서도 의사소통은 중요한 부분을 차지한다. 자녀는 영유아기부터 지속적으로 부모로부터 의사소통방식을 배워오며 청소년기에 또래집단의 영향에 민감해지지만 가족의 영향력은 여전히 가장 기본적이면서 막강하다. 특히 부모-자녀 간 의사소통은 매개체인 언어 속에 내포된 의미와 행동양식을 내면화하여 가족 구성원 간의 감정을 정화시키고 정보교환과 이해를 가능하게 하며 자녀의 성격발달과 사회화에 중요한 역할을 한다고 알려져 있다 (박지현, 윤혜미, 2017).

부모-자녀 의사소통 관련연구는 개방적이고 온정적이며 지지적인 상호작용과 단호하고 일관성 있는 태도와 함께 자녀의 발달단계에 적합한 기대가 자녀의 적응에 긍정적인 영향을 미친다고 한다. 반대로 적대적이고 분노에 차 있으며 갈등적인 상호작용은 적응문제를 야기한다(Steinberg, 2001). 최근 한국의 연구(박지현, 윤혜미, 2017)에서는 가족의사소통유형이 중학생의 자아존중감과 학교생활적응에 영향을 준다는 것을 밝혔다. 가족 간의 생각이나 느낌을 공개적으로 교환하고 대화를 촉진하도록 유도하는 대화지향적 의사소통을 하는 가족의 중학생이 자녀를 부모의 뜻에 순종하도록 부모의 권위를 주장하는 순응지향적 의사소통을 하는 가족의 중학생보다 자아존중감이 높고 학교생활 적응이 좋은 것으로 나타났다.

역기능적 의사소통

역기능적 의사소통이란 잘못된 방식의 의사소통으로 관계를 망치는 지름길이 된다. 특별히 문제가 되는 사건이 없는 상황에서 역기능적 의사소통만으로 회복되기 어려운 관계가 되는 경우가 있다.

관계를 망치는 지름길: 묵시록의 네 기사

부부 관계, 부모-자녀 관계 연구의 세계적인 권위자인 존 가트먼(John Gottman)은 부부들이 상호작용하는 비디오 자료를 분석하여 결혼생활을 붕괴시키는 부정적인 의사소통의 네 가지 유형을 발견했다. 이를 비유적으로 '묵시록의 네 기사(the four horsemen of the apocalypse)'라 이름 짓고 다음과 같이 정리했다.

- 비난(Criticism): 상대방의 성격이 전반적으로 무언가 잘못되었음을 의미하는 표현을 하는 것이다.

  "당신은 항상 그게 문제야."

- 방어(Defensiveness): 상대방이 공격한다고 생각하는 것으로부터 자신을 방어하려는 시도를 하는 것이다.

  "내가 언제 그랬냐?"

- 경멸(Contempt): 자신이 상대방보다 더 우위에 있음을 말이나 비언어적 행동으로 표현하는 것이다.

> "당신이 뭘 안다고 그래."

- 담쌓기(Stonewalling): 청자가 상호작용을 철회함으로써 반응을 하지 않거나 무시하는 것이다.

> "…… (묵묵부답, 상대가 이야기하는데 TV 볼륨을 올리거나 자리를 뜨는 행위 등)."

관계의 위험신호: 파괴적인 의사소통

마크먼 등(Markman et al., 1987)도 관계의 위험신호로 볼 수 있는 파괴적인 의사소통 방식 네 가지를 제시하였다.

- 확대(Escalation): 사소한 문제로 시작된 부정적 의사소통을 멈추지 못하고 서로에게 상처를 주는 언쟁으로 확대, 발전시키는 것이다.

> "핸드폰을 놓고 나왔네."
> "허, 또야? 당신은 왜 그렇게 정신이 없어? 매번. 지금이 몇 번째야?"
> "당신은 단 한 번도 그런 적이 없을까?"
> "나야 물건을 항상 잘 챙기지."
> "그래~ 알지~ 당신 강박증이야 내가 아주 잘 알지~."
> "정신머리도 없고, 부정적이고 대체 사람이 왜 그래? 진짜 같이 못 살겠네."
> "마음대로 하셔. 누가 붙잡는대?"

• 평가절하(Invalidation): 상대방의 생각이나 느낌, 성향을 얕잡아보고 무시하는 것으로 다양한 형태로 나타난다. 상호 간에 멸시하는 것은 가장 위험하고 파괴적인 형태의 역기능적 의사소통이다. 상대방을 무시하는 태도가 나타나지 않더라도 상대의 감정이나 생각에 대해 존중하지 않는 것도 평가절하에 해당한다.

"오늘 회사일 때문에 너무 속상하다."
"괜찮아. 잊어버려."
"자꾸 생각나고 속상해. 부장님도 마음에 안 들어 하시는 눈치였던 거 같아."
"그만해. 당신이 너무 예민한거야."

• 부정적 해석(Negative Interpretation): 지속적으로 상대방의 의도를 실제보다 부정적으로 받아들이는 것이다. 상대의 행동에 대해 부정적인 해석을 하는 경우는 종종 나타날 수 있으나, 지속적으로 부정적인 해석을 함으로써 자신의 행동을 정당화하는 것은 부부관계에 위협이 되는 요인이다.

"이번 주말에 우리 부모님이 오실거야."
"이번 주 내내 너무 피곤했잖아. 괜찮겠어?"
"우리 부모님이 오시는 게 그렇게 싫어?"
"그게 아니라 이번 주에 일이 많았잖아."
"솔직하게 말해봐. 우리 부모님이 오는 게 싫은 거지."

• 철회(Withdrawal)와 회피(Avoidance): 철회는 논쟁 도중 나가버리거나 침묵하거나 대화를 끝내기 위해 마음에도 없으면서 상대의 의견에 무조건 동의해버리는 것이다. 회피는 애초에 대화가 시작되지 않도록 하는 것이다. 많은 부부들은 어려운 문제를 처리할 때 이러한 방식을 사용하는데 이는 다른 방법과 마찬가지로 부부관계에 파괴적인 영향을 미친다.

다양한 의사소통 유형

알베르티와 에몬스의 자기주장적 의사소통

알베르티와 에몬스(Alberti & Emmons, 2008)는 의사소통방식을 자기주장적 의사소통, 소극적(수동적) 의사소통, 공격적 의사소통의 세 가지 유형으로 구분하였다. 이러한 유형은 개인의 성격특성을 의미하는 것이 아니라 의사소통 방식을 의미하는 것이다.

자기주장적 의사소통은 한 개인의 정당한 권리로서 자신의 생각, 느낌, 욕구를 표현하는 것이다. 자기주장적 의사소통을 하는 사람은 의사소통 과정에서 상대방의 권리를 침해하거나 불쾌하게 하지 않는 범위 내에서 자신이 나타내고자 하는 바를 직접적으로 정직하게, 그리고 적절한 방법으로 표현한다. 소극적(수동적) 의사소통은 타인의 느낌이나 생각이 우선시되기 때문에 자신의 생각이나 욕구, 소망을 표현하는 것에 어려움이 있는 의사소통방식이다. 공격적 의사소통은 자신의 권리를 주장하기 위해 타인의 생각이나 느낌을 무시하고 권리를 침해하는 방식의 의사소통을 뜻한다. 자기주장적 의사소통은 다른 사람과의 친밀감 형성에 긍정적인 영향을 주지만, 소극적(수동적)이거나 공격적인 의사소통은 관계에 부정적 영향을 주게 된다(정옥분, 정순화, 2018).

의사소통은 쌍방에 의해 일어나는 일이므로 서로가 어떤 의사소통 방식을 가지고 있는가에 따라 관계와 친밀감의 수준이 달라지는데 두 사람이 모두 자기주장적 유형을 가지고 있을 때 그 관계는 활기차고 친밀감의 수준은 높으며 성숙한 관계로 발전할 수 있다(〈표 8-1〉 참조).

표 8-1 대화 내용과 친밀감 수준

대화유형		관계	승부	친밀감 수준
A	B			
소극적(수동적)	소극적(수동적)	활기 없는	모두 패자	낮음
소극적(수동적)	공격적	지배적	패자와 승자	낮음
공격적	공격적	갈등적	모두 패자	낮음
자기주장적	소극적(수동적)	절망적	모두 패자	낮음
자기주장적	공격적	적대적	모두 패자	낮음
자기주장적	자기주장적	활기찬/발전적	모두 승자	높음

출처: 정옥분, 정순화(2018) 재인용.

사티어의 일치적 의사소통

사티어(Satir, 1991)는 자신과 타인, 상황이라는 세 가지 요인 중 어떤 요인을 중시하는가에 따라 의사소통방식이 달라진다고 하고 의사소통을 다섯 가지 유형으로 구분하였다.

회유형은 자신의 내적 감정이나 생각을 무시하고 타인의 비위를 맞추는 의사소통 방식이다. 타인과 상황을 존중하고 중시하지만 자신의 내면은 존중하지 못하며 타인의 비위를 맞추고 아부하는 말을 한다. 타인의 필요나 욕구를 지나치게 중시하고 자신의 욕구를 무시하여 결과적으로 자신이 희생했다는 느낌을 가지며 상대방에게 이를 보상받으려 하기 때문에 관계에 악영향으로 작용할 가능성이 크다.

비난형은 회유형과 정반대로 자신이 틀리거나 약함을 인정하지 않으려 다른 사람이나 상황을 비난하는 의사소통방식이다. 비판적이며 독재적으로 남을 통제하려 하고 타인의 결점을 질책한다. 실제로는 내면이 성숙하지 못해 자신을 무가치하게 느끼고 이를 들키지 않으려 공격적인 모습을 보이는 것이다. 항상 자신이 옳고 더 많은 힘을 가져야 하고, 타인은 자신에게 순종해야 한다고 생각하기 때문에 타인과의 관계에 악영향을 끼친다.

초이성형은 자신과 타인은 무시하고 상황을 중시하는 의사소통방식이다. 지나치게 합리성을 중요시하기 때문에 감정적인 개입을 자제하고 논리적인 차원에서 객관적인 상황만을 중시하며, 항상 자신의 생각이 옳다는 것을 증명하려 한다. 자신을 매우 객관적이라고 확신하며 자기 판단에 근거해서 다른 사람을 평가하려 한다. 실상은 비논리적이고 보편성이 결여되어 있으며 뜻을 파악하기 힘든 경우가 많다. 융통성이 없고 원칙 중심이며 강박적인 사람으로 보일 수 있다.

산만형은 자기, 타인, 상황 요인을 모두 무시하는 의사소통방식으로 생각, 말, 행동 등 모든 차원에서 부산스럽다. 한 가지 주제에 집중하기 어렵고, 상대의 이야기를 무시하거나 엉뚱한 대답을 한다. 상대방의 이야기에 집중하지 못하며 자신의 생각에 대한 통찰력도 결여되어 있다. 유머 감각이 뛰어나고 즐거워 보이며 모임의 분위기를 주도하므로 재미있는 사람으로 보일 수 있다. 그러나 아무도 자신을 수용하지 않는다고 생각하므로 내면은 외로움과 무가치함을 느낀다.

일치형은 세 가지 요인을 모두 존중하는 의사소통방식으로 자신의 개성과 독특성을 인정하지만 지나치게 방어적이지 않으며 자신과 타인을 사랑하고 신뢰하며 수용한다. 상처받는 것을 두려워하지 않고 자신의 감정과 타인의 감정을 인정하고 공감한다. 건강한 내면과 자아상을 가지고 있으므로 타인과도 건강한 관계를 맺을 수 있다.

효율적 의사소통을 위한 노력

관계적 의사소통

모든 의사소통은 상호관계를 맺기 위한 교류과정이다. 의사소통을 통해 관계는 무한히 조정되고 변화될 수 있는데 이를 위해서는 '이기려고 노력하지 않아야' 한다. 친밀한 관계에서 좋은 관계를 유지하는 것 이상의 목적은 무의미하다. 당신과 의사소통하고 있는 파트너는, 가족은, 친구는, 이웃은 반드시 무찔러야 할 적이 아닌, 잘 지내면서 서로 행복을 주고받아야 하는 상호작용의 대상이다. 의사소통의 핵심은 좋은 관계를 위한, 서로 배려하고 존중하는, 그래서 잘 이해시키고 이해하면서 이루어지는 관계적 의사소통이어야 한다는 것이다.

이를 위해서 먼저 생각해야 하는 것은 '상대방을 배려할 마음이 있습니까?'이다. 의사소통하는 두 사람 모두 배려하는 마음이 없다면 그 관계는 잘 되기가 어렵다. 둘 다 배려하는 마음이 있다면 그리고 숙련된 의사소통 기술이 더해진다면 곧 좋은 관계가 되겠지만, 한 명이라도 배려하는 마음이 있다면 좋은 관계를 위한 가능성은 충분하다. 그 가능성을 믿고 배려하는 마음이 있는 사람부터 노력하는 것이 필요하다.

경청하기

친밀감을 형성하기 위해 가장 중요한 의사소통 기술은 상대방의 말을 잘 들어주는 것이다. 특별한 기술이 아닌 것처럼 보이지만 잘 듣는 것은 생각만큼 쉽지 않다. 현대인들은 바쁜 일상 속에서 현재 일어나는 일뿐만 아니라 다른 재미있고 중요한 일들에도 관심을 보인다. 따라서 의사소통과정에서 부분적 주의집중(partial attention)만 가능한 경우가 많고, 결과적으로 상대방의 말을 제대로 경청하지 못한다. 아무리 친밀한 관계라 해도 부분적 주의집중만 계속하게 된다면 친밀감은 점차 감소하게 된다. 그러므로 많은 학자들은 중요한 의사소통 기술의 하나로 완전한 주의집중(full attention)의 중요성을 강조하였다(정옥분, 정순화, 2018).

상대방의 말을 잘 듣기 위해서는 상대의 말을 들을 때 옳고 그름을 판단하려는 자세를 버려야 한다. 자신이 가진 의견이나 도덕적 잣대에 일치하는 것을 옳다고 하고 자신의 견해와 불일치하는 것을 그르다고 판단하는 자세를 버리고 판단을 유보하고 상대방의 말을 귀담아 들으려는 노력이 필요하다.

경청에도 여러 가지 방식이 존재한다. 설득적 경청(persuasive listening)은 상대방의 말을 거의 듣지 않고 대화의 방향을 자신이 원하는 방향으로 끌고 나가는 데에 관심이 있는 방식이다. 주도적 경청(directive listening)은 설득적 경청만큼 통제적이지는 않지만 대화의 방향을 주도하려 시도한다. 반면, 주의집중적 경청(attentive listening)은 듣는 사람이 대화를 통제하거나 주도하려 하지 않고 말하는 사람을 방해하지 않으며 주도적으로 말할 수 있게 하는 방식이다. 상호 간 라포 형성과 친밀감에 가장 효과적인 방법이며, 이러한 경청 기술을 가진 사람이 가장 훌륭한 청자이다(Miller & Miller, 2000).

경청은 바람직한 대화를 위한 필수적인 요소로서 긍정적 수용태도, 선입관과 고정관념 배제, 상대방에 대한 주목과 관찰 등이 요구된다. 이 때 듣기를 잘하려면 눈으로, 얼굴로, 입으로 듣는 것도 필요하다. 눈은 상대를 보면서, 얼굴은 하던 일을 멈추고 온유한 표정으로 고개를 끄덕이며, 입은 '아하~', '응', '충분히 그럴 수 있지', '그랬구나', '맞아'라고 긍정적인 메시지를 주면서 듣는 것이 중요하다. 이렇게 주의를 기울이고 경청하면서 상대방의 말을 인정해 주고 더 편하게 이야기할 수 있도록 정보를 요청하고, 들은 말을 요약해서 확인해 주고 혹시 못 다한 이야기가 있는지 물어봐주는 등 내 입장이 아닌, 상대방의 입장에서 적극적 듣기를 하는 노력이 필요하다.

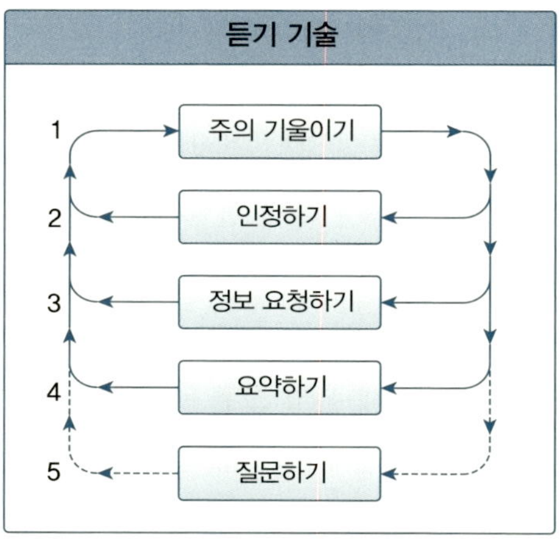

경청하기: 기술 1~4 탐색적 듣기: 기술 5

그림 8-1 경청의 기술

출처: 최규련(2012).

좋지 않은 듣기 행동

내적 행동
- 다음에 할 말 준비하기
- 상대방의 요점 평가하기

외적 행동
- 주의 기울이지 않기
- 말이나 행동 끼어들기
- 폐쇄 질문 또는 "왜" 질문하기
- 충고하기

그림 8-2 좋지 않은 듣기 행동

표현하기

나의 감정과 생각을 잘 표현하는 것은 경청하기만큼 중요한 의사소통 기술이다. 평소에 자신을 드러내지 못하고 감추거나 억누르다보면 언젠가 폭발하여 돌이킬 수 없는 상처를 주고 받을 수 있기 때문이다. 부정적 감정의 억압이 한계에 다다르게 되면 한꺼번에 압출되어 관계를 위험에 처하게 한다.

나-전달법

나의 감정, 내가 가진 생각, 내가 느끼는 것을 분명하게 표현하는 것은 의사소통 과정에서 매우 중요하다. 상대를 평가하거나 비난하는 것이 아니라 나의 생각이나 감정을 전달하는 데 초점을 맞추는 효과적인 방법이 '나-전달법(I-Message)'이다. 나-전달법을 사용하기 위해서는 상대방에 대한 경청이 전제가 되어야 한다. 예를 들어 "너는 색깔 선택을 아주 잘하는구나."라고 말하는 대신에 "네가 칠한 색깔이 아주 마음에 드는구나."라고 말하면 다른 사람을 평가하지 않고 긍정적으로 지지할 수 있다.

나-전달법은 세 가지 요소로 구성되는데, 상대방의 행위(에 대한 비판단적인 진술), 상대방의 행동이 미치는 영향, 결과에 대한 내 감정의 진술이다. 나-전달법으로 이야기할 때 세 가지 요소를 반드시 포함시켜야 하는 것은 아니지만, 이 요소들에 답할 수 없다면 나-전달법을 사용할 필요가 없게 된다.

나-전달법으로 이야기한다고 해서 긍정적이기만 한 것은 아니다. 화를 내거나 빈정거리는 투로 사용하는 나-전달법은 효과가 없다. 상대방의 행동 때문에 나의 감정이 상했다고 해도 나를 기분 나쁘게 한 것은 상대방이 아니라 상대방의 행동이므로, 행동과 사람을 분리시켜 행동의 결과와 관련된 나의 느낌을 말해 주는 것이 나-전달법의 핵심이다.

자기노출

자기노출(self-disclosure)은 자신의 입장을 확실하게 밝히고 상대가 자신을 알 수 있도록 표현하는 행위로서 바람직한 자기노출은 심리적 결속, 친밀감과 유대감을 향상시킨다. '말하지 않으면 알 수 없을 자신의 어떤 부분에 대해서 자발적으로 이야기 하는 것'을 의미하는 자기노출은 의사소통을 촉진시키는 중요한 요소이다.

그러나 자기노출이 항상 긍정적인 영향만 주지는 않기에 무분별한 자기노출에 주의를 기울일 필요가 있다. 특히 자신이 가진 부정적인 정서를 표현하는 것은 자제하는 것이 관계에 도움이 된다. 미움이나 적의감 등의 부정적인 내용을 너무 솔직하게 표현하는 것은 상대방에게 상처가 될 수도 있기 때문에 '선별적인 자기노출'이 필요하다(유영주 외, 2013). 특히 상대방의 원가족에 대하여 무분별하게 부정적인 정서를 표현하는 것은 관계에 악영향을 줄 가능성이 높다.

자각의 수레바퀴를 이용한 말하기 기술

앞에서 언급한 나전달법과 자기노출을 자각의 수레바퀴의 틀에 넣어 말하기를 해보자. 자각의 수레바퀴는 말하는 사람이 스스로 무슨 말을 어떻게 할까를 정리하게 해주는 툴(tool)이다. 먼저 감각정보, 사고, 감정, 행동, 소망이 무엇인지 생각해 본다. 이 중 행동은 과거와 현재와 미래의 행동을, 소망은 자신을 위한, 상대방을 위한, 그리고 우리를 위한 소망을 생각해 보고 이를 정리하는 과정을 가진다. 그 후 말하기를 할 때는 먼저 감각정보로 내가 무엇을 보고 들었는지를 말하고 그에 따른 생각과 감정, 그리고 관련되는 일들이 과거에 있었는지, 그것이 현재 그리고 미래에 어떻게 나타날 것이라고 생각하는지, 그리고 이 문제에 관한 소망을 차례로 이야기하는 것이다. 이렇게 말하기를 할 때 감각정보부터 이야기하는 것이 일반적인데 사고, 감정, 행동, 소망 등은 순서와 상관없이 충분히 이야기하는 것이 중요하다. 결국 말하기를 잘하기 위해서는 문제에 대한 '나'의 입장을 잘 생각하고 영역별로 정리해서 '나-전달법'으로 충분히 '자기노출'을 하는 것이라고 할 수 있다.

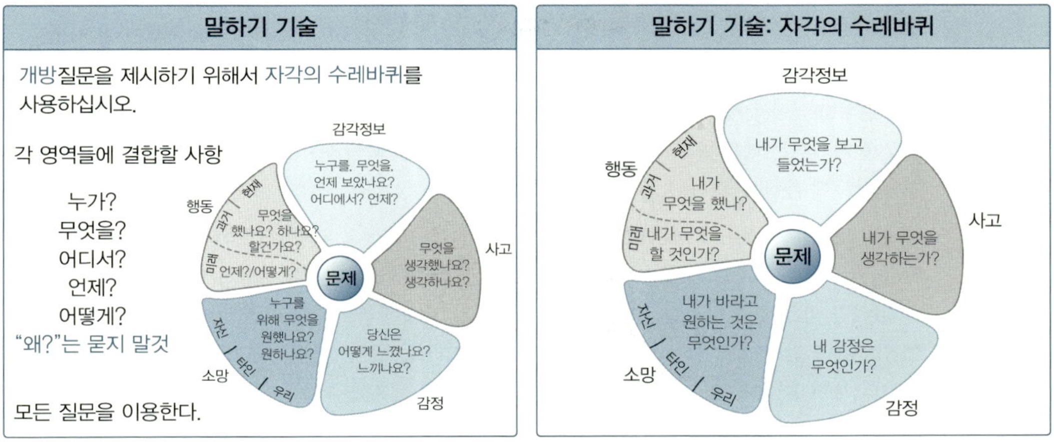

그림 8-3 자각의 수레바퀴

출처: 최규련(2012).

대화법의 예)

- 혼자 사는 80대 어머니가 몇 달 동안 안부 전화 한 통 없던 딸에게 자각의 수레바퀴를 이용해서 하는 대화

영숙아. 오랫동안 너에게 아무 연락이 없으니 (감각정보)

궁금하기도 하고, 내가 너에게 뭘 잘못했나 싶기도 하고… 아니면 네가 어디 아픈가 걱정도 되고, 무슨 안좋은 일이 있나 여러 가지 생각이 들더라. (생각)

그러다가 어쩌면 엄마에게 이렇게 소식이 없을 수 있을까 섭섭하기도 하더라. (감정)

나는 네가 아무리 바빠도 엄마가 걱정하지 않게 한 달에 한 번이라도 전화를 해주면 좋겠다. (소망)

- 자각의 수레바퀴를 이용해서 가족이나 친구에게 하고 싶은 이야기를 해보세요.

비난하기 전에 원인부터 알아내라

상대편이 조금만 눈에 거슬리면 자초지종을 묻지도 않고 화부터 내는 사람들이 너무 많다. 그러나 잘못을 저지르는 데는 반드시 그만한 이유가 있다. 원인을 파악하지 않고 비난부터 하면 조정하기 힘든 갈등에 빠질 수 있다.

상사인 당신은 지각이나 조퇴를 하지 않는 직원이 갑자기 예고 없이 결근했다고 해서 "성실한 줄 알았는데 알고 보니 형편없는 친구로군." 하고 비난부터 하면 안 된다. 그 사람에게 연락조차 할 수 없었던 피치 못할 사정이 있다는 사실이 밝혀지면 당신 꼴이 우스워질 것이기 때문이다. 교사인 당신은 모범생인 제자가 처음으로 준비물을 빠뜨리고 오면 "정신을 어디다 두고 다녀?" 하고 비난부터 하면 안 된다. 알고 보니 그날 그 제자의 부모가 이혼했기 때문이라면 두고두고 그 아이 볼 낯이 없을 것이기 때문이다. 부모인 당신은 자녀가 "학교에 다니기 싫어요."라고 말하는데 "그럼 도대체 뭐 할래?"라며 화부터 내면 안 된다. 당신의 자녀가 왕따를 당해 절망 속을 헤매다가 인생을 망칠지도 모르기 때문이다.

다른 사람의 잘못을 발견하는 즉시 화부터 내면 수많은 적을 만들게 된다.

출처: 이정숙(2012).

좀 더 알아봅시다 메러비언 법칙(The Law of Mehrabian)

대화에서 시각과 청각 이미지가 중요시된다는 의사소통 이론으로 비언어적 의사소통의 중요성을 밝혔다. 한 사람이 상대방으로부터 받는 이미지는 시각이 55%, 청각이 38%, 언어가 7%에 이른다는 법칙이다.

메러비언은 두 번의 실험을 통해 이러한 결과를 도출했다. 첫 번째 실험에서는 말을 하는 사람이 어떤 메시지를 상대편에게 전하려 할 때 말의 내용과 목소리 톤 중에 무엇이 중요한가를 조사했다. 결과는 말 자체의 내용보다 목소리의 톤, 즉 음색이 훨씬 중요하다는 결과가 나왔다. 예를 들어 우리는 가라앉은 목소리로 인사말을 전하는 상대가 나를 진정으로 반가워하고 있지 않다는 것을 직감적으로 알 수 있다. 두 번째 실험은 음색과 더불어 얼굴 표정 같은 시각적 요소의 중요성을 조사했고 음색과 표정의 중요성은 2:3의 비율로 나타난다는 결과를 도출했다. 이야기하면서 눈을 맞추는 것을 피하거나 불안한 기색을 보이며 말하는 상대방의 진심을 완전하게 신뢰하기는 어렵다.

발표자가 대본을 보고 읽으면서 내용은 유창하게 하지만 팔이나 몸동작이 자신 없고 자세가 부자연스럽다거나 목소리가 떨릴 때 발표의 내용에 신빙성이 생기지 않는 경험들이 있을 것이다. 메러비언의 법칙은 이처럼 우리가 이미 경험적으로 알고 있는 비언어적 의사소통의 중요성을 수치화한 이론이다.

의사소통을 할 때, 몸의 방향, 자세, 몸짓과 같은 몸의 움직임이나 어조나 말의 습관을 포함하는 목소리, 접촉, 외모 등 다양한 비언어적인 요소가 영향을 미친다. 이러한 비언어적 요소는 다양하기도 하고 강력하기도 해서 이를 잘 사용한다면 매우 효과적이나, 불분명한 요소를 내포하고 있다는 점에서 주의가 필요하기도 하다.

영화 〈킹스스피치(The King' s Speech, 2010)〉

1939년, 세기의 스캔들을 일으키며 왕위를 포기한 형 때문에 본의 아니게 왕위에 오른 버티(조지 6세). 권력과 명예, 모든 것을 다 가진 그가 가진 유일한 콤플렉스는 사람들 앞에서 말을 더듬는 것이었다.

2차 세계대전 중 불안한 정세 속에서 새로운 지도자를 간절히 원하는 국민들을 위해 버티는 괴짜 언어치료사 라이오넬 로그를 만나 말더듬증을 극복하기 위한 도전을 시작하게 된다. 의사소통의 구조적인 문제를 해결해야 했던 조지 6세의 노력을 보면 개인의 의사소통 방식은 여러 가지 면에서 내면의 문제와 깊이 관련되어 있음을 알 수 있다.

MBC 스페셜 〈행복한 부부, 이혼하는 부부(2006)〉

35년 가까이 3천 쌍 이상의 부부들을 연구한 미국 가족치료의 권위자 가트먼(John Gottman) 박사는 부부의 대화를 3분만 지켜보아도 이혼여부를 94% 확신으로 예측한다.

행복한 부부는 싸우지 않는 부부가 아니라 잘 싸우는 부부이다. 행복한 부부들의 다툼 속에는 싸움을 크게 만들거나 극단으로 치닫지 않는 일종의 노하우가 있었다. 행복한 부부가 되는 비법을 영상으로 확인해 보자.

참/고/문/헌

박지현, 윤혜미(2017). 가족의사소통유형이 남·여 중학생의 학교생활적응에 미치는 영향에 대한 자아존중감의 매개효과. 학교사회복지, 39, 149-175.

설기문(2000). 인간관계와 정신건강. 학지사.

유영주, 김순옥, 김경신(2013). 가족관계학. 교문사

이정숙(2012). 돌아서서 후회하지 않는 유쾌한 대화법 78. 나무생각.

정옥분, 정순화(2018). 결혼과 가족의 이해. 학지사.

최규련(2012) 가족 대화법. 신정.

Mehrabian, A. (1971). *Silent Messages*. Wadsworth Publishing Company.

Alberti, R., & Emmons, M. (2008). Your Perfect Right: Assertiveness and Equality in Your Life and Relationships. Impact.

Galvin, K. M., & Brommel, B. J. (1986). *Family communication: Cohesion and change*. Glenview, IL: Scott, Foreman & Co.

Gottman, J. M., & Silver, N. (2000). *The Seven Principles for making marriage work*. New York: Crown.

Markman, H. J., & Notarius, C. I. (1987). Coding marital and family interaction: Current status. In T. Jacob (Ed.), *Family interaction and psychopathology: Theories, methods, and findings* (pp. 329-390). Plenum Press.

Mehrabian, A., & Wiener, M. (1967). Decoding of inconsistent communications. *Journal of Personality and Social Psychology*, *6*(1), 109-114.

Mehrabian, A. (1971). Silent Messages. Wadsworth Publishing Company.

Miller, S., & Miller, P. (2000). *Thriving together Couple communication II*. Interpersonal Communicaiton Pr.

Olson, D., DeFrain, J., & Skogrand, L. (2014). *Marriage and families: Intimacy, Diversity, and Strengths*. McGraw Hill.

Satir, V., Banmen, J., Gerber, J., & Gomori, M. (1991). *The Satir model: Family therapy and beyond*. Palo Alto, CA: Science and Behavior Books.

Steinberg L. (2001). We know these things: Parent-adolescent relationships in retrospect and prospect. *Journal of Research on Adolescent*, *11*(1), 1-19.

부록 8-1 Satir 의사소통 유형검사

다음 글을 읽고 자신에게 해당하는 문항에 ○표 하시오. 문항 마다 있는 영어 알파벳은 나중에 유형을 체크하기 위한 방식이므로 빈 공간이라고 생각하고 자신이 평소 사용하는 의사소통 방식이라고 생각되는 문항에 ○표 하시오.

문항	
1. 나는 상대방이 불편하게 보이면 비위를 맞추려고 한다	a
2. 나는 일이 잘못 되었을 때 자주 상대방의 탓으로 돌린다	b
3. 나는 무슨 일이든지 조목조목 따지는 편이다	c
4. 나는 생각이 자주 바뀌고 동시에 여러 가지 행동을 하는 편이다	d
5. 나는 타인의 평가에 구애받지 않고 내 의견을 말한다	e
6. 나는 관계나 일이 잘못되었을 때 자주 내 탓으로 돌린다	a
7. 나는 다른 사람들의 의견을 무시하고 내 의견을 주장하는 편이다	b
8. 나는 이성적이고 차분하며 냉정하게 생각한다	c
9. 나는 다른 사람들로부터 정신이 없거나 산만하다는 소리를 듣는다	d
10. 나는 부정적인 감정도 솔직하게 표현한다	e
11. 나는 지나치게 남을 의식해서 나의 생각이나 감정을 표현하는 것을 두려워한다	a
12. 나는 내 의견이 받아들여지지 않으면 화가 나서 언성을 높인다	b
13. 나는 나의 견해를 분명하게 표현하기 위해 객관적인 자료를 자주 인용한다	c
14. 나는 상황에 적절하지 못한 말이나 행동을 자주 하고 딴전을 피우는 편이다	d
15. 나는 다른 사람이 내게 부탁을 할 때 내가 원하지 않으면 거절한다	e
16. 나는 사람들의 얼굴 표정, 감정, 말투에 신경을 많이 쓴다	a
17. 나는 타인의 결점이나 잘못을 잘 찾아내어 비판한다	b
18. 나는 실수하지 않으려고 애를 쓰는 편이다	c
19. 나는 곤란하거나 난처할 때는 농담이나 유머를 그 상황을 바꾸려하는 편이다	d
20. 나는 나 자신에 대해 편안하게 느낀다	e
21. 나는 타인을 배려하고 잘 돌보아 주는 편이다	a
22. 나는 명령적이고 지시적인 말투를 자주 사용하기 때문에 상대가 공격받았다는 느낌을 받을 때가 있다	b
23. 나는 불편한 상황을 그대로 넘기지 못하고 시시비비를 따지는 편이다	c
24. 나는 불편한 상황에서는 안절부절 못하거나 가만히 있지를 못한다	d
25. 나는 모험하는 것을 두려워하지 않는다	e
26. 나는 다른 사람들이 나를 싫어할까 두려워서 위축되거나 불안을 느낄 때가 많다	a

27. 나는 사소한 일에도 잘 흥분하거나 화를 낸다	b
28. 나는 현명하고 침착하지만 냉정하다는 말을 자주 듣는다	c
29. 나는 한 주제에 집중하기보다는 화제를 자주 바꾼다	d
30. 나는 다양한 경험에 개방적이다	e
31. 나는 타인의 요청을 거정하지 못하는 편이다	a
32. 나는 자주 근육이 긴장되고 목이 뻣뻣하며 혈압이 오르는 것을 느끼곤 한다	b
33. 나는 나의 감정을 표현하는 것이 힘들고, 혼자인 느낌이 들 때가 많다	c
34. 나는 분위기가 침체되거나 지루해지면 분위기를 바꾸려 한다	d
35. 나는 나만의 독특한 개성을 존중한다	e
36. 나는 나 자신이 가치가 없는 것 같아 우울하게 느껴질 때가 않다	a
37. 나는 타인으로부터 비판적이거나 유통성이 없다는 말을 들기도 한다	b
38. 나는 목소리가 단조롭고 무표정하며 경직된 자세를 취하는 편이다	c
39. 나는 불안하면 호흡이 고르지 못하고 머리가 어지러운 경험을 하기도 한다	d
40. 나는 누가 나의 의견에 반대해 도 감정이 상하지 않는다	e

- 의사소통유형검사 분석표

유형별로 합산하여 높은 점수가 나올수록 그 사람이 주로 쓰는 의사소통 유형 방식임

합계	a	b	c	d	e
점수					
유형	회유형	비난형	초이성형	산만형	일치형

Marriages and Families

나와 우리 가족 돌아보기

CHAPTER 09

챕터 개요

'나'에 대한 이해를 하고 정체성을 찾아가는 과정은 성숙한 인간이 되는 필수적 과정일 것이다. 이번 장에서는 프로이트, 에릭슨, 아들러의 이론을 통해서 이 작업을 해보도록 한다. 한편, 부모가 아이의 성격 형성에 영향을 준다는 일반적인 상식을 보웬 이론을 통해서 살펴보면서 개인과 가족의 연결성에 대해 생각해 보자.

'나' 돌아보기: 개인의 성장과 관련된 이론

- 프로이트의 정신분석학
- 에릭슨의 심리사회이론
- 아들러의 개인심리학

가족 돌아보기

- 보웬의 가족체계이론

주요 용어

정신분석학, 원초아, 자아, 초자아, 의식, 전의식, 무의식, 고착, 심리사회이론, 발달과업, 개인심리학, 출생순위, 열등감, 가족체계이론, 자아분화, 가계도

CHAPTER

09 나와 우리 가족 돌아보기

'나는 누구인가?'라는 사춘기 시절의 정체성 질문에 대해 당신은 얼마나 만족스러운 답을 찾았는가? 개인의 신체, 성격, 정서, 도덕성, 인지 등 인간의 생존에 필요한 기능을 습득하고 주위 환경에 적응해 나가는 과정의 연속을 발달이라고 한다. 따라서 인간발달의 과정을 이해하는 것은 정체성에 대한 답을 찾아 나가는 여정에 큰 도움이 될 것이다.

인간이 타고난 대로 살아가는 존재인지 아니면 양육과 교육을 통해 만들어지는 존재인지, 즉 '본성인가 양육인가'에 대한 논의는 여전히 진행형이다. 영국의 철학자이자 정치사상가 존 로크(John Locke, 1632~1704)는 아이들은 백지상태(tabula rasa)에서 태어나기 때문에 아이들이 어떻게 자라날 것인지는 전적으로 학습과 경험으로 결정된다고 주장했다. 그는 모방, 반복, 칭찬이나 처벌 등을 활용한 교육이 중요하다고 하였으며, 외부에서 주어지는 양육(nurture)이 곧 아이의 발달을 결정짓는 힘이라고 보았다. 이에 반해 프랑스 계몽주의 철학자 장 자크 루소(Jean Jacques Rousseau, 1712~1778)는 아이들은 비어 있는 그릇이 아니라 자신들의 타고난 사고방식과 고유한 감정을 지닌 존재라고 보았다. 보이지 않는 자연의 이치에 따라 아이들이 단계적으로 성장한다고 본 루소는 그의 저서 『에밀(Émile, ou De l'éducation)』에서 건강한 발달을 위해서는 이러한 자연의 계획에 따라 아이들을 가르쳐야 한다고 주장했다. 즉, 아이들의 발달은 그들 내부에 이미 존재하는 본성(nature)에 따르게 된다는 입장이다. 당신은 어느 쪽에 동의하는가?

이 단원에서는 개인 발달의 한 영역인 정신 내면이 어떻게 발달하는가에 관하여 심리학과 상담학 이론을 중심으로 다룰 것이다. 특히 앞부분에서는 연령별 발달과업을 성취하는 것이 얼마나 중요한지를, 후반부에서는 가족의 영향을 받는 개인에 대해서 알아보려고 한다. 더불어, 이러한 개개인이 모여 있는 가족은 어떻게 서로의 삶에 영향을 주는지 살펴보기로 하자.

'나' 돌아보기: 개인의 성장과 관련된 이론

프로이트의 정신분석학

지그문트 프로이트(Sigmund Freud, 1856~1939)는 오스트리아의 정신과 의사이자 정신분석학의 창시자이다. 그는 무의식과 억압의 방어 기제에 대한 이론을 정립하고, 정신분석가가 대화를 통해 환자의 정신 병리를 치료하는 정신분석학적 임상 치료 방식을 개발하여, 당대와 후세의 정신분석학, 심리학, 상담학 등의 발전에 크게 이바지했다.

프로이트의 아버지 야콥 프로이트는 유태인이었는데 40세에 자신보다 21세 나이 어린 여성을 만나 두 번째 결혼(야콥은 총 세 번의 결혼을 했다)을 했고, 이 둘 사이에서 프로이트가 태어났다. 프로이트에게는 이복동생을 포함하여 모두 7명의 동생이 있었는데, 프로이트가 19개월 되었을 때 8개월된 동생 율리우스가 사망하는 사건이 벌어진다. 그는 동생이 살아 있는 동안에 동생에게 시기와 분노를 품었던 것을 동생이 죽고 나서 자책했다고 회상했다. 이 사건은 프로이트가 향후 생애 초기의 경험에 관심을 두게 된 데 영향을 준 것으로 보인다.

프로이트는 당시 유태인에게 열려 있던 몇 안 되는 길인 사업, 법률, 의학 중에서 의학을 선택하여 오스트리아 빈 대학 의대에 진학하게 된다. 의대에서 처음 진행했던 뱀장어 연구가 큰 성과를 내지 못하자 코카인이 신경계에 미치는 효능에 매력을 느껴 연구를 진행하였으나, 이내 코카인의 부작용 문제가 대두되자 연구를 중단했다. 아내 마르타와 결혼하면서 생활비에 대한 부담을 느낀 프로이트는 신경과 진료소를 개업하게 되는데, 이곳에서 그의 연구가 큰 발전을 이루게 된다. 프로이트는 개업 초기에 최면으로 신경계 환자들을 치료하려고 하였으나 최면이 통하지 않는 환자들이 많다는 사실을 발견하고 환자가 겪고 있는 문제에 관한 대화를 하는 방식으로 치료법을 변경한다. 이러한 치료법을 후에 그의 딸 안나 프로이트가 '대화기법'이라고 불렀으며 이것이 정신분석학의 기초로 평가받고 있다.

40대에 프로이트는 건강이 악화하면서 죽음에 대한 공포를 느끼기 시작했다. 그는 이 시기에 자신이 꾼 꿈과 어릴적 경험, 그리고 자신의 성장을 탐색한 경험을 바탕으로 『꿈의 해석』을 출판했고 폭발적인 반응을 얻게 된다. 그리고 이 무렵 빈 정신분석학회를 설립하게 된다. 프로이트는 학문적 공로를 인정받아 1930년에 괴테상을 수상하기도 하였으나, 그의 말년은 그다지 행복하지만은 않았다. 구강암 진단을 받고 33번이나 수술을 받았고, 나치독일이 오스트리아를 합병하면서 반유태인 정서가 심해지자 오스트리아를 탈출해 1938년 영국으로 망명했다. 그리고 망명지에서 1년 만에 죽음을 맞이했다.

의식과 성격에 대한 기본 개념

의식(consciousness)이란 어떤 특정한 순간에 개인에 의해 지각되는 모든 감각과 경험을 말한다. 그러나 우리의 정신 대부분은 잠재적인 상태에 있다. 다시 말해 인간의 정신을 빙산에 비유한다면 의식은 바다 위로 살짝 드러나 있는 빙산의 일각에 지나지 않는다.

무의식(unconsciousness)이란 자신(self)과 주위 환경(environment)에 대해 자각이 없는 상태로, 자신이 의식하지 못하는 두뇌의 활동이며, 사고 과정, 기억, 동기가 없이 자동적으로 발생하는 정신 작용이다. 무의식은 의식 범위 밖에 있는 충동과 욕구로 이루어져 있으며, 프로이트는 무의식과 의식은 양립하지 못한다고 설명한다. 즉 무의식은 의식이 인정하고 싶지 않은 심적 내용이라는 것이다. 그런 의미에서 무의식은 자신이 느끼고, 생각하고, 소망하는 것 중 인정하고 싶지 않은 것이 의식에 의해 억압된 것일 수 있다. 가령, 버릇이나 언뜻 우발적으로 보이는 실언을 예로 들 수 있는데, 본인조차도 이를 객관적으로 설명하기 어려울 때가 있다. 이에 대해 프로이트는 의식세계에서 억압받는 그 무엇이 표출된 것이라 설명한다.

평소에는 무의식 영역에 존재하다가 우리가 마음먹었을 때 의식화되는 기억과 감정 등이 있는데, 이를 전의식(preconsciousness)이라고 한다. 친구의 전화번호라든지, 예전에 봤던 영화의 제목을 등 노력하면 떠오르는 기억 등이 전의식의 예라고 할 수 있다. 전의식은 무의식과 의식을 연결하는 역할을 한다. 전의식을 연구하는 학자들은 잠재된 전의식을 불러일으키면 개인의 창조성을 높일 수 있다고 주장한다.

의식구조의 3단계 구분과 더불어 프로이트는 개인의 성격을 원초아, 자아, 초자아로 구분할 수 있다고 했다. 원초아(id)는 성격의 가장 원시적인 부분이며 모든 본능의 저장소로서, 자신의 욕구를 충족시키는 것을 우선으로 하며 충동적으로 나타난다. 또한, 성격의 다른 두 부분인 자아, 초자아에게 쾌락을 위한 압력을 가하며, 현실적인 도덕성 개념이 없이 쾌락만을 추구하려는 특성이 있다. 원초아는 갓난아이에게서 쉽게 발견할 수 있는데, 갓난아이의 원초아는 상황과 다른 사람의 처지를 고려하지 않은 채 오로지 자신의 욕구를 충족시키기 위해 온 힘을 쏟는다.

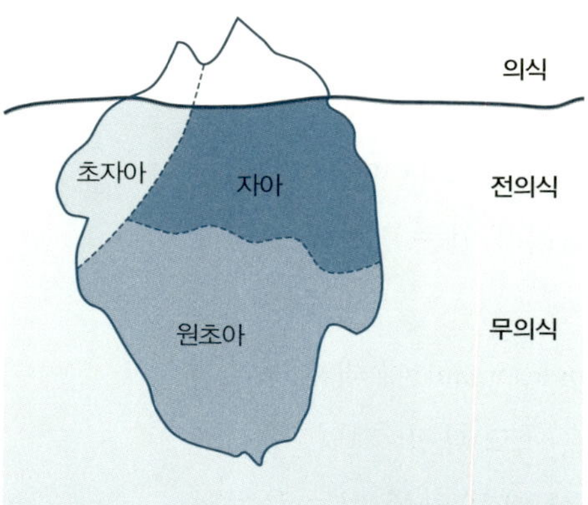

그림 9-1 프로이트의 의식과 성격

자아(ego)는 성격의 합리적인 측면이며 개인이 실제로 접하는 현실을 인지하고 현실 원리에 따라 작동한다. 원초아의 요구를 조정하면서 쾌락을 추구하기도 하고, 초자아의 도덕적 행동을 위한 조정자 역할을 하기도 한다.

초자아(super-ego)는 사회문화적 규범이 내면화된 것으로 부모와 주위 사람들에 의해 깊이 영향을 받는 영역이며, 개인의 내적 도덕심인 양심과 자아가 추구하는 이상에 의해 작동된다.

성격구조를 이해하기 위해 간단한 예를 들어 보

자. 먼 여행길에 지치고 배가 고팠던 A와 B는 어느 집 담장 밖으로 뻗어 나온 가지에 달린 잘 익은 홍시를 두 개를 보았다. 두 사람 모두 남의 소유인 감을 먹는 것에 대해 갈등을 했지만 A는 당장의 배고픔을 해결하기 위해 홍시를 따먹었고, B는 차마 손을 대지 못했다. 이를 본 A는 나머지 홍시마저 자기가 먹어 버렸다. 프로이트 관점에서는 A와 B의 행동의 차이는 결국 이 두 사람의 성격구조에 따른 것으로 해석할 수 있다. 즉, 이 두 사람은 본능적 욕구를 해소하고자 하는 원초아와 윤리적 기준을 제시하는 초자아의 발달 수준이 서로 다르기 때문에, 원초아가 더 강한 A보다는 B가 더 도덕적인 선택을 한 것으로 볼 수 있다.

성격의 발달

프로이트는 개인의 성격이 심리성적(psychosexual) 발달단계에 따라 형성된다고 보았다. 그에 따르면, 인간에게는 삶의 본능(에로스, Eros)와 죽음의 본능(타나토스, Thanatos)이 모두 있는데, 삶의 본능을 유지하기 위해서는 성적 에너지, 즉 리비도(Libido)가 필요하다. 심리성적 단계의 주요 특징은 리비도가 신체의 어느 단계에 집중되느냐에 따라 성격발달단계가 구분된다는 것이다. 원만한 성격발달을 이루기 위해서는 그 욕구가 충분히 충족되고 나서 다음 발달단계로 넘어가야 하는데, 리비도가 다음 발달단계로 이동하지 않고 머물러 있는 것을 고착(fixation)이라고 불렀다. 그는 성인의 신경증(neurosis)적 행동이 아동기의 고착과 관련이 있다고 보았다. 프로이트가 주장한 성격발달과정은 다섯 단계로 구성된다.

구강기(Oral stage)

출생 후 1세 때까지에 해당되며, 유아는 리비도가 구강에 집중되어 빨기, 먹기, 깨물기 행위를 통해서 긴장감을 해소한다. 이때 어머니에게 전적으로 의존하면서 세상에 대한 지각이 시작된다. 유아가 구강기에 고착되면 두 가지 유형의 성격을 형성하는 데 영향을 받게 된다. 첫째는 먹기, 마시기, 흡연, 손톱 물어뜯기 등 구강 수용적 행동(oral receptive behavior)을 통해 긴장을 해소하려는 유형으로, 수동적이고 애정에 목마르며 거절에 예민한 성격이 형성된다. 두 번째 타입은 구강 공격적 행동(oral aggressive behavior) 유형으로, 즉 언어를 통해 다른 사람을 공격하는 성향을 의미한다.

항문기(Anal stage)

항문기는 생후 18개월~3세까지 진행되며 리비도가 항문에 집중되는 기간이다. 배변훈련이 이 시기에 겪는 주요 경험인데, 즉각적으로 배설물을 방출해서 만족하려는 원초아와 화장실에 도착하기까지 기다리려는 자아의 갈등을 경험하게 된다. 자신을 조절할 수 있는 시기가 시작되며, 이 시기의 배변 훈련자(부모) 역할에 따라 성격 형성에 영향을 받게 된다. 즉, 부모가 엄격해서 배변을 너무 참게 되면 향후 강박적 성격이 형성되고, 참는 훈련을 못 할 경우에는 자기 관리와 주변 정리를 못하는 단정치 못한 성인으로 성장한다.

남근기(성기기, Phallic stage)

남아와 여아 모두가 3세~6세 정도에 겪게 되는 남근기는 리비도가 성기에 집중되는 시기이며, 심리성적 발달단계에서 가장 중요한 단계이다. 이 시기에 유아는 이성 부모로부터 감각적 요구를 충족시키려고 하며 동성 부모를 경쟁자로 본다. 이 시기를 적절히 보내면 성적 정체감이 확립되고 이성에 대한 건전한 호기심을 갖게 되는 초자아의 발달을 이루게 된다. 반면 욕구가 충족되지 못하거나 욕구충족이 지나친 경우에는 경쟁적, 가학적 행동을 보이게 되며 연장자에 대한 편견 등이 생기기도 한다.

잠복기(Latency stage)

6세~사춘기 시기로 성적 충동이 잠시 휴면기로 접어들고, 대신 학교생활과 스포츠 등의 취미활동, 우정 관계 등으로 성적 충동을 승화시키는 때다. 이 시기에는 지금까지 경험하지 못한 지적 활동에 관심을 두고 에너지를 집중하게 된다. 3단계 남근기에 형성된 성격 특성이 더욱 강화되는 시기이며, 동성 부모와의 갈등을 해결하지 못하거나 사회적으로 바람직한 활동으로 리비도를 전환하지 못하면 신경증이 발생할 수 있다.

생식기(Genital stage)

12세 사춘기에 시작해서 성인기까지 걸쳐 진행되기 때문에 인생의 대부분을 차지하는 시기다. 이때는 신체의 급격한 변화와 함께 리비도가 성기에 집중되며, 이성과 성행위를 추구하기 시작한다. 리비도의 성기 집중이라는 면에서 얼핏 남근기와 비슷해 보인다. 그러나 본능을 즉각적으로 충족하는 남근기와 달리 그 에너지를 학교생활, 우정, 취미, 성인으로서의 책임 완수 등 개인의 외부 활동에서 상징적으로 충족하려는 점에서 차이가 난다. 또한 자아(ego)가 확립되며, 부모로부터 분리(detach)되어 독립하는 것을 목표로 두게 되는 기간이다. 이 시기를 잘 보내면 정신적 독립, 정체성의 확립, 건전한 이성관계를 맺을 수 있다. 반면, 그렇지 못한 경우에는 정체감 혼돈 등의 문제를 경험하게 된다.

에릭슨의 심리사회이론(Erikson's Psychosocial Theory)

에릭 에릭슨(Erik Erikson, 1902~1994)은 발달심리학자이자 정신분석학자다. 인간의 사회성 발달이론을 정립했으며 '정체성 위기(identity crisis)'라는 표현을 처음 사용했다. 그는 평생 정체성에 관심을 가졌는데, 이는 그의 출생 및 성장배경과 깊은 관련이 있는 것으로 보인다. 덴마크인인 그의 아버지는 그가 태어나기도 전에 유태인 어머니를 버리고 떠났고 그의 어머니는 3년 뒤에 유태인 의사와 재혼했는데 에릭슨은 성인이 된 후 이 사실을 알게 되었다. 게르만족이 주류인 독일의 학교에서 에릭슨이 노르만인이면서 유태인인 것은 또래 친구들에게 놀림거리이기 충분했다. 아마도, 이런 학창시절의 경험은 그가 개인의 정체성 형성에 관한 이론을 정립하는 데 도움을 주었을 것이다.

에릭슨은 미술과 자유로운 분위기, 그리고 여행을 좋아했고, 20대 중반에는 비엔나의 특수학교에서 어린 학생들에게 미술과 사회 분야의 과목을 가르치기도 했다. 그러던 중 프로이트의 딸 안나 프로이트에게 교육분석 등의 훈련을 받았고, 아동정신분석 분야에서 자격증도 취득했다. 27세에 결혼한 그는 1933년 히틀러의 유태인 탄압정책으로 인해 미국으로 이주하여 보스톤에 자리를 잡게 된다. 이러한 사회 역사적 변동과 문화 인종적 정체감 혼란이 훗날 그로 하여금 정체감 상실 위기에 대한 연구를 할 수 있도록 해주는 밑바탕이 되었다. 보스톤에서 아동정신분석을 연구하던 그는 1936년 예일 대학으로 옮겨 연구를 계속했고, 2년 후 사우스다코타의 인디언 보호구역에서 삭스족과 함께 살면서 연구 활동을 이어갔다. 그후 샌프란시스코로 이사하여 아동의 놀이요법 연구와 문화 인류학 연구를 수행했다.

에릭슨의 사회심리이론은 건강하게 발달하는 인간이 영유아기부터 성인기까지 통과해야 하는 여덟 단계를 설명한 정신분석 이론이다. 인간의 성장을 단계별로 제시한 점은 프로이트가 주장한 바와 비슷하지만, 에릭슨은 프로이트와 달리 인간이 전 생애를 거치면서 겪게 되는 사회적 경험의 영향력에 주목했다는 측면에서 그 독창성을 발견할 수 있다. 에릭슨은 인간의 발달을 8단계로 나누고 단계별로 성취해야 할 발달과업을 제시했는데, 각 단계의 발달은 이전 단계를 밑바탕으로 이뤄지며 다음 단계에도 영향을 주게 된다. 발달과업을 성공적으로 성취하게 되면 인생에 대한 유능감을 획득하게 되는 등의 개인적 성장이 이뤄지지만, 실패할 경우에는 무능감을 느끼며 발달의 침체를 겪게 된다.

1단계(영아기, 0~1세)

이 기간은 '신뢰감 대 불신감(trust vs. mistrust)'을 겪는 시기로 세상을 안전하고 믿을 수 있는 곳이라 생각하는 기본적 신뢰감이 형성된다. 아기가 부모로부터 안정적이고 지속적인 지원을 받으며 기본 욕구의 충족이 이루어진다고 느끼게 되면 신뢰감이 형성되어 생의 의욕과 긍정적 세계관을 기르는 데 기초가 된다. 그러나 반대로 부모의 관심이 결여되거나 기본 욕구가 충족되지 못하면 신뢰감을 형성하는 데 실패하게 되어 아기는 세상에 대한 공포와 의심, 불안감을 품게 된다.

2단계(유아기, 1~3세)

이 시기는 '자율성 대 수치심/의심(autonomy vs. shame/doubt)'의 시기로, 자신의 행동을 통제할 수 있는가를 결정하는 시기이다. 음식, 장난감, 옷 등에 대해 자신이 좋아하고 싫어하는 것이 분명해지는데, 자신을 둘러싼 환경을 스스로 선택하고 바꾸는 데 대한 자율성을 경험하게 되면 자신의 세계에 대해 적극적이 되고 신체활동과 언어의 능동적 사용이 증가한다. 반대로 자신의 능력을 발휘할 기회를 얻지 못하면 자신의 능력에 대해 의심하게 되고 수치심을 느끼게 된다.

3단계(유치기, 3~6세)

'주도성 대 죄책감(initiative vs. guilt)'의 시기로, 부모로부터 독립하고 나의 한계를 찾아낼 수 있는가를 결정하는 단계다. 전 단계에서 부모의 신뢰감을 얻게 되고 자신의 욕구를 처리하는 데 필요한 자율감을 발달시키면 아이는 독립하고자 한다. 이때 스스로 할 수 있는 것을 허용하고 격려해 주며 기회를 제공하면 아이는 주도성을 형성하게 된다. 이것은 독립심과 존중감을 기르는데 기초가 된다. 물론 적당한 감독과 제재가 필요하지만, 지나친 제재를 받거나 기회가 결여되어 부정적 감정이 생기면 자신의 능력을 의심하고 수치심을 느끼게 되어 심한 회의감에 빠지거나 죄책감을 느끼게 된다.

4단계(학령기, 6~12세)

'근면성 대 열등감(industry vs. inferiority)'의 시기이며, 스스로 생존과 적응에 필요한 기술에 숙달할 수 있는가의 과업을 성취하는 기간이다. 학교에서 읽기, 쓰기, 셈하기 등의 인지적 기술을 획득하면서 또래와 같이 놀고 일하는 것을 배우는 과정은 아동의 지적 호기심과 성취동기에 의해 유발된다. 성취기회와 성취 과업의 인정과 격려, 그리고 적절한 훈련, 충분한 교육과 훌륭한 모델이 있다면 성취감과 근면성이 길러진다. 그러나 아이가 성취감을 경험할 수 있는 훈련과 적절한 방향 제시가 결여될 경우 좌절감과 함께 열등감을 느끼게 된다.

5단계(청소년기, 12~18세)

'정체감 대 정체감 혼미(identity vs. role confusion)'의 시기로, '나는 누구인가, 나의 신념, 감정, 태도는 어떤 것인가'를 찾는 발달과업을 성취해야 하는 시기이다. 이 시기에는 자신이 어떤 사람이 될 것인가에 깊은 관심을 기울이게 되며, 끊임없는 자기 질문을 통해 자신에 대한 통찰과 자아상을 찾기 위해 노력한다. 이 시기에 잘 정의된 역할모델이 주어지고 자신의 능력, 역할, 책임에 대한 긍정적 피드백을 받게 되면 그 결과로 정체감을 얻게 된다. 이것이 형성되지 못하고 방황하게 되면 역할 혼란 또는 정체성 혼미가 온다. 이는 직업선택이나 성 역할 등에 혼란을 가져오고 인생관과 가치관의 확립에 심한 갈등을 일으킬 수 있다.

6단계(성인초기, 20대~40대 초반)

'친밀감 대 고립감(intimacy vs. isolation)'을 형성하는 시기로, 이전 단계인 청소년기에 자아정체감이 확립되면 자신의 정체성을 타인의 정체성과 연결하고 조화시키려고 노력하게 되고 친밀함을 추구하게 된다. 다시 말해, 청소년기에 긍정적인 정체감을 확립한 사람만이 진정한 친밀감을 경험할 수 있다. 인간의 실존적 외로움을 극복하기 위해 배우자, 부모, 동료 등 사회의 성인들과 관계를 맺는 과정에서 온정과 이해, 신뢰, 사랑을 받으면 친밀감이 형성된다. 그러나 그렇지 못하고 거절을 경험하면 고립된 인생을 살면서 고독감을 느끼게 된다.

7단계(중년기, 40대~60대 중반)

'생산성 대 침체(generativity vs. stagnation)'의 시기로, '나는 다음 세대에게 무엇을 줄 수 있는가'의 발달과업을 성취하는 시기이다. 이때 생산성이란 다음 세대 개개인의 복지를 위한 노력뿐만 아니라 다음 세대가 살아갈 사회의 특성에 영향을 주려는 노력을 포함하는 것이다. 6단계, 즉 성인 초기에 다른 사람들과 원만한 관계를 맺고 나면 중장년기에는 자신에게 몰두하기보다 다음 세대를 위한 일과 자녀 양육에 몰두한다. 이 시기에 이러한 활동이 충족되고 인정받으면 생산성이 완성되지만, 이 단계가 원만하지 못하고 퇴행하면 어릴 때와 마찬가지로 자신에게만 몰두하여 발달적 정체를 면치 못하는 침체에 빠지게 된다.

8단계(노년기, 60대 중반 이후)

'통합성 대 절망(integrity vs. despair)'의 시기이며, '나는 내 평생 한 일과 역할에 대해 만족할 수 있는가'의 질문에 답하는 발달과업을 갖는다. 통합성은 자신의 인생을 인정하고 받아들여 인생에 대한 통찰과 관조로 자신의 유한성을 인정하고 죽음까지도 수용하는 것을 의미한다. 통합감을 경험하지 못한 채 인생의 후회에 잠기거나 불만족하게 되면 인생의 짧음을 탓하게 되고, 다른 인생을 시도해 보려는 불가능한 시도를 하게 되며 급기야 생에 대한 절망에 빠지게 된다.

그림 9-2 에릭슨의 심리사회적 발달단계

아들러의 개인심리학(Individual Psychology)

개인심리학을 창시한 알프레드 아들러(Alfred Alder, 1870~1937)는 오스트리아의 의사이며 심리치료사이다. 아들러 개인심리학에서는 인간은 사고, 감정, 행동을 분리해서 이해할 수 없는 대상이며 전체적이고 통합적인 관점에서 바라보아야 한다고 강조한다. 이 점에서 의식-전의식-무의식, 원초아(id)-자아(ego)-초자아(superego)로 개인을 분리해서 접근했던 프로이트와 큰 차이를 보인다. 개인심리학에서는 모든 것을 성욕으로 설명하던 프로이트의 이론을 거부하고 인간이 성장기에 경험하는 열등감이 성격을 형성하는 데 중요한 역할을 한다고 보았다. 덕분에 성에 대해 보수적이던 교육자, 종교인을 비롯해 많은 일반인에게 환영을 받았다. 국제학술지「Review of General Psychology」는 2002년에 20세기 가장 탁월한 심리학자로 아들러를 선정하기도 했다.

아들러는 1870년 오스트리아 빈 근교의 작은 마을에서 유태인 상인의 6자녀 중 둘째 아들로 태어났다. 어머니에 의해 응석받이로 자라다가 남동생이 태어난 뒤 어머니의 관심 밖으로 밀려나는 경험을 했는데, 그는 후일 마치 "폐위된 왕"이 된 것과 같은 느낌이었다고 회상했다. 어머니의 관심을 받지 못하자 아들러는 이를 계기로 아버지와 또래들에게로 관심을 돌리게 되었으며, 이런 과정에서 아들러는 출생순위, 열등감, 부모의 과잉보호 등의 주제에 관심을 두게 되었다. 그가 처음부터 학업에 소질이 있던 것은 아니어서, 학교 선생님은 아들러의 부모에게 "신발 제작 기술을 배우게 하시죠"라고 조언했다고 한다. 아들러는 병약했는데 두 번의 교통사고를 겪었고, 골연화증을 앓았을 뿐 아니라 시력도 매우 나빴다. 폐렴을 앓던 시기에 의사가 그의 아버지에게 "아들을 잃게 될 것 같습니다"라고 말하는 것을 들은 아들러는 그때부터 의사가 되기로 마음먹고 열심히 공부하기 시작했다.

결국 의과대학에 진학한 아들러는 졸업 후에 안과 전문의로 활동하다가 인간의 마음을 연구하는 데 관심을 두게 되면서 신경학 분야로 옮겨갔고, 점차 성격발달에 대한 통찰력으로 명성을 얻게 되었다. 프로이트에게까지 관심을 받게 되면서 빈 정신분석학회 가입을 했지만, 이후 프로이트 이론에 반감을 갖게 되어 학회를 탈퇴했다. 그는 프로이트가 주장한 성적 추동, 즉 리비도 대신 '온전하게 기능하는 성인이 되고자 하는 추동'이 사람의 행동을 결정한다고 대체했다. 1937년 스코틀랜드에서 강연을 준비하는 도중 심장마비로 사망하기까지 활발한 저술과 강연활동을 했다.

아들러가 창안하고 그의 후계자들이 발전시킨 상담심리학을 개인심리학(Individual Psychology)이라고 부른다. 앞서 언급했듯, 아들러의 이론은 인간의 의식과 성격이 다차원으로 분리되어 서로 다툰다고 본 프로이트의 이론과 반하여, 인간을 분리할 수 없는 전체적 존재로 보았다. 또한, 인간을 이해하기 위해서는 개인을 둘러싼 사회적 맥락을 고려해야 한다고 강조했다. 아들러는 출생순위, 부모 교육, 생활양식 등에 대한 문제에 관심을 가졌으며, 인간은 한 가지 근본적인 욕구와 목표를 갖고 있다고 주장했는데, 그것은 바로 소속감과 스스로 중요한 존재라고 느끼는 것이다.

아들러는 어떤 상황에서 인간을 움직이게 하는 동력이 무엇인가를 평생 연구했고, 결국 '완벽 추구(striving for perfection)', 즉 인간이 자신의 잠재력과 이상을 실현하고자 하는 욕구의 과정이 이러한 힘의 원천이라고 결론 내렸다. 개인심리학은 행동의 원인을 분석하는 것이 아니라 행동의 목적을 분석하고 객관적 사실보다는 객관적 사실에 개인이 부여하는 의미를 중요하게 여기며, 내적 정신세계보다는 대인관계를 분석한다. 또한, 인간의 행동은 개인의 주체적인 결단력에 달려 있음을 강조한다.

아들러는 아동기에 자신만의 독특한 신념과 삶의 방식이나 전략이 형성된다고 보았다. 이렇게 생성된 개인의 인지적 틀은 평생 자신, 타인, 그리고 세계를 바라보는 태도의 기준이 된다. 이에 따르면, 특히 어렸을 때 경험하는 열등감이 발달에 큰 영향을 주는데, 아들러는 아동 대부분이 신체적 · 지적 열등감을 느끼며, 그 대상은 부모나 손위 형제라고 했다. 어렸을 때 어떤 대우를 받고, 이것을 어떻게 다루느냐 하는 것이 성격 형성에 중요하다는 것이다. 열등감은 인간의 모든 행동에 영향을 끼치는 요소이며, 행동의 동기를 부여하는 추진력이고, 모든 노력의 원천이다. 이렇게 열등감을 극복하려는 시도를 통해 인간의 성장과 진보가 일어난다고 해석한다. 성장 지향적으로 노력을 쏟는 데 성공한 아동은 긍정적으로 발달할 가능성이 크다. 반면에 응석받이로 자라거나 방치된 아동, 힘을 키우고자 하는 노력을 저지당한 아동의 경우는 긍정적인 발달의 가능성이 작다.

인간은 각자 목표를 향해 살아간다. 개인은 유전이나 문화 등 외적인 요소에 의해 영향을 받기도 하지만 결국 이 목표는 개인이 가진 내면의 힘에서부터 생성되므로 개인마다 독특하다. 하지만 이 목표를 누구나 인지하고 있는 것은 아니며, 개인의 출생순위, 방어기제, 생애 초기 기억 등을 분석할 때 이 목표를 찾아갈 수 있게 된다. 또한, 개인이 사회와 맺는 관계는 개인을 이해하는 데 도움이 되며, 가장 기본적인 사회체계인 가족 안에서 어떻게 살아가는가는 삶에 대한 태도와 관점을 파악하는 데 유용한 정보라 할 수 있다.

이 장에서 아들러 이론을 심도 있게 다루기에는 한계가 있으므로, 그가 주장한 개인 발달에서의 사회적 맥락의 중요성을 가족의 예를 들어 간단히 살펴보자. 가족의 구성, 구성원의 역할, 부모와 자녀의 관계 등 가족의 구도를 살펴보면 개인의 생활방식을 이해할 수 있는데, 출생순위는 이러한 가족구도를 설명해 주는 실마리가 될 수 있다. 실제로 아들러(1963)는 출생순위가 개인 발달에 지대한 영향을 미친다고 보았다. 그는 가족 내 출생순위에 따른 심리적 영향을 다음과 같이 다섯 가지로 분류했다.

표 9-1 출생순위와 성격 특징

출생순위	특징
맏이	• 가장 머리가 좋음 • 성취 지향적/언어 능력이 뛰어남 • 의존적이고, 체계적이며, 책임감이 강함 • 행동이 바르고 협동심이 있음 • 사회 순응적이고 전통 지향적임 • 이런 장점들 때문에 리더십 발휘하는 위치에 오르게 됨
둘째	• 맏이를 따라잡고 경쟁해야 한다는 압력을 느낌 • 노래, 그림 등 창의적이고 덜 관습적인 영역에서 성공을 추구 • 학업적 성취보다 사회적 성공을 지향 • 맏이가 성공적일수록 둘째는 바람직한 행동과 반대로 하려는 경향이 있음
가운데	• 형제가 셋일 경우 둘째를 의미하며, 둘째의 장점을 보임 • 이미 자기 자리를 확보한 첫째와 사랑과 관심을 많이 받는 동생 사이에 끼어 압박감을 느낌 • 자신이 사랑스럽지 않으며 무관심 속에 방치된다는 느낌을 받음 • 아이가 셋일 때 특히 이런 패턴 강함
막내	• 응석받이가 될 가능성이 큼 • 손위 형제를 따라잡기 위해 속도의 압박을 받음 • 자신이나 타인을 위해 책임질 기회 없어서 열등감을 경험하게 됨 • 가족 내에서 많은 권력과 관심을 획득하고 특별한 관심을 즐길 수 있음 • 모험을 좋아하고 태평스러우며, 공감을 잘하고, 사교적임 • 다른 형제들과는 뭔가 다르다는 믿음을 주는 맏이와 정서적 동맹을 맺을 가능성이 큼

외둥이	• 맏이와 막내가 가진 특성을 공유함 • 맏이처럼 성취를 추구하고 막내처럼 주위의 관심을 즐기고 응석받이로 자라 이기적으로 될 수 있음 • 어른들로 둘러싸인 환경에서 자라 일찍 성숙하게 되고, 어른들과 편안하게 협력할 수 있는 능력이 있음 • 부모가 불안정하면 부모의 걱정과 불안을 오롯이 물려받을 위험이 큼

하지만 아들러의 주장과는 다르게 출생순위가 개인의 성격과 발달에 영향을 주지 않는다는 연구 결과들이 보고되고 있어(Dunkel et al., 2009; Grey, 1998; Herrera et al., 2003) 이를 적용할 때 주의가 필요하다. 출생순위와 더불어 자녀의 성별, 자녀의 장애 유무, 그리고 자녀가 자신의 출생순위를 받아들이는 방식 등 역시 고려해야 한다(Seligman & Reichenberg, 2013).

아들러의 개인심리학은 개인, 부부, 가족, 집단 상담 등 상담 영역에서 활발하게 적용되고 있을 뿐만 아니라 진로지도, 교육, 훈련, 자문, 조직 개발 분야에서도 사용되고 있다. 아들러의 개인심리학은 롤로 메이(Rollo May)의 실존치료, 빅터 프랑클(Victor Frankl)의 의미치료, 칼 로저스(Carl Rogers)의 인본주의 상담, 아브라함 매슬로우(Abraham Maslow)의 욕구이론 등에 막대한 영향을 주었다(Hoffman, 1994).

가족 돌아보기

고슴도치의 딜레마

매우 추운 어느 겨울날 고슴도치들이 추위를 피하려고 떼를 지어 몰려들었다. 그러나 추위를 피하려 모여들수록 뾰족한 가시에 찔려 고통스러워 떨어져야만 했고, 다시 멀리 떨어지면 추위를 견디지 못해 무리에 모여들 수밖에 없었다. 고슴도치들은 서로 모였다가 흩어지기를 여러 번 반복한 끝에 마침내 찔리지 않으면서 편안하게 추위를 견딜 수 있는 적당한 거리를 찾게 되었다.

– 쇼펜하우어의『여록(餘錄)과 보유(補遺)(Parerga and Paralipomena)』中

보웬(Bowen)의 가족체계이론(Family Systems Theory)

가족의 문제를 다루는 기존의 이론들은 개인의 심리적인 문제 또는 핵가족의 상호작용에 주목했지만, 이와 달리 보웬(Murray Bowen, 1913~1990)은 가족관계의 역사적 지속성과 맞물림에 주목하며 해결되지 않은 가족의 정서적 문제가 세대를 통해 전수될 수 있다고 주장했다. 즉, 개인과 가족 문제의 원인과 해결은 원가족으로부터 문제를 찾는 것에서 시작한다고 본 것이다. 보웬의 가족체계이론은 한 개인이 성장하고 자란 가족을 하나의 체계로 간주하고, 전체 가족을 상호작용하는 하나의 유기체로 여겼다.

또한, 보웬은 개인이 원가족, 특히 부모와 정서적인 분리를 하지 못해 생기는 문제에 주목했다. 보웬 개념의 중심에는 우리의 삶에 만성불안이 항상 존재한다는 가정이 깔려있으며, 불안이 강해질수록 분화되지 않은 가족원 사이에 상호 의존성이 높아지며 과도하게 정서적으로 반응하게 된다고 주장했다. 이처럼 "미분화된 가족 자아군(undifferentiated family ego mass)"으로부터 벗어나도록 하는 것에 보웬 가족체계이론의 목표다.

보웬은 미국 정신과 의사이자 가족치료사로서, 테네시주에서 5남매 중 첫째로 태어났다. 그의 아버지는 테네시주의 주지사를 지낸 인물이었다. 보웬은 테네시 의과대학 졸업 후 5년간 제2차 세계대전 중 미국과 유럽에서 군의관으로 복무했다. 이 무렵 정신의학에 관심을 갖게 된 보웬은 미국의 대형 병원인 메이요 클리닉(Mayo Clinic) 외과 펠로우 자리를 거절하고 캔자스에서 정신분석학 펠로우로 근무했다.

1954년부터 59년까지 메릴랜드의 국립정신건강연구소(National Institute of Mental Health)에서 근무했는데, 이 기간에 자신의 이름을 딴 보웬이론을 개발하는 작업을 했다. 그는 첫 연구로 정신분열증을 앓고 있는 성인 자녀와 함께 사는 부모에 대한 연구를 진행하며 그의 이론이 모든 부모-자녀에게 적용할 수 있는 패러다임을 제공할 수 있으리라 기대했다. 보웬은 이후 조지타운 대학에서 가족 프로그램을 운영하면서 가족 센터(Family Center)를 설립하여 가족 간의 상호작용에 집중하는 연구를 진행했고, 미국가족치료학회(American Family therapy Association)의 초대 회장을 역임했다. 1990년 폐암으로 사망했다.

자아분화(Differentiation of Self)

사람들은 생각하고, 느끼고, 행동하는 데 있어서 가족으로부터 막대한 영향을 받기 마련이지만, 개인마다 이런 집단사고에 영향을 받는 정도는 모두 다르다. 이렇게 자신을 다른 사람이나 집단(가족)으로부터 분리하는 정도를 자아분화(differentiation of self)라 한다. 개인의 차원에서 보면 정서와 사고가 분리된 정도를 의미하기도 한다. 자아의 발달 수준이 낮은 사람일수록 행동과 기능에 다른 사람의 영향을 많이 받고, 동시에 다른 사람들의 행동을 자신의 마음대로 통제하려는 경향도 심해진다. 자아는 아동기 및 청소년기에 가족과 어떤 관계를 맺고 사는가에 따라 그 발달의 수준이 달라지는데, 자아는 한번 완성되면 꾸준히 긴 시간의 노력을 들이지 않는 이상 변하기 어렵다.

자아분화가 낮은 사람은 다른 사람의 인정과 수용에 지나치게 민감하게 되어 타인의 생각에 맞게 자신의 생각과 행동을 바꿔 타인을 기쁘게 하며, 다른 경우에는 타인에게 자신이 원하는 대로 생각하고 행동하도록 압력을 가하기도 한다. 낮은 수준의 자아는 때로는 마치 잘 분리된 것처럼 행동하는 가짜 모습으로 나타나기도 하는데, 다른 사람의 의견에 항상 반대하는 행동 등이 그 예이다.

자아의 분화수준이 높은 사람은 다른 사람에게 어느 정도까지 의존하는 것이 적당할지에 대한 감각이 있으며, 타인과의 마찰, 비난, 거절 등을 마주할 때도 정서적 지배를 덜 받게 된다. 결심하고 말하는 것이 실제 행동과 연결이 되며, 자기가 속한 그룹을 위한 이타적인 행동을 할 때도 이성적으로 선택하되 인정받고자 하는 부담이 작용하지 않는다.

가족을 포함한 모든 사회는 자아분화가 잘 된 사람들과 그렇지 않은 사람들이 섞여 있기 마련이며, 그 구성원의 자아분화 수준이 어떤가에 따라 감정적인 상호의존 정도가 달라진다. 구성원 간에 감정적 상호의존도가 높아질수록 그 집단은 스트레스 상황에 놓일 때 불안감에서 벗어나 잘 적응할 수 있는 능력이 낮아지게 된다. [그림 9-2]는 보웬이 제시한 자아분화의 척도를 설명한 것이다. 이 챕터의 마지막에 있는 [부록 9-1]은 보웬의 자아분화척도를 한국화한 것이다. 잠시 시간을 내어 본인의 자아분화 수준을 알아보고, 다음으로 넘어가는 것이 유익할 것이다.

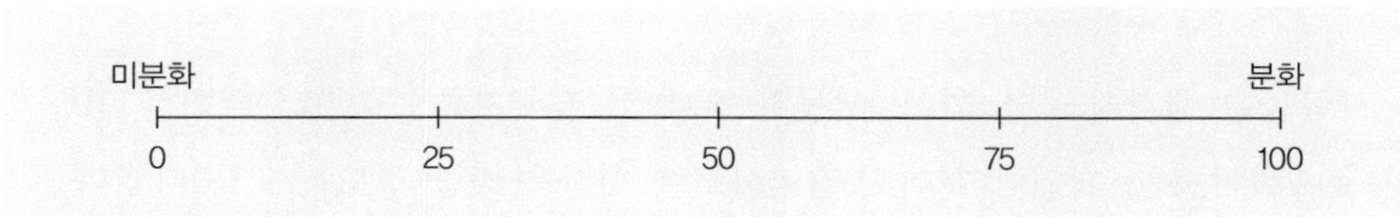

그림 9-3 자아분화의 척도

이론적으로 자아분화는 척도상 0점부터 100점까지의 연속선상에 놓이는 것이 가능하며, 이를 4개의 영역으로 구분한다. 자아분화 정도에 따른 구간별 특성은 다음과 같다.

0~25점

- 가족 및 다른 사람에게 정서적으로 융합하며, 사고보다는 감정에 지배되는 생활을 한다.
- 융통성이 적고, 적응력이 부족하며, 정서적으로 의존적 성향을 보인다.
- 다른 사람의 인정을 받기 위해 자신의 개별성을 희생하며 불안수준이 높다.
- 삶의 에너지 대부분을 다른 사람에 대한 정서적 의존과 대응에 소모한다.
- 스트레스 상황에서 쉽게 상처받는다.

25~50점

- 융합의 정도가 심하지는 않으나 관계지향적이고 감정적으로 대응하는 경향이 있다.
- 다른 사람의 정서적 반응에 영향을 받는다.
- 목표지향적 행동을 하지만, 이것 역시 타인의 인정을 받기 위한 행동일 가능성이 크다.
- 스트레스 상황에서 균형을 잃을 때 충동적 행동과 정서장애를 보인다.

50~75점

- 비교적 분명한 신념과 자율성을 갖고 독립적 의사결정이 가능하다.
- 타인의 선택과 타인의 인정에 대해서 의식하는 경향이 있다.
- 낮은 불안상태에서 목표지향적이다.
- 정서가 안정되고 감정에 지배당하지 않을 만큼 사고가 충분히 발달되어 있다.
- 심한 스트레스를 받는 상황에서는 일시적으로 다른 사람과 감정적 융합을 보인다.

75~100점

- 감정과 사고가 잘 분리되어 있다.
- 자신의 삶에 대한 확고한 신념과 분명한 가치를 갖고 있다.
- 안정적이며, 자율적이고, 독립적이며 융통성이 있다.
- 모든 상황에서 목표지향적이다.
- 심각한 갈등과 스트레스 상황에 대처할 수 있는 능력이 있다.

삼각관계(Triangles)

삼각관계는 세 사람이 한 관계의 영역에서 관여할 때 발생하는 과정이다. 가족 안에서 두 사람의 관계는 극도로 소원해지거나 지나치게 친밀해질 위험성이 있고, 약간의 긴장에도 취약해질 수 있어서 불안을 피해 다른 사람이나 사물을 끌어들이는 경우가 많다. 삼각관계란 이처럼 두 사람의 정서적 문제에 또 다른 사람을 끌어들이는 것을 가리키는 개념이다.

삼각관계는 긴장이 증가하면서 변하게 되는데, 삼각관계의 형성과정은 아래의 [그림 9-4]와 같다. 평온한 상태에서 두 사람 A와 B는 편안한 내부자(insiders)이며 세 번째 사람(C)은 불편한 외부자(outsider)이다. 내부자들은 적극적으로 외부자를 배제하며, 외부자는 이 두 사람과 가까워지기 위해 노력한다. 양자관계에서 긴장 수준이 높아지면 불편함을 더 많이 느끼는 쪽(A)이 외부자(C)에게 접근하게 되며, 내부자(B)는 이제 외부자가 되는 처지에 놓이게 된다. 새롭게 외부자가 된 사람(B)

은 다시 내부자의 위치를 차지하기 위해 관계 회복의 노력을 기울이는 것이 전형적인 특징이다. 마지막 그림은 삼각관계의 결과를 나타내는데, 이제 원래의 긴장과 갈등(A와 B 사이)은 줄어든 대신 B와 C 사이의 갈등이 불거진다.

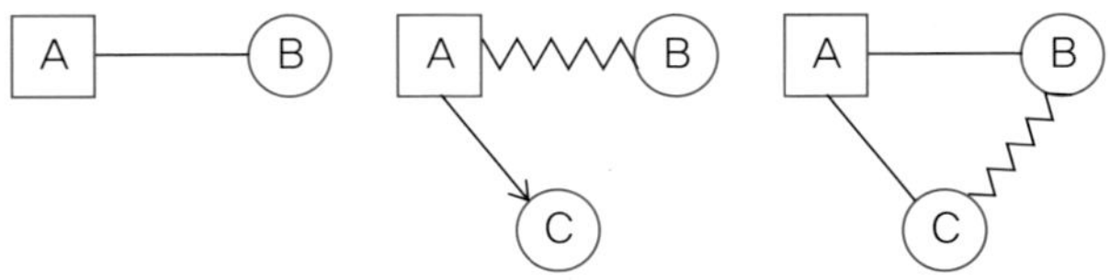

그림 9-4 삼각관계의 형성과정

출처: Kerr & Bowen(1988). p. 137.

이러한 패턴은 가족 내에서 흔히 발견되곤 한다. 예를 들어, 아내가 남편의 기분을 상하게 하지 않으려고 항상 남편에게 일방적으로 맞춰주면서 자신을 희생하면 딸은 엄마를 동정하게 되고, 엄마와 딸은 밀접한 관계를 유지하게 된다. 이때, 딸은 아빠에 대한 분노를 품게 되어 부녀 관계가 악화된다. 이에 따라 부부간의 긴장이 어느새 부녀간의 갈등으로 표출되게 되는 것이 삼각관계의 특성이다. 연구에 따르면, 분화수준이 낮은 부부는 자신들의 부부갈등을 해결하기 위해 자녀를 끌어들인 삼각관계를 이용하여 불안을 해소하려는 경향이 있다(Goldenberg & Goldenberg, 2012).

보웬의 가족치료이론의 중심 치료목표는 다세대 간에 삼각관계를 맺고 있는 사람을 거기에서 해방시키는 '탈삼각화(detriangulation)'이다. 삼각관계는 가족원들 간에 일어나는 인간적이고 본능적인 감정반응이므로, 이를 해결하기 위해 먼저 삼각관계에 처한 개인이 자신의 확대가족의 역사와 삼각관계 안에서의 자신의 모습을 이해하는 것이 필요하다. 치료자의 도움을 받아 개인이 확대가족과의 관계에서 겪는 불안을 낮추고 다른 가족원의 감정적인 반응에 객관적이고 이성적인 자세로 대응하는 방법을 배우는 과정이 포함된다. 이 과정에서 치료자는 가족들이 가지고 있는 삼각관계와는 다른 새로운 삼각관계를 자신을 포함시켜 만드는데, 이것이 바로 치료적 삼각관계이다. 치료적 삼각관계를 통해 치료자는 가족들이 기존에 형성한 삼각관계와 다른, 건강한 방식의 상호작용을 보여준다.

핵가족의 정서과정(Nuclear Family Emotional Process)

핵가족의 정서과정이란 가족원 간의 분화수준이 낮은 핵가족에서 문제가 발생할 때 볼 수 있는 기본적 패턴을 의미한다. 가족원들 사이에 역기능적 상호작용이 지속되면 불안의 정도가 높아지면서 한쪽 배우자나 자녀를 통하여 증상이 발전되는데, 이러한 증상들은 신체적, 정서적, 혹은 사회적 문제로 나타나며, 그 과정은 다음과 같다.

1단계 부부갈등

가족 내 긴장이 커지면 부부가 자신의 불안감을 배우자에게 표출하게 된다. 양쪽 모두 배우자의 잘못에 주목하게 되고, 상대방을 통제하려 하며 통제받기를 거부하는 모습을 보인다.

2단계 한쪽 배우자의 역기능

한쪽 배우자가 상대방에게 생각과 행동을 강요하고, 상대는 그 강요에 굴복하는 형태이다. 양쪽 모두 부부의 조화로움을 위해 노력하지만, 특히 한쪽이 훨씬 더 많이 애쓰게 된다. 부부가 서로 상호작용하는 데 불편을 느끼지 못하지만, 부부 긴장 상태가 고조될 경우 굴종적이던 배우자 쪽이 급격한 불안 증가를 경험하고 심리적, 신체적, 사회적 문제를 겪게 된다.

3단계 자녀의 손상(impairment)

부부의 불안을 자녀에게 투사하는 경우를 일컬으며, 자녀를 극도로 걱정하거나 이상적으로 보거나 부정적으로 보는 등의 형태로 나타난다. 부모가 자녀에게 집중할수록 자녀는 부모에게 집중하게 되고 특정 자녀에게 집중할 경우 그 자녀는 다른 형제보다 부모의 태도, 요구, 기대에 더 민감하게 반응하게 된다. 이러한 과정은 자녀의 분화를 방해하고 가족의 갈등을 자신의 것으로 내면화하게 만든다. 이 자녀는 학업능력, 사회관계, 건강 등에 악영향을 받게 될 가능성이 크다.

이 패턴은 부모자녀 핵가족(intact family), 한부모가족, 입양가족, 그리고 기타 가족 등 핵가족의 형태에 따라 달라진다. 치료가 필요한 정도의 증상은 보통 가족 간 긴장(family tension)이 커지고 오래되면 발생하고, 이때 가족 긴장의 정도는 가족이 받는 스트레스의 종류, 스트레스에 적응하는 방법, 그리고 사회관계망의 크기에 따라 달라진다. 가족 갈등이 클수록 가족원의 심리적 증상도 심각해진다.

가족투사과정(Family Projection Process)

부모의 미분화로 인한 정서적 문제가 자녀에게 이어지면서 대를 걸쳐 반복되는 것을 가족투사과정이라 일컫는다. 투사과정을 거치게 되면 자녀들이 기능 손상을 경험하게 되고 의료적 증상에 취약하게 된다. 자녀들은 부모와의 상호작용을 통해 장점뿐 아니라 약점이나 문제도 물려받게 되는데, 이들의 인생에 가장 큰 영향을 미치는 것은 관계에서의 민감도(relationship sensitivities)이다. 관계의 민감도는 인정과 승인을 받고자 하는 욕구, 타인의 기대를 다루는 데의 어려움, 자신이나 남을 비난하는 경향성, 자신이 타인의 행복에 책임이 있다거나 반대로 타인이 나의 행복에 책임이 있다는 믿음, 불안을 견뎌내지 못하고 충동적 행동으로 해결하려고 하는 등의 문제에 영향을 준다. 가족투사과정의 강도가 심할 경우, 부모보다 더욱 강한 관계 민감도가 자녀에게 형성된다. 이러한 관계 민감도는 사람들이 관계에서 만성적 불안을 일으키는 행동을 하게 함으로써 증상에 취약하게 만든다. 가족투사과정으로 인해 자녀가 겪는 대표적인 증상으로는 조현병이 있다.

가족투사과정은 다음의 세 단계를 거친다.

- 1단계(살피기): 부모가 자녀에게 집중하면서 자녀에게 문제가 있다는 (잘못된) 두려움에 빠진다.
- 2단계(진단): 자녀의 행동을 보면서 부모는 이러한 두려움이 사실이라고 (잘못) 확정해 버린다.
- 3단계(취급하기): 부모는 실제로 문제가 있는 아이를 다루듯 자녀를 대한다.

이러한 살피기-진단-취급하기 단계는 자녀가 어릴 때 시작하여 지속되는 특징이 있다. 부모의 이러한 두려움 가득한 시선은 아이의 발달과 행동에 막대한 영향을 미치게 되는데, 자녀는 부모가 믿고 있는 '문제'가 실제로 자신에게 있는 것으로 받아들이게 된다. 이런 시각으로 보면, 조현병이나 개인의 역기능 문제가 온전히 개인의 탓이 아니라 잘못된 가족의 기능으로부터 발생된 미분화의 산물이라고 이해할 수 있다.

다세대 전수과정(Multigenerational Transmission Process)

부모와 자녀 간 분화도의 작은 차이는 여러 세대를 거치는 동안 크게 확대된다. 부모의 정서, 태도, 가치관이 의식적인 가르침이나 무의식적인 감정 교환의 과정을 통해 전달되는 것을 다세대 전수과정이라고 한다.

부모는 자녀의 발달에 적극적으로 영향을 끼치며, 자녀는 태어나면서부터 부모의 기분, 태도, 행동을 살피고 반응하게 되어 있다. 여기에 더해, 자녀가 부모에게 오랜 기간 의존하는 인간의 특성이 결합하면 자녀는 부모의 분화수준을 닮아가게 된다. 하지만 때로는 앞서 언급한 핵가족의 정서과정을 통해 자녀들 중 다른 형제보다 좀 더 높거나 낮은 수준의 자아를 갖게 되기도 하고, 부모의 수준보다 더 낮은 자아를 형성하게 되기도 한다.

다세대 전수과정의 다음 단계는 배우자를 선택하는 것인데, 이때 사람들은 대부분 자신의 분화수준과 비슷한 사람과 만나게 된다. 예를 들어, 형제 중 형이 부모보다 높은 분화수준이고 동생이 부모보다 낮은 분화수준일 때, 형은 부모보다 높은 분화수준의 부부가 되고 동생은 부모보다 낮은 분화수준의 부부가 될 가능성이 크다. 같은 방식으로 다시 이들의 자녀가 각각 자신의 분화수준에 맞는 배우자를 만나 자녀를 낳게 되면 삼대에 걸쳐 분화수준의 차이가 더욱 벌어지게 된다.

개인의 자아 분화수준은 수명, 결혼의 유지, 출산, 건강, 학업 성취도, 직업에서의 성공 등 삶의 많은 영역에서 결정적인 역할을 한다고 연구를 통해 나타난다. 한 가문에서도 여러 세대를 거치면서 개인 간에 여러 영역에서 차이가 생기는데, 다세대 전수과정은 이러한 차이를 설명해 주는 좋은 단서가 될 수 있을 것이다. 자아분화 수준이 높은 사람들은 안정적인 가족을 유지하고 사회에서도 잘 기능한다.

형제위치(Sibling Position)

아들러가 출생순위를 주장한 것과 마찬가지로 보웬 역시 출생순위가 개인 발달에 주는 영향에 주목했다. 다만 보웬은 출생순위 외에도 성별구성을 포함했다. 보웬은 형제위치가 개인의 발달과 행동에 주는 영향에 주목했으며, 동일한 형제위치의 사람들끼리 공유하는 성격특성이 있음을 발견했다. 예를 들어, 첫째 자녀는 리더의 자리에 매력을 느끼고 막내는 누군가의 의견에 따르기를 좋아한다는 특성이 있다. 이때 "어떤 형제위치에서 태어나는 것이 가장 좋다"라고 단언할 수는 없는데, 인간관계란 상호보완적인 것이기 때문이다. 앞선 예에서 출생순위가 첫째인 사장은 막내인 직원과 좋은 관계를 유지할 수 있을 것이다.

토만(Toman, 1962)은 출생순위와 관련한 연구를 진행하던 중, 배우자의 형제위치가 이혼에 영향을 미친다는 사실을 발견했다. 그의 연구에 따르면, 여동생을 둔 남성과 오빠가 있는 여성이 결혼할 때 남동생만 있는 남성과 여동생만 있는 여성이 결혼할 때보다 이혼할 확률이 현저히 낮았다. 전자의 경우 형제위치는 상호보완적이며 두 사람 모두 다른 성별과 함께 살아가는 것에 익숙하지만, 후자는 다른 성별과 살아본 경험이 없기 때문으로 해석이 된다. 남동생이 있는 남자와 여동생이 있는 여자끼리 결혼하게 되면 누가 우위에 설 것인가를 두고 싸우게 될 가능성이 매우 크며, 막내끼리 결혼할 경우는 양쪽 모두 상대방에게 버팀목이 되어달라고 요구하며 싸울 가능성이 있다.

출생순위가 셋 중 둘째일 경우에는 두 종류의 형제위치 특성을 모두 갖게 되는데, 가령 위로 오빠가 있고 아래로 여동생이 있는 여자는 '오빠의 여동생' 특성과 '여동생의 언니' 특성을 모두 보이는 경향이 있다.

한편, 자녀가 형제위치에 따라 보이는 행동특성을 살필 때 부모의 형제위치 역시 고려대상이다. 예를 들어, 같은 첫째라 하더라도 부모가 모두 첫째인지 막내인지에 따라 부모로부터 받는 기대가 달라진다.

정서적 단절(Emotional Cutoff)

정서적 단절은 개인의 낮은 분화수준으로 인해 생긴 부모·형제와의 애착 문제를 다루기 위해 가족원들과의 정서적인 접촉을 줄이거나 아예 끊어버리는 것을 의미한다. 대개 가족에게서 떨어져서 멀리 이사를 하거나 집에 들어가지 않는 식이지만, 그대로 가족과 함께 집에 거주하면서 민감한 사안을 회피하는 형태로 나타나기도 한다. 정서적 단절을 하게 되면 겉으로는 관계가 더 나아진 것처럼 보일 수는 있지만, 문제가 근본적으로 해결되지 않아 마치 휴화산과 같이 언제 터질지 모르는 상태가 된다.

사람들은 가족과의 정서적 단절을 통해 긴장을 피하지만, 이렇게 하는 것은 새로운 관계들의 비중을 지나치게 커지게 만드는 위험이 있다. 예를 들어, 한 남자가 자신의 원가족과 관계를 끊어버리게 되면 그만큼의 정서적 욕구를 아내, 자녀, 친구들로부터 채우려는 경향이 발생한다. 보통 이런 사람들은 자신이 원하는 방식의 행동을 타인에게 요구하면서 자신의 기대를 충족하기 때문에 인간관계를 망치기 쉽다. 새로운 관계를 시작하는 단계에서 이들은 사람들에게 상당히 부드럽게 대하지만, 시간이 지나면서 점차 사람들이 떠나가는 패턴을 경험하게 된다.

우리는 누구나 미분화로 인해 가족과의 애착 문제를 어느 정도 갖고 있으며 애착 문제는 가족 내에서 여러 모습으로 나타나는데, (1) 집에 있을 때 어린아이처럼 행동하고, 자신이 내릴 수 있는 의사결정을 부모에게 미루거나, (2) 부모에게 죄책감을 느끼면서 자주 연락하고, 부모의 문제와 갈등을 해결해야 한다는 부담을 갖거나, (3) 부모가 자신을 이해하거나 인정해 주지 않는다고 느끼는 경우가 여기에 해당한다. 해결되지 않은 애착 문제는 부모와 자녀 모두가 미성숙해서 발생하는 것임에도 불구하고, 일반적으로 사람들은 자신을 탓하거나 다른 사람을 원망하곤 한다.

미분화 문제를 지닌 사람들은 오랜만에 부모님의 집에 가면서 이번에는 뭔가 나아질 거라는 희망을 품곤 하지만, 관계의 오랜 습성이란 몇 시간만 지나면 튀어나오게 마련이다. 서로 언성을 높이며 싸우든, 겉으로 평화를 유지한 채 긴장감이 흐르든, 잠깐만 만나도 자녀와 부모 양쪽 모두 지치게 된다. 부모는 이럴 바에 차라리 자녀가 거리를 두고 사는 것이 편하다고 생각하며, 자녀가 다시 자신의 집으로 돌아가게 되면 안도의 한숨을 내쉬게 된다. 이때 부모님과 함께 살던 다른 자녀(역시 정서적으로 단절된)는 오랜만에 찾아온 형제에게 부모님을 화나게 했다며 분노하고 비난한다. 이런 식의 만남을 원하는 사람은 없겠지만, 가족원들이 모두 예민해져서 실제 편안한 만남을 갖기란 어렵다.

가계도

보웬은 가족의 문제를 일으키는 문제적 정서과정이 세대에 걸쳐 반복된다고 보고 다세대 가족체계에 관한 자료를 시각적으로 조직화하기 위해 '가계도(genogram)'를 개발하여 사용했다. 이는 단순히 가족의 결혼관계와 출생순위를 보여주는 기존의 가족관계도(family tree)와는 다른 것이다. 가계도 분석을 통해 세대에 걸쳐 나타나는 가족의 패턴을 알고, 가족사에서 나타나는 죽음, 질병, 사고, 성공 등이 핵가족의 사건들과 어떤 관계가 있으며 어떤 영향을 미치는지 이해할 수 있어서 가족치료의 현장에 활용의 가치가 높다.

가계도에는 현재 자신의 배우자와 자녀, 남편과 아내의 부모 및 형제 등 3대에 걸친 가족원의 정보와 주요 생활사건을 표기한다. 이름, 연령, 형제자매 위치, 결혼사건(결혼, 별거, 이혼), 종교, 직업, 학력, 거주지역, 사망, 구금, 질병수술 등을 기록하고, 가족의 관계 유형과 가족원의 기능, 신체 및 정신의 문제를 표기한다.

가족치료의 현장에서 가계도를 활용할 때에는 가족 치료자가 먼저 이 가계도 작성의 목적을 내담자에게 알린 후에 가계도 상에 표기된 간단하고 무난한 정보부터 시작해서 세대에 걸친 관계 패턴과 문제 등 가족의 정서과정을 파악한다. 그리고 상담에 참여한 가족들 각자에게 이에 대한 견해와 느낌을 나누도록 한다. 치료자는 상담이 진행되면서 드러나는 정보를 추가하면서 더욱 구체적인 가계도를 완성하고, 참여 가족의 문제를 해결하는 전략을 세운다.

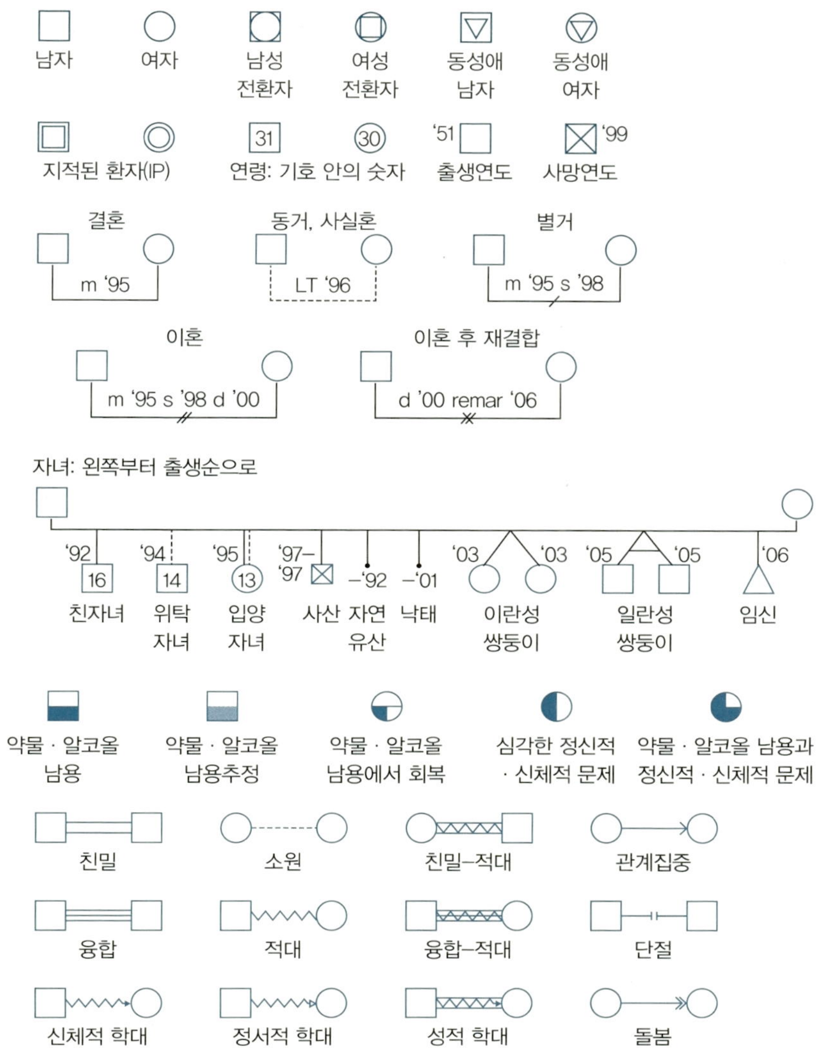

그림 9-5 가계도 표준기호

출처: McGoldrick, Gerson, & Shellenberger(2005). p. 249.

생각해 봅시다 “왜 우리 엄마에게 대드냐”… 명절 뒤 이혼 30% 늘어난다

최근의 신문기사에 따르면, 추석과 설 이후 일주일에서 한 달까지 이혼상담의 횟수가 크게 증가한고 한다. 이는 명절의 스트레스가 평소의 결혼생활의 불만에 더해져 이혼을 결심하게 되는 것으로 보인다.

명절 이후의 이혼증가라는 사회현상의 원인을 가족과 관련된 이론으로 설명할 수 있을까? 기사의 내용을 잘 읽고, 앞서 다룬 1장과 9장의 가족이론으로 설명해 보자. 물론, 개인성장과 관련된 이론으로 접근하는 것도 재미있는 시도일 것이다.

출처: 중앙일보(2020.1.26.).

참/고/문/헌

정혜정, 조은경(2007). 한국형 자기분화 척도 개발과 타당성에 관한 연구. 한국가족치료학회지, 15(1), 19-46.

Adler, A. (1963). *The practice and theory of individual psychology*. Paterson, NJ: Littlefield, Adams.

Dunkel, C. S., Harbke, C. R., & Papini, D. R. (2009). Direct and indirect effects of birth order on personality and identity: Support for the null hypothesis. The *Journal of Genetic Psychology*, *170*(2), 159-175.

Goldenberg, I., & Goldenberg, H. (2012). *Family therapy: An overview*. Pacific Grove, CA: Brooks/Cole.

Hoffman, E. (1994). *The drive for self: Alfred Adler and the founding of individual psychology*. Reading, MA: Addison_Wesley.

Kerr, M., & Bowen, M. (1988). *Family evaluation*. New York, NY: Norton.

Seligman, L. W., & Reichenberg, L. W. (2013). *Theories of counseling and psychotherapy: Systems, strategies, and skills*. Pearson Higher Ed.

Toman, W. (1962). Family constellation of the partners in divorced and married couples. *Journal of Individual Psychology*, *18*(1), 48.

부록 9-1 자아분화 척도

다음은 자신이나 다른 사람과의 관계에 대한 귀하의 생각이나 느낌을 묻는 질문입니다. 귀하의 생각이나 행동, 느낌에 가장 가깝다고 판단되는 번호에 표하여 주십시오.

질 문	전혀 그렇지 않다	대체로 그렇지 않다	조금 그렇지 않다	조금 그렇다	대체로 그렇다	매우 그렇다
	0	1	2	3	4	5
1. 사람들은 내가 감정을 잘 통제하지 못하는 편이라고 한다	0	1	2	3	4	5
2. 배우자가 나를 비난하면 한동안 마음이 괴롭다	0	1	2	3	4	5
3. 나는 결정을 내리도록 도와줄 사람이 옆에 없으면 종종 확신이 안 선다	0	1	2	3	4	5
4. 누군가와 논쟁을 벌이는 와중에도 나는 감정에 치우치지 않고 내 입장을 분명히 할 수 있다	0	1	2	3	4	5
5. 나는 감정이 격해졌을 때에는 제대로 생각하기 어렵다	0	1	2	3	4	5
6. 나는 살면서 만나는 대부분의 사람에게서 인정을 받고 싶어 한다	0	1	2	3	4	5
7. 내 자존심은 다른 사람이 나를 어떻게 생각하느냐에 따라 달라진다	0	1	2	3	4	5
8. 나는 어떤 일이 일어나도 별로 흔들리지 않는다	0	1	2	3	4	5
9. 배우자가 이해하지 못할까 봐 내 속마음을 솔직히 드러내지 못 한다	0	1	2	3	4	5
10. 때때로 나는 감정의 기복이 너무 심하다고 느낀다	0	1	2	3	4	5
11. 다른 사람이 나를 비판하는 것에 대해 지나치게 민감하다	0	1	2	3	4	5
12. 나는 뭔가 결정을 내릴 때 다른 사람이 그것을 어떻게 생각할지 걱정이 된다	0	1	2	3	4	5
13. 다른 사람이 뭐라 하든 개의치 않고 대부분 내 생각대로 한다	0	1	2	3	4	5
14. 배우자가 나한테 너무 많은 것을 바란다는 느낌이 들어 부담스러울 때가 있다	0	1	2	3	4	5
15. 나는 스트레스가 오래 계속되면 이성보다 감정에 따라 행동하게 된다	0	1	2	3	4	5
16. 누군가에게 화가 나면 쉽게 그것을 풀지 못한다	0	1	2	3	4	5
17. 큰일을 시작할 때 나는 주변 사람의 많은 격려를 받아야 안심이 된다	0	1	2	3	4	5

18. 스트레스를 받는 상황에서도 내 감정을 부인하지 않고 합리적으로 반응할 수 있다	0	1	2	3	4	5
19. 배우자와 함께 있을 때, 때로 나는 가슴이 답답하거나 숨이 막힐 것 같은 때가 있다	0	1	2	3	4	5
20. 나는 중요한 결정을 내려야 할 때도 즉흥적으로 처리하는 일이 많다	0	1	2	3	4	5
21. 나는 예민한 편이어서 다른 사람에게 상처를 잘 받는다	0	1	2	3	4	5
22. 나는 사람들에게 말부터 해놓고 나중에 후회하는 일이 많다	0	1	2	3	4	5
23. 아직도 나는 부모님이나 형제자매와 다투고 나면 기분이 엉망이 된다	0	1	2	3	4	5
24. 나의 말이나 의견이 남에게 비판을 받으면 잘 바꾸는 편이다	0	1	2	3	4	5
25. 대부분의 경우 내 감정이나 생각 따위로 고민하지 않고 단호하게 행동할 수 있다	0	1	2	3	4	5
26. 배우자가 나를 너무 구속하지 않으면 우리 부부관계는 더 좋아질 것 같다	0	1	2	3	4	5
27. 나는 화가 나면 물불을 가리지 않고 행동하는 편이다	0	1	2	3	4	5
28. 배우자를 포함한 가까운 사람과 말다툼을 하고 나면 하루 종일 그 일을 생각한다	0	1	2	3	4	5
29. 스트레스를 받아도 나는 별로 흔들리지 않는다	0	1	2	3	4	5
30. 나는 대수롭지 않은 일에도 화를 잘 내는 편이다	0	1	2	3	4	5
31. 나는 배우자가 내 생각이나 기분을 인정해 주지 않으면 마음이 불편하다	0	1	2	3	4	5
32. 나는 화가 나면 혼자 해결하지 못하고 누군가가 해결해 주기를 바란다	0	1	2	3	4	5
33. 누군가가 압력을 가해도 내 감정과 신념을 분명히 드러낼 수 있다	0	1	2	3	4	5
34. 나는 자라면서 집을 나가고 싶은 충동을 자주 느꼈다	0	1	2	3	4	5
35. 나는 차근차근 따져 생각히기보다 느낌과 감정에 따라 행동한다	0	1	2	3	4	5
36. 나는 누군가에게 무시를 당하면 자존심이 상한다	0	1	2	3	4	5
37. 내 의견이 배우자나 주위 사람과 비슷해야 안심이 된다	0	1	2	3	4	5
38. 나는 자기주장이 강하고 지배적인 사람을 대할 때에도 분명한 사고와 편안한 마 음을 유지할 수 있다	0	1	2	3	4	5

• 한국형 자기분화 척도 구성

자기분화 차원	하위요인	문항수	문항
심리내적 차원	정서적 반응	9	1, 5, 10, 15, 20, 22, 27, 30, 35
	자기입장	8	4, 8, 13, 18, 25, 29, 33, 38
대인관계 차원	타인과의 융합	7	3, 7, 12, 17, 24, 32, 37
	정서적 단절	5	9, 14, 19, 26, 34
심리내적+대인관계 차원	정서적 융합	9	2, 6, 11, 16, 21, 23, 28, 31, 36
총 자기분화		38	위 문항 전체

* 밑줄(_) 문항은 역점처리 문항임.
* 점수가 높을수록 총 자기분화 수준이 높으며, 정서적 반응, 타인과의 융합, 정서적 단절, 정서적 융합은 낮은 반면, 자기입장은 높다.
* 일반적으로 평균을 사용할 수 있으며, Bowen의 제안에 따라 자기분화 수준을 0~100점 사이의 백분위 점수로 환산하기 위한 계산방법: 백분위 점수=원점수(범위0~190) × 100/190(예, 원점수의 총점이 110점으로 나온 경우: 100점 만점의 자기분화 점수는 57.9점이 됨. 즉, 110(원점수) × 100/190=57.9점)

Marriages and Families

Marriages and Families

PART 04

도전과 선택

일과 가족

CHAPTER 10

챕터 개요

현대사회에서 일과 가족관련 활동이 일어나는 공간과 시간은 점차 분리되어 왔다. 일과 가족은 서로 긴밀히 영향을 주고받는다. 일과 가족은 서로 갈등적인 관계일까? 이 장에서는 일-가족 이론을 살펴보고, 우리나라의 일-가정 양립을 위한 다양한 정책을 알아본다.

일과 가족

한국 사회와 일

일-가족 관련 이론

- 일-가족 갈등
- 일-가족 이론
- 일-가족 생활에 영향을 미치는 요인

일-가정 양립 관련 정책과 법

- 관련 정책
- 관련 법

주요 용어

일-가정 양립, 일-가족 이론, 일-가족 갈등, 일-가족 향상, 일-가족 전이(spill-over), 일-가정 양립 정책, 남녀고용평등법

10 CHAPTER 일과 가족

일과 가족

일과 가족은 서로 긴밀히 영향을 주고받는다. 산업화와 시장경제의 성장은 '일'은 곧 '고용'을 의미하게 되었으며, 일과 가족 관련 활동을 점차 분리시켰다. 일과 가족의 공간은 점차 분리되었고 각 활동이 일어나는 시간도 차차 분리되었다. 1장에서 살펴본 가족이론의 구조기능론적 관점에서 배우자 중 한쪽은 '밖에 나가 돈을 버는' 도구적 역할을(대부분의 경우 남성), 다른 한쪽은 '가사와 돌봄을 제공하는' 표현적 역할을(대부분의 경우 여성) 각각 담당하는 것을 기능적이라고 보았다는 점을 상기시켜 보면, 산업화 사회에서 일과 가족은 시간적으로, 공간적으로 분리된 별개의 영역인 동시에, 한 영역은 다른 영역에 중요한 영향을 미친다는 것을 알 수 있다. 중요한 기능을 서로 분담하였으니, 둘 중 한 영역이라도 문제가 생기면 다른 영역에 파급도 클 것이기 때문이다.

인터넷, 메타버스 등 급격한 기술의 발달과 최근의 코로나19로 인한 거리두기 정책으로 인한 사회적 수요 등으로 재택근무가 증가하면서, 특정 직종에서는 점차 전통적인 일과 가족의 시·공간적 분리가 약화되고 있으나, 여전히 일과 가족은 현대사회 개인의 삶에 영향을 주는 매우 중요한 두 영역이다.

이 장에서는 고용률, 취업률 등의 성차와 국제사회와 비교한 자료들을 살펴봄으로써 한국 사회 내 일과 가족의 단면을 살펴볼 것이다. 다음으로는 기존에 논의되어 온 일-가족 관련 이론의 핵심 원리와 개념을 짚어 본다. 마지막으로 일과 가족의 양립이 개인과 가족생활에 미치는 영향을 살펴보고, 일-가족 균형을 지원하는 제도를 알아본다.

좀 더 알아봅시다 일과 가정생활, 무엇이 더 우선이라고 생각하나?

통계청에서는 '사회조사'를 통해 일과 가정생활 중 무엇을 우선시하는지를 조사하고 있다. 아래 자료는 2011년과 2019년 사이 사회조사의 일과 가정 우선도 변화를 여성과 남성으로 나누어 제시한 표이다. 우리나라 사람들의 일과 가정생활에 대한 생각을 살펴보자.

2019년 자료를 살펴보면, 전반적으로 일과 가정생활의 우선도가 비슷하다고 응답한 비율이 2011년에 비해 증가하였다. 남녀 모두에서 '일을 우선시'한다거나 '일을 우선시하는 편'이라는 응답은 2011년에서 2019년 사이 하락하는 추세를 보였으나, 남성은 여성보다 일을 우선시한다는 비율이 더 높았다.

여성의 일과 가정 우선도 변화

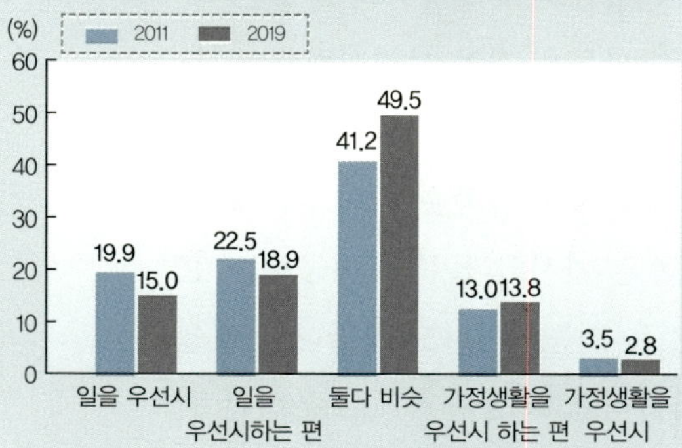

남성의 일과 가정 우선도 변화

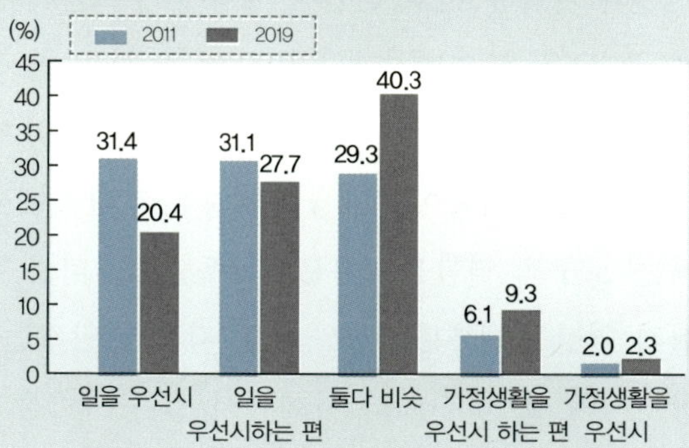

〈일과 가정생활 우선도〉 (단위: %)

		계	일을 우선시	일을 우선시하는 편	둘 다 비슷	가정생활을 우선시하는 편	가정생활을 우선시
여성	2011	100.0	19.9	22.5	41.2	13.0	3.5
	2013	100.0	20.7	21.0	41.5	12.3	4.6
	2015	100.0	20.1	22.2	42.1	11.2	4.4
	2017	100.0	14.7	19.0	48.4	14.4	3.5
	2019	100.0	15.0	18.9	49.5	13.8	2.8
남성	2011	100.0	31.4	31.1	29.3	6.1	2.0
	2013	100.0	31.6	32.5	27.8	6.0	2.0
	2015	100.0	29.7	32.0	29.0	6.5	2.8
	2017	100.0	21.7	28.2	39.0	8.8	2.2
	2019	100.0	20.4	27.7	40.3	9.3	2.3

출처: 통계청(2020). 2020 통계로 보는 여성의 삶.

한국 사회와 일

[그림 10-1]은 OECD 국가들의 2021년 기준 핵심노동인구의 고용률을 보여준다. OECD 평균은 77.3%이고, 우리나라는 75.2%로 평균보다 낮은 편이다(한국경제연구원, 2022). 한국경제연구원은 이에 대한 원인 중 몇 가지로 교육 및 노동 환경 등과 관련된 입직 연령(첫 직장을 얻는 연령)이 높다는 점, 그리고 아이돌봄 등으로 인한 경력단절로 인해 여성 고용률이 낮은 것을 들었다(한국경제연구원, 2022).

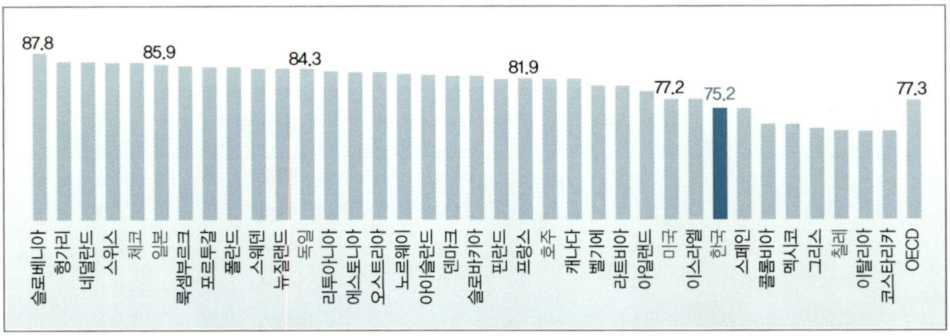

그림 10-1 2021년 핵심노동인구 고용률(%)

출처: 한국경제연구원(2022). 보도자료.

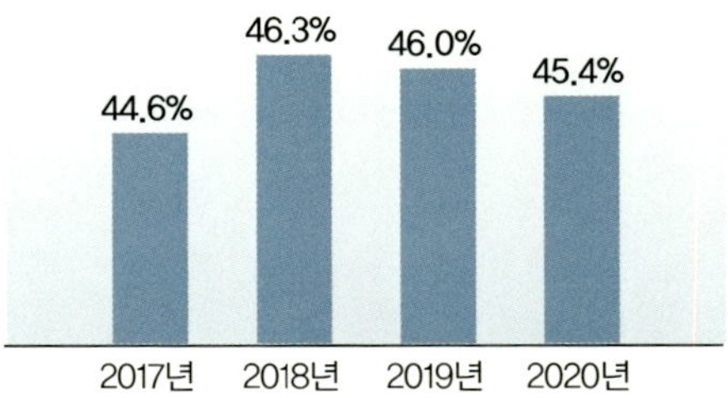

그림 10-2 2020년 맞벌이가구 비중

출처: 통계청(2020). 지역별 고용조사.

부부 중 한쪽은 노동시장에 참여하고, 다른 한쪽은 가족을 위한 가사와 돌봄을 제공하는 이른바 외벌이 가구에서 맞벌이 가구로 우리 사회는 빠르게 변모하였다. 통계청에서 제공하는 '지역별 고용조사'자료에 따르면 2020년 맞벌이가구의 비중은 전체의 45.4%에 해당한다.

이 같은 맞벌이 가구의 증가는 여성의 경제활동 참여가 증가한 것이 주된 원인으로 논의된다. 여성의 고용률[1]은 그간 꾸준히 증가해 왔으며 성별에 따른 차이가 지속되고 있으나 2000년 이후 격차가 줄어드는 모습을 보이며, 2019년 기준 약 51.6%에 해당한다.

일과 가족이 공간적, 시간적으로 서로 다른 영역으로 분리되어 가는 상황에서, 부부 양쪽의 사회참여는 부부 모두의 근로시간이 비슷한 경우 가족영역에서 필요한 육아 등의 공백이 발생할 가능성을 높인다. 비록 공보육과 돌봄의 사회화가 가속화되고 있으나, 돌봄영역의 전부를 담당하는 것은 사실상 어려운 일이다. 이 때문에 맞벌이 부부는 육아휴직이나, 때로는 부부 중 한쪽이 노동시장을 떠나는 선택을 하게되기도 한다.

1) 15세 이상 인구 중 취업자가 차지하는 비율

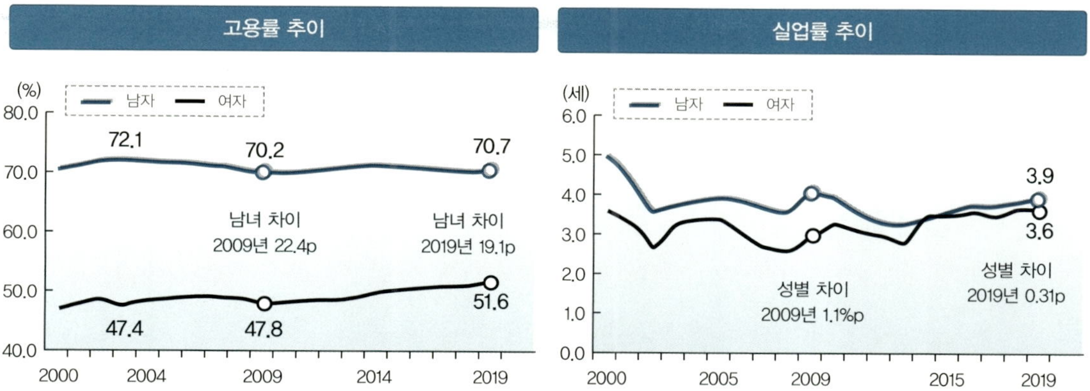

그림 10-3 고용률 추이 및 실업률 추이

출처: 통계청(2020). 2020 통계로 보는 여성의 삶.

이 과정에서 특히, 남성보다는 여성이 휴직이나 경력단절을 경험할 가능성이 높다고 논의되어 왔는데, 이는 연령대별 여성 고용률을 통해서도 일견 확인이 가능하다. 2019년 기준 여성의 고용률은 20대 후반에 가장 높고(71.1%), 다음으로는 50대 초반이 68.0%, 40대 후반이 67.4%로 높았다. 이러한 M자형 곡선은 그동안 여성이 30대에 결혼 · 임신 · 출산 · 육아 등을 담당하면서 오는 경력단절의 가능성을 보여준다.

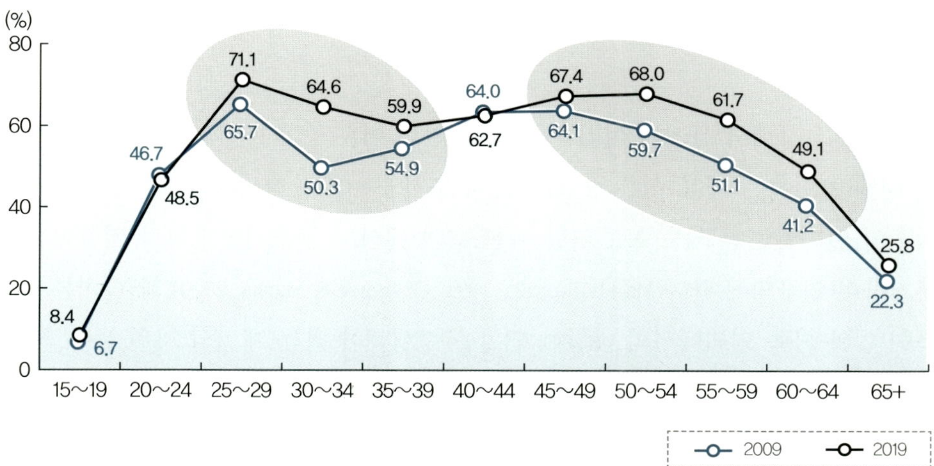

그림 10-4 2020년 연령대별 여성 고용률

출처: 통계청(2020). 2020 통계로 보는 여성의 삶.

이러한 지표들은, 일과 가족의 삶은 긴밀히 연결되어 있으며, 맞벌이 가구의 증가로 인해 가족은 일과 가족의 균형을 위해 적응이 필요하고, 이 과정에서 특히 여성이 일-가족 균형을 위한 가족 의사결정에서 돌봄과 더욱 연관되어 있음을 보여준다. 다음 절에서는, 일과 가족과 관련한 현상을 설명하는 몇 가지 이론을 살펴보고자 한다.

일-가족 관련 이론

통계 지표들을 통해 살펴 본 한국 사회의 변화, 즉 여성의 사회참여 증가에 따른 맞벌이 가구의 증가, 가족 내 돌봄에 대한 분담의 문제와, 일-가족 균형과 관련된 여성의 M자형 고용률은 일-가족의 연관성에 대해 생각해보게 한다. 일과 가족은 서로 갈등적인 관계에 있을까, 혹은 상호보완적인 관계에 있을까?

일-가족 갈등

이 책의 1장에서 살펴본 여러 가지 가족 관련 이론 중, 기본 가정에서 일과 가족에 대해 제안하는 대표 이론 중 하나는 구조기능론적 관점이다. 서구의 1950년대 이후의 일-가족 연구는 주로 역할 이론, 그중에서도 구조기능주의적 역할이론에 근거하여 연구되어 왔다(Marshall et al., 1991; Grywacz & Marks, 2000). 역할이론에서 특히 일과 가족 영역에서의 다양한 역할을 수행해야 하는 개인의 자원 부족, 역할 간의 충돌, 역할의 누적 등으로 인한 부정적인 측면에 초점을 두고 연구되어 왔다.

앞서 살펴본 구조기능론에서 남성의 도구적 역할과 여성의 표현적 역할 담당은 일과 가정의 역할을 서로 명확하게 분리된 것을 가정하는데(Parsons, 1954), 점차 여성의 사회참여 진출이나 남성의 아버지 역할의 강조 등으로 인한 현대 사회의 변화는, 이러한 성별 간의 담당영역의 경계가 무너지게 되면서 한 가지 이상의 역할을 담당하게 된다는 측면에서 개인 수준에서 스트레스나 역할 갈등의 문제를 야기할 수 있다는 것이다.

한편, 비슷한 맥락이지만 역할보다는 자원의 소진과 관련하여 일-가족 갈등을 접근하는 연구도 있다. 이는 역할이론의 연장선상에서 특히 자원에 주목한 것으로, 역할 수행에 필요한 다양한 자원(정신적, 시간적, 물질적)은 한정되어 있기 때문에 일과 가족에서 자원을 소모함으로서 갈등을 겪게 된다는 것이다(Edward & Rothbard, 2000).

실로, 일과 가족은 끊임없이 상호작용한다는 실증연구가 누적되었고, 한 영역이 다른 영역에 미치는 영향을 가르키는 용어로 "전이(spillover)"라는 용어가 사용되었다. 일-가족 갈등은 다양한 부정적 결과에 주목하는데, 예를 들어, 직장에서의 스트레스는 개인의 우울감을 높일 뿐 아니라, 부부간 긴장을 높이고 스트레스를 높인다는 연구가 누적되었고, 이는 일-가족 갈등 모델로 불리운다(Edward & Rothbard, 2000; Greenhaus & Buetell, 1985).

갈등은 양쪽 방향에서 모두 일어날 수 있는데 일에서의 갈등이 가족으로, 또는 가족에서의 갈등이 일에 영향을 미칠 수 있다. 또한 한 영역에서의 갈등이 높아지면 다른 영역에서의 갈등이 높아진다는 정적인 상관관계를 가정한다. 물론, 존재하는 갈등이 명확하게 일 때문에 생긴 것인지, 혹은 가족문제로 인해 생긴 것인지를 구분하는 것이 어렵다는 점은 유의할 필요가 있다.

일-가족 이론

위에서 살펴본 일-가족 갈등 관점은 두 영역의 상호작용을 보여주며, 양방향을 가정한다는 점에서 서구 선행연구에서 많이 차용되었다. 그러나 최근 30여 년간 관련 학자들은 그간의 일-가족 관련 연구에서의 관점은 주로 갈등적 관점이 주를 이루어 왔다는 점에 주목하면서(Marks, 1977; Seiber, 1974), 일-가족 관련 연구를 어렵게 하는 것 중 하나가 통합적 이론틀의 부재라는 점을 강조한 바 있다(Barnett,

1996; Greenhaus & Parasuraman, 1999). 이에 주목하는 학자들은 일과 가족은 갈등적인 측면이 있기도 하지만, 긍정적인 측면이 있을 수 있을 뿐 아니라, 시너지가 일어날 수 있음에도 불구하고 이러한 점을 간과하였다는 점에 주목한다(Grzywacz & Marks, 2000).

일-가족의 긍정적 측면에 주목한 학자들은 일-가족 향상 모델(학자에 따라 향상을 enrichment(Greenhaus & Powell, 2006); facilitation(Wayne et al., 2007) 등으로 사용), 즉 일-가족의 갈등뿐 아니라 긍정 측면을 고려하는 이론적 관점을 제시하였다. 일과 가족이라는 하나 이상의 다양한 역할에의 참여는 어떻게 개인의 삶에 긍정적인 결과를 가져올 수 있을까?

그린하우스와 파라슈라만(Greenhaus & Parasuraman, 1999)은 연구를 요약하여 다음의 세 경우로 나누어 살펴보았다. 첫째, 일과 가족경험이 개인의 삶을 더욱 풍성하게 하는 경우이다. 예를 들어 일에서의 경험과 가족에서의 경험이 개인의 삶에 추가적인 긍정경험을 제공할 수 있다. 둘째, 일과 가족 모두에 참여하는 사람들은 설사 일에서 스트레스를 받더라도(혹은 가족에서) 가족으로부터(혹은 직장에서) 위로나 지지를 받을 수 있을 수 있다. 즉, 한쪽 영역에의 참여가 다른 영역에서의 어려움을 중재해 줄 가능성이 있다. 셋째, 일에서의 혹은 가족에서의 역할이 다른 영역(가족 혹은 일)에 직접적으로 긍정적인 영향을 미칠수도 있다. 이를 지지하는 학자들은, 한쪽 영역에서의 역할이 다른 영역에 참여할 에너지를 제공하기도 하고, 혹은 한쪽 영역에서 획득한 자원이 다른 영역에 다시 투입될 수도 있는데, 예를 들어 직장에서의 사회적 네트워크가 가족에게 긍정적인 영향을 미칠수도 있다는 것이다(Marks, 1977; Sieber, 1974).

위에서 살펴본 것처럼 일-가족 상호작용은 갈등적 측면뿐 아니라, 긍정적인 측면이 있을 수 있고 그 메커니즘도 다양할 수 있다. 영향력은 양방향적일 수 있고, 이러한 전이는 물질적 자원일수도 있고, 정서적인 측면일 수 있다. 이러한 점에 주목하여, 최근의 연구는 일과 가족의 상호 방향성, 갈등과 향상의 두 측면을 동시에 고려하여 집단 내 다양성에 주목한 유형화 연구가 증가하고 있다(Altobelli & Moen, 2007; Rantanen et al., 2013). 관련 국내 연구도 누적되고 있는데(장미나, 한경혜, 2015; 한경혜, 손정연, 2015), 유형화와 관련된 연구도 증가하고 있다(이윤석, 2010; 이재림,

손서희, 2013; 하여진, 2017). 국내 연구의 경우 연구 대상과 연구 결과에 차이가 있으나, 갈등과 향상의 두 측면, 일에서 가족과 가족에서 일이라는 두 방향성 모두의 조합(즉, 일→가정 갈등, 가정→일 갈등, 일→가정 향상, 가정→일 향상)이 모두 나타났다.

생각해 봅시다 **일과 가정: 갈등 or 향상?**

일과 가정의 양립은 이중 부담인가? 혹은 시너지적인 관계일까? 어떤 상황에서 부담이 더 커질 수 있는지, 혹은 시너지가 더 크게 날 수 있는지 논의해 보자.

"직장 내 성차별 심할수록 '일 · 가정 양립' 기혼여성노동자 우울 키운다"

기혼 여성 노동자는 일 · 가정 양립 부담이 클수록 우울증상이 증가하고, 특히 직장 내 성차별 수준이 높다고 인지할수록 우울증상의 증가폭이 더 크다는 연구결과가 나왔다.

조선미 한국여성정책연구원 부연구위원은 27일 2022년 한국사회정책학회 춘계학술대회(경향신문 후마니타스연구소 후원)에서 '기혼여성근로자의 일가정 양립 부담과 우울증상: 직장 내 성차별 인식의 조절효과' 연구결과를 발표한다. 조 연구위원은 "성별분리 관행 속에 일터에 전념하는 남성과 달리, 여성은 일터에서의 의무와 가족돌봄의 역할을 조율하도록 요청받는 일가정 양립의 주된 책임자로 간주된다"며 일터와 가정에서의 이중부담 구조는 여성의 우울을 증가시키는 등 정신건강에 부정적 영향을 미칠 수 있다고 봤다.

조 연구위원은 한국여성정책연구원의 제4~8차 '여성가족패널조사'(2012~2020년) 자료를 활용해 기혼여성근로자 3122명(임금 근로자)의 7776개 관측치를 대상으로 분석했다. 직장 업무에 대한 과도한 부담으로 인해 가정생활에 미치는 부정적 영향(일→가정 부담)과, 반대로 가정생활 업무에 대한 과도한 부담으로 인해 직장생활에 미치는 부정적 영향(가정→일 부담)의 정도, 배우자의 가사분담 만족도 등의 항목이 각각 우울증상과 관계가 있는지 파악했다. 특히 직장 내 성차별 수준 차이가 이러한 일 · 가정 양립 부담의 효과 크기에 영향을 미치는지도 살폈다.

분석결과, 과도한 직장업무로 가정생활에 지장이 커질수록, 과도한 가사업무로 직장생활에 지장이 커질수록, 배우자와의 가사분담 분담수준이 불만족스러울수록 기혼여성근로자의 우울증상은 증가하는 것으로 나타났다. 주목할 점은 직장 내 성차별 수준이 높다고 인지하는 여성들은 일 · 가정 부담, 가사분담 불만족도가 커질수록 우울증상이 더 큰 폭으로 증가했다. 반면 직장 내 성차별 수준이 낮다고 인지하는 여성들은 상대적으로 우울증상의 증가폭이 미미하거나 우울증상이 거의 변화하지 않는 것으로 나타났다.

조 연구위원은 "여성의 일 · 가정 이중부담은 여성의 정신건강에 부정적 결과를 야기하지만, 특히 여성이 근무하는 직장에서 얼마나 성차별적 환경이 주어지는지에 따라 이 효과의 크기가 달라진다고 볼 수 있다"며 "이 같은 결과는 여성의 일 · 가정 양립부담을 해소하기 위해 일터에서의 성평등한 환경 조성이 중요하다는 정책 함의를 제시한다"고 했다.

그는 현재 보육서비스 지원이나 출산 · 육아휴직, 근로시간단축제, 유연근무제 등 다양한 일 · 가정 양립 지원정책이 제공되지만 직장 내 성평등한 환경이 조성되지 않으면, 일 · 가정 양립 의무로부터 자유로운 노동자, 주로 남성들이 유능한 노동자로 평가받는 등 성별화된 결과를 고착화할 수 있다고 봤다. 이 같은 환경에서는 일 · 가정 양립 지원이 오히려 여성 노동자에 대한 체계화된 차별 · 배제의 원인 될 수 있다고 지적했다. 조 연구위원은 "일터에서 일 · 가정 양립

제도의 성평등한 이용 기회를 확대하되, 이와 같은 일 · 가정 양립의 수요나 제도 이용이 직장 내 차별이나 편견에 대한 근거가 되지 않도록 성평등한 조직문화를 촉진할 수 있는 정책이 필요하다"고 제언했다.

출처: 경향신문(2022.05.27.)

일-가족 생활에 영향을 미치는 요인

현대 한국 사회에서 남성뿐 아니라 여성의 사회참여는 점차 증가하고 있다. 이는 일과 가족영역에서의 긍정적, 부정적 전이에 대해 인지하고, 이 두 영역을 잘 조화시켜 삶의 질을 높이는 것의 중요성을 보여준다. 일과 가정을 양립하는데 영향을 주는 요인들은 어떤것들이 있는가? 갈등과 향상의 두 측면과 일과 가정 간 두 방향성의 차이에 영향을 미치는 요인은 무엇일까? 다시 말하면, 어떤 특성을 가진 이들이 생활에서 갈등을 덜 겪고, 향상은 더 겪는 것일까? 이러한 질문에 답하는 것은 맞춤형 관련 정책이나 서비스를 준비하는 데 중요한 질문들이다.

선행 연구들은 성별, 소득과 같은 인구사회학적 요인, 가족 내(특히 배우자와의 관계에 있어서) 지지나 지원 혹은 자녀 수 등의 가족의 특성, 근무시간이나 업무환경 등과 같은 일의 특성이 관련된 것으로 나타나(이윤석, 2010; 하여진, 2017), 개인의 특성, 가족 특성, 일 특성을 두루 고려할 필요가 있다는 결과를 제시하였다. 가족의 지지나 지원이 많을수록, 근무시간이 탄력적이고 과도하지 않을수록, 업무환경이 더욱 가족친화적일수록 갈등은 더 적게 경험하며, 자신의 가족 및 일에서의 역할에 만족하고 일과 삶의 균형을 이룰 자원이 많을수록 향상을 더 많이 경험할 수 있다. 일과 가정, 나아가 전반적인 삶의 질 향상을 위한 정책이나 서비스는 어떤 것들이 있을까? 이른바 워라벨과 관련된 우리 사회의 정책과 서비스를 살펴보자.

영화 〈풀타임〉

2021년 개봉한 프랑스 영화 '풀타임'은 제78회 베니스 국제영화제에서 상영되었다. 오리종티 감독상과 여우주연상을 수상하였으며, 한국의 제23회 전주국제영화제 폐막작으로 상영되었다.

영화 속 주인공인 쥘리는 파리의 교외에서 두 아이를 기르며 파리 시내의 호텔에서 룸메이트로 일하는 싱글 워킹맘이다. 장거리 출퇴근을 해야하는 쥘리의 출근길은 하루하루가 전쟁같다. 어느날 그녀는 상사 몰래 원하는 직장에 면접을 보게 되는데, 교통 파업으로 인한 대중교통 시스템 마비로 곤욕을 치른다.

가족 내 자원 중 하나인 배우자의 지원이 부재한 상황에서, 일터로 향하는 출근길은 멀기만 한 주인공의 출퇴근 길을 통해 일과 가정의 양립과 삶의 질에 대한 진지한 성찰을 불러일으킨다.

일-가정 양립 관련 정책과 법

관련 정책

이 절에서는 일과 가족 생활을 조화롭게 유지하는 데 도움을 주기 위한 우리나라의 정책에는 어떤 것들이 있을지를 살펴본다. 또한 일과 가족 생활에 도움을 주는 정책 및 법은 관련제도 및 법률에서 사용하는 용어를 반영하기 위해(예: '남녀고용평등과 일·가정양립지원에 관한 법률') 일-가정 양립이라 칭한다. 우리나라의 관련 정책으로는 일-가정 양립을 명시적으로 표현한 정책과 반드시 그렇지는 않지만 묵시적으로 일과 가정을 양립하는 데 도움을 주는 정책을 모두 묶어 주제별로 나누어 볼 수 있는데, 크게 출산전후휴가를 지원하는 정책, 육아휴직, 아이를 돌보는 기간 동안 근로시간을 단축할 수 있도록 하는 제도를 포함하는 육아지원 정책, 직장어린이집 설치 및 지원 정책 등이 있다.

출산전후휴가 및 급여 지원 정책

첫째, 출산전후휴가제도의 대상은 임신 중인 여성근로자로, 근로기준법 제74조 제1항에 따라 사업주는 임신 중의 여성에게 총 90일(다태아는 120일)의 휴가를 주어야 한다. 이 중 45일(다태아의 경우 60일) 이상은 출산 후의 기간에 사용되어야 하고, 90일은 연속사용을 하여야 한다. 또한 산전 및 산후의 여성근로자는 법에 따라 출산전후휴가 기간과 그후 30일 동안 해고할 수 없도록 하여 임산부의 출산을 이유로 불이익을 주지 않도록 하고 있다. 둘째, 출산전후휴가 급여 지원은 여성근로자가 출산전후휴가를 받은 경우로서 관련 요건을 충족하는 이에 한해 최초 60일(다태아는 75일)간 휴가 기간 동안 급여를 지원받을 수 있다. 다만, 급여를 받지 못하는 경우도 있고, 받는 기간도 사업장의 규모에 따라 달라질 수 있다(고용노동부, 2023).

육아휴직 및 급여 지원 정책

육아휴직의 대상은 임신 중인 여성 근로자와 만 8세 이하 또는 초등학교 2학년 이하의 자녀를 가진 근로자이며, 육아휴직 개시 예정일 전날까지 해당 사업에서 계속 근로한 기간이 6개월 이상 되는 근로자가 신청하면, 사업주는 최대 1년 동안 허용하여야 한다. 한 자녀당 남성과 여성 각각 1년의 육아 휴직이 가능하다. 다음으로 육아휴직 급여는, 육아휴직 대상과 동일하고 특정 지원 요건을 만족하는 경우, 고용센터에서 기준에 따라 최대 1년간 급여를 지원하는 제도이다(고용노동부, 2023).

육아기 근로시간 단축 지원 및 배우자 출산휴가 유급 지원

육아기 근로시간 단축의 경우 만 8세 이하 또는 초등학교 2학년 이하의 자녀를 가진 근로자를 대상으로 특정 조건을 만족하는 경우, 육아휴직 대신 근로시간 단축을 신청하는 경우 사업주는 최대 1년 근로시간을 단축할 수 있도록 허용하는 제도이다. 육아기 근로시간 단축급여는 위와 동일한 대상자 중 특정 지원요건을 만족한 지원자에 한해 고용센터에서 근로시간 단축에 따른 임금의 감소분 중 일부를 지원하는 제도이다.

다음으로 배우자 출산휴가 급여 지원제도는, 배우자의 출산으로 인해 휴가를 청구하는 근로자가 출산일로부터 90일 이내에 신청하면, 10일의 유급 휴가를 부여하는 제도이다. 또한 배우자 출산휴가 급여는 배우자 출산휴가를 사용한 우선지원 대상 기업에 소속된 근로자를 대상으로, 지원요건을 만족하는 경우 이 기간 중 최소 5일분 통상임금을 지급하는 제도이다. 2020년 5월까지 자료를 살펴보면 육아기 근로시간 단축제도 이용자는 점차 증가추세이며, 특히 여성 이용자의 증가세가 뚜렷하다.

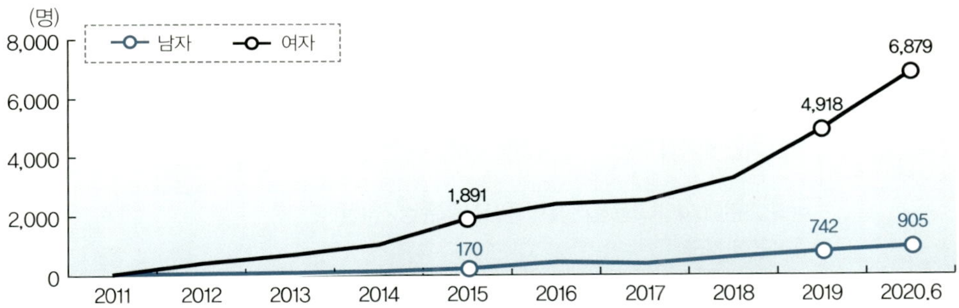

〈육아기 근로시간 단축 현황〉

	2011	2012	2013	2014	2015	2016	2017	2018	2019	2020[1]	차이 ('19-'15)
계	39	437	736	1,116	2,061	2,761	2,821	3,820	5,660	7,784	3,599
여성	37	415	692	1,032	1,891	2,383	2,500	3,270	4,918	6,879	3,027
남성	2	22	44	84	170	378	321	550	742	905	572
남성비율	5.1	5.0	6.0	7.5	8.2	13.7	11.4	14.4	13.1	11.6	4.9

자료: 고용노동부, 고용보험 DB

주: 1) 2020년은 6월 말까지 통계

그림 10-5 육아기 근로시간 단축 현황

출처: 통계청(2020). 2020 통계로 보는 여성의 삶.

상기에서 제시된 일-가정 양립을 지원하기 위한 정책들은 아래 표에서 더욱 자세한 사항을 살펴볼 수 있다.

좀 더 알아봅시다 일-가정 양립을 지원하는 정책들

▶ 출산전후휴가(유산 · 사산휴가 포함) 급여 지원

<table>
<tr><th>구분</th><th>대상</th><th>내용</th><th>지원요건 등</th></tr>
<tr><td>출산전후
휴가</td><td>임신 중인
여성</td><td>사업주는 임신 중인 여성근로자에게 90일(다태아 120일)의 보호휴가를 부여해야 하며, 출산 후 45일(다태아 60일) 이상 확보되어야 함
* 최초 60일(다태아 75일)은 사업주 유급</td><td>임신 중인 여성근로자
※ 근로자의 신청에 대한 언급이 없는 강행규정으로, 근로자가 포기하였다고 주장하여도 미부여 시 사업주는 근로기준법 위반</td></tr>
<tr><td>유산사산
휴가</td><td>임신 중
유산 · 사산
한 여성</td><td>임신 중 유산 · 사산한 여성근로자가 청구하는 경우, 임신 기간에 따라 유산 · 사산휴가를 부여해야 함</td><td>여성근로자가 유산 또는 사산하고, 청구한 경우</td></tr>
<tr><td>출산전후
(유산 · 사산)
휴가급여</td><td>상동</td><td>아래 기준에 따라 고용센터에서 출산전후(유산 · 사산) 휴가급여 지급
<table>
<tr><th>구분</th><th>최초 60일
(다태아 75일)</th><th>마지막 30일
(다태아 45일)</th></tr>
<tr><td>우선지
원대상
기업</td><td>• (정부) 최대 월 210만 원의 출산전후휴가 급여 지급
• (사업주) 통상임금과 210만 원의 차액분 지급</td><td>정부가 통상임금 지급(최대 210만 원)</td></tr>
<tr><td>대규모
기업</td><td>사업주가 통상임금을 지급</td><td>정부가 통상임금 지급(최대 210만 원)</td></tr>
</table></td><td>• 근로기준법의 출산전후(유산 · 사산)휴가를 사용했을 것
• 휴가가 끝난 날 이전 피보험 단위기간이 180일 이상일 것
• 휴가 시작일 이후 1개월부터 휴가 종료일 이후 12개월 이내에 신청</td></tr>
</table>

▶ 육아휴직 급여 지원

구분	대상	내용	지원요건 등
육아 휴직	임신 중인 여성 근로자, 만 8세 이하 또는 초등학교 2학년 이하의 자녀를 가진 근로자	근로자가 신청하면 사업주는 최대 1년간 육아휴직을 허용하여야 함(무급: 사업주는 임금 지급의무 X) * 한 자녀당 남녀 각각 1년 가능	육아휴직 개시 예정일 전날까지 해당 사업에서 계속 근로한 기간 6개월 이상

육아 휴직 급여	상동	고용센터에서 최대 1년간 급여 지원 • (육아휴직급여) 월 통상임금의 80%(상한 150만 원, 하한 70만 원) * 급여의 25%는 사업장 복귀 후 6개월 이상 계속 근무시 지급 • (3+3부모육아휴직제) 자녀 생후 12개월 내 부모가 동시에 또는 순차적으로 육아휴직 사용 시, 첫 3개월에 대해 부모 각각의 육아휴직 급여를 통상임금의 100%(상한 200~300만 원) 지급 • (아빠육아휴직보너스제) 같은 자녀에 대해 부모가 모두 육아휴직하는 경우, 두 번째 사용자(주로 아빠)의 첫 3개월 급여는 통상임금의 100%(상한 250만 원) 지급	• 육아휴직을 30일 이상 사용했을 것 • 육아휴직을 시작한 날 이전에 피보험 단위기간이 180일 이상일 것 • 육아휴직을 시작한 날 이후 1개월부터 끝난 날 이후 12개월 이내에 신청

▶ 육아기 근로시간 단축 지원

구분	대상	내용	지원요건 등
육아기 근로 시간단축	만 8세 이하 또는 초등학교 2학년 이하의 자녀를 가진 근로자	육아휴직을 신청할 수 있는 근로자가 육아휴직 대신 근로시간 단축을 신청하면 사업주는 최대 1년간 육아기 근로시간 단축(단축 후 근로시간: 주당 15-35시간)을 허용해야 함 * 근로계약 변경으로 임금이 감소하게 됨	• 단축 개시 예정일 전날까지 해당 사업장에서 계속 근로한 기간 6개월 이상 • 사업주가 14일 이상 대체인력 채용을 위해 노력하였으나, 채용하지 못한 경우 • 업무 성격상 근로시간 분할 수행이 곤란하거나 그 밖에 정상적인 사업 운영에 중대한 지장을 초래하는 경우로서 사업주가 이를 증명하는 경우
육아기 근로시간 단축급여	상동	고용센터에서 근로시간 단축에 따른 임금감소의 일부를 단축 개시일 기준 통상이금으로 지원 • 최초 5시간분 통상임금 100%(상한 200만 원, 하한 50만 원)*(5/단축 전 소정근로시간) • 나머지 시간분 통상임금의 80%(상한 150만 원, 하한 50만 원) * (단축 전 소정근로시간-단축 후 소정근로시간-5)/단축 전 소정근로시간)	• 육아기 근로시간 단축을 30일 이상 실시 • 육아기 근로시간 단축 시작일 이전에 피보험 단위기간이 180일 이상일 것 • 단축을 시작한 날 이후 1개월부터 끝난 날 이후 12개월 이내에 신청

▶ 배우자 출산휴가 급여 지원

구분	대상	내용	지원요건등
배우자 출산휴가	배우자의 출산을 이유로 휴가를 청구하는 근로자	사업주는 근로자가 배우자의 출산을 이유로 휴가를 청구하는 경우 10일(유급*)의 휴가 부여해야 함 * 배우자 출산휴가를 유급 10일로 확대 ('19.10.1 시행)	• 배우자의 출산을 이유로 휴가를 청구하는 근로자 • 출산일로부터 90일 이내에 신청
배우자 출산휴가 급여	배우자 출산휴가를 사용한 우선지원 대상기업 소속 근로자	배우자 출산휴가기간 중 최초 5일분 통상임금 지급 • 구분-우선지원대상기업 • 최초5일-(정부) 최대 401,910원의 배우자 출산급여 지금. (사업주) 통상임금과 401,910원의 차액분 지급 • 나머지 5일-사업주가 5일분(통상임금 100%) 지급	• 배우자 출산휴가를 사용한 근로자일 것 • 휴가가 끝난 날 이전까지의 피보험 단위기간이 180일 이상일 것 • 휴가를 시작한 날 이후 1개월부터 끝난 날 이후 12개월 이내에 신청

출처: 고용노동부(www.moel.go.kr).

가족친화인증 제도

일을 병행하는 부모에게 직접 서비스나 재화를 제공하는 정책 외에도, 일과 가정을 양립할 수 있는 사회적 분위기나 환경의 조성도 중요하다. 우리나라는 매년 가족친화인증기업 및 기관을 선정한다. 가족친화인증이란, 가족친화제도를 모범적으로 운영하는 기업과 공공기관에 대해 심사를 통해 인증을 부여하는 제도이며, 직장인이 직장생활과 가정생활을 병행할 수 있는 환경을 마련하기위해 2008년 시행되었다. 2017년부터는 공공기관의 경우 인증이 의무화되었다. 인증신청을 하여 선정된 기관과 기업은 정부·지자체 사업자 선정시 가점, 중소·중견기업 투융자 금리 우대 등의 지원 혜택을 제공하여 독려하고 있다.

좀 더 알아봅시다 가족친화인증제

가족친화인증제란?

가족친화제도를 모범적으로 운영하는 기업과 공공기관에 대하여 심사를 통해 인증을 부여하는 제도다. 직장인이 가정생활과 직장생활을 조화롭게 병행하는 가족친화 사회 환경을 만들기 위해 2008년 처음 시행됐다. 공공기관은 2017년부터 인증이 의무화됐다.

여성가족부가 매년 신청 기업과 기관을 심사하여 가족친화 인증기업·기관을 선정한다. 선정된 기업과 기관은 △정부·지자체 사업자 선정 시 가점 △중소·중견기업 투융자 금리 우대 △출입국 우대카드 발급 등 220여 개의 혜택을 지원 받을 수 있다. 신규인증은 3년 동안 유효하고 이후에는 일정 심사과정을 거쳐 2년간 유효기간을 연장한다. 그 이후에는 3년마다 재인증을 받아야 한다.

가족친화제도의 예시

▶ (자녀출산 및 양육지원) 육아휴직, 육아기 근로시간 단축, 출산전후휴가, 배우자출산 휴가, 임신기 근로시간 단축, 수유시설 및 산모휴게실, 자녀 학자금 지원, 직장어린이집 설치 등

▶ (유연근무제도) 시차출퇴근제, 재택근무제, 시간제 근무, 스마트워크 등

▶ (가족친화 직장문화 조성) 정시퇴근('가족사랑의 날' 등 시행), 가족친화 직장교육 실시, 근로자 상담제도, 장기근속 휴가 지원, 가족돌봄 휴직, 가족초청 행사, 가족건강검진 지원, 가족휴양시설 제공, 가족캠프 등 가족참여 프로그램, 노동시간단축 조기도입 등

출처: 대한민국 정책브리핑(www.korea.kr).

관련 법

위에서 설명한 각종 제도들은 관련 법적 근거를 바탕으로 시행된다. 일-가정 양립을 지원하거나 이와 관련된 법은 대표적으로 「근로기준법」, 「남녀고용평등과 일가정양립지원법」, 「가족친화 사회환경의 조성 촉진에 관한 법률」이 있다. 간략한 경과를 살펴보면, 우리나라는 2001년에 「근로기준법」, 「남녀고용평등법」, 「고용보험법」의 이른바 모성보호 3법의 개정으로 출산전후휴가제도, 육아휴직 제도가 정착되기 시작했다. 2007년에는 「남녀고용평등법」이 「남녀고용평등과 일·가정양립 지원에 관한 법률」로 개정되었고, 또한 같은 해 「가족친화사회환경조성법」을 마련하여, 앞서 살펴본 가족친화인증제의 법적 근거 등이 마련되었다(국가기록원, https://www.archives.go.kr).

참/고/문/헌

경향신문(2022. 5. 27.). 직장 내 성차별 심할수록 '일·가정 양립' 기혼여성노동자 우울 키운다. https://www.khan.co.kr/national/health-welfare/article/202205271359001

이윤석(2010). 취업한 기혼 남녀의 일과 가족 전이. 한국인구학, 33(2), 1-31.

이재림, 손서희(2013). 미취학 자녀를 둔 맞벌이 여성의 일-가족 갈등: 직장 및 자녀양육 관련 자원과 지각을 중심으로. 한국가족관계학회지, 18(1), 93-114.

장미나, 한경혜(2015). 일·가족·여가활동 시간비율로 살펴본 맞벌이부부의 역할분배 유형과 유형별 일상정서경험. 가족과 문화, 27(2), 98-129.

하여진(2017). 기혼취업여성 일-가족 양립에 따른 전이유형과 정신건강에 관한 연구. *Family and Environment Research*, *55*(1), 13-26.

한경혜, 손정연(2015). 일·가족 상호성의 관점에서 본 베이비부머의 직무경험, 부부간 긴장과 행복감. 한국인구학, 38(4), 33-62.

한국경제연구원(2022). 한창 일할 나이인데....한 핵심노동인구 고용률 OECD 36개국 중 29위. retrieved July 5 2023 from http://www.keri.org/web/www/news_02?p_p_id=EXT_BBS&p_p_lifecycle=0&p_p_state=normal&p_p_mode=view&_EXT_BBS_struts_action=%2Fext%2Fbbs%2Fview_message&_EXT_BBS_messageId=356323

통계청(2020). 2020 통계로 보는 여성의 삶.

Altobelli, J., & Moen, P. (2007). Work-family spillover among dual-earner couples. *Advances in Life Course Research*, *12*, 361-382.

Barnett, R. C. (1996). *Toward a review of the work/family literature: Work in progress.* Boston, MA: Wellesley College Center for Research on Women.

Edwards, J. R., & Rothbard, N. P. (2000). Mechanisms linking work and family: Clarifying the relationship between work and family constructs. *Academy of management review*, *25*(1), 178-199.

Greenhaus, J. H., & Powell, G. N. (2006). When work and family are allies: A theory of work family enrichment. *Academy of Management Review*, *31*, 72-92.

Greenhaus, J. H. & Beutell, N. J. (1985). Sources of conflict between work and family roles. *Academy of Management Review*, *10*, 76-88.

Greenhaus, J. H., & Parasuraman, S. (1986). A work-nonwork interactive perspective of stress and its consequences. *Journal of Organizational Behavior Management*, *8*, 34-60.

Grzywacz, J. G., & Marks, N. F. (2000). Reconceptualizing the work-family interface: An ecological perspective on the correlates of positive and negative spillover between work and family. *Journal of Occupational Health Psychology*, *5*, 111-126.

Haslam, D., Filus, A., Morawska, A., Sanders, M. R., & Fletcher, R. (2015). The Work-Family Conflict Scale (WAFCS): Development and initial validation of a self-report measure of work-family conflict for use with parents. *Child Psychiatry & Human Development*, *46*, 346-357.

Marks, S. R. (1977). Multiple roles and role strain: Some notes on human energy, time and commitment. *American Sociological Review*, *39*, 567-578.

Marshall, C. M., Chadwick, B. A., & Marshall, B. C. (1991). The influence of employment on family interaction, well-being, and happiness. In S. J. Bahr (Ed.) *Family research: A sixty-year review, 1930-1990*: Vol. 2 (pp. 167-229). New York: Lexington Books.

Parsons, T. (1954). Age and sex in the social structure of the United States. In *Essays in Sociological Theory* (2nd Edition), pp. 89-103. New York: Free Press of Glencoe (original edition, 1949). (Reprinted from the American Sociological Review, 7, 604-616.)

Rantanen, J., Kinnunen, U., Mauno, S., & Tement, S. (2013). Patterns of conflict and enrichment in work-family balance: A three-dimensional typology. *Work & Stress*, *27*(2), 141-163.

Sieber, S. D. (1974). Toward a theory of role accumulation. *American Sociological Review*, *39*, 567-578.

Wayne, J. H., Grzywacz, J. G., Carlson, D. S., & Kacmar, K. M. (2007). Work-family facilitation: A theoretical explanation and model of primary antecedents and consequences. *Human resource management review*, *17*(1), 63-76.

고용노동부(www.moel.go.kr)

국가기록원(www.archives.go.kr)

대한민국 정책브리핑(www.korea.kr)

가족 스트레스

Marriages and Families

11

CHAPTER

챕터 개요

가족체계도 개인처럼 스트레스를 경험한다. 이번 장에서는 스트레스의 학문적 개념과 스트레스가 어떤 과정을 거쳐 가족에게 영향을 주게 되는가에 대한 이론을 살펴본다. 더불어 스트레스를 견뎌내고 기능을 유지하는 가족탄력성에 대해 살펴본다.

스트레스 이론

- 셀리에 이론
- 라자루스 이론
- 홈스와 라헤 이론

가족 스트레스 이론

- 생태체계적 관점
- ABC-X 모델
- 맥락적 ABC-X 모델
- 이중 ABC-X 모델
- 가족조정 및 적응반응(FAAR) 모델

가족 탄력성

- 가족탄력성의 정의
- 가족탄력성의 구성요소

주요 용어

스트레스, 가족스트레스, ABC-X 모델, 가족탄력성

CHAPTER

11 가족 스트레스

스트레스 이론

현대인의 건강과 삶의 질을 해치는 최대의 적은 스트레스라 해도 과언이 아니다. 물리학과 공학 분야에서 사용하던 스트레스라는 용어를 캐나다의 내분비학자 한스 셀리에(Hans Selye)가 1930년대 처음으로 의학 분야에서 사용한 지 백 년도 안 되었다. 그런데 스트레스라는 용어는 이제 우리가 하루에도 몇 번씩 떠올리는 단어가 되었으며, 우리 삶의 질을 나타내는 전문적 · 일상적 지표로 사용되고 있다. 이 장에서는 무엇이 우리에게 스트레스를 주며 어떤 과정을 통해 스트레스가 개인의 건강을 비롯한 삶에 영향을 주는지 살펴본다. 그리고 스트레스가 주는 영향을 조절하는 것에는 무엇이 있는지 알아보도록 한다. 스트레스가 전혀 없는 삶이 가능하지는 않겠지만, 이 장에 나오는 이론 및 여러 연구 결과를 통해 스트레스에 대한 이해를 높이는 것은 신체적 · 정신적 건강을 지키는 데 도움이 될 것이다.

셀리에 이론

외부의 스트레스와 신체과정과의 관계는 크게 생리학(physiology)이나 정신생물학(psychobiology) 관점에서의 접근과 심리학(psychology) 관점에서의 접근으로 나눌 수가 있다. 먼저 생리학적 관점을 살펴보자면 셀리에 이론을 들 수 있다. 셀리에는 일련의 동물실험 결과, 열, 냉기, 유독물질 등 다양한 자극이 높은 강도로 오랫동안 유지되면 공통의 부정적 결과를 일으킨다는 것을 발견하였다. 그는 다양한 상황들이 스트레스 반응을 일으키지만, 그 반응은 같은 과정을 거친다고 보았고, 스트레스에 대한 이러한 일반적 반응을 일반적응증후군(General Adaptation Syndrome: GAS)이라고 부르고 얼마 지나지 않아 '스트레스 반응'이라고 불렀다.

셀리에는 일반적응증후군이 세 단계에 걸쳐 일어난다고 설명한다. 먼저 1단계인 경보반응단계(alarm reaction stage)에서는 스트레스를 받으면서 신체 내 교감신경계가 활성화되어 스트레스에 반응한다. 이때 몸은 일시적으로 두통 증상이 나타나며, 피곤해지고, 식욕이 떨어지며, 위통 등이 발생할 수 있지만 여전히 신체 회복능력을 지닌 상태이다. 이 단계에서 신체는 힘을 극대화하도록 활성화되고 '투쟁-도피(fight or flight)' 반응을 준비한다.

스트레스가 계속되면 2단계 저항기(resistance stage)로 돌입하게 되고, 신체가 스트레스에 대해 저항을 하고 원상태(균형)로 되돌리려고 한다. 이 단계가 얼마 동안 지속될 것인지는 스트레스원의 심각성과 유기체의 적응 능력에 달려 있다. 만약 유기체가 적응할 수 있다면 저항 단계는 오랫동안 지속될 것이다. 이 단계 동안 사람들은 겉으로는 정상적으로 보이지만 신체의 내부 기능은 생리적으로 정상이 아니다. 이때 1단계에서 나타나던 증상이 멈춰 표면적으로는 스트레스에 적응한 것으로 보이기도 한다. 스트레스에 적응하려는 노력으로 호르몬 분비가 증가하고, 감염에 대한 저항력이 낮아지며, 위궤양이나 고혈압 같은 신체적 증상이 나타나며, 심리적으로는 만성불안이나 신경증이 생기기도 한다.

마지막으로 3단계 소진기(exhaustion stage)까지 스트레스가 지속되면(셀리에의 동물 연구에서는 1~3개월이라고 함) 몸에서 스트레스에 적응할 힘이 소진되어 1단계의 증상이 재발하게 되고, 신체적 · 심리적 고갈상태에 이르며, 심근경색 등 급작스러운 죽음에 이를 정도의 질병을 앓기도 한다. 이상의 세 단계로 나타나는 스트레스에 대한 반응을 아래 [그림 11-1]에서 제시하고 있다.

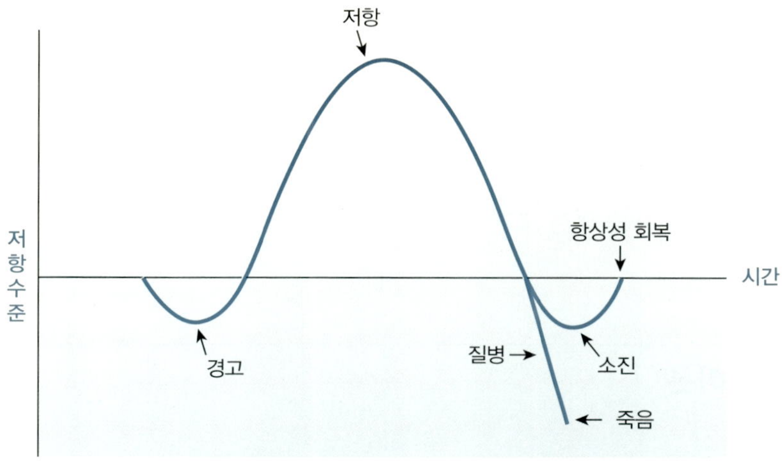

그림 11-1 일반적증후군의 단계별 저항수준

출처: 정의석(2008). 대학생을 위한 심리학. p. 296.

이 가설이 논문을 통해 발표되자 즉각적으로 사람들의 주목을 받게 되었다. 일상생활에서 경험하는 부정적인 현상들을 '스트레스'로 설명할 수 있게 되었기 때문이다. 하지만, 학계의 비판적인 반응도 있었다. 우선, 그가 내린 스트레스의 모호한 정의 때문에 불안(anxiety), 위협(threat), 갈등(conflict), 정서적 각성(emotional arousal) 등과 유사한 개념 정도로 받아들여지기도 했다. 또한, 그의 스트레스 자극은 환경적 요인으로 구성되어 있지만, 정서적 요소 및 스트레스 사건에 대한 개인적 평가와 같은 심리요인을 고려하지 않다는 비판을 받기도 했다. 이런 학계의 비판에도 불구하고, 다양한 영역에서 그의 이론을 적용하여 사람들의 스트레스를 줄이는 노력이 이어졌다. 특히 제2차 세계대전 중에는 부상을 입은 군인들의 회복에 스트레스가 악영향을 준다는 사실을 발견하면서 미군 소속 연구소에서 1970년대 중반까지 미국 스트레스 연구자의 3분의 1 이상을 고용하여 연구를 지속한 바 있다. 스트레스에 대한 셀리에의 관점은 스트레스가 신체에 미치는 영향과 스트레스를 자극으로 본 초기의 개념이 모두 스트레스를 연구하고 측정하는 데 공헌했다. 스트레스를 자극으로 본 관점은 스트레스를 경험하는 환경을 연구하도록 촉진했다.

셀리에는 스트레스에 대한 신체반응에 초점을 맞춰 정서적 요인과 심리적 요인을 간과했다는 한계를 보였지만 스트레스 개념의 대중화에 공헌하였으며, 스트레스와 신체적 질병 사이의 관계를 보여주며 이후 많은 스트레스 연구에 영감을 준 공로가 크다. 셀리에 모델을 통해서 우리가 꼭 기억해야 할 점은, 첫 단계의 경고 반응을 무시하지 않고 이를 효과적으로 대처해야 한다는 것이다. 스트레스 초기에 휴식 등 적절한 조치를 해서 소진에까지 이르지 않도록 하자.

라자루스 이론

리처드 라자루스(Richard Lazarus)는 심리학적 관점에서 일상에서의 사건 자체가 스트레스를 일으키는 것이 아니라 개인의 심리요인과 인식이 스트레스를 만든다고 주장했다. 따라서, 라자루스의 이론에서는 개인이 사건에 대한 가치나 의미를 부여하는 평가(appraisal)와 사건이 주는 충격이나 요구로부터 자신을 보호하려는 노력인 대처(coping)가 중요한 개념이다.

라자루스의 관점에서 스트레스는 특정한 외부의 자극이나 생리학적 반응이 아니라 '개인과 환경과의 관계'로 정의하며, 따라서 심리적 스트레스는 "개인이 자신에게 중요하다고 생각하는 환경 가운데 힘들어하면서 이를 처리할만한 자원이 부족한 상황"을 의미한다. 아놀드(Arnold, 1960)에 의해 정서 연구에 처음 소개되어 라자루스가 정교화한 '평가'의 개념은 스트레스를 이해하는 핵심이며, 스트레스를 포함한 모든 정서의 과정(process)은 어떤 사건에 대한 개인의 기대가 중요한 역할을 한다. 스트레스에 대한 개인의 평가가 사람마다 다르기 때문에 같은 자극에 반응하는 정도와 기간에 차이가 나는데, 평가는 동기, 목표, 가치와 같은 개인적인 요인과 예측성, 통제 가능성, 급박함과 같은 상황적 요인에 따라 달라진다.

라자루스(1991)는 이후에 스트레스를 포함한 감정에 대한 종합적인 이론을 제시하면서 평가는 개인의 안녕(wellbeing)과 관련된 1차 평가와 대처방식을 고려하는

2차 평가, 그리고 재평가의 순서로 이뤄진다고 보았다. 1차 평가는 그 사건이 개인에게 얼마나 중요하다고 보는가와 관련된 목표 관련성(goal relevance), 그 사건이 자신의 목표한 바와 같은 방향으로 진행되는가와 관련된 목표 일치성(goal congruence), 해당 사건이 자존감, 도덕적 가치, 이상적 자아, 자아정체성과 얼마나 관련되었는가 하는 자아개입 유형(type of ego-involvement)의 세 요소로 이뤄져 있다. 2차 평가는 '내게 이용 가능한 대처 방법에는 무엇이 있는가?', '내가 이런 대처 방법을 성공적으로 적용할 가능성은 얼마나 되는가?', '내가 선택한 대처 방법이 스트레스를 경감시켜줄 확률은 어느 정도인가?'와 같은 질문과 관련되어 있다. 마지막으로 재평가는 새로운 정보로 앞선 평가를 수정하는 과정이며, 재평가를 통해 앞서 스트레스로 평가했던 것이 긍정적으로 변하기도 한다.

대처(coping)는 라자루스의 이론에서 매우 중요한 위치를 차지하고 있다. 라자루스는 기존의 다른 연구에서는 대처를 개인의 기질이나 사고방식(예: 부정이나 회피)처럼 한 번 형성되면 변하지 않는 것처럼 여기는 것에 대해 스트레스의 복잡성과 개인의 노력이 차지하는 비중을 간과하는 것이라고 문제를 제기했다. 그래서 그는 대처를 "한 개인의 자원을 능가하고 변화하는 특정한 내·외의 힘든 요구와 갈등을 견디거나 통제하기 위해 계속해서 변화하는 행위와 정신적인 노력"이라고 정의하였다. 이러한 그의 정의는 변화하는 환경에 따라 함께 변해야 하는 대처의 과정(process)적 중요성과, 스트레스 대처 결과가 아닌 노력이 중요함을 강조한 것이다.

라자루스 모델에서는 사람들이 스트레스 환경을 바꿀 수 있는 경우에는 문제중심(problem-focused)의 대처를, 그렇지 않을 경우에는 스트레스에 대한 정서적 반응을 처리하는 정서중심(emotion-focused) 대처를 하게 된다고 보았다. 대처 전략과 건강의 관계는 스트레스 유형과 심리적 혹은 신체적 건강에 미치는 영향에 따라 중재된다. 일반적으로 문제중심 대처는 건강과 정(+)적인 관계를 보이지만, 정서중심 대처는 건강과 부(-)적인 관계를 보이는 경향이 있다.

이 이론에서 제시하는 여섯 가지 중요한 개인적 대처 자원은 (1) 건강과 에너지(health and energy), (2) 긍정적 신념(positive beliefs), (3) 문제 해결 기술(problem solving skills), (4) 물질적 자원(material resources), (5) 사회적 기술(social skills),

(6) 사회적 지지(social support)다. 라자루스의 모델이 제시한 스트레스, 평가, 대처, 질병과의 관계는 [그림 11-2]에 나타나 있다.

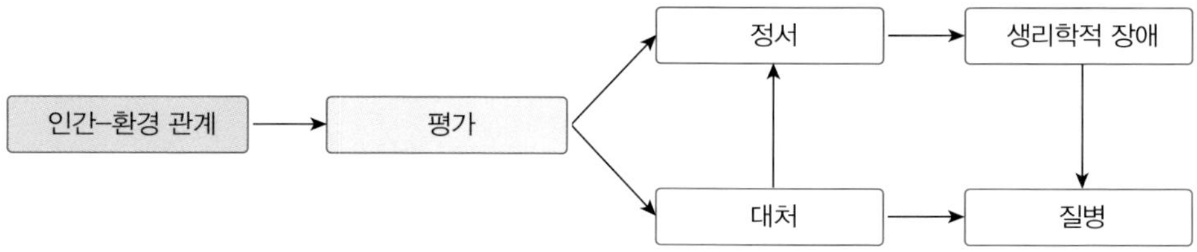

그림 11-2 라자루스 모델: 스트레스와 질병의 관계

출처: Lazarus & Folkman(1984). Stress, appraisal, and coping. p. 219.

홈즈와 라헤 이론

정신과 의사 홈즈와 라헤(Holmes & Rahe, 1963)는 인생에서 겪는 스트레스 경험이 질병을 유발하는가를 살펴보기 위해 394명의 참여자들에게 43개의 생활사건을 겪은 이후 적응하는 어려움의 정도를 응답하도록 하였다. 결혼을 500이라고(나중엔 50으로 변경하였다) 하였을 때, 제시하는 사건이 결혼보다 적응하는 시간과 에너지가 많이 소요되면 응답자는 그보다 큰 숫자를, 결혼보다 쉬우면 더 작은 숫자를 제시하는 방식으로 측정하였다. 이렇게 만들어진 사회재적응률척도(Social Readjustment Rating Scale)는 많은 국가에서 여러 연령집단을 비교하여 검증되었다. 척도의 내용을 살펴보면, 배우자의 죽음(100)이 가장 큰 스트레스를 유발하는 인생사건이며, 이혼(73)이나 별거(65), 수감생활(63) 등이 뒤를 이었다(〈표 11-1〉 참조). 홈즈와 라헤가 제시한 생활 사건의 스트레스 척도를 살펴보면 결혼(50점), 임신(40점), 휴가(13점) 등 흔히 부정적일 것 같지 않거나 오히려 '성취'로 받아들일 수 있는 사건들까지도 스트레스를 준다는 것을 알 수 있다. 따라서 삶에 일어나는 변화 자체가 스트레스원으로 작용하는 것을 유추해 볼 수 있다.

이 척도는 일정한 기간에 경험한 누적 스트레스 점수의 합계를 측정하는 단순한 방식을 활용하는데, 많은 연구자들은 이 척도가 너무 단순하고 내용타당도(어떤 검사의 문항들이 그 검사가 측정하고자 하는 내용을 얼마나 충실하게 측정하고 있는가에 대한 수준)가 낮다고 비판한다. 예를 들어, 일반적 상식으로 노인들이 질병의 증가로 인해 더 많은 스트레스를 받지만, 이 척도를 20대와 30대에게 적용하면 60대보다 스트레스 사건의 개수가 두 배 이상 많은 것으로 나오므로 현실과 동떨어진 결과라는 것이다. 하지만 일각에서 비판하는 이 척도의 단순함이 오히려 스트레스 연구에서 꾸준히 인기를 끌고 있는 이유로 작용하기도 해서, 지금까지도 많은 연구에 활용되고 있다.

표 11-1 사회재적응률척도

순위	생활사건	점수	순위	생활사건	점수
1	배우자의 죽음	100	23	자녀의 출가	29
2	이혼	73	24	시댁 식구들과의 갈등	29
3	부부간의 불화, 별거	65	25	개인의 특별한 성취	28
4	법정 구속	63	26	배우자의 맞벌이 시작/ 정리	26
5	가족의 죽음	63	27	진학 및 졸업	26
6	신체적 상해, 질병	53	28	생활환경의 변화	25
7	결혼	50	29	습관 개선	24
8	해고	47	30	상사와의 갈등	23
9	배우자와의 재결합	45	31	이사	20
10	은퇴	45	32	업무시간/ 환경 변화	20
11	가족의 건강 문제	44	33	전학	20
12	임신	40	34	취미의 변화	19
13	성 문제	39	35	교회 활동 변화	19
14	새 식구 증가	39	36	사회 활동 변화	18
15	업무 재조정	39	37	소소한 담보나 대출	17
16	재정 상태 변화	38	38	수면 습관 변화	16
17	친한 친구의 죽음	37	39	가족 모임 횟수 변화	15
18	이직	36	40	식습관 변화	15
19	배우자와의 말다툼 증가	35	41	휴가	13
20	거액의 담보나 대출	32	42	주요 명절	12
21	담보 대출 압류	30	43	가벼운 법률 위반	11
22	직장 내 직책 변화	29			

출처: Holmes & Rahe(1963).

타당성에 대한 공격을 받은 라헤의 연구팀은 이후 폐결핵, 폐렴과 다른 감염, 심장질환, 당뇨병, 탈장, 조현병 등의 질환 발생이 이 척도의 점수와 통계적으로 유의미한 상관관계가 있음을 밝히고 비판에 반박하며 척도의 유용성을 주장하였다. 예를 들어 라헤와 동료들(Rahe et al., 1970)은 2년 동안 총 200~299점을 받은 사람의 51%, 300점 이상을 받은 사람의 79%가 실제로 건강 악화를 경험했다고 발표하면서, 척도에서 높은 점수를 받은 사람이 실제로 스트레스를 더 많이 경험하여 질병에 더 취약함을 증명하였다.

가족 스트레스 이론

미국은 1930년대의 세계대공황 속에서 경제적 위기를 겪고, 제2차 세계대전으로 많은 군인 가족이 오랫동안 서로 떨어져 있게 된 상황을 경험하였다. 가족 스트레스에 관한 연구는 이런 상황에 처한 미국 가족에 관심을 둔 시카고 대학과 미시간 대학의 사회학자들에 의해 처음 시작되었다. 가족 스트레스의 선구자 격인 르우벤 힐(Reuben Hill)이 첫 이론적 틀인 ABC-X 모델(1949, 1958)을 고안한 이후, 이를 바탕으로 학자들이 다양한 영역에 적용하여 이론을 발전시켜 나갔다. 버어(Burr, 1973)나 맥커빈과 패터슨(McCubbin & Patterson, 1983)은 가족 취약성(family vulnerability), 재생력(regenerative power), 적응성(adaptability)의 개념을 제시하였고, 피글리(Figley, 1989)는 트라우마를 가족스트레스와 연결하였다. 보스(Boss, 1987, 1988)는 의미, 인식, 상황적 차이에 대한 연구를 진행한 바 있다.

70년대와 80년대에도 가족의 스트레스는 전쟁(이번에는 베트남 전쟁)과 관련되어 진행된다. 트라우마는 PTSD(posttraumatic stress disorder: 외상 후 스트레스 증후군)라는 이름으로 가족스트레스 영역에 합류하게 되었으며, 라비와 동료들(Lavee et al., 1985)은 힐의 모델을 가지고 양적연구를 발전시켜 나간 반면, 보스(Boss, 1988, 2000, 2006)는 가족마다 스트레스를 견뎌내는 능력의 차이에 의문을 갖고 인지(perception)나 상황(context)과 같은 요인에 초점을 맞추었다. 보스는 그리하여 모호한 손실(ambiguous loss), 경계의 모호(boundary ambiguity)와 같은 새로운 용어를 제시하였다(Boss, 1987, 1988; Boss & Mulligan, 2003).

생태체계적 관점

브론펜브레너(Bronfenbrenner, 1979)와 같은 가족 이론가들은 스트레스에 놓인 가족을 개념화하기 위해서 생태적 또는 체계적 관점으로 접근했다. 이 관점에 의하면 가족은 살아 있는 유기체고, 자신을 지키기 위한 경계(boundary)를 지니고 있으며, 성장과 생존을 위해 기능한다. 다른 사회체계와 마찬가지로, 가족은 항상성을 지키려 애쓰고, 개인이나 쌍(부부, 형제, 부모-자녀 등)과 같은 하위체계(subsystem)와 지역, 문화, 국가 등의 상위체계(suprasystem)의 산물이다.

스트레스에 대한 다른 이론들은 스트레스를 받는 개인에게 초점을 둔 반면, 가족 스트레스 이론의 주된 관심은 한 단위로서의 가족 전체에 있다. 앞서 이론 단원에서 다룬 것과 같이 체계이론은 전체가 단순히 부분들의 합 이상임을 제시하는데, 이를 가족에게 적용하자면 가족이라는 체계는 가족 개개인의 특성뿐 아니라 가족원들 사이의 관계 특성까지 더해진 것이며, 기억, 성공, 실패, 염원까지도 공유하는 집단이다.

생태체계 접근은 연구자들이 가족과 개인을 넘어 더 넓은 상위체계까지 살필 수 있도록 도와주는데, 이는 가족이 완전히 독립적으로 존재할 수 있는 것이 아니며 보다 큰 사회의 맥락 속에서 부분으로 살아가기 때문이다. 가족을 둘러싼 외부 환경을 '생태체계(ecosystem)'라고 부르며, 생태체계는 역사, 문화, 경제, 유전자 등을 포함한다. 따라서, 스트레스 사건에 대한 가족의 반응은 그 가족이 어느 시점, 문화, 사회의 경제적 조건, 유전적 특징, 가족생활주기상의 단계에 놓였는가에 따라 달라진다.

ABC-X 모델

힐(Hill, 1949)은 전쟁으로 인해 떨어져 지내야만 했던 가족들의 분리와 재결합에 관한 연구를 진행해 ABC-X 모델을 제시하였다([그림 11-3] 참조). ABC-X 모델은 가족이 위기에 처하는 과정을 설명하며, 실직이나 가족원의 질병 등 스트레스 사건(A)에 직면하였을 때, 가족의 내적·외적 '가족자원'(B)과 스트레스 사건에 대한 '가족원들의 인식(C)'의 수준에 따라 가족이 경험하는 위기(X)의 정도가 결정된다는 내용을 제시한다. 다시 말해, ABC-X 모델은 스트레스 발생 시에 가족이 이에 대처할 만큼의 충분한 가족자원을 가지고 있거나 스트레스 상황을 위협적으로 보지 않거나 기회라고까지 인식한다면 가족이 붕괴되는 위기를 겪지 않게 된다는 것이다.

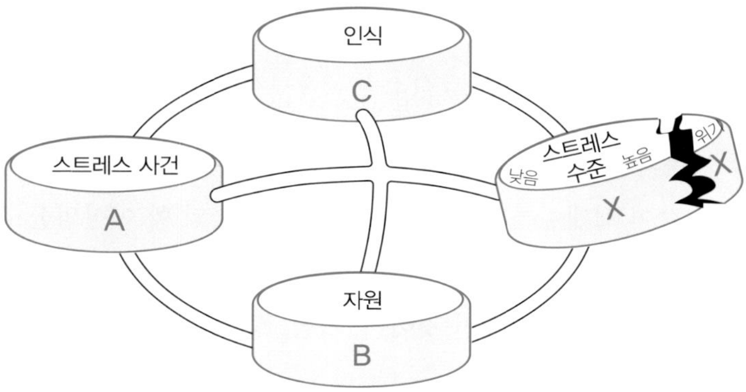

그림 11-3 힐(Hill, 1949)의 ABC-X 모델

출처: www.FamiliesInSociety.org

스트레스 사건(stressor events)

ABC-X 모델의 가장 앞부분인 A를 차지하고 있는 스트레스 사건은 가족체계에 다양한 수준의 변화를 가져오게 되는데, 가족의 체계를 구성하는 요소인 경계, 구조, 목표, 과정, 역할, 가치 중 어느 한 측면에라도 변화를 불러일으키는 사건은 가족 스트레스를 불러일으킨다. 부정적인 사건과 긍정적 사건 모두 스트레스 사건이

될 수 있으며, 그로 인한 스트레스 수준은 뒤에 언급될 조절요인에 의해서 달라진다. 가족 스트레스 사건을 몇 개의 차원으로 구분하자면 다음의 〈표 11-2〉와 같다.

표 11-2 스트레스의 차원

(1) 내부/외부(internal vs. external): 스트레스의 근원이 가족 내부/외부에 존재
(2) 전반/일부(pervasive vs. bounded): 스트레스가 미치는 범위(가족 체계 전체인가, 일부 구성원인가?)
(3) 급격/완만(precipitate vs. gradual onset): 스트레스의 전개 속도
(4) 높은/낮은 강도(intense vs. mild): 스트레스의 심각한 정도
(5) 일시/지속(transitory vs. chronic): 스트레스가 지속되는 시간
(6) 임의/예상(random vs. expectable): 스트레스가 발생하는 것에 대한 예상 정도
(7) 자연적/인위적 발생(natural vs. artificial generation)
(8) 부족/잉여(scarcity vs. surplus): 인간 · 물질자원이 부족해서/지나쳐서 생긴 것인가?
(9) 해결 불가/가능으로 인지(perceived solvable/insolvable): 스트레스로 위기를 겪는 사람이 그 위기를 해결할 수 있는 것으로 보는가의 여부
(10) 실질적 내용: 스트레스의 내용(정치, 경제, 윤리, 사회, 종교, 건강, 성…)

출처: Lipman-Blumen, J. (1975).

가족 연구와 치료에 자주 사용되는 기준으로 규범(normative)/비규범(non-normative)이 있는데, 규범적 사건은 가족원의 출생이나 죽음, 자녀의 학교 입학, 은퇴와 같이 가족생활주기 내에서 일어나는 전환적 사건을 의미한다. 규범적 스트레스 사건은 비록 지속 기간이 짧고 예측할 수 있지만, 가족의 평정(equilibrium)을 잃게 할 수 있는 잠재력을 가진다. 이러한 규범적 스트레스는 가족이 이 변화에 잘 적응하지 못할 때만 가족에게 위기를 일으킨다. 이에 반해, 비규범적 스트레스는 좀처럼 반복되지 않고 예측할 수 없는 사건이며, 실직, 자연재해, 자동차 사고 등과 같은 사건을 예로 들 수 있다. 한편, 승진이나 복권 당첨 등 예상치 못한 긍정적 사건 역시 가족에게 변화를 가져와 가족의 일상을 바꾸기 때문에 스트레스로 작용할 수 있다. 단일의(isolated) 스트레스 사건인지 누적된(cumulated) 것인지에 대해서도 연구자들이 많은 관심을 두고 있는데, 단일의 사건보다는 누적된 스트레스 사건일 경우 가족 스트레스까지 발전하는 것으로 보인다.

어떤 스트레스 사건들은 그 성격이 모호하기도 한데, 보스(Boss, 1999)는 '모호한 상실(ambiguous loss)'이란 개념을 사용하면서, 물리적 존재와 상실이 심리적(정서

적) 존재와 상실 사이에 벌어질 수 있는 괴리를 설명하였다. 크게 두 종류의 모호한 상실이 있는데, (1) 가족원 중 한 명이 물리적으로는 부재한 상태에서 심리적으로 존재하는 경우(실종된 자녀, 이혼, 수감자 가족원 등), (2) 가족이 물리적으로는 존재하지만 심리적으로는 부재한 경우(알츠하이머나 만성 정신질환을 앓는 가족원, 약물중독이나 일중독에 빠져 가족을 돌보지 않는 가족원 등)가 있다. 모호한 상실을 겪은 가족은 그 기능이 저하될 뿐 아니라 가족에 누가 포함되고 제외될지가 불분명해지고 가족원들이 자신의 적절한 역할을 찾기가 어려워진다.

자원(resources)

가족의 자원은 스트레스 사건이 가족에게 주는 영향을 줄여주는 역할을 한다. 핸슨(Hansen, 1965)은 취약성(vulnerability)이 높은 가족일수록 스트레스 자극에 대한 가족원들의 신체·정서적 반응이 부정적이라고 설명한 바 있다. 자원은 가족원 개인, 가족 전체, 또는 가족이 속한 지역사회로부터 스트레스 상황에 대처하기 위해 얻는 특징이나 능력이며, 경제력, 교육수준, 신체·정신적 건강, 심리(자존감, 낙관, 자기효능감 등) 등이 있다. 가족체계의 자원은 가족 단위 내에서 스트레스 상황을 막아주고 가족이 잘 적응할 수 있도록 돕는 힘을 의미하는데, 가족의 단결력이나 적응력 등이 대표적이다. 올슨과 동료들(Olsen et al., 1979)은 실제로 그들의 연구를 통해 이 단결력과 적응력이 중심축이 되어 스트레스 상황에서 성공적으로 대처할 수 있음을 보인 바 있다.

지역사회 자원(community resources)는 가족이 스트레스 상황에서 가족 밖으로부터 얻을 수 있는 지원을 의미한다. 친구, 이웃, 동료 등으로부터 받는 비공식 지원과 지역의 기관으로부터 받는 공식적 지원을 포함하는 개념인 사회적 지원(social support)은 지역사회 자원 중에서 가장 중요한 부분을 차지한다. 사회적 지원은 문제해결을 돕기 위해 제공된 정보(information)와 새로운 사회관계(social contacts)로 나눌 수 있으며 모두 가족의 위기상황에서 위기를 버텨내거나 위기 이후 회복을 할 수 있도록 돕는 역할을 한다.

인식(perception)

스트레스 사건의 영향력은 가족이 그 사건에 부여하는 의미, 즉 인식에 의해 조절되며, 인식과 유사한 표현으로는 평가(appraisal, assessment)가 있다. 이러한 주관적인 인식에 따라 스트레스 상황을 도전, 위기, 절망과 같이 부정적으로 받아들이거나 성장의 기회라고 긍정적으로 받아들일 수도 있다. 스트레스 사건에 대한 인식의 효과를 살핀 실증적인 연구는 인지적 평가를 어떻게 하는가에 따라 개인이나 가족의 스트레스 반응과 결과가 다름을 보인 바 있다(Lazarus & Launier, 1978). 사실 이 개념은 자기실현적 예언(self-fulfilling prophecy, 일어나지 않을 수 있었던 일이 예언한 대로 발생한 경우)이라는 표현과 함께 오래전부터 사회심리학에 존재했다. 스트레스를 긍정적으로 인식하는 가족은 (1) 상황과 어려움을 명료하게 이해하고 어떻게 해야 이 상황을 보다 더 잘 다룰 수 있는지 파악하며, (2) 스트레스 상황에 대한 부정적 감정을 줄이고, (3) 가족원들이 사회적 감정적으로 성장할 수 있도록 가족 기능을 높이는 특징이 있다.

가족의 인식에 영향을 주는 것으로 영성(spirituality), 가치와 신념(values and beliefs), 문화, 가족주기상의 발달단계 등이 있다(Emmen et al., 2013; McCubbin & McCubbin, 2013; Walsh, 2013). 그중 몇 가지를 살펴보면, 먼저 영성이나 종교적 믿음은 가족이 스트레스를 직면했을 때 긍정적 태도, 희망, 낙관을 유지하는 데 도움이 되는 것으로 나타났다. 종교는 삶의 전환점이나 고난의 시기에 어떻게 살아야 할지 경전을 통해 제시해 줄 뿐 아니라 같은 모임에 속한 사람들이 정서적이거나 도구적인 도움을 주기 때문으로 이해된다. 가족생활주기를 살펴보면, 가족은 가족생활주기를 따라 구조, 구성원 간 및 외부 체계와의 상호작용, 그리고 가족자원의 종류와 정도가 달라지는 것을 경험한다. 자녀의 출생, 자녀의 출가, 가족원의 사망 등 가족생활주기에 따른 규범적 사건은 가족의 역할, 새로운 규칙, 행동 패턴과 같은 변화를 가져오게 되어 스트레스 수준을 높이게 된다. 여기서 스트레스 사건이 주기에 따라 예측한 시간 범주 내에서 일어났는지(on-time) 그렇지 않은지(off-time)도 중요한데, 자녀가 부모보다 더 먼저 사망하는 것과 같은 off-time 스트레스는 on-time 스트레스보다 그 영향이 훨씬 더 크다.

스트레스 및 위기(stress and crisis)

체계이론의 관점에서 스트레스는 가족에게 일어나는 변화다. 따라서 스트레스 자체가 나쁜 것은 아니며, 그 스트레스로 인해서 신체적 · 정서적 증상을 보일 정도로 가족이 지장을 받거나 가족원들의 불만이 커질 때 비로소 문제가 되는 것이다. 스트레스는 매우 낮은 수준부터 매우 높은 수준에 이르기까지 연속선 상에 있는 연속변수(continuous variable)의 성격을 띠며, 이에 반해 위기(crisis)는 이산변수(dichotomous variable), 즉 위기이거나 위기가 아닌 이분적인 성격을 가진다. 위기(crisis)는 문헌마다 그 정의가 다르고 스트레스와 구분되지 못한 채 사용되는 경우가 많은데, 보스(Boss, 2006)는 위기를 (1) 가족의 평정상태가 압도적으로 방해받는 것, (2) 가족에 대한 심각한 압력, (3) 급격한 변화로 인해 가족체계가 무력화되는 것이라고 설명한 바 있다. 가족이 위기를 겪게 되면 가족의 기능이 적절하게 수행되지 않고, 가족경계가 유지되지 않으며, 가족원들이 신체적 정서적 기능에 제약을 받게 된다.

맥락적 ABC-X 모델

맥락적 ABC-X 모델(Contextual ABC-X model, Boss, 2002, [그림 11-4])은 스트레스와 반응의 선형적 인과관계를 넘어 가족 내부와 외부의 맥락을 고려한 개념틀이며, 외부맥락으로는 문화, 역사, 경제, 발전수준, 유전 등과 같은 것들을 지칭하며, 이러한 외부맥락은 고정되어 가족 스스로 바꿀 수 없는 것들이다. 반면, 내부맥락은 (1) 가족의 경계와 역할(구조, 기능), (2) 가족이 당면한 문제에 대한 심리적 인지와 평가, (3) 신념과 가치 등의 철학적 맥락과 같이 가족이 통제하거나 바꿀 수 있는 요소들이다.

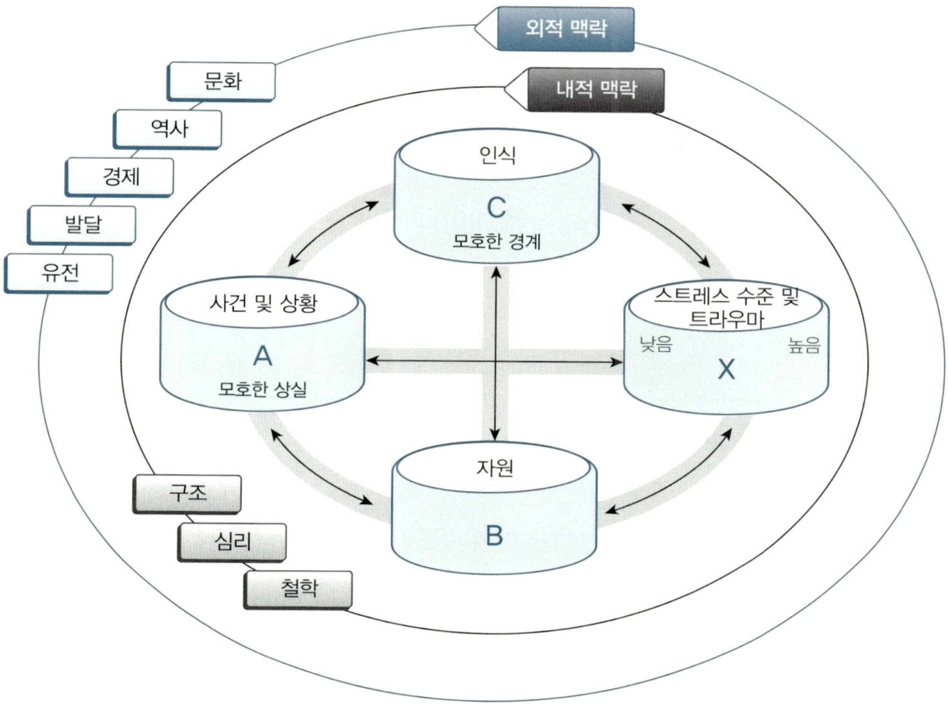

그림 11-4 맥락적 ABC-X 모델

출처: Boss(2002).

어떤 개인이나 가족이 스트레스 사건이나 상황을 다룰 수 있는가는 내부맥락과 외부맥락 양쪽 모두에 달려 있다. 보통 가족의 내부맥락이 더 변화시키기 쉽다. 설령 외부의 맥락을 고려한다 해도 실제 변화가 일어나는 것은 가족의 구조, 심리, 철학 등 미시적 수준의 일이기 때문에 가족 스트레스를 돕는 프로그램과 서비스는 내부맥락에 초점을 두기 마련이다. 예를 들어, 오래도록 실종된 아이를 둔 가족을 대상으로 문화나 경제적 맥락으로 접근해서 도울 수는 없는 일이며, 그런 상황을 조금이라도 더 받아들이고 익숙해지도록 돕는 방향이 바람직할 것이다.

인식(perception)은 그 주관성으로 인해 공격을 받기도 하지만 이 모델에서 매우 중요한 위치를 차지하고 있다. 사람들은 강한 존재여서 스트레스에 대처하고 적응할 능력이 있지만, 항상 그렇지는 않아서 가족이 스트레스 상황을 어떻게 보는가는 가족원 개개인에게뿐만 아니라 전체로서의 가족체계에 영향을 미친다. 가족이 스트레스 앞에서 유연하고 스트레스를 성장의 기회로 바라보는 회복력(resilience)은 가족 갈등, 약물 남용과 중독, 소원한 관계, 신체적 질병 등을 막아주는 힘이 된다. 한편, 스트레스 상황에서의 인식 개념은 의료사회학자 아론 안토노브스키(Aaron Antonovsky)에 의해 의료영역에까지 확장되었는데, 그는 환자 개인뿐 아니라 가족을 대상으로 가족의 질병이라는 스트레스 상황을 얼마나 잘 이겨낼 수 있을 것 같은지, 그리고 이와 같은 상황이 어떤 의미가 있다고 받아들이는지 살핀 바 있다 (Antonovsky & Sourani, 1988).

이중 ABC-X 모델

맥커빈과 패터슨(McCubbin & Patterson, 1983)은 가족이 위기로부터 회복되어 적응해 가는 과정을 ABC-X 모델에 추가하여 이중 ABC-X 모델(Double ABC-X model)을 제안하였다([그림 11-5] 참조). 이 모델은 회복 및 적응과정에서 가족에게 추가적으로 발생한 새로운 스트레스 사건(aA), 그 과정에서 사용되는 가족자원(bB), 위기상황에 가족이 부여한 새로운 의미(cC), 위기극복을 위한 가족의 대처전략, 위기극복을 위한 노력의 결과 등 가족이 위기에 처한 후 위기에서 벗어나는 과정에서 발생하는 변수들을 추가한 것이다.

이 모델에서 누적스트레스(aA)는 초기의 스트레스, 첫 번째 사건으로 인해 경험한 변화(예: 가족의 구성원 변화), 그리고 어려움을 이겨내려 애쓴 결과(예: 가족 내 역할의 변화) 등 세 종류의 미해결 스트레스를 의미한다. 자원(bB)은 초기 스트레스에 사용하던 기존의 자원과 이전의 스트레스 상황 속에서 강화된 새로운 자원을 나타낸다. 위기상황에 대한 가족인식(cC)은 누적스트레스(aA)와 자원(bB)에 대해 가족 스스로가 재정의한 것이다. 위기가족은 스트레스(A, aA), 자원(bB), 가족의 위기인식(cC)에 따라 다양한 방식으로 위기에 대응하게 되는데, 이는 위기가족의 적응(xX) 결과에 영향을 준다. 일반적으로 위기상황을 도전, 성장을 위한 기회 등으로 재정의 한 가족은 위기로부터 회복하여 순적응(bonadaptation) 상태에 놓일 가능성이 높다. 반면, 위기상황에서 잘 대처하지 못하여 가족구성원 간, 가족-지역사회 간 긴장이 지속되면 부적응(maladaptation) 상태에 놓이게 된다.

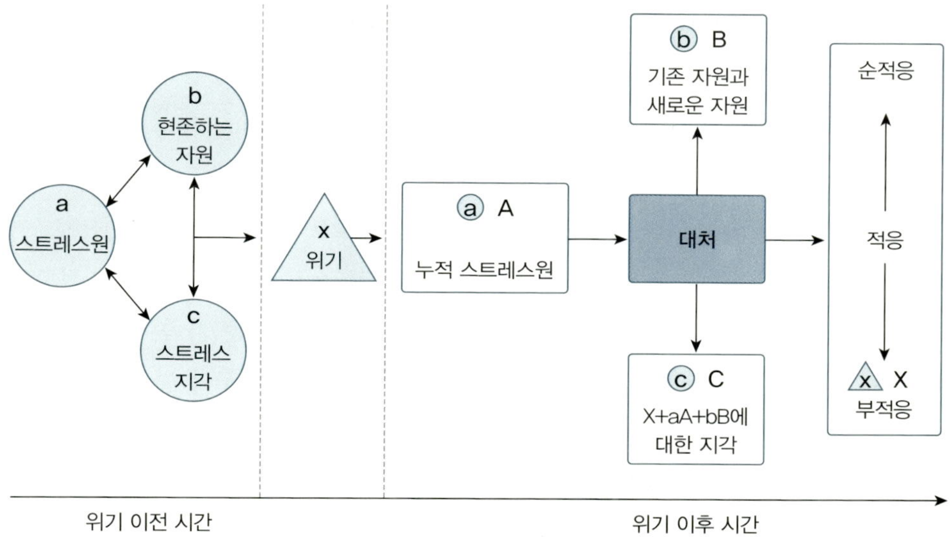

그림 11-5 이중 ABC-X 모델

출처: McCubbin, Cauble, & Patterson(1982). Family stress, coping, and social support.

한편, 보스(Boss, 2002)는 스트레스와 관련된 많은 연구에서 고요함, 평온, 정돈됨, 지속성 등 스트레스나 위기로부터 벗어난 최적의 결과를 적응이라 표현하는 것에 의문을 제기하였다. 보스는 가족규칙, 경계의 변화, 내부체계의 전복 등과 같은 것은 자연스러운 것이며 때로는 개인과 가족의 성장에 필요한 것이기 때문에, 적응하여 고요한 것을 변화하고 소란스러운 것보다 더 가치 있는 것으로 받아들이는 것에 대한 주의를 요구하였다. 예를 들면, 학대받는 아내는 집을 떠나거나 적어도 가족체계의 급격한 변화를 일으켜서 자신과 다른 가족의 안녕을 추구해야 한다는 것이다.

가족조정 및 적응반응(FAAR) 모델

1980년대에는 이중 ABC-X모델을 수정한 가족조정 및 적응반응모델(FAAR: Family Adjustment and Adaptation Response Model)이 개발되었는데(McCubbin & Patterson, 1983; Lavee et al., 1987), 이중 ABC-X모델에 일곱 개의 요소를 더한 것으로,

스트레스 상황이 야기하는 요구(demands)와 이를 해결할 수 있는 능력(capabilities)의 균형을 맞추기 위해 가족이 노력하는 과정을 강조하는 것이라 할 수 있다.

FAAR모델([그림 11-6])은 (1) 요구(demands), (2) 능력(capabilities), (3) 의미(meaning), (4) 조정과 적응(adjustment & adaptation)의 네 가지 중요한 요소를 포함하고 있다. 요구(demands)는 가족체계의 변화를 가져오는 상황이나 사건으로, 독립적 스트레스원(stressor)과 연속적 성격을 띤 긴장(strain), 그리고 귀찮은 정도의 일(daily hassles)로 구분할 수 있다. 가족의 능력(capabilities)은 가족이 갖고 있는 유·무형의 자원과 가족의 대처행동을 포함하는 개념이다. 요구와 능력 모두 가족원 개인, 가족 단위, 지역사회라는 세 차원의 생태체계에서 찾을 수 있다. 예를 들어, 자녀가 받은 장애 진단은 개인 차원의 요구이며, 이 자녀를 어떻게 도울 것인가를 두고 부부간에 갈등을 하게 되면 가족 차원의 요구다. 그리고 장애에 대한 지역사회의 낙인은 지역사회 차원의 요구라 할 수 있다. 부모의 교육수준, 가족의 단결력, 질 좋은 교육 및 의료서비스는 각각 세 차원의 능력을 보여주는 예이다.

의미(meaning)는 사건의 요구와 가족의 능력에 대해 가족 스스로가 내리는 평가(appraisal), 한 가족으로서의 정체성(identity), 자신의 가족을 바깥 세계와 관련해 바라보는 세계관(world view)이란 세 가지 요소를 포함하는 개념이다. 의미는 위기의 성격과 범위, 그리고 가족의 보호능력을 결정짓는 역할을 한다. 의미의 예를 살펴보자면, 자녀가 만성질환 진단을 받는 것과 같은 비규범적 스트레스에 적응하는 과정을 겪게 되면 부모가 새로운 종교를 갖게 되는 경우다. 이 경우 그들의 새로운 신이 자신의 가족에 포함되어 새로운 정체성을 얻게 되고, 신의 능력이 더해지게 되어 자녀의 질환과 가족의 능력에 대한 평가가 달라지게 된다.

FAAR모델에서 가족의 능력이 의미와 결합하여 스트레스의 요구를 잘 처리할 때 조정(adjustment), 즉 1차 적응의 수준을 유지할 수 있게 된다. 하지만 이 조정 단계에서 요구를 잘 처리하지 못하면 위기(crisis)를 경험하게 되는데, 이때가 전환점이 되어 가족의 구조와 기능이 긍정적으로든 부정적으로든 변하게 된다. 이 변화가 긍정적으로 일어나게 되면 가족의 순적응(family bonadaptation), 부정적으로 일어나면 부적응(maladaptation)이라고 한다.

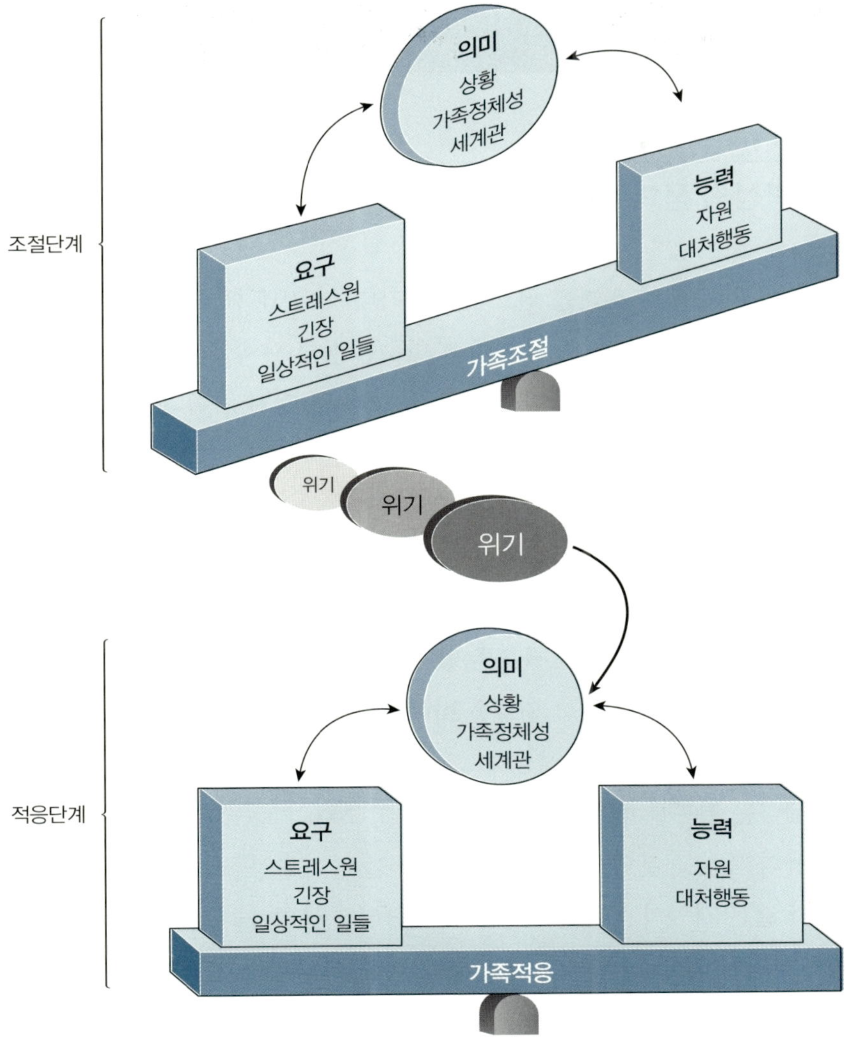

그림 11-6 FAAR 모델

출처: Patterson, J.(1988).

가족탄력성

가족탄력성의 정의

모든 가족은 문제와 위기를 겪으며 살아간다. 그런데 왜 어떤 가족은 이런 위기 앞에 쉽게 무너져 해체되고 어떤 가족은 비슷한 상황을 이겨내고 계속해서 서로 돕고 따뜻하게 감싸주며 단결해 함께 살아가는가? 즉, 강한 가족과 약한 가족의 차이는 무엇인가에 관한 이 쉽지 않은 문제에 접근하기 위해 가족을 연구하는 학자들은 가족탄력성(family resilience) 개념을 사용한다. 사실 탄력성의 개념은 본래 부정적인 환경 속에서 자란 아이들의 적응을 연구하면서 발전한 것이 가족체계에 확대된 것이다. 1970년대부터 시작된 이러한 연구는 가난, 폭력, 학대, 만성질환, 재난 등의 어릴적 경험의 영향에 초점을 두었다. 연구 결과, 고위험 환경에서 자란 아이 중에 많은 경우는 계속해서 그 영향을 벗어나지 못하고 전인격적 성장을 이루지 못하였지만, 또 적지 않은 수가 성공적으로 성장해서 생산적이며 사랑을 많이 베푸는 사람이 된다는 결과를 발표하였다(Luther et al., 2000; Rutter, 1987). 성공적으로 성장한 아이들의 특성을 탄력성으로 설명한 연구들은 자율성(autonomy)와 자존감(self-esteem)과 같은 개인의 특성을 바탕으로 탄력성을 설명하려 하였다.

한편, 개인의 삶에 가족이 주는 영향에 대한 이해가 높아지면서 탄력성에 대한 초점이 개인의 특성으로부터 가족으로 이동하였다. 맥커빈과 맥커빈(McCubbin & McCubbin, 1988: 247)은 가족탄력성을 "변화와 위험한 상황 속에서 가족이 붕괴하지 않고 회복할 수 있도록 돕는 가족의 특징이나 특성"이라고 정의하였다. 학자마다 가족탄력성은 달리 정의될 수 있지만, 가족탄력성의 핵심은 규범적(normative)이거나 예상치 못한(non-normative) 어려움 앞에서도 가족이 사랑으로 상호작용을 하고 긍정적인 태도로 어려움을 대하는 것이다. 앞서 언급한 바와 같이, 모든 가족은 문제와 위기 같은 스트레스를 겪기 마련이고, 스트레스는 가족체계의 기능과 구조에 긍정적이거나 부정적 변화를 초래할 잠재성을 갖고 있다. 이때 탄력성이 높은 가족은 보호 및 회복의 기능을 하는 탄력성 요인을 활용하여 이러한 상황에서 오히려 강화될 수 있다. 이렇듯 가족탄력성은 위기에서 살아남는 수준을 넘어 역경 속에서의 성장까지도 포함하는 개념이라 할 수 있다.

가족탄력성의 구성요소

가족탄력성의 보호성과 회복성을 구성하는 요인에 대해 모두가 동의하는 목록은 없지만, 블랙과 로보우(Black & Lobo, 2008)는 최근의 관련 연구들을 정리하면서 〈표 11-3〉과 같이 긍정적 관점, 정신적 가치, 가족의 단합, 유연성, 의사소통, 재정운영, 가족시간, 함께하는 여가, 일상(routine)과 의식(ritual), 사회적 지지를 요인으로 제시하였다.

긍정적 관점(positive outlook)

가족이 겪는 어려움을 극복할 수 있다는 긍정적 관점은 가족탄력성의 핵심적인 요인이라 할 수 있다. 하나의 특정한 옳은 관점이 있다는 것이 아니라, 삶이 주는 도전들을 긍정적인 마음과 자신감을 가지고 접근하는 것이 중요하다. 실제로 문제해결과 대화보다 긍정적인 정서를 표현할 때(애정, 유머, 문제에 대한 긍정적인 태도) 부부의 결혼만족도가 더 높아진다는 연구 결과가 보고된 바 있다(Bradbury & Karney, 2004). 청소년 가족원을 대상으로 한 다른 연구에서는 미래에 대한 희망이 높을수록 탄력성이 높고 위험한 행동을 줄여준다는 결과를 제시하기도 하였다(Morrison-Beedy & Nelson, 2004). 긍정적인 관점의 예를 들면, 다른 지역으로 이사를 하는 것은 부담스러운 일일 수 있는데, 긍정적 관점을 가진 가족은 새로운 사람들과 새로운 경험을 하는 기회로 받아들이는 특징이 있다. 이렇듯 가족 내부를 향해서는 가족원들의 강점과 가능성을 인정해 주고, 가족 밖 상황에 대해서는 용기와 희망을 버리지 않는 긍정적 관점은 가족의 탄력성을 높여주고 위기 대처수준을 높여준다.

표 11-3 가족탄력성의 보호 및 회복 기능과 관련된 요인 특성

탄력성 요인	가족 특성
긍정적 관점	• 자신감과 낙관 • 유머감각
영성	• 스트레스에 의미를 부여하기 위한 내적 신념체계를 공유
가족의 단합	• 단합 • 돌봄과 배려 • 권위적 양육원칙 • 부부의 적대적 갈등상황을 목격하지 않도록 함
유연성	• 가족원의 역할이 안정적 • 상황과 발달단계에 따라 역할 변경
의사소통	• 명료함 • 정서의 표현의 개방 • 협동적 문제해결
재정운영	• 건전한 재정관리 • 재정적 어려움에도 따뜻함 유지
가족시간	• 집안일을 함께 하려고 함
함께 하는 여가	• 자녀의 사회적 인지적 기능 • 가족의 단합과 적응성을 향상시킴
일상과 의식	• 친밀한 가족관계를 향상하는 활동 • 가족 위기의 시기에도 유지
사회적 지지	• 개인, 가족, 지역사회 관계망과 자원을 공유 • 빈곤가족에게 특히 중요

출처: Black & Lobo(2008).

영성(spirituality)

희망적인 신념체계와 같은 영성(정신적 가치)을 가족원이 함께 공유할 때 가족은 들이닥친 위기와 변화를 더 잘 이해할 수 있게 되며 극복할 수 있게 된다. 많은 가족은 문제에 직면할 때 이 영성을 갖고 긍정적인 태도를 유지하는데, 이러한 정신적 가치는 종교에 기반을 둔 경우가 많으며, 종교와 상관없이, 가족 내에 공유된 정신적 가치는 상황에 대한 의미를 부여해 주고, 다른 가족원, 지역, 우주와 연결되어 있다는 느낌을 주기도 한다. 정신적 가치는 가족원들이 연합하고, 서로 이해하고,

스트레스 상황을 이겨내는 힘을 주기 때문에 탄력성의 핵심적 요인이라고 할 수 있다(DeFrain, 1999). 화이트와 동료들(White et al., 2004)은 신장질환 말기의 환자와 그 가족이 서로 다른 방식으로 영성을 표현하긴 했지만 가족탄력성의 중요한 요인임을 보인 바 있다. 종교의 영향에 대한 한 미국의 연구에서는 교회에 출석하는 부부의 경우 종교가 없는 부부보다 이혼율이 더 낮다는 것을 발견하기도 했다(Mullins et al., 2004).

가족의 조화(family member accord)

가족이 조화롭다는 것은 가족원 간에 단합하고, 애정 어린 돌봄을 제공하며, 권위적인 양육을 하고, 자녀들이 부모의 다툼을 목격하지 않도록 하는 것을 말한다. 가족을 체계로 접근하는 전제 가운데 하나는 전체가 부분과 연결되어 있다는 것이다. 가족체계가 잘 작동한다는 것은 가족 구성원이 가족에 대해서 긍정적으로 느끼고 그들의 필요가 가족 안에서 해결되고, 가족원들 간의 관계가 성장해 간다고 바라보는 것이다. 가족단합(family cohesion)의 수준이 높을 때 가족원들은 그들에게 닥친 문제를 해결할 수 있는 것, 의미 있는 것으로 바라보고 위기를 이겨내고 나면 가족이 더욱 건강하게 성장할 것이라고 믿게 된다. 조화롭고 건강하게 기능하는 가족의 구성원은 서로 배려하는 노력을 하고, 이런 가운데 가족원들은 안정감을 경험하게 되며(Bowlby, 1982), 위기의 상황에서 가족을 찾게 되고 서로 도와주게 된다.

자녀들의 기질, 성격, 필요와 부모의 양육방식이 조화를 이룰 때 자녀들은 더 잘 자라게 된다. 애정을 갖고 따뜻하게 대하고 원칙은 있되 너무 엄격하지 않은 권위적(authoritative) 양육방식은 자녀들의 긍정적 발달 결과와 더불어 성인이 되는 과정에서 탄력성을 가져온다(Conger & Conger, 2002; Masten, 2001). 반대로 너무 강한 부모의 통제를 특징으로 하는 권위주의적(authoritarian) 양육방식은 아이의 발달과 학업, 진취적 성격에 부정적인 영향을 준다(Lindsey & Mize, 2001; Morris et al., 2002).

부부의 갈등이 없을 수는 없으나, 자녀들이 부모의 갈등이나 이혼으로 인해 고통받도록 해서는 안 된다. 부부 갈등 중에 자녀들을 개입시키지 않은 경우에는 이혼을 하게 되더라도 이들의 자녀들은 이혼하지 않은 부모를 둔 아이들과 발달의 측면에서 차이가 나지 않는다는 연구 결과(Kelly & Emery, 2003)도 있다. 다른 예로, 한 연구는 미국 중서부의 가난한 가정에서 자란 아이들 558명을 대상으로 10년간 종단연구를 진행하였는데(Conger & Conger, 2002), 경제적 어려움을 겪고 있는 부모가 아이들에게 화를 내지 않으려 노력을 하게 되면 아이들에게서 우울 및 불안, 위축, 신체화 등과 같은 내현화 문제나 비행, 공격성 등과 같은 외현화 문제가 줄어드는 것을 발견하였다. 반대의 경우, 즉 부모가 극심한 부부갈등의 장면을 자녀들에게 노출하거나 자녀들에게 화를 표출한 경우 자녀들은 약물남용 및 행동장애 등의 부적응 결과를 초래하게 된다(Peris & Emery, 2004; Pruett et al., 2003).

유연성(flexibility)

가족에게 어려움이 닥친 경우에 가족의 연속성이 유지되고 기능을 회복할 수 있는 능력을 유연성이라고 하는데(McCubbin & McCubbin, 1998), 적절한 유연성은 분명하지만 경직되지 않은 가족의 구조, 역할, 규칙으로 나타난다. 따라서 유연한 가족은 구조적으로는 가족관계가 민주적이고 부모가 평등 지향적 리더십을 갖고 있으며, 모든 가족원이 타협적 의사결정을 한다. 가족의 역할 측면에서는, 가족원들 각자의 역할은 안정적(stable)이지만 다른 가족원과 분담할 수 있도록 개방되어 있다. 가족의 규칙은 가족원의 연령에 알맞으며, 가족원들이 인정하고 예상 가능한 때와 방법으로 작동한다. 만일 가족의 유연성이 낮으면 지나치게 경직되어 분화수준이 낮아 가족원의 독립이나 자유를 가족체계의 위협으로 받아들이는 경향이 있다. 이런 경우에는 자녀들이 가족 밖에서 생산적 삶을 살아가려고 노력하는 동안 내면화장애(internalizing disorder)를 겪게 될 가능성이 크다. 이와 정반대의 극단적 상황으로, 분리된 가족(disengaged family)의 구성원은 가족한테서 떨어지려는 경향이 있고 서로 도움을 받기 어렵다. 양극단의 어느 쪽이든 규칙과 예측 불가능하고 역할 혼란이 야기되기 마련이다.

의사소통(communitcation)

조화로운 의사소통은 가족 내에서 의미를 공유하고, 대처전략을 개발하고, 균형을 유지하는 비결의 핵심이다(DeFrain, 1999). 월시(Walsh, 1998)는 가족탄력성을 위한 의사소통의 세 가지 측면으로 명확성(clarity), 개방적인 정서표현(open emotional expression), 협동적인 문제해결(collaborative problem solving)을 제시하였다. 먼저 의사소통의 명확성은 분명하고 일관적인 메시지를 의미한다. 건강한 가족의 의사소통은 직접적이고, 분명하고, 정직하고, 구체적이며, 가족원은 사실과 의견, 진지함과 농담을 구별할 수 있다. 불명확하거나 모호한 의사소통은 혼란과 오해를 가져와 가족 안에 불신과 불안을 일으킨다.

개방적인 정서표현은 잘 기능하는 가족에게서 나타나며, 어조나 단어선택, 행동, 의사소통 방식을 통해 이뤄진다. 이런 가족은 상호 신뢰가 밑바탕이 되어 서로 자신의 감정을 자기검열이나 부끄러움 없이 표현할 수 있다. 부모는 조정자 역할을 하면서 다른 가족원들이 생각을 표현하도록 격려하고 자신의 의견을 제시하기도 한다. 어려움을 겪게 되면 해결방안에 대한 의견 차이가 존재함을 받아들이며 서로에 대한 동정심과 이해심을 바탕으로 타협을 통해 문제의 해결방안을 찾으려 한다. 반대로 파괴적 의사소통을 하는 가족은 고통스럽거나 위협적인 대화로 인해 방어적이 되고, 가족 내의 긴장감이 높아지게 되며, 결국 이혼과 같은 가족해체를 경험할 가능성이 크다(Stanley et al., 2002).

재정 운영(financial management)

건전한 재정상태는 가족탄력성의 중요한 측면이다. 가계상태가 만족스럽고 재정 운영에 있어 건전한 의사결정을 내리는 기술을 갖추는 것은 가족의 안녕감을 높여주지만, 재정 상황이 어렵게 되면 긴장이 커지고 스트레스를 받게 되어 가족의 정서적 안녕감과 가족관계가 악화하기 마련이다. 가족을 연구하는 학자들은 재정의 압박이 먼저 부부관계에 악영향을 끼치고 자녀양육 영역으로 그 영향이 넘어간다고 말한다(Conger & Elder, 1994). 가난한 가족은 실직, 열악한 주거환경, 건강관리 소홀, 폭력, 범죄, 약물남용 등의 위험이 높고(Staveteig & Wigton, 2005), 가난이 주는 심리적, 사회적, 경제적 부담은 가족이 통제를 넘어서는 문제를 맞닥뜨리게 될 위험이 있다(Walsh, 1998). 하지만 많은 가난한 가족들은 실제로 이런 경제적 부담 속에서도 자신들의 기본적 필요를 채울 뿐만 아니라 폭력이나 범죄를 범하지 않고, 자녀교육을 포기하지 않으며 가족의 단결을 유지해 나간다(Luthar, 1999; Woolley & Grogan-Kaylor, 2006). 가족 내 상호적 애정과 정서적 지지, 미래에 대한 기대감 등은 재정적인 부담감을 겪는 가족을 보호해 주는 요인으로 밝혀졌다(Orther et al., 2004).

가족시간(family time)

가족과 함께 식사나 허드렛일을 하면서 시간을 보내는 것은 가족의 연속성과 안정감을 형성하는 데 중요한 역할을 한다(McCubbin & McCubbin, 1988). 실제로 한 연구에 의하면 가족시간이 증가하면 10대 청소년의 비행이 줄어드는 것이 발견되었다(Milkie et al., 2004). 하지만 부모가 바빠지고, 자녀들은 그런 부모보다 더 바쁜 생활을 하면서 가족시간이 점점 줄어들고 있는 것이 현실이다. 부모가 자녀들의 필요를 수시로 채워주지 못하는 이러한 시간 압력은 맞벌이 부부와 한부모 가족의 증가로 더욱 커질 것으로 보인다. 예를 들어, 청소와 같은 집안일을 하는 활동에 가족 전체가 참여하는 것은 이러한 시간압박을 조금이나마 해소할 수 있는 방법이 될 수 있다. 자녀들은 연령에 맞는 일, 가령 반려동물을 돌보는 일을 맡게 되면 책임감과 공감능력을 키울 수 있는 효과도 얻게 된다.

함께 하는 여가(shared recreation)

가족이 함께 여가를 즐기는 것은 건강한 가족이 되는 데 도움이 된다. 가족과 유쾌한 시간을 보내면 가족원 간의 애착, 내적보상(intrinsic rewards), 행복, 학습, 유머, 경험을 공유하는 즐거움 등 유익을 얻게 된다(Bowlby, 1982; Russell, 1996). 가족여가가 어린 자녀들에게 주는 유익을 조사한 연구 결과에 따르면, 자녀들이 가족과 함께 여가를 즐기면 문제해결 능력과 타협 및 협상 능력 등 자녀의 사회성을 길러

주는 데 도움이 되는 것으로 나타났다(Mactavish & Schleien, 1998). 힐(Hill, 1988)은 280쌍의 부부를 대상으로 5년간 진행한 종단연구에서 부부가 함께 여가생활을 즐길수록 이혼이나 별거 등의 위험이 낮아지는 것을 발견하였다. 또 다른 실증연구에서도 저녁 식사 후 보드게임처럼 반복적이고 일반적인 활동이나 볼링과 같이 새로운 활동 모두 가족의 적응과 단결에 긍정적으로 기능한다는 것이 밝혀진 바 있다(Zabriskie & McCormick, 2001).

한편, 생활수준에 따라서 가족의 여가에 대한 부모의 입장이 다를 수 있다. 예를 들어, 중산층 부모는 가족이 함께 여가를 즐기기 위해 꾸준히 애쓰지만, 저소득층은 자녀가 스스로 놀 것을 개발해야 한다 생각할 수 있다(Lareau, 2002). 하지만 저소득층 부모도 자녀가 안전하게 놀 수 있는 환경을 만들어 주는 것이 부모가 해야 할 일이다. 최근에는 아동의 컴퓨터 및 스마트폰 사용시간이 급증하는 추세인데, 전자기기에 중독되는 것은 가족의 단결을 해칠 수 있다(Kuby & Csikszentmihalyi, 2002).

일상활동(routine)과 의식(ritual)

파일과 동료들(File et al., 2002)은 지난 50년 동안 발표된 가족 일상에 대한 여러 문화권의 연구들을 살핀 후 가족과 함께 하는 반복되는 일상활동이 가족관계를 더 가깝게 하고, 자녀들의 사회성을 높여주고, 스트레스를 완화해 준다는 결론을 내렸다. 일상활동은 긴 시간이나 의식적인 생각이 필요하지 않은 평범한 활동이다. 반면, 의식은 상징적인 의사소통이며, 인내, 애정, 세대 간 교류라 할 수 있다. 이 연구에서는 가족의 일상활동과 의식이 잘 유지되는 가족이 그렇지 않은 가족보다 가족 안정성이 더 높고 자녀의 발달도 더 긍정적이라고 보고했다.

일상활동은 부부의 이혼이나 가족의 질병과 같은 가족 위기 시에는 생략하게 되기도 하는데(Walsh, 1998), 저녁 식사시간에 하루 중 있었던 일에 관한 대화를 나눈다든가 침대 맡에서 부모가 책을 읽어주는 것과 같이 편안함을 제공해 주던 일상활동이 사라지고 나면 자녀들은 불안을 느끼게 된다. 위기를 겪으면서도 가족원이 예측가능성(predictability), 단결, 편안함을 느끼도록 일상활동을 유지하는 것이 잘 기능하는 가족의 특징이다.

사회관계망(social network)

지역사회와 가까운 사람들로부터의 지지체계는 가족을 보호하는 데 매우 큰 도움을 준다. 지역사회와의 상호작용을 통해 얻는 탄력성의 중요성이 점점 주목받고 있는데(Feely & Gottlieb, 2000; Luther et al., 2000), 가족탄력성이 높은 경우 지역사회에서 지지를 받을 뿐만 아니라 받은 도움을 다시 돌려주는 특징이 있다(Patterson, 2002). 친척과 사회관계망은 가족과 상호작용하면서 정보, 서비스, 휴식, 우정, 타인의 복지 증진에 이바지할 기회 등을 교환한다. 이밖에도, 자신이 사는 동네와 이웃이 안전하고 만족스럽다고 보는 아이들은 그렇지 않은 아이들보다 학업성적이 뛰어나고 행동문제를 적게 일으킨다는 연구(Woolley & Grogan-Kaylor, 2006)가 보고된 바 있다. 특히 빈곤층이거나 소외된 가족에게는 이러한 지지망으로부터 오는 도움은 인내, 희망, 교육, 우정 등 긍정적인 결과의 수준을 크게 높여준다(Aronowitz & Morrison-Beedy, 2004; Congter & Elder, 1994; McCreary, 2004).

건강한 가족은 위기 앞에서 자체적으로 해결하려고만 하지 않고 친척, 친구, 사회서비스, 상담 등 지역사회의 다양한 주체로부터 도움을 받아들인다(Walsh, 1998). 하지만 위기 앞에서 가족이 지역으로부터 회피하거나 이용 가능한 서비스가 부족해서 이런 도움을 받지 못하는 경우가 발생하기도 하는데, 이는 산업화 이후에 가족이 다른 지역으로 이동하는 것이 빈번해지고 핵가족화되면서 친족 간의 관계가 소원해졌기 때문으로 이해할 수 있다(Hanson, 2001). 미국인의 경우, 20년 전보다 친밀한 사회적 관계망의 크기가 50%로 줄어들었다는 연구 결과가 있다(McPherson et al., 2006). 한국인의 사회관계망 변화에 대한 구체적인 데이터는 없으나, 미국, 덴마크, 일본, 한국을 비교한 연구(구혜란, 2005, 〈표 11-4〉) 결과에 미루어 보면 한국은 다른 문화권 국가보다 가족 내(배우자, 부모, 자녀, 형제자매)에서뿐만 아니라 지역사회로부터 상대적으로 더 많은 도움을 받는 것으로 볼 수 있다.

표 11-4 국가 간 지원요청 대상의 상대적 분포 (단위: %)

지원요청 대상	한국	일본	미국	덴마크
없음	5.10	2.70	6.07	3.16
배우자	24.30	38.12	30.90	46.09
부모	14.10	18.29	18.65	9.41
자녀	8.39	12.45	7.97	6.35
형제자매	11.91	5.71	8.80	3.58
기타 친척	1.68	1.26	3.52	1.66
친구	23.48	11.34	15.30	8.09
이웃	3.65	0.40	0.88	1.29
직장동료	1.56	0.68	0.64	0.40
전문기관	5.10	8.26	3.61	19.42
기타	0.74	0.78	3.66	0.55
합계	100.00	100.00	100.00	100.00

출처: 구혜란(2005).

생각해 봅시다

1. 개인의 스트레스 과정과 가족 스트레스의 공통점과 차이점은 무엇일까?
2. 홈즈와 라헤의 스트레스 척도를 살펴보고, 한국적 상황에서 순위가 달라질 만한 것이 있는지 살펴보자.
3. 최근에 일어난 우리 가족의 스트레스 사건과 영향, 해소과정을 교재의 이론 중 하나를 택해서 설명해보자.
4. 우리는 일과 사회관계에서 발달 과정을 따라 성장을 하게 되고, 이 과정에서 발생하는 변화는 스트레스를 가져온다. 성장과 스트레스 사이의 균형은 어떻게 유지할 수 있을까?

영화 〈지금 만나러 갑니다(2018)〉

우진(소지섭 분)과 수아(손예진 분)은 고등학교 시절 첫사랑으로 시작해 결혼에까지 성공했으나 수아의 죽음 이후 남편 우진과 아들 지호의 삶은 급격히 변했다. 하지만 이 가족에게 장맛비와 함께 기적이 찾아오는데…

1. 이 가족에서 발견할 수 있는 개인과 가족의 스트레스는 무엇인가?
2. 이 가족에게 ABC-X 모델을 적용해서 각각의 요소를 설명해 보자.

참/고/문/헌

구혜란(2005). 한국인의 사회적 지원망: 국제비교연구. 제2차 KGSS 심포지움 발표논문. 성균관 대학교 동아시아 학술원 서베이리서치센터, 삼성경제연구소 주최, 19, 236-254.

Antonovsky, A., & Sourani, T. (1988). Family sense of coherence and family adaptation. *Journal of Marriage and the Family*, *50*, 79-92.

Arnold, M B, (1960). *Emotion and Personality*(2Vols.). New York: Columbia University.

Black, K., & Lobo, M. (2008). A conceptual review of family resilience factors. *Journal of Family Nursing*, *14*(1), 33-55.

Boss, P. (2002). *Family stress management*. Thousand Oaks, CA: Sage.

Bradbury, T. N., & Karney, B. R. (2004). Understanding and altering the longitudinal course of marriage. *Journal of Marriage and Family*, *66*(4), 862-879.

Bronfenbrenner, U. (1979). *The ecology of human development*. Harvard university press.

Burr, W. (1973). *Theory construction and the sociology of the family*. New York: Wiley.

Conger, R. D., & Conger, K. J. (2002). Resilience in Midwestern families: Selected findings from the first decade of a prospective, longitudinal study. *Journal of Marriage and Family*, *64*(2), 361-373.

DeFrain, J. (1999). Strong families. *Family Matters*, *53*, 6-13.

Emmen, R. A., Malda, M., Mesman, J., van IJzendoorn, M. H., Prevoo, M. J., & Yeniad, N. (2013). Socioeconomic status and parenting in ethnic minority families: Testing a minority family stress model. *Journal of Family Psychology*, *27*(6), 896.

Engel, B T, (1985). Stress is a noun! No, a verb! No, an adjective. In T M Field, P M McCabe and N Schneiderman (Eds), (1985). *Stress and Coping* (pp. 3-12). Hillsdale, NJ,: Erlbaum.

Figley, C. R. (1989). *Helping traumatized families*. San Francisco: Jossey-Bass.

Henry, C., Morris, A., & Harrist, A. (2015). Family resilience: Moving into the third wave. *Family Relations*, *64*(1), 22-43.

Holmes, T. H., & Rahe, R. H. (1967). The social readjustment rating scale. *Journal of Psychosomatic Research*, *11*, 213-218.

Lavee, Y., McCubbin, H. I., & Patterson, J. M. (1985). The double ABCX model of family stress and adaptation: An empirical test by analysis of structural equations with latent variables. *Journal of Marriage and the Family*, 811-825.

Lazarus, R S and Folkman, S, (1986). Cognitive theories of stress and the issue of circularity. In M H Appley and R Trumbull (Eds), (1986). *Dynamics of Stress. Physiological, Psychologcal, and Social Perspectives* (pp. 63-80). New York,: Plenum.

Lazarus, R S, (1991). *Emotion and Adaptation*. New York: Oxford University Press.

Lindsey, E. W., & Mize, J. (2001). Contextual differences in parent-child play: Implications for children's gender role development. *Sex Roles*, *44*(3-4), 155-176.

Lipman-Blumen, J. (1975). A crisis framework applied to macrosociological family changes: Marriage, divorce, and occupational trends associated with World War II. *Journal of Marriage and Family*, *27*, 889-902.

Luthar, S. S., Cicchetti, D., & Becker, B. (2000). Research on resilience: Response to commentaries. *Child Development*, *71*(3), 573-575.

McCubbin, H. I., & McCubbin, M. A. (1988). Typologies of resilient families: Emerging roles of social class and ethnicity. *Family Relations*, 247-254.

McCubbin, H. I., & Patterson, J. M. (1983). The family stress process: The double ABCX model of adjustment and adaptation. In H. I. McCubbin, M. B. Sussman, & J. M. Patterson (Eds.), *Social stress and the family* (pp. 7-38). Binghamton, NY: Haworth.

McCubbin, H. I., & Patterson, J. M. (1983). The family stress process: The double ABCX model of adjustment and adaptation. *Marriage & Family review*, *6*(1-2), 7-37.

McCubbin, L. D., & McCubbin, H. I. (2013). Resilience in ethnic family systems: A relational theory for research and practice. In *Handbook of family resilience* (pp. 175-195). Springer, New York, NY.

Morrison-Beedy, D., & Nelson, L. E. (2004). HIV prevention interventions in adolescent girls: what is the state of the science? *Worldviews on Evidence-Based Nursing*, *1*(3), 165-175.

Patterson, J. (1988). The family adjustment and adaptation response model. *Family Systems Medicine*, *6*(2), 202-237.

Paul, B. (2014). Family stress. In Michalos, A. (Eds), *Encyclopedia of quality of life and well-being research* (pp. 2202-2208). Dordrecht: Springer Netherlands.

Peris, T. S., & Emery, R. E. (2004). A prospective study of the consequences of marital disruption for adolescents: Predisruption family dynamics and postdisruption adolescent adjustment. *Journal of Clinical Child and Adolescent Psychology*, *33*(4),

694–704.

Rahe, R. H., Mahan Jr, J. L., & Arthur, R. J. (1970). Prediction of near-future health change from subjects' preceding life changes. *Journal of Psychosomatic Research*, *14*(4), 401–406.

Rahe, R. H., Mahan Jr, J. L., & Arthur, R. J. (1970). Prediction of near-future health change from subjects' preceding life changes. *Journal of Psychosomatic Research*, *14*(4), 401–406.

Rutter, M. (1987). Psychosocial resilience and protective mechanisms. *American Journal of Orthopsychiatry*, *57*(3), 316–331.

Walsh, F. (2013). Community-based practice applications of a family resilience framework. In *Handbook of family resilience* (pp. 65–82). Springer, New York, NY.

Woolley, M. E., & Grogan-Kaylor, A. (2006). Protective family factors in the context of neighborhood: Promoting positive school outcomes. *Family Relations*, *55*(1), 93–104.

Zabriskie, R. B., & McCormick, B. P. (2001). The influences of family leisure patterns on perceptions of family functioning. *Family Relations*, *50*(3), 281–289.

이혼, 재혼, 한부모가족

Marriages and Families

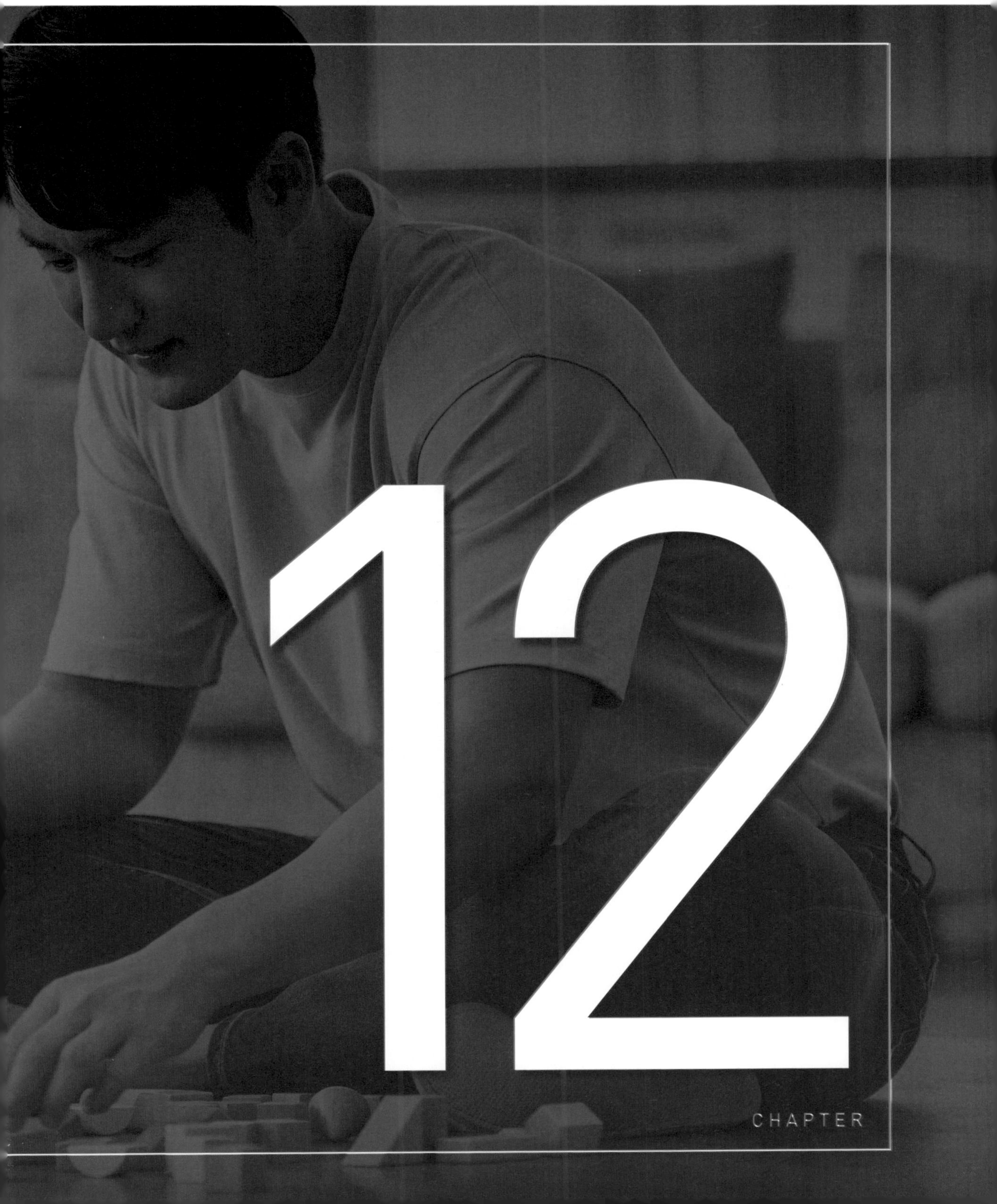

12

CHAPTER

챕터 개요

이 장에서는 중요한 가족 생애 사건 중 하나이며 가족구성원에게 있어 다양한 적응과제를 안기는 이혼, 재혼, 한부모가족의 현황은 어떠하며, 주요 스트레스와 적응기제는 무엇인지에 대해 차례로 살펴본다.

이혼

- 한국 사회의 이혼
- 이혼경험의 다양성
- 이혼 후 적응

재혼

- 한국 사회의 재혼 현황
- 재혼가족의 다양성
- 재혼가족의 적응

한부모가족

- 한국 사회의 한부모가족
- 한부모가족 지원정책과 프로그램

주요 용어

이혼, 조이혼율, 이혼 후 적응, 이혼경험의 다양성, 재혼, 재혼가족의 다양성, 재혼가족의 발달과정, 한부모가족, 양육지원금

12 CHAPTER 이혼, 재혼, 한부모가족

현대 한국 가족에서 이혼은 점차 증가하다 차차 완만한 모습을 보이며, 이에 따라 재혼가족이나 한부모가족이 증가하고 있다. 이번 장에서는 중요한 가족 생애 사건 중 하나이며 가족구성원에게 있어 다양한 적응과제를 안기는 이혼, 재혼, 한부모 가족의 현황은 어떠하며, 주요 스트레스와 적응기제는 무엇인지에 대해 차례로 살펴보고자 한다.

이혼

이혼이란 '혼인한 남녀가 생존 중에 성립된 결합관계를 해소하는 행위'(한국민족문화대백과사전)를 말한다. 우리나라의 「가사소송법」, 「가족관계의 등록 등에 관한 법률」, 「민법」에 따르면, 이혼의 방법에는 크게 협의이혼과 재판상 이혼, 사실혼의 해소, 사실상 이혼 등으로 나눌 수 있는데 이 중에서 협의이혼과 재판상 이혼의 차이는 다음과 같다. 협의이혼이란 부부가 서로 합의하에 이혼하는 것으로 이때의 합의사항은 이혼, 자녀의 친권과 양육권 등을 포함하며, 법원으로부터 이혼의사를 확인받아 행정관청에 신고를 하는 방식으로 이루어진다. 재판상 이혼은 「민법」에서 정하고 있는 이혼사유가 발생하여 부부 중 한쪽은 이혼하기를 원하지만 다른 쪽은 이혼에 불응하는 경우에 소송을 제기하여 법원의 판결에 따라 이혼하는 것을 말한다. 재판상 이혼은 그것이 이루어지는 절차에 따라서 조정이혼과 소송이혼으로 구분된다. 우리나라는 이혼소송을 제기하기 전에 상호 간 조정절차를 거치는 '조정전치주의'를 택하고 있으며, 조정이 이루어지지 않거나 성립될 수 없다고 인정되는 경우 소송절차가 진행된다.[11]

이혼에 대한 시각이나 이혼에 접근하는 방식은 이론적 관점에 따라 차이를 보인다. 구조기능주의적 관점에서는 이혼을 부정적으로 바라보는데, 가족구성원과 가족이라는 단위에 변화를 가져오고, 이를 통해 균형적인 가정의 기능을 파괴하는 것으로 보기 때문이다. 한편 사회교환론적 관점에서는 결혼생활에서 비용과 보상 간의 문제로 바라보는데, 부부 관계에서 지각한 비용이 보상보다 크게 되면, 이는 이혼을 가져오는 원인이 된다고 본다.

이혼은 한편으로는 여러 가지 결혼생활과 개인의 생애에 걸쳐 다양한 사건들이 누적됨에 따라 그 결과로 나타나는 사건일 수 있다. 예를 들어, 갈등과 불화가 높은 결혼생활, 본인과 배우자의 고용상의 지위나 건강상의 변화로 등 생애 사건에 있어서 부부의 스트레스 대처능력이 저하로 인한 부부 관계에 부정적인 변화 등은 이혼을 불러일으킬 수 있다. 한편, 이혼은 그 자체가 다시 다양한 생애 사건을 불러일으키는 원인이 되기도 하며, 그 영향력은 부부 당사자들 뿐 아니라, 부부의 부모와 자녀 등 전방위적인 가족구성원의 삶에 영향을 미칠 수 있다. 예를 들면, 이혼은 그 당사자들에게는 둘에서 혼자가 되는 변화를 의미하고, 자녀와의 관계에서도 변화를 경험할 수 있다. 또한 자녀 등의 개별 가족원들은 이혼에 따른 부모와의 관계에서의 변화뿐만 아니라, 이혼으로 인한 부모의 이사, 취업, 사회관계망의 변화에 직간접적인 영향을 받기 쉽다. 이러한 변화들은 각각이 가져오는 변화에 대한 적응을 요하기도 하지만, 이러한 관련사건에 대처하면서 오는 스트레스와 자원의 부족

11) 2021년 기준 우리나라의 협의이혼과 재판이혼의 비율은 각각 77.9%와 22.1%이다(통계청, 2021).

은 누적적으로 더욱 부정적인 영향을 증폭시키기도 한다. 이른바 누적효과라 불리는 이 효과는 비록 개별 변화가 불러일으키는 스트레스의 수준은 전반적으로 낮다고 할지라도, 단기간에 여러 변화를 한번에 경험하는 경우 이러한 변화가 삶의 질이나 정신건강에 미치는 영향은 단순히 개별 사건이 미치는 영향의 합보다 커지는 것을 말한다(Seabrook & Avison, 2012).

하지만 이혼이 개인과 가족의 삶에 미치는 영향은 동일하지 않다. 선행 연구들에 따르면, 개인과 가족의 특성이나 보유한 자원(예를 들어, 성별, 사회경제적 지위, 건강상태, 통제감이나 자기효능감과 같은 심리적인 특성 등)처럼 신체적, 심리적 자원과 대처양식 등에 따라 이혼의 영향력은 서로 다른 것으로 지적되었다. 서구의 선행연구들에서는 위와 같은 자원이나 개인의 특성에 따라 이혼의 사유, 이혼의 제안자, 혹은 이혼의 과정에 있어서 어떠한 차이를 보이는가에 대한 다양한 연구가 누적되어 왔다. 이에 비해 국내의 연구는 체계적인 실증연구가 상대적으로 부족한데, 이는 연구대상이나 연구참여자를 구하는 것이 상대적으로 구하기 어려운 현실적인 문제와 관련이 있다. 이러한 점 때문에 소수의 국내 연구는 주로 여성을 대상으로 한 소규모의 편의표집에 의존해 온 경향이 있었으나, 근래에 들어 여성뿐 아니라 남성을 포함하여 이혼에 대한 중요한 질문을 던지는 연구들이 차차 증가하고 있다(김혜영 외, 2008; 이명신, 김유순, 2005; 변주수, 진미정, 2018; 손정연, 한경혜, 2006; 우해봉, 2011). 또한 패널조사의 축적으로 양적 연구도 점차 증가하고 있다(장은경, 최희정, 2019; 이설아 외, 2021).

다음에서는 우리나라의 이혼현상과 관련된 다양한 지표들을 통계청 자료를 통해 파악해 보고, 실증자료를 바탕으로 한 연구 결과들을 소개하고자 한다. 먼저, 거시 지표로서의 이혼율 추이, 이혼사유, 평균 이혼연령 등을 살펴보자.

한국 사회의 이혼

이혼율의 추이

각 사회의 이혼 수준을 나타내는 데 널리 쓰이는 통계 지표로는 이혼건수, 조이혼율, 연령별 이혼율 등이 있으며, 통계청에서는 지속적으로 '혼인 · 이혼통계'를 통해 이러한 지표들을 제시하여 발표하고 있다. 이 장에서는 2021년에 발표된 '혼인 · 이혼' 통계를 중심으로 우리나라의 이혼 현황을 살펴보고자 한다.

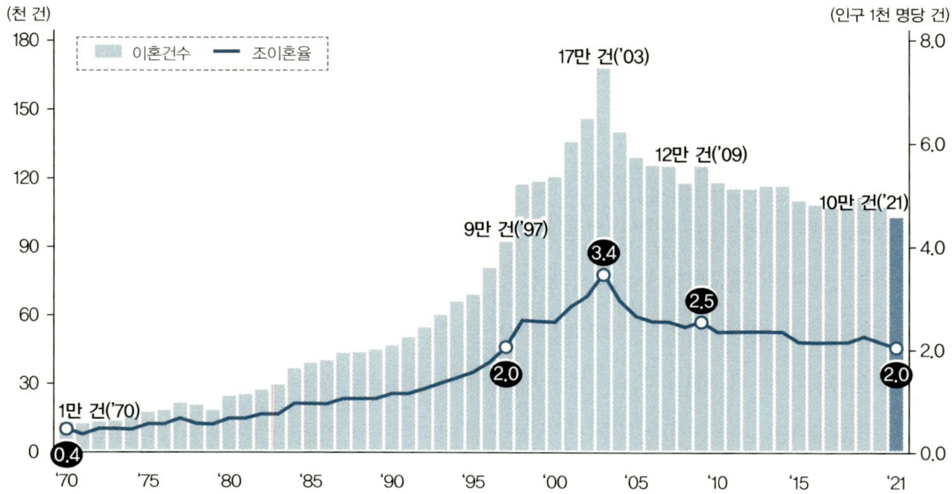

그림 12-1 이혼건수 및 조이혼율 추이(1970~2021)

출처: 통계청(2021). 2021 혼인 · 이혼 통계.

[그림 12-1]에서 보이듯, 우리나라의 이혼율 변화추세는 역동적이다. 총 이혼건수는 1970년도에 약 1만 건이었는데, 점차 급증하여 외환위기를 전후한 1997년도에 약 9만 건에 다다르고, 이후 지속적으로 증가하여 2003년도에 17만 건으로 정점을 찍었다. 이후로 꾸준히 감소하여 2021년 기준 약 10만 건에 이른다. 조이혼율은 이혼에 관한 기본지표로서 1년간 발생한 총 이혼건수를 당해 연도의 총인구의 수로 나눈 값을 1,000분비로 나타낸 지표인데, 인구 1,000명당 이혼건수를 의미한다(통계청, 2021). 조이혼율을 중심으로 이혼율의 변화를 살펴보면, 1970년도에는 조이혼율이 0.4건(쌍)에 불과하였으나 이후 꾸준히 증가하다가 1998년도에 2.5건, 2003년도에 3.4건으로 증가하였고 이후 감소세가 유지되고 있음을 알 수 있다.

이혼의 감소에는 여러 가지 요인이 복합적으로 작용하였을 것이다. 한국의 가족이 안정성의 측면에서 위협을 받고 있다는 위기의식의 확산과 더불어, 이혼숙려기간 도입 등의 정책도 영향을 미쳤을 것이라 생각해 볼 수 있을 것이다(통계청,

2011). 한편 이혼율의 감소에는 혼인건수의 감소 역시 영향을 미친 것으로 볼 수 있다. 결혼건수의 감소는 시차를 두고 일견 이혼건수의 감소와 연결되기도 하는데 2012년부터의 지속적인 혼인건수의 감소는 이러한 이혼건수 감소에 영향을 미쳤을 수 있다(통계청, 2018). 이러한 복합적인 이유로, 단순히 이혼건수의 감소가 한국 가족의 안정성 증가로 해석하는 것은 주의를 요하는 일이다.

이혼사유

이혼사유를 살펴보면, 이혼의 사유는 점차 다양화되고 있는데, 예를 들어 배우자의 외도나 폭행처럼 결혼 관계의 근간을 해치는 심각한 사유의 이혼뿐 아니라 점차 성격차이 등의 요인에 의한 비중도 늘어나고 있다.

표 12-1 이혼사유별 이혼현황 (단위: 건)

	2000	2005	2010	2015	2016	2017
총계	119,455	128,035	116,858	109,153	107,328	106,032
배우자 부정	9,729	9,708	10,001	8,016	7,564	7,528
정신적,육체적 학대	5,205	5,706	5,559	4,172	3,812	3,837
가족간 불화	26,195	12,159	8,564	8,017	7,927	7,523
경제문제	12,786	19,105	14,017	12,126	10,928	10,742
성격차이	48,067	63,028	53,032	50,406	48,560	45,676
건강문제	1,053	803	794	639	605	594
기타	15,500	15,448	23,605	22,766	21,308	21,195
미상	920	2,078	1,286	3,011	6,624	8,937

출처: 통계청(각 연도). 인구동향조사 각년도 국가통계포털.

〈표 12-1〉에 나타난 것처럼, 2017년도 기준 나타나는 이혼사유를 나열해 보면 1) 성격차이, 2) 기타/미상, 3) 경제문제, 4) 배우자부정, 5) 가족 간 불화, 6) 정신적, 육체적 학대, 7) 건강문제 등이다. 과거에는 이혼사유를 부정행위, 가족 간 불화, 건강문제, 경제문제, 기타 등으로 구분하였으나 사유가 다양화되는 현상을 반영한 것이라 하겠다. 이혼사유는 복합적이고, 한 가지의 원인으로만 설명하기 어려운 점

이 있으나, 이혼사유의 변천을 살펴보고 전반적인 흐름을 이해하는 것은 이혼에 대한 이해에 도움을 줄 수 있을 것이다.

서구의 연구 중 시대에 따른 이혼사유의 변화에 주목한 연구를 살펴보면(Kitson & Sussman, 1982; Hawkins et al., 2012), 과거에는 이혼의 사유가 결혼 생활의 근간을 해칠만한 혹은 결혼 안정성을 크게 위협한 문제와 관련된 것이었다면 점차 관계의 만족도나 결혼생활의 질 등 관계의 질적 측면이 중요한 것으로 나타난다. 이러한 변화는 현대의 우리나라에서도 관찰된다. 국내 연구에서는 배우자의 외도와 같은 이유가 아니더라도 부부간 의사소통이라든가 이해의 부족 등 정서적 문제가 있는 경우 등과 같은 표현적 이유의 경우에 이혼이 그 대안으로 여겨지는 경우가 증가하고 있음을 제안하였다. 이는 개인 자유, 행복추구 등의 중요성이 높아지고 가족 내 관계에 있어 삶의 만족이나 욕구가 충족되지 못하는 경우 이혼을 선택할 수도 있다는 인식이 점차 확산된 것으로 볼 수도 있다(오지혜, 2015).

평균 이혼연령

이혼율 변화추이에 있어서 또한 주목할 것은 이혼연령의 증가이다. 통계청 〈2021년 혼인 · 이혼통계〉에 따르면, 여자의 평균 이혼연령은 2011년 41.5세에서 2021년 46.8세로 증가하였으며, 남자의 평균 이혼연령은 2011년 45.4세에서 2021년 50.1세로 역시 증가하였다. 남자의 평균 이혼연령이 2002년도에 40.6세였고, 여자의 평균 이혼연령이 2002년도에 37.1세였던 점과 비교하면 꾸준히 증가하고 있는 것이다. 이처럼 이혼연령이 높아지는 추세의 원인 중 하나는 만혼으로 인해 혼인연령 자체가 높아진 것, 그리고 한편으로는 결혼생활을 상대적으로 오래 유지한 중장년층의 이혼이 상당히 증가한 데 따른 것으로 볼 수 있다.

남성과 여성의 조이혼율을 연령대별로 살펴보면, 40대 이하 연령의 경우 2011년에 비해 2021년의 조이혼율이 대체로 낮은 것으로 나타났다. 이러한 경향은 여성도 비슷해서, 40대 이하 여성의 조이혼율은 2011년에 비해서 2021년이 낮은 것으로 나타났다. 그러나 50대 이상 여성의 조이혼율을 살펴보면 2011년의 조이혼율보다 2021년의 조이혼율이 높은 것을 볼 수 있다. 가족의 형태, 결혼에 대해 젊은 세

표 12-2 평균이혼연령 추이 (단위: 세)

	2011	2012	2013	2014	2015	2016	2017	2018	2019	2020	2021	증감	
												전년 대비	10년전 대비
남자	45.4	45.9	46.2	46.5	46.9	47.2	47.6	48.3	48.7	49.4	50.1	0.8	4.7
여자	41.5	42.0	42.4	42.8	43.3	43.6	44.0	44.8	45.3	46.0	46.8	0.8	5.2
평균이혼 연령차이(남-여)	3.9	3.9	3.8	3.7	3.6	3.6	3.6	3.5	3.4	3.4	3.4	-	-

출처: 통계청(2021). 2021 혼인 · 이혼 통계.

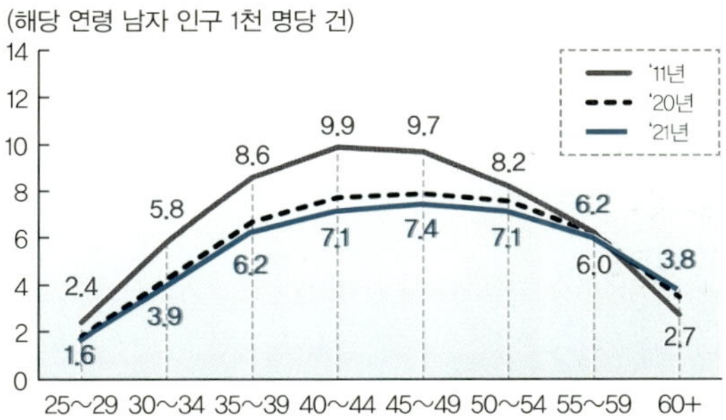

그림 12-2 연령별 이혼율(남자)

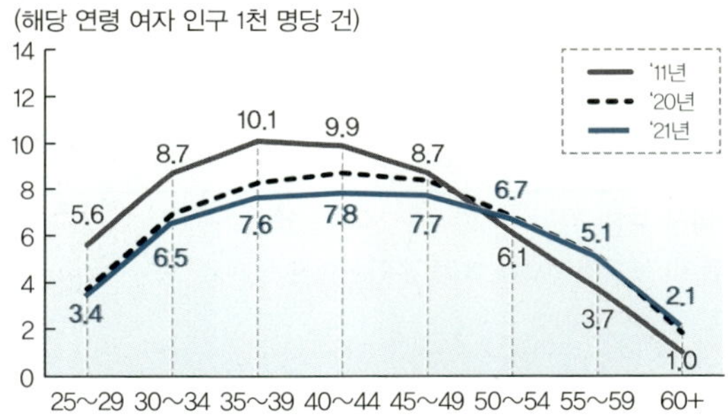

그림 12-3 연령별 이혼율(여자)

출처: 통계청(2021). 2021 혼인·이혼 통계.

대와 비교해 상대적으로 보수적인 태도를 가진 것으로 논의되는 중년세대의 이혼이 증가하는 현상을 통해, 지속되는 수명 연장과 이로인해 길어진 노년기에 대비해 앞으로 남은 생애를 위해 불행한 결혼생활에서 벗어나는 선택을 하는 이들이 증가하였을 가능성을 엿볼 수 있다. 한편으로는, 점차 이혼율이 증가함에 따라 이혼을 바라보는 부정적인 시각이 점차 허용적인 시각으로 변화하였을 가능성, 그리고 이혼의 억제 요인으로 여겨지는 자녀의 독립 이후의 중년세대의 이혼선택 경향의 증가 가능성으로도 해석될 수 있다.

표 12-3 혼인지속기간별 이혼건수 및 구성비 (단위: 천 건, %, 년)

	2011	2012	2013	2014	2015	2016	2017	2018	2019	2020	2021	전년대비		
												구성비	증감	증감률
계*	114.3	114.3	115.3	115.5	109.2	107.3	106.0	108.7	110.8	106.5	101.7	(100.0)	-4.8	-4.5
4년 이하	30.7	28.2	27.3	27.2	24.7	24.6	23.7	23.2	23.3	21.1	19.1	(18.8)	-2.0	-9.4
5 - 9 년	21.7	21.5	21.5	22.0	20.8	20.6	20.5	20.1	20.0	18.4	17.3	(17.1)	-1.1	-5.9
10 - 14년	17.4	17.7	16.9	16.3	14.9	14.7	14.8	15.5	16.0	15.4	14.6	(14.3)	-0.9	-5.7
15 - 19년	16.2	16.6	17.2	17.0	16.2	14.9	13.8	13.5	13.2	11.9	11.3	(11.1)	-0.6	-4.9
20년 이상	28.3	30.2	32.4	33.1	32.6	32.6	33.1	36.3	38.4	39.7	39.4	(38.7)	-0.3	-0.7
20 - 24년	12.6	13.6	14.4	14.2	13.4	12.8	12.6	13.1	13.5	13.0	12.0	(11.8)	-1.1	-8.3
25 - 29년	7.7	8.0	8.7	8.6	8.8	9.0	8.9	9.7	10.0	10.0	9.6	(9.4)	-0.4	-4.5
30년 이상	7.9	8.6	9.4	10.3	10.4	10.8	11.6	13.6	15.0	16.6	17.9	(17.6)	1.2	7.5
평균혼인지속기간	13.2	13.7	14.1	14.3	14.6	14.7	15.0	15.6	16.0	16.7	17.3	-	0.6	3.6

*미상 포함.
출처: 통계청(2021). 2021 혼인 · 이혼 통계.

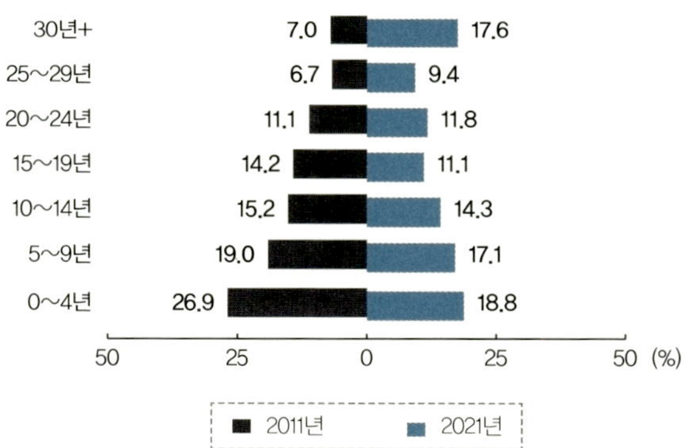

그림 12-4 혼인지속기간별 이혼 구성비

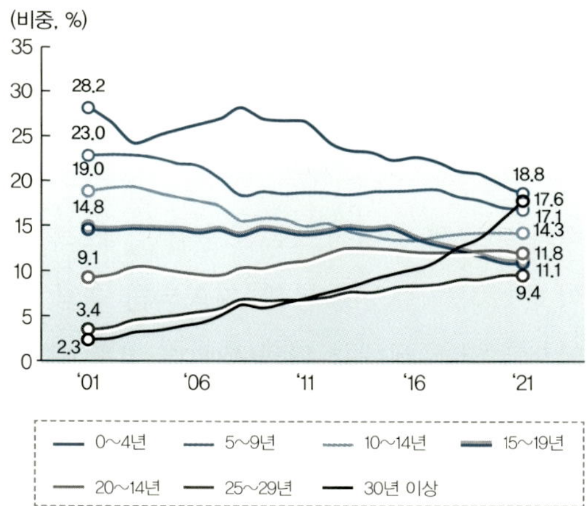

그림 12-5 혼인지속기간별 이혼 구성비 추이

출처: 통계청(2021). 2021 혼인 · 이혼 통계.

이혼연령의 증가와 이혼한 부부의 혼인지속기간별 구성비의 변화와 연결하여 해석해 보면, 2011년도의 혼인기간이 4년 이하인 부부의 비율은 26.9%였는데, 이 수치는 2021년도에 18.8%이다. 반면, 혼인기간 30년 이상인 부부의 비율을 살펴보면 2011년도에 전체의 7.0%에 해당하였는데 이 비율은 2021년도에 17.6%로 두배 이상 증가한 것을 알 수 있다. 이는 그래프로 살펴보면 더욱 두드러지는데, 2001년부터 2021년까지 혼인지속기간별로 비중을 살펴보면 4년 이하나 9년 이하의 혼인지속기간 이후 이혼한 비중은 상대적으로 줄어들고 있고, 이에 비해 30년 이상 혹은 적어도 20년 이상 혼인 지속 후 이혼한 이들의 비중은 상대적으로 증가하는 추세를 보인다.

2021년 통계에 따르면 '신혼이혼'이라고 할 수 있는 4년 이하 이혼이 전체의 18.8%를 차지하는데, 적어도 20년 이상 혼인지속기간 이후에 이혼한 이들의 비중과 합치면 전체 이혼의 절반을 차지하게 되는 셈이다. 최근, 이혼이 혼인시기의 특정기간에 치우친다기보다는 가족생활주기의 모든 단계, 내지는 전생애 발달단계의 전단계에 걸쳐 나타나는 쪽으로 변화하고 있음을 알 수 있다.

상기에서 살펴본 것처럼, 한국 사회의 이혼양상은 지속적으로 증가하다가 정점을 찍고 감소세로 돌아서고 있다는 특징이 있으나, 내용적인 측면에서 보다 직접적이고 구체적인 정보를 파악하는 데는 어려움이 있다. 예를 들어, 이혼자들을 대상으로 이혼 전 결혼생활은 어떠하였는지, 이혼을 결심하고 행하기까지 얼마나 고민하였고 어떠한 준비를 하였는지, 그리고 그 과정에서 어떠한 요인들이 가장 큰 장애요인으로 작용하였는지 등을 탐색하는 것은 다른 실증연구들로부터 채워질 필요가 있다. 이제까지 거시지표로서 통계청의 자료를 소개하고 분석하였다면, 다음에는 보다 다양한 정보를 제공하는 국내외 실증연구와 그 결과를 소개하고자 한다.

이혼경험의 다양성

국내의 이혼 관련 연구들은 상대적으로 부족한데, 이는 대상자 확보 등의 어려움에도 일부 기인하는 것으로 보인다. 현재까지의 이혼관련 국내 실증연구는 주로 여성을 대상으로 하여 이혼 후의 적응에 영향을 미치는 요인은 무엇인지에 대한 연구나 부모역할에 대한 주제로 이루어졌다. 우리나라의 이혼현상이 급격히 증가하였던 것을 감안한다면 현재까지의 이혼 관련 연구들이 연구대상이나 연구주제에 있어 제한적인 정보를 제공해 왔다고 볼 수 있다. 이러한 제한점에 주목하여, 이혼의 결과뿐 아니라 이혼의 과정에 대한 연구가 점차 늘어나고 있다(손정현, 한경혜, 2006, 김정현, 2012; 유순희, 정민자, 2018).

요즘 이혼연구의 특징 중 하나는 연구주제의 다변화, 세분화를 들 수 있을 것이다. 예를 들어, 노년기의 이른바 '황혼 이혼', '다문화가족 이혼' 등이 등장하고 있다. 또한 이혼의 당사자인 남녀뿐 아니라 그들의 자녀를 대상으로 한 부모의 이혼과정에서의 경험에 주목한 연구도 늘어나고 있다. 또한 상대적으로 부족했던 경제적 측면이나 이혼으로 인한 빈곤문제 등에 대한 연구, 중요한 생애 전이로서의 이혼이라는 스트레스에 대처, 적응하는 회복탄력성(resilience)에 대한 연구도 증가하고 있다(권소영, 옥선화, 2005; 주소희, 2007; 김정현, 2012).

한편, 우리나라의 이혼에 대한 초기 연구는 상당부분, 앞서 언급하였듯 여성을 대상으로 한 연구가 주를 이루어, 이혼한 남성의 목소리에 대한 연구는 여전히 상대적으로 부족한다. 한경혜 외(2004)의 연구에서는 이혼은 '성(gender)관계를 둘러싼 쟁점'임에 주목하였고, 남성도 일정부분 가부장적 가족제도에서의 희생자일 수 있으며 여성뿐 아니라 남성에게도 이혼은 힘든 경험이라는 것을 보여주었다. 여성과 남성 모두 상당한 고민 끝에 이혼이라는 의사결정에 도달하며 이혼 후 홀로 자녀를 키우는 것은 여성뿐 아니라 남성에게도 서로 다른 측면에서의 어려움이 있음을 보여주었다. 사회적 지원이나 이혼에 대해 터놓고 이야기할 수 있는 자원에 있어서의 성차는 이러한 어려움을 가중시키는 요인이 되기도 하기에, 향후 남성의 목소리에도 귀를 기울이는 연구도 더욱 늘어나야 할 것이다.

이혼 후 적응

이혼 후에는 여러 적응과정 중 크게 두 가지의 적응과제에 주목할 필요가 있다. 하나는 이혼 자체와 관련된 '상실에 대한 적응', 다른 하나는 '새로 획득한 생활양식에 대한 적응'이며, 이러한 이유로 이혼은 이중적인 과정이라고 제안되어 왔다

(Diedrick, 1991). 학자들은 이혼을 단순히 혼인관계의 법적인 해소나 '사건'으로 보는 관점이 아닌, 이혼을 연속적인 '과정'이자 다측면적으로 이해할 필요가 있다고 지적한다(한경혜 외, 2004; Goetting, 1982; Morrison & Cherlin, 1995).

선행연구에서는 이혼의 다차원성에 대해 논의 하면서 '이혼의 여섯 가지 측면'을 논의하였다. 이혼은 정서적, 경제적, 부모역할, 지역사회, 심리적, 법적 측면에 걸쳐 변화가 이루어지는 과정이라고 제안하는데, 이러한 다차원성을 고려한다면 이혼은 법적 이혼 이전에 이미 시작되기도 하고, 법적으로 종결된 후에도 지속될 수 있음을 논의하였다(Goetting, 1982). 정서적 이혼의 예를 들어보면, 결혼관계에 있어 문제를 인식하고 배우자와의 정서적 거리두기가 시작되면서 이혼의 과정이 이미 시작된 것으로도 볼수 있다. 한편 종결에 있어서 역시 법적 이혼 후에도 누군가의 배우자가 아닌 자기 스스로를 정의하는 데 어려움을 겪게 된다면 심리적 측면의 이혼 과정이 종결된 것으로 간주하기 어렵다는 것이다. 실제로 실증자료에 근거한 연구에 따르면 이혼 후의 적응까지 보통 2~5년 정도가 소요되는 것으로 나타난다. 이혼 후 적응이란 자신에 대한 정의나 일상생활에서 상대 배우자로부터의 의존성에서 벗어나 독립적 정체감의 확립과 일상생활의 적절한 수행이 가능한 것이다.

이제 한국 사회에서의 이혼은 소수에 국한된 문제가 아니라 점차 다수의 사람들이 경험하는 생애사건이므로 낙인적이거나 부정적인 시각으로부터 벗어나 개인이 삶에 적응하는 '과정'으로 보는 시각의 확장이 필요하다(유순희, 정민자, 2018). 이러한 측면에서, 이혼 후의 적응에 있어 중요한 영향요인은 무엇인지를 탐색하고자 하는 연구가 지속적으로 진행되고 있다. 여러 가지 요인들 중 대표적인 영향요인은 성별(gender), 자녀의 유무, 결혼생활의 질, 이혼제안, 경제상태 사회적 지원 등이 있다. 다음에서는 영향요인별 관련 주요결과를 살펴보고자 한다.

성(gender)

결혼생활의 의미나 모습에서의 성차가 존재한다는 연구결과는 이혼 역시 남성과 여성에게 서로 다른 영향을 줄 가능성을 보여주는데, 선행연구의 연구결과는 혼재된 모습을 보인다. 먼저 이혼적응과정에 대한 연구에 따르면, 남성은 여성에 비해 이혼 이후 경제적인 압박은 덜 받으며, 심리적인 어려움을 겪더라도 상대적으로 빠른 기간 안에 회복하는 것을 보여준다(Diedrick, 1991; Shapiro, 1996). 반면, 여성들은 이혼 후 심리적 복지수준이 악화되며, 어려움에 대한 대처방법으로 약물을 더 사용하는 등 남성에 비해 낮은 적응수준을 보였다(Amato, 2000; Holden & Smock, 1991). 그러나 이러한 이혼 후 적응의 성차에 대해 다른 결과를 보여준 연구도 있는데, 남성보다 여성이 이혼 후 적응수준이 높음을 보여주었다(한경혜 외, 2004). 한편, 성별차이가 나타나지 않았다는 연구(옥선화, 성미애, 2004)도 존재한다. 이러한 혼재된 연구 결과는, 표면적으로 드러나는 성차의 문제보다는 서로 다른 사회적 맥락, 문화적 맥락에 놓인 젠더와 그 안에 존재하는 계층, 자원, 이혼의 성격 등의 다양한 측면에 주목할 필요가 있음을 보여준다.

자녀 유무

이혼시 자녀가 있는지의 여부는 이혼 후 적응에도 영향을 미친다. 미성년 자녀 유무별 이혼 구성비를 살펴보면 2001년부터 2021년까지 20년 간, 미성년 자녀가 있는 경우의 이혼의 비중은 꾸준히 감소하고 있음을 알 수 있다. 반면, 미성년 자녀가 없는 경우의 이혼 구성비는 더 높아졌다. 이는 일견 자녀가 이미 성장한 중년기 이후의 이혼의 증가가 반영될 가능성을 보여주기도 한다.

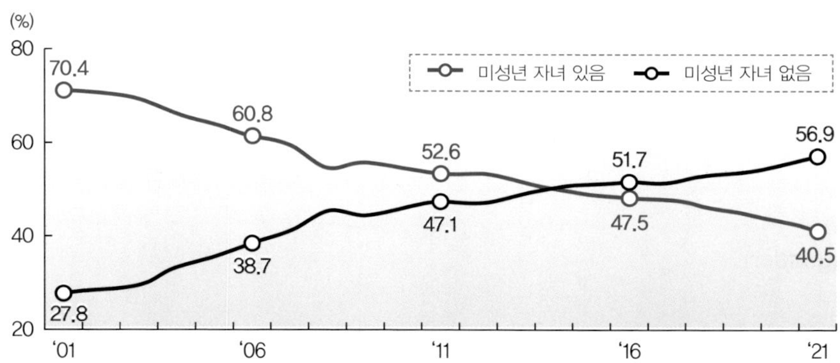

그림 12-6 미성년 자녀 유무별 이혼 구성비

출처: 통계청(2021). 2021 혼인 · 이혼 통계.

이혼 후 적응에 있어 자녀가 미치는 영향력에 대한 선행연구의 결과는 혼재된 모습을 보인다. 자녀가 있어서 이혼 후 이혼자의 적응에 어려움을 더 겪는다는 결과가 있다. 이는 주로 양육권을 가지게 되는 어머니의 입장에서 볼 때 미성년 자녀의 존재는 노동시장의 진출이나 재혼의 기회에서 부정적으로 작동하고, 이는 결과적으로 이혼여성의 경제적 상황을 악화시킬 가능성을 보여준다. 반면, 자녀가 이혼 후 이혼 당사자의 심리적 적응과 복지감에 긍정적인 영향을 준다는 연구 결과도 있다. 선행연구들은 그 이유로 자녀가 이혼 당사자로 하여금 삶의 이유와 원동력이 되어주고, 현재의 어려움을 극복하고 앞으로 나아가게 해 주는 힘이 된다는 것을 지적한다(문현숙, 김득성, 2000; Wang & Amato, 2000).

이처럼 자녀의 존재 여부는 부모로서의 이혼 당사자의 이혼 후 적응에 복합적인 영향을 주는 것으로 나타난다. 이혼가족의 자녀와 적응에 대한 연구는 주로 어린 자녀를 둔 경우를 대상으로 진행된 경우가 다수이나, 점차 중노년기 이혼도 증가함에 따라 성인자녀나 청소년 자녀의 영향력에 관심을 두는 연구도 이루어지는 추세이다(남동우, 2019; 변복수, 박승민, 2015).

결혼 만족도

이혼 전의 결혼생활의 맥락이 어떠했는지 역시 이혼 후 적응에 중요하게 고려할 사항이다. 갈등이 지속적으로 누적되어 혼인상태의 유지가 불가능한 상황에서의 대안으로 이혼을 선택하는 경우와, 이혼을 원치 않음에도 불구하고 이혼을 하게 되는 경우 개인의 적응은 다를 것이다. 선행연구에 따르면 여성들의 경우 비록 이혼 후 다양한 어려움을 경험한다 할지라도, 불행했던 결혼생활의 정리라는 측면에서 이혼 이후의 삶을 긍정적으로 보고하기도 한다(김수완, 2010; Bourassa, Sbarra & Whisman, 2015). 한편, 결혼생활을 잘 해왔다고 생각하는 남성일수록 이혼에 대한 평가의 긍정적인 정도가 낮은 것으로 나타난 연구도 있다. 지난 결혼생활의 만족도와 결혼생활의 질이 이혼 후 삶의 평가에 영향을 준다는 이러한 결과, 그리고 결혼생활이 부정적일수록 이혼에 대해 긍정적으로 평가하는 연구결과는 이혼이 반드시 부정적인 경험만은 아닐 수 있으며, 불행한 결혼생활에 쏟은 에너지와 시간을 삶의 다른 영역에 쏟을 수 있다는 점에서 긍정적으로 작용한 것으로 보인다.

사회적 지원

가족이나 친구처럼 사회적 관계망의 구성원들이 지원하는 다양한 사회적 지지는 이혼 후 적응에 매우 중요하다. 주변으로부터의 지원은 이혼으로 인한 스트레스를 낮출 뿐 아니라, 자아 확립에도 도움을 준다. 또한 이혼으로 인한 다양한 정서적, 경제적, 물질적 도움의 필요를 사회적 관계망으로부터 충족받게 되는 경우, 이혼 후 적응은 더욱 긍정적일 수 있다. 또한 이혼 후 가족, 특히 세대관계의 맥락에서 가족으로부터의 지지와 지원은 상당한 의미를 지닐 수 있다. 부모는 이혼을 한 자녀에게 다양한 지원을 제공하는 것으로 알려져 왔다(Min et al., 2021). 이러한 지원은 이혼 전에 비록 세대 간 지원교환이 이루어지지 않았더라도, 이혼 이후 필요가 증가되면 잠재되었던 자원이 가용하게 된다는 특성이 있다고 제안되어 왔다(Ganog & Coleman, 1994). 많은 연구자들은 부모가 이혼 당사자들에게 있어 중요한 사회적 지원망이라는 데 동의하며, 특히 자녀 돌봄의 영역이 다양한 영역중 중요한 영역 중 하나라는 점을 지적한다. 이혼을 경험한 이들에 대한 다양한 공적 지원망이 부족한 상황에서, 부모나 친지 등 가족과 친구 등 사적 지원망의 영향은 클 수밖에 없다.

재혼

오늘날 한국 사회에서 재혼 가족이 크게 증가하였지만, 이혼 관련 연구와 마찬가지로 재혼가족의 재혼에 이르기까지의 과정, 구체적인 삶의 내용, 재혼 후 적응에 어려운 점 등에 대한 연구는 상대적으로 부족한 편이다. 재혼은 다양한 측면에서 초혼과는 다른 조건들을 가지고 시작하게 된다. 예를 들어, 배우자의 전혼 경력과 전혼으로 부터의 자녀가 존재하는 경우 단순히 재혼한 배우자뿐 아니라, 관련된 과거의 경험들과 새로운 가족관계들에도 적응해야 한다는 점에서 매우 복잡한 측면이 있다(김연옥, 2014). 초혼의 경우 일반적으로 부부관계가 먼저 형성된 이후 출산이나 입양 등을 통한 부모-자녀 관계가 형성되는데 재혼의 경우 부부관계보다 부모-자녀관계가 먼저 형성되는 경우가 있고, 일반적으로 가족생활주기에서 가정하는 가족생활주기의 단계별 과업과도 불일치가 일어나는 경우도 있다. 때로는 자녀입장에서 부모의 전혼에서의 아버지와, 재혼을 통한 어머니 등 한 명 이상의 아버지나 어머니의 존재와 이에 대한 충성심의 갈등, 복잡해지는 친족관계처럼 재혼가족이 가진 특수적인 상황들이 재혼가족에게는 적응의 어려움을 던지기도 한다. 재혼가족은 이처럼 복잡한 이슈들에 직면하므로, 이들 가족이 성공적으로 자리 잡기 위해서는 가족구성원의 노력이 요구된다. 다음에서는 통계청 자료를 통해 우리나라 재혼가족의 전반적인 현황을 살펴보고, 국내외 연구를 통해 재혼 가족의 적응과 관련된 요소들에 대해 살펴보자.

한국 사회의 재혼 현황

재혼가족의 현황

〈표 12-4〉의 남편주소지를 기준으로 아내의 혼인종류를 집계한 혼인형태별 현황의 변화를 살펴보면, 전반적으로 재혼의 비율이 전체 혼인 건수에서 차지하는 비율이 증가하고 있는 것을 알 수 있다. 2000년도 재혼건수의 비율은 약 14%였는데, 이 비율은 2020년도에 약 17%로 증가하였다.

표 12-4 혼인형태별 현황 (단위: 건)

	2000	2005	2010	2015	2020
계	332,090	314,304	326,104	302,828	213,502
초혼	283,357	245,226	268,541	249,978	175,033
재혼	48,132	66,587	57,451	52,747	38,064
사별후 재혼	5,466	6,194	4,773	3,554	2,384
이혼후 재혼	42,666	60,393	52,678	49,193	35,680
미상	601	2,491	112	103	405

* 시도별 자료는 남편의 주소지를 기준으로 아내의 혼인종류를 집계한 표임.
출처: 통계청(각 연도). 인구동향조사.

평균재혼연령을 살펴보면, 평균초혼연령과 마찬가지로 지속적으로 증가하는 추세이다. 2001년 평균재혼연령은 남성은 42.1세, 여성은 37.6세였으나, 2021년 이 수치는 각각 남성 50.7세, 여성 46.5세로 상승하였다. 남녀간 연령차는 2001년 4.5세에서 2021년 4.2세로 약간 줄어들었다. 이러한 평균재혼연령의 증가는 만혼화로 인한 평균초혼연령 증가에 따른 영향을 일견 보여준다 하겠다.

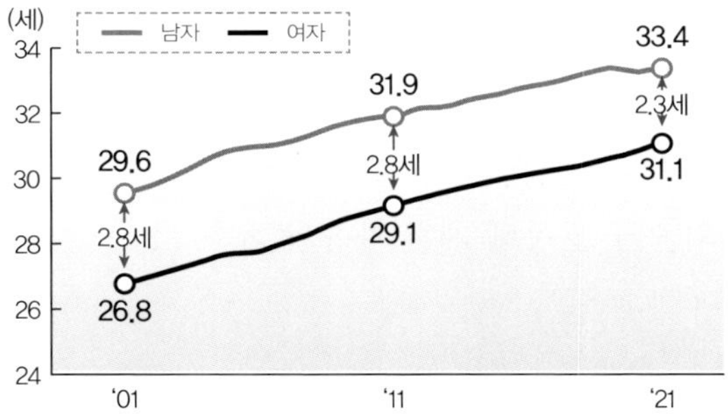

그림 12-7 평균초혼연령(2001~2021)

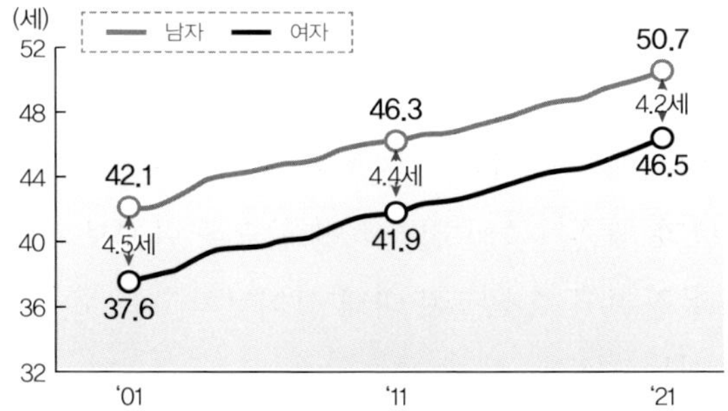

그림 12-8 평균재혼연령(2001~2021)

출처: 통계청(2021). 2021 혼인 · 이혼 통계.

다음에서는 우리나라보다 앞서 재혼가족의 적응의 과정은 어떠하며 가족의 역동은 어떠한지를 연구한 서구의 결과들을 중심으로 살펴보고, 점차 늘어나고 있는 한국의 연구결과들을 함께 다루어보고자 한다.

재혼가족의 다양성

재혼가족을 바라보는 관점

일부 서구의 연구에서는 이혼으로부터의 궁극적인 적응으로써 재혼을 바라보며 (Price & McKenry, 1988), 이혼 후 평균적으로 약 4년 이내에 재혼을 하는 것으로 나타났다. 재혼에 대한 논의 역시 재혼가족을 문제를 가진 가족으로 보는 시각에서 벗어나 부정적 측면뿐 아니라 이들 가족이 가진 강점과 같은 긍정적인 측면을 고려하면서 재혼의 비용과 보상을 다루기도 한다. 긍정적 측면인 보상적 측면은 구체적으로, 재혼을 통해 부부는 혼자서 견뎌야 했던 어려움들을 함께 헤쳐나갈 동반자를 다시 얻게 되는 경험으로 볼 수 있을 것이다. 예를 들어 미성년 자녀가 있는 경우, 이들과의 새로운 관계 정립은 부부 앞에 놓인 도전 과제이지만, 한편으로는 자녀양육의 어려움을 함께 나눌 사람이 있다는 점도 고려될 수 있을 것이다. 한부모가족에 대한 연구에서는, 한부모들은 다양한 의사결정을 혼자 해내야하는 경우가 많고, 경제활동이나 양육에 대한 책임을 혼자 견뎌야 하는 등 기능적인 과부하에 이를 수 있다고 보았다. 재혼은 과도한 부담이나 짐을 함께 나눌 동반자를 얻게 됨을 의미한다는 점에서, 이혼으로 인한 상실감이나 외로움을 극복할 수 있는 대안이 될 수 있다. 특히 여성의 경우 재혼으로 인해 전반적인 경제적 상태나 생활수준이 향상된 측면이 크다는 연구(Folk et al., 1992)도 있다. 이처럼 재혼은 부정적 측면과 긍정적 측면이 공존할 수 있고, 그만큼 재혼가족의 경험도 다양할 수 있다. 다음에서는 재혼가족의 다양성에 대해 살펴보고자 한다.

재혼가족의 삶

재혼가족은 초혼가족에 비해 더 많은 적응을 위한 노력이 요구된다고 알려져 왔다. 그간의 재혼가족에 대한 연구들은 주로 재혼가족에 대하여 문제 중심적으로 접근하였으며, 재혼가족을 초혼가족과 단순 비교하는 이분법적인 접근을 통해 재혼가족이 직면하는 이슈들을 드러내는 연구들이 주를 이루었다. 그러나 이러한 접근방식은 재혼가족들 사이의 다양성을 간과하는 것이라는 최근의 연구들은, 이러한 접근방식이 가지는 이론적, 방법론적 문제점들을 지적하면서 이들 가족의 여러 어려움들에서의 차이와 공통점을 찾고자 하는 노력이 지속되고 있다. 예를 들어, 재혼하는 당사자들이 전혼에서의 경험은 어떠한지, 전혼으로부터의 자녀의 여부와 이들의 나이, 양육권의 여부와 동거 여부, 전혼자녀가 전혼의 부/모를 얼마나 자주 만나는지 등에 따라 재혼가족의 관계의 복잡성이나 역동성에서 큰 차이를 보일 수 있다. 기존에 자녀유무, 자녀와의 관계, 자녀와의 동거여부라는 세 가지 차원을 통해 재혼가족 유형을 9가지로 분류한 연구(Ihinger-Tallman & Paseley, 1987) 등이 이러한 예를 잘 보여준다.

상기의 연구가 재혼가족의 구조적 측면을 기준으로 다양성을 분석하였다면, 최근에는 관계적 측면에 주목하여 유형화를 시도한 연구(Jensen & Weller, 2019)도 눈에 띈다. 친모-자녀, 계부-자녀, 재혼후 부부관계의 질을 중심으로 유형화를 시도한 연구 결과는 [그림 12-9]와 같다.

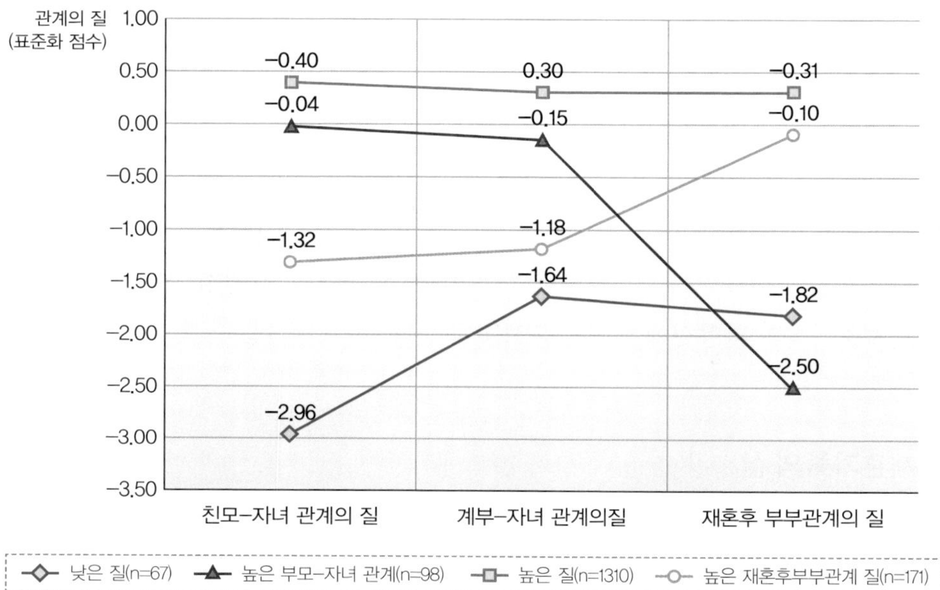

그림 12-9 재혼가족 내 하위체계에서 나타나는 관계의 질 양상에 따른 재혼가족 유형

출처: Jensen & Weller(2019).

이 연구에 따르면, 유형 I은 세 가지 지표 모두에서 높은 관계의 질을 보였으며, 전체의 80%에 달하였다. 이 외에도 유형 II는 재혼 후 부부관계의 질은 좋으나, 부모-자녀관계의 질이 상대적으로 낮은 유형이며, 유형 III은 부모-자녀관계의 질이 재혼부부 관계의 질에 비해 상대적으로 더 높은 집단이다. 마지막 유형 IV은 전반적으로 관계가 낮은 유형이다. 사례의 대표성이나 문화적 차이 등을 고려해야 하나, 이런 연구 역시 재혼가족에 대한 연구에 있어서 집단 내의 다양성을 고려해야 할 필요성을 잘 보여준다.

재혼가족의 적응

재혼가족이 겪는 어려움은 초혼가족이 겪는 어려움과 마찬가지로 가족 형성의 초기 단계에서 경제적, 성적, 관계적 적응이 필요하다. 이 외에도 가족발달의 과정에서 요구되는 발달과업의 이행 역시 초혼가족과 동일하게 어려움을 겪는 부분이다. 이 외에도 재혼가족은 초혼가족과 구별되는 몇 가지 적응의 어려움을 불러일으키는 특성을 가진다. 그중 사회적 규범의 부재 측면과, 가족경계의 모호성에 대해 살펴보자.

사회적 규범의 부재

재혼가족의 가족관계에 적합한 행동규범, 행위의 양식 등에 대한 사회적 규범이 존재하지 않는다는 점은 재혼가족의 적응을 어렵게 하는 요인이다. 부모로서의 역할, 자녀로서의 역할이라는 사회적 규범은 존재하나 이를 재혼가족의 상황에 직접 적용하기는 어렵기에 개별 가족 내에서 변용하고 조정하는 과정이 필요하고 이는 새롭게 형성된 가족에게 부담으로 작용될 수 있다.

가족경계의 모호성

재혼가족에 대한 문화적, 사회적 각본의 부재는 재혼가족에게 가족 내 경계를 명확하게 확립하는 데 어려움을 준다. 서구의 연구에서는 '가족은 누구인가'의 경계를 설정하는 데 구성원 간의 불일치가 재혼가족의 경우 더욱 높을 수 있으며, 때로는 경계의 설정 자체가 모호하다는 점에 주목하였다(Gross, 1987). 특히 만약 재혼가족 중 전혼으로부터의 자녀가 있는 경우 어디까지가 나의 가족인지에 대한 가족 구성원들 간의 인식에서 상당한 차이가 있을 수 있는데, 상기 연구에 따르면 재혼가족을 자신의 가족으로 정의하는 전혼으로부터의 자녀는 약 13%에 불과하고 자신의 부모를 이혼 전 친부모라고 정의하는 경우가 30%가 넘으며, 함께 사는 친부모는 가족에 포함하나 함께 사는 계부모는 가족의 범주에서 제외하는 경우도 있다는 것을 밝혔다. 또 다른 연구(Suanet et al., 2013)에서는 네덜란드 노년층 계부모를 대상으로 약 10년간의 차이를 비교하였는데, 이 연구결과에 따르면 1992년 자료에 비해 계부모가 계자녀를 자신의 사적 네트워크에 포함시킬 가능성이 2009년에 더 높아진 것으로 나타났다. 이는 시간에 따라 가족의 정의나 경계에도 변화가 일어날 수 있음을 시사한다.

재혼가족의 적응 단계

재혼가족의 적응을 단계별로 나누어 살펴 본 연구(Papernow, 1984)는 재혼가족의 발달과정을 환상기, 몰입기, 인식기, 변동기, 행동기, 접촉기, 해결기라는 총 7단계의 모델을 제시하였는데 각 단계에 대한 설명은 다음과 같다.

초기단계는 환상기와 몰입기, 인식기를 포함한다. 초기단계는 비현실적 기대감으로 시작했으나 실제 생활을 통해 현실을 인식하는 단계이다. 1) 환상기에는 재혼에 대해 상대적으로 비현실적인 기대감을 형성한다. 계부모 역할의 어려움보다는 부재하는 부모역할을 빠른 시간 안에 대체할 수 있고, 경제적으로 정서적으로 안정된 가족이 될 수 있다고 생각하는 시기이다. 2) 몰입기는 재혼생활의 현실을 경험하면서 환상기에서 몰입기로 진입하게 된다. 이 시기에 재혼가족의 부부는 그간의 기대를 실현하기 위해 노력하지만 직면하는 어려움으로 인해 혼란을 겪게 된다. 3) 인식기는 가족이 처한 문제를 이해하고, 현실적인 인식을 하게 되는 단계이다.

중기 단계는 초기단계에서 경험하고 인식한 것을 행동으로 옮기는 단계로, 변동기와 행동기가 이에 속한다. 4) 변동기에는 현실에서 인식된 재혼생활의 어려움에 적극적으로 직면하고, 상호 간에 긍정적 변화를 위해 노력하는 단계이다. 이때 가족 구성원 간의 생각차로 인해 갈등과 스트레스를 경험할 수 있다. 5) 행동기는 재혼 전의 가족체계를 해체하는 단계로, 이는 기존의 경계를 대신하여 재혼가족 내의 새로운 경계를 확립하고 계부모와 계자녀 간의 경계를 확립한다.

후기 단계는 안정기로 구성원 간의 친밀감과 애착이 발달되고 강화되는 단계로 접촉기와 해결기가 이에 해당한다. 6) 접촉기에는 새로운 가족규칙, 가족의례 등을 만들고 이를 통해 변화를 창출하여 친밀감과 애착이 발달되는 '우리'의 개념으로 한데 묶이는 계기를 마련한다. 7) 해결기는 재혼가족 내에 가족규범이 확립되고 가족의 역사가 시작되고, 각 구성원들이 자신의 역할과 관계형성에 대해 감각을 갖는 단계이다.

재혼가족의 가족관계

성공적인 재혼생활을 위해서, 재혼가족의 부부관계 확립은 필수적이다. 선행연구에 따르면(Furstenerg & Spanier, 1984) 초혼가족에 비하여 재혼가족이 가족관계에서 일어나는 갈등의 해결책으로 이혼을 선택하는 경향이 더 높음을 발견했다. 이는 재혼가족의 부부관계가 상대적으로 불안정하다는 의미로 해석될 여지가 있다.

상기의 문제는 부부간 의사소통에 있어 어려움을 만들고, 결혼생활의 만족도를 낮춰 이들의 적응을 위협하는 요인이 되기도 한다. 재혼가족의 부부관계를 어렵게 만드는 가장 큰 요인 중 하나로 지적되는 것은 또한 계부모-계자녀 관계이다. 부부간에 양육방식의 차이로 인해 마찰이 생길 수 있고, 부부관계 이전에 성립된 부모-자녀 관계에서, 재혼으로 인해 새롭게 부부관계와 부모-자녀 관계를 형성하는 과정은 상당히 복잡하여 부부간에 마찰이 생길 수 있다.

재혼가족의 부모자녀관계는 앞서 언급한 것처럼 전혼으로 인한 자녀가 있는 경우 더욱 복잡해질 수 있다. 재혼가족의 부모자녀관계는 부부와 재혼 후 출산한 자녀관계, 계부모와 계자녀 관계, 친부모와 친자녀 관계 등으로 구분해 볼 수 있는데, 이 중에 계부모자녀 관계가 재혼가족의 부모-자녀 관련 연구 중 가장 빈번하게 연구 된 주제이다. 앞서 살펴본 것처럼, 재혼 가족에 대한 사회적 규범이 부재하거나 명확하지 않다는 점이 재혼 가족 내에서 부모 역할을 어떻게 할 것인지에 대한 어려움과 관련된다. 상당히 많은 계부모들이 자녀양육과 훈육에 있어 엄격성과 허용성의 정도와 균형을 찾는 데 어려움을 경험하며, 이로 인한 갈등으로 스트레스를 받는다.

한편, 자녀들은 자신의 적극적인 개입이나 선택권이 부여되지 않은 부모의 이혼이나 재혼과정에서 상당한 스트레스를 경험할 수 있다. 재혼가족 내에서 자녀들은 친부모와 계부모 사이의 충성심 갈등을 경험할 수 있으며(Ganong & Coleman,

1984), 이 과정에서 자녀들은 때로 '두 명의 엄마'라든가 '두 명의 아빠'를 갖는 과정을 겪을 수 있다. 관련한 어려움은 특히 한부모 가족으로 생활하는 동안 자녀가 성장하면서 부모의 친구이자 조언자로서의 역할을 담당하면서 부모와 강한 애착을 형성하는 경우 계부모를 받아들이는 것이 어렵다는 결과가 있다(Visher & Visher, 1979).

재혼가족과 가족법

혈통의 개념을 중시하는 우리나라 사회에서 '성씨'가 가지는 의미는 상당하다. 개정 전 민법에서는 "자는 부의 성과 본을 따르고 부가에 입적한다."고 되어 있었다. 이후 2005년 호주제가 폐지되었고, 일부 개정되면서 "자는 부의 성과 본을 따른다. 다만, 부모가 혼인신고 시 모의 성과 본을 따르기로 협의한 경우에는 모의 성과 본을 따른다."고 개정되었다. 개정 전의 법에 따르면 부모가 재혼하는 경우 계부와 계자녀의 성이 다를 가능성이 컸기에, 전 결혼에서 자녀가 있는 경우 재혼가족에게 상당한 어려움으로 작용하기도 하였다. 특히 학령기 자녀의 경우 성씨를 바탕으로 함께 사는 아버지와 성이 다른 경우 친구에게 놀림을 받는다든지 하는 점이 문제점으로 지적되었다. 이에 따라 민법 제781조 1항 본문은 헌법재판소에 2001년 위헌 제청되고, 2005년 헌법불합치 결정과 더불어 호주제는 폐지되었다. 또한 아버지의 성만 따르는 것이 아니라 필요한 경우 달리할 수 있도록 하였다.

한부모가족

한국 사회의 한부모가족

한부모가족의 범위

한부모가족지원법 "한부모가족이 안정적인 가족 기능을 유지하고 자립할 수 있도록 지원함으로써 한부모가족의 생활 안정과 복지 증진에 이바지 함을 목적"으로 한다. 이 법은 1989년 '모자복지법'으로 시행되었고 이후 개정을 거쳐 2008년부터는「한부모가족지원법」으로 자리잡게 되었다. 이 법률에서 말하는 한부모가족의 정의는 다음과 같다.

1. "모" 또는 "부"란 다음 각 목의 어느 하나에 해당하는 자로서 아동인 자녀를 양육하는 자를 말한다.
   가. 배우자와 사별 또는 이혼하거나 배우자로부터 유기(遺棄)된 자
   나. 정신이나 신체의 장애로 장기간 노동능력을 상실한 배우자를 가진 자
   다. 교정시설 · 치료감호시설에 입소한 배우자 또는 병역복무 중인 배우자를 가진 사람
   라. 미혼자{사실혼(事實婚) 관계에 있는 자는 제외한다}
   마. 가목부터 라목까지에 규정된 자에 준하는 자로서 여성가족부령으로 정하는 자

1의2. "청소년 한부모"란 24세 이하의 모 또는 부를 말한다.

2. "한부모가족"이란 모자가족 또는 부자가족을 말한다.
3. "모자가족"이란 모가 세대주{세대주가 아니더라도 세대원(世代員)을 사실상 부양하는 자를 포함한다}인 가족을 말한다.
4. "부자가족"이란 부가 세대주{세대주가 아니더라도 세대원을 사실상 부양하는 자를 포함한다}인 가족을 말한다.
5. "아동"이란 18세 미만(취학 중인 경우에는 22세 미만을 말하되,「병역법」에 따른 병역의무를 이행하고 취학 중인 경우에는 병역의무를 이행한 기간을 가산한 연령 미만을 말한다)의 자를 말한다.

한부모가족에는 한부모의 성별이 여성인 경우와 남성인 경우가 있다. 각각 모자가족, 부자가족이라 일컫는데, 만일 어머니나 아버지가 만 24세 이하일 경우 이를 '청소년 한부모'로 분류하여 다양한 지원을 제공한다.

한부모가족의 현황

통계청의 '장례가구추계'와 '인구총조사'의 자료를 종합해 보면, 2017년도 우리나라의 총가구수에 비해 한부모가구가 차지하는 비율은 약 7.6%였다. 이러한 비율은 소폭 하락하는 양상을 보이면서 2021년에는 6.9%에 달하였다. 인구주택총조사에 따르면 1985년부터 2016년도까지는 증가하는 양상을 보였던 것을 감안하면, 1986년부터 지속적으로 증가하는 한부모가족의 비율은 2017년을 기점으로 감소추세로 돌아선 것을 알 수 있다.

표 12-5 한부모가구 비율 (단위: %)

		2017	2018	2019	2020	2021
한부모 가구 현황	총가구	20,168	20,500	20,891	21,485	22,023
	한부모가구	1,533	1,539	1,529	1,533	1,510
	한부모가구 비율	7.6	7.5	7.3	7.1	6.9

출처: 통계청(각 연도). 인구총조사. e-나라지표.

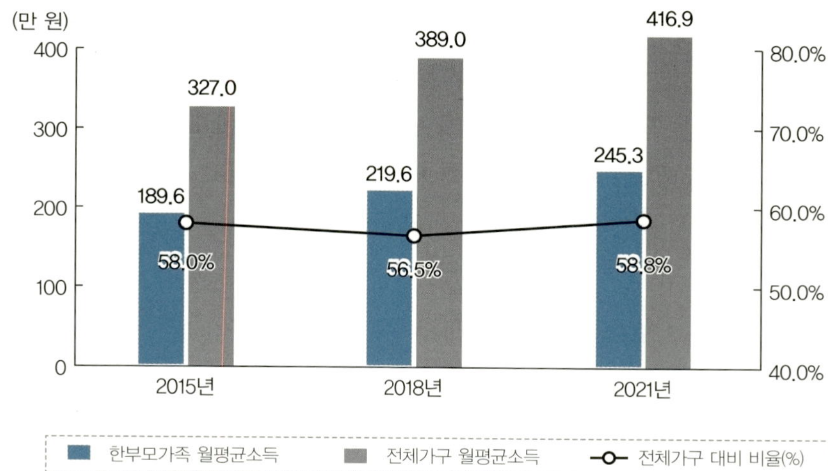

* 한부모 월평균소득: 세금, 사회보험료 등 제외한 가처분 소득
** 전체가구 평균소득: 2015, 2018, 2021년 가계금융복지조사의 전체가구 평균 가처분 소득

그림 12-10 한부모가족의 소득

출처: 여성가족부(2021). 2021년 한부모가족 실태조사 결과 정책뉴스.

한편, 여성가족부에서 한부모가족의 가구주 3,300명을 대상으로 한 '2021년 한부모가족 실태조사'에 따르면, 한부모가족의 소득과 순 자산은 2018년 조사 당시에 비해 증가하였다. 그러나 전체가구소득(2021년 가계금융복지조사 기준)을 비교하면 지속적으로 한부모가족의 평균소득은 낮은 것으로 나타났다(여성가족부, 2022).

한부모가족 지원정책과 프로그램

양육지원금

우리나라는 가족 아동의 건강한 성장을 도모하고자 저소득 한부모가족에게 아동양육비를 지원하고 있다. 지원대상 가구는 '소득인정액이 기준 중위소득의 52% 이하인 한부모가족 및 조손가족'과 '소득인정액이 기준 중위소득의 60% 이하인 청소년 한부모가족'이다. 2022년 기준 한부모가족 및 조손가족의 아동양육비는 아동 1인당 월 20만 원, 청소년한부모가족의 아동양육비는 아동 1인당 월 30만 원이다. 이 외에 저소득 미혼 한부모가족과 청년 한부모 양육지원 강화를 위한 추가 아동양육비도 지급하고 있다.

이외에 저소득 한부모가족 중·고등학생 자녀 학습지원을 강화하기 위해 자녀 1인당 연 8만여 원의 학용품비를 지원하고 있다. 또한 어린이집 이용시 한부모가족의 경우 입소우선순위를 고려하도록 하고, 보육료나 돌봄서비스 등의 지원없이 가정에서 양육하는 만 0세에서 6세 영유아의 경우에는 영유아의 개월 수에 따라 양육수당을 차등 지급하고 있다.

한부모가족복지시설 및 법률 · 상담지원

저소득 무주택 한부모가족인 경우 일정기간 주거와 생계를 지원해주는 '한부모가족복지시설'을 이용할 수 있다. 입소대상별로 크게 '모자가족복지시설', '부자가족복지시설', '미혼모자가족복지시설'로 나뉘며 각 시설별로 다시 기본생활지원과 공동생활지원으로 나눌 수 있다. 이 외에 일시지원복지시설이 있다.

한부모가족복지시설에 입소한 가족의 경우 저소득 한부모가족이 받는 복지급여를 동일하게 지원받고, 이외에 추가로 생활보조금을 지원받는다. 시설별 지원 내용은 시설의 종류에 따라 차이가 있다.

시설지원 외에 한부모가족은 국민주택 분양 시 우선분양의 대상이 된다. 공공임대주택 중 일정 범위에서 한부모가족을 선정하여 특별공급 대상을 추천할 수 있으며, 입주대상은 한부모가족으로 모집공고일 기준 무주택인 세대구성원이어야 한다.

표 12-6 한부모가족복지시설

시설 유형		입소대상	입소기간 (연장가능기간)
모자가족 복지시설	기본생활지원	만 18세 미만의 자녀를 양육하는 무주택 저소득 모자가족	3년(2년)
	공동생활지원	독립적인 가정생활이 어렵고 일정기간 공동으로 가정을 이루어 생활하면서 자립을 준비하고자 하는 모자가족	2년(1년)
	자립생활지원	만 18세 미만의 자녀를 양육하는 무주택 저소득 모자가족, 기본생활지원형에서 퇴소한 모자세대로서 자립준비가 미흡한 모자가족	3년(2년)
부자가족 복지시설	기본생활지원	만 18세 미만의 자녀를 양육하는 무주택 저소득 부자가족	3년(2년)
	공동생활지원	독립적인 가정생활이 어렵고 일정기간 공동으로 가정을 이루어 생활하면서 자립을 준비하고자 하는 부자가족	2년(1년)
	자립생활지원	기본생활지원형에서 퇴소한 부자세대로서 자립준비가 미흡한 부자가족	-
미혼모자가족 복지시설	기본생활지원	3세 미만의 영유아를 양육하는 미혼모	2년(1년)
	공동생활지원	출산 후 해당아동을 양육하지 아니하는 미혼모	2년(6월)
일시지원복지시설		배우자의 학대로 인하여 아동의 건전 양육과 모의 건강에 지장을 초래할 우려가 있는 모와 아동	6월(6월)

출처: 찾기 쉬운 생활법령정보.

또한 한부모가족은 법률지원과 상담 및 정서지원을 받을 수 있다. 한부모가족의 경우 자녀양육비확보의 어려움을 겪는 경우가 많음을 앞서 살펴보았는데, 이혼가족 등 한부모가족의 자녀양육비를 확보할 수 있도록 법률상담, 소송대리, 소송서류 작성 등의 자녀양육비 청구소송을 지원한다. 또한 상대방이 자녀양육비 지급의무를 이행하지 않는 경우 이에 필요한 법률적 지원(과태료, 이행명령, 담보제공명령 등)

을 제공한다. 이외에 가족지원서비스와 한부모가족 역량강화사업을 통해 저소득 한부모가족의 자립역량지원을 위한 교육, 상담, 정서지원, 위기지원서비스 등을 제공하고 있다.

참/고/문/헌

권소영, 옥선화(2005). 20, 30대 이혼 남녀의 이혼 후 적응 -이혼 후 생활변화, 개인적 자원, 대인관계 자원을 중심으로-. *Family and Environment Research*, *43*(3), 199-219.

김수완(2010). 결혼해체 이후 삶의 변화. 한국여성학, 26(1), 35-67.

김연옥(2014). 재혼가족에 대한 체계론적 분석 -경계와 역할개념을 중심으로-. 한국가족복지학, 44, 31-55.

김정현(2012). 저소득 이혼여성의 빈곤화 과정: 가족제도와 노동시장에서의 사회적 배제 경험을 중심으로. 한국가족복지학, 38(-), 69-102.

김혜영, 변화순, 윤홍식(2008). 여성의 이혼과 빈곤 - 직업과 소득의 변화를 중심으로. 가족과 문화, 20(2), 37-63.

남동우(2019). 재혼에 관한 해외 연구 동향분석: 2008년~2017년 발간된 해외 논문을 중심으로. 한국가족관계학회지, 23(4), 187-211.

문현숙, 김득성(2000). 이혼 후 적응과정에 관한 사례연구. *Family and Environment Research*, *38*(3), 99-120.

변복수, 박승민(2015). 재혼 가정 성인 자녀들의 적응 과정. 한국심리학회지 상담 및 심리치료, 27(3), 721-748.

변주수, 진미정(2018). 2000년 이후 이혼법 개정과 지역 이혼율 변동의 관계. 가족과 문화, 30(1), 1-26.

손정연, 한경혜(2006). 결혼의 질, 이혼 장애 요인, 일상생활 스트레스와 이혼 후 적응. 가정과삶의질연구, 24(1), 83-102.

여성가족부(2022). 2021년 한부모가족 실태조사 결과. Retrieved from http://www.mogef.go.kr/nw/enw/nw_enw_s001d.do;jsessionid=KYwcrfC8M3DRIfb303iBWKg9.mogef10?mid=mda700&bbtSn=710160

오지혜(2015). 한국 기혼여성의 이혼태도에 관한 연구. 가족과 문화, 27(1), 233-270.

옥선화, 성미애(2004). 20, 30대 이혼 남녀의 이혼 후 적응에 영향을 미치는 변수 -생활만족도와 건강을 중심으로-. *Family and Environment Research*, *42*(11), 167-187.

우해봉(2011). 한국인의 성별 및 교육수준별 이혼 패턴에 관한 연구. 사회복지정책, 38(4), 139-163.

유순희, 정민자(2018). 황혼이혼 결정과정에 관한 연구. 가정과삶의질연구, 36(2), 54-71.

이명신, 김유순(2005). 이혼사유별 이혼의향에 영향을 미치는 요인 : 남녀 모델 비교. 여성연구, 69, 35-91.

이설아, 전혜정, 주수산나(2021). 이혼이 성인 남성과 여성의 우울 수준에 미치는 영향. 가족과 문화, 33(2), 66-88.

이재경(2000). 성별화된(Gendered) 이혼과 여성. 가족과 문화, 12(2), 81-98.

장은경, 최희정(2019). 중년에서 이혼과 신체건강의 관련성: 성별에 따른 가족/사회관계만족도의 매개효과. 한국가족관계학회지, 24(1), 23-43.

주소희(2007). 부모의 이혼과 자녀의 적응:부모자녀관계와 자아효능감 매개효과를 중심으로. 한국가족복지학, 20, 107-136.

정금식(2023). 이혼, 한국민족문화 대백과사전. 한국정신문화연구원.

통계청(2021). 2021 혼인·이혼 통계.

한경혜, 김주현, 강혜원(2004). 성인 남녀의 이혼 과정 각 단계에서의 성별차이. 한국가족관계학회지, 9(2), 93-118.

Amato, P. R. (2000). The consequences of divorce for adults and children. *Journal of marriage and family*, *62*(4), 1269-1287.

Arditti, J. A. (1997). Women, divorce, and economic risk. *Family Court Review*, *35*(1), 79-89.

Bloom, B. L., Hodges, W. F., Kern, M. B., & McFaddin, S. C. (1985). A preventive intervention program for the newly separated: Final evaluations. *American journal of orthopsychiatry*, *55*(1), 9-26.

Diedrick, P. (1991). Gender differences in divorce adjustment. *Journal of Divorce & Remarriage*, *14*(3-4), 33-46.

Bourassa, K. J., Sbarra, D. A., & Whisman, M. A. (2015). Women in very low quality marriages gain life satisfaction following divorce. *Journal of Family Psychology*, *29*(3), 490.

Cole, C. L. (1985). Parting: The Aftermath of Separation and Divorce/Recycling the Family: Remarriage after Divorce. *Clinical Sociology Review*, *3*(1), 20.

Folk, K. F., Graham, J. W., & Beller, A. H. (1992). Child support and remarriage: Implications for the economic well-being of children. *Journal of Family Issues*, *13*(2), 142-157.

Furstenberg Jr, F. F., & Spanier, G. B. (1984). The risk of dissolution in remarriage: An examination of Cherlin's hypothesis of incomplete institutionalization. *Family Relations*, 433-441.

Ganong, L. H., & Coleman, M. (1994). *Remarried family relationships*. Sage Publications, Inc.

Gross, P. (1987). Defining post-divorce remarriage families: A typology based on the subjective perceptions of children. *Journal of Divorce*, *10*(1-2), 205-217.

Goetting, A. (1982). The six stations of remarriage: Developmental tasks of remarriage after divorce. *Family Relations*, *31*(2), 213-222.

Hawkins, A. J., Willoughby, B. J., & Doherty, W. J. (2012). Reasons for divorce and openness to marital reconciliation. *Journal of Divorce & Remarriage*, *53*(6), 453-463.

Holden, K. C., & Smock, P. J. (1991). The economic costs of marital dissolution: Why do women bear a disproportionate cost?. *Annual review of sociology*, *17*(1), 51-78.

Ihinger-Tallman, M., & Pasley, K. (1987). *Remarriage*. Sage Publications, Inc.

Jensen, T. M., & Weller, B. E. (2019). Latent profiles of residential stepfamily relationship quality and family stability. *Journal of Divorce & Remarriage*, *60*(1), 69-87.

Kitson, G. C., & Sussman, M. B. (1982). Marital complaints, demographic characteristics, and symptoms of mental distress in divorce. *Journal of Marriage and the Family*, *44*(1), 87-101.

Min, J., Johnson, M. D., Anderson, J. R., & Yurkiw, J. (2022). Support exchanges between adult children and their parents across life transitions. *Journal of Marriage and Family*, *84*(2), 367-392.

Morrison, D. R., & Cherlin, A. J. (1995). The divorce process and young children's well-being: A prospective analysis. *Journal of Marriage and the Family*, *57*(3), 800-812.

Papernow, P. L. (1984). The stepfamily cycle: An experiential model of stepfamily development. *Family Relations*, *33*(3), 355-363.

Pettit, E. J., & Bloom, B. L. (1984). Whose decision was it? The effects of initiator status on adjustment to marital disruption. *Journal of Marriage and the Family*, *46*(3), 587-595.

Price, S. J., & McKenry, P. C. (1988). *Divorce*. Sage Publications, Inc.

Seabrook, J. A., & Avison, W. R. (2012). Socioeconomic status and cumulative disadvantage processes across the life course: implications for health outcomes. *Canadian Review of Sociology/Revue canadienne de sociologie*, *49*(1), 50-68.

Shapiro, A. D. (1996). Explaining psychological distress in a sample of remarried and divorced persons: The influence of economic distress. *Journal of Family Issues*, *17*(2), 186-203.

Suanet, B., Van der Pas, S., & Van Tilburg, T. G. (2013). Who is in the stepfamily? Change in stepparents' family boundaries between 1992 and 2009. *Journal of Marriage and Family*, *75*(5), 1070-1083.

Uhlenberg, P., Cooney, T., & Boyd, R. (1990). Divorce for women after midlife. *Journal of Gerontology*, *45*(1), S3-S11.

Visher, E. B., & Visher, J. S. (1979). *Stepfamilies: A guide to working with stepparents and stepchildren*. Psychology Press.

Wallerstein, J. S. (1986). Women after divorce: Preliminary report from a ten-year follow-up. *American Journal of Orthopsychiatry*, *56*(1), 65-77.

Wang, H., & Amato, P. R. (2000). Predictors of divorce adjustment: Stressors, resources, and definitions. *Journal of Marriage and Family*, *62*(3), 655-668.

찾기 쉬운 생활법령정보(http://easylaw.go.kr).

가족생활을 지원하는 교육, 상담, 정책

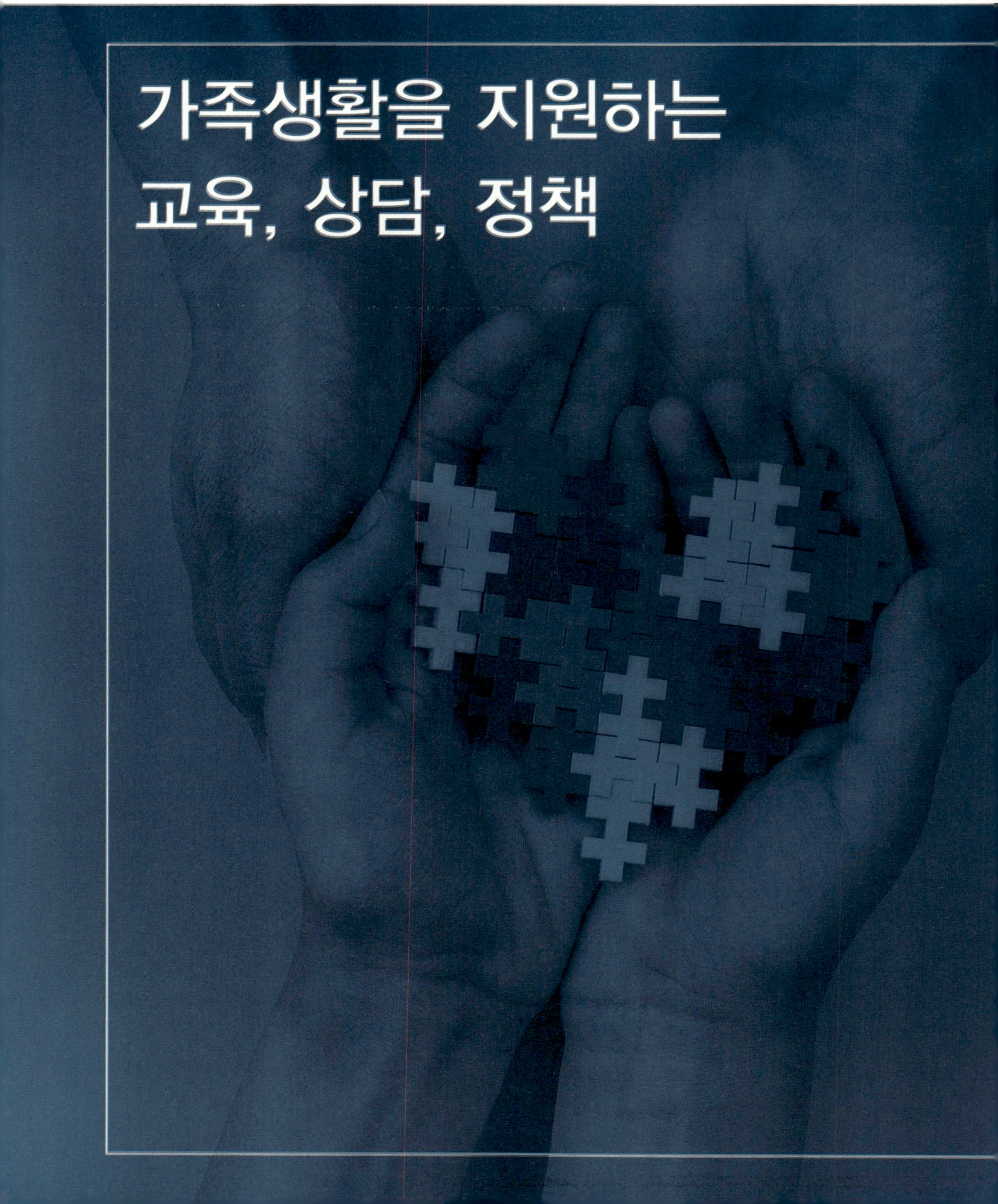

13

CHAPTER

챕터 개요

지금까지 이 책에서는 가족과 친밀성의 영역에서 건강하고 행복한 관계를 맺고 유지하는 데 도움이 되는 이론과 개념, 연구결과를 살펴보았다. 이 장에서는 가족생활과 관련된 지원이나 서비스를 가족생활교육, 가족상담, 가족정책으로 나누어 알아본다. 가족생활교육, 가족상담, 가족정책은 가족학의 대표적인 실천적 영역으로, 각기 고유한 방식으로 가족생활의 향상과 복지의 증진에 기여한다. 이 장의 내용을 학습함으로써 가족생활과 친밀한 관계의 영역에서 도움이 필요할 때 어떤 지원이나 서비스를 이용할 수 있을지, 각각의 특징은 무엇인지 파악할 수 있을 것이다.

가족생활교육의 이해

- 가족생활교육의 정의 및 의의
- 가족생활교육의 기본 원칙
- 커플관계교육
- 부모교육

가족상담의 이해

- 가족상담의 등장배경 및 정의
- 가족상담의 과정

가족정책의 이해

- 가족정책의 정의 및 유형
- 한국 가족정책의 전개

주요 용어

가족생활교육, 가족교육, 부모교육, 커플관계교육, 부부교육, 가족상담, 가족치료, 부부상담, 커플상담, 가족센터, 가족정책, 저출생/저출산

CHAPTER 13

가족생활을 지원하는 교육, 상담, 정책

가족생활교육의 이해

누구나 가족생활을 하면서 크고 작은 어려움을 경험할 수 있다. 부모와의 갈등으로 힘들 수도 있고, 자녀를 양육하면서 고민이나 스트레스에 직면할 수도 있고, 연애나 결혼생활에서 갈등을 겪을 수도 있다. 이렇듯 어려운 상황이 닥쳤을 때 전문가의 상담을 받는 방법도 있지만, 사전에 이러한 문제를 예방하는 전문적인 활동도 있다. 이를 가족생활교육(family life education)이라고 한다. 가족생활에서의 문제를 사전에 예방하거나, 문제상황이 더 심각한 위기로 이어지지 않도록 효과적으로 대처하는 지식, 기술을 교육하는 활동인 가족생활교육에 대해 알아보자.

가족생활교육의 정의 및 의의

부모교육, 부부교육, 가족교육 등으로 알려져 있는 가족생활교육은 가족 내 문제의 '예방'을 핵심으로 하는 교육적 활동이다. 가족생활에서 경험할 수 있는 문제를 예방하고, 문제에 건강하게 대처할 수 있는 잠재력을 강화하는 데 도움이 되는 지식, 기술, 태도를 다루는 교육적 활동이라고 정의할 수 있다. 미국가족관계학회는 '교육적, 예방적, 강점중심적 접근을 통해 가족구성원이 복지를 향상하고 대인관계를 강화할 수 있도록 지식과 기술을 개발시키고 역량을 강화하는 전문적 실천'이라고 가족생활교육을 정의하였다(National Council on Family Relations, n.d.).

치과에서 치석을 제거하는 스케일링을 받아서 구강질환을 예방할 수 있다면, 가족학에서는 스케일링과 유사한 성격(이재림, 2015)의 가족생활교육을 통해 가족생활에서 경험할 수 있는 문제를 예방할 수 있다. 코로나19 백신 등 의료분야의 백신에 빗대어, 가족생활교육을 가족생활과 친밀한 관계에서의 어려움을 예방하는 '관계의 백신'에 비유하기도 한다(한국가족관계학회, 2021).

가족생활에 대해 정보나 조언을 얻을 수 있는 곳은 많다. '맘카페' 등 온라인에서 일반인들끼리 정보나 경험을 공유하기도 하고, 친구나 동료 등 주변 사람들의 지원을 받을 수도 있다. 그러나 급변하는 오늘날의 가족생활에서 경험하는 문제는 매우 복잡하고 다양하여서 몇몇 사람의 경험에 비추어 예방하고 준비하기에는 부족하다. 이런 점에서 전문적인 연구결과와 이론을 토대로 다양한 가족의 역량을 강화하는 가족생활교육이 효과적일 수 있다.

국내에서는 가족생활교육이라고 할 때, 지역사회의 공공기관이나 민간단체에서 실시하는 구조화된 프로그램을 의미하는 경우가 많다(기쁘다 외, 2020). 여기서 프로그램이란 구체적인 목적을 달성하기 위한 체계적인 교육과정(curriculum)으로 구성된 교육(정민자, 1996)을 말한다. 그러나 구조화된 프로그램의 형태가 아니더라도 가족생활과 관련된 예방적이고 교육적인 활동이라면 가족생활교육으로 볼 수 있다. 예를 들어, 다양한 온라인, 오프라인 매체를 통해 이루어지는 예방적, 교육적 활동의 경우 광의의 가족생활교육으로 볼 수 있다. 구조화된 프로그램의 형태이냐 아니냐보다는 이론과 연구결과를 기반으로 해야 한다는 점이 중요하다.

가족생활교육을 폭넓게 정의한다면 중 · 고등학교의 〈기술 · 가정〉 교과목이나, 대학교에서 교양과목으로 개설하는 〈결혼과 가족〉, 〈부모교육〉 등의 교과목을 포함할 수 있다. 그러나 일반적으로 가족생활교육을 이야기할 때는 공교육 제도 안의 교육과정이 아닌, 학교 밖 가족생활교육(outrearch family life education; Duncan & Goddard, 2017)에 초점을 맞춘다. 각 지역의 가족센터, 어린이집 및 유치원, 초 · 중등학교 등 다양한 기관에서 실시하는 (학)부모교육, 부부교육 등이 그 예이다.

가족생활교육의 기본 원칙

가족생활교육의 기본 원칙은 교육적, 예방적, 강점 접근, 이론 · 연구 기반이라는 것이다(Darling et al., 2019). 첫째, 가족생활교육은 상담이나 치료적 접근과는 달리 지식과 기술을 교육하고 공유하는 '교육적' 접근을 기본으로 한다. 교육방법은 강의실 등에서 대면으로 이루어지는 전통적인 집체교육에서부터 온라인을 포함한 다양한 장소에서 이루어지는 집단활동, 코칭, 게임까지 매우 다양하다.

둘째, 가족생활교육은 '예방적(preventive)'이다. 미래에 발생할 수도 있는 가족의 문제를 예방하거나(1차예방), 이미 발생한 문제가 악화되는 것을 예방하는(2차예방) 접근을 기본으로 한다. 코로나19 팬데믹 이후 백신접종 등 질병 예방에 대한 관심이 커졌는데, 가족생활교육은 가족생활에서의 어려움에 대한 예방을 목적으로 한다.

셋째, 개인과 가족의 취약한 부분에 관심을 두는 결함 접근(deficit approach)과는 달리 가족생활교육은 '강점 접근(strengths approach)'을 취한다. 개인과 가족의 강점을 중심으로 역량을 개발하고자 하며, 개인과 가족의 잠재력과 회복탄력성에 집중한다. 또한 강점에 집중하기 때문에 지식을 일방적으로 주입하기보다, 학습자가 스스로 깨닫고 배우고 연습할 수 있도록 하는 교육기법을 중시한다.

마지막으로, 가족생활교육은 '이론과 연구를 기반(evidence-based)'으로 한다. 가족생활에 어려움을 가져오는 위험요인, 어려움을 예방 또는 감소시킬 수 있는 보호요인에 관한 이론과 연구결과에 토대를 둔다는 의미이다. 정보의 홍수 시대에 수

많은 매체에서 가족생활과 관련된 지식과 정보를 제공하지만, 이 중에는 개인적 경험이나 신념에만 근거하여 타당도와 신뢰도가 떨어지는 경우도 많다. 이와는 달리 가족생활교육은 가족학, 아동학, 노년학 등 가족생활을 연구하는 분야의 학술이론과 최신 연구결과를 토대로 교육을 설계하고 실시한다. 또한 과학적인 연구방법을 사용하여 가족생활교육의 효과를 평가한다.

좀 더 알아봅시다 **서울가족학교**

서울가족학교는 서울시 25개 자치구의 가족센터에서 주제별로 실시하는 가족생활교육을 아우르는 브랜드이다. 2015년에 시작되었으며 2023년을 기준으로 보았을 때 예비・신혼부부교실, 아동기 부모교실, 청소년기 부모교실, 아버지교실, 패밀리셰프 프로그램이 운영되고 있다. 각 교실의 교육내용 예시는 다음과 같다.

- ▶ 예비부부교실: 서로의 차이 이해하기, 커플 대화법, 우리 결혼 설계하기 등
- ▶ 신혼부부교실: 신혼부부에 대한 이해와 점검, 재무교육, 성교육 등
- ▶ 아동기 부모교실: 현명한 훈육법, 자녀와 소통하는 대화 비법, 우리 아이 자존감 높이기 등
- ▶ 청소년기 부모교실: 청소년기 자녀와의 갈등해결, 바람직한 부모 역할, 사춘기 자녀와의 대화법 등
- ▶ 아버지교실: 아빠의 자기돌봄과 스트레스 관리, 아이와의 갈등해소 방법, 자녀와의 친밀감과 안정적 애착관계 등

서울가족학교 자치구별 프로그램 보기

서울가족학교 예비 · 신혼부부 교실 설명 보기

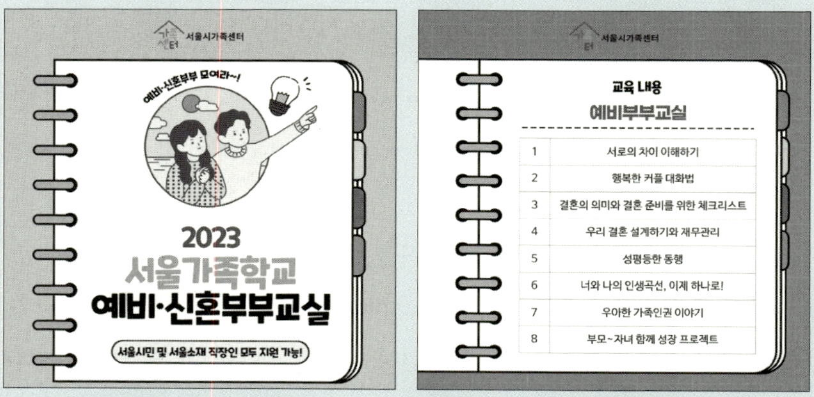

2023 서울가족학교 예비 · 신혼부부교실 교육내용

커플관계교육

커플관계교육은 부모교육과 함께 가족생활교육의 대표적인 영역이다. 국내에서는 결혼여부를 기준으로 결혼준비교육이나 예비부부교육을 한 영역으로, 부부교육을 다른 영역으로 다루는 경향이 있다. 그러나 이 두 가지는 커플관계를 다룬다는 핵심적인 공통점이 있기 때문에 중복되는 부분이 많다. 여기에서는 서구 가족생활교육의 동향을 반영하여 결혼여부를 나누지 않고 커플관계교육이라는 통합적 개념으로 살펴본다.

커플관계교육(couples relationship education: CRE)은 부부관계, 연인관계 등 커플관계에 대한 지식, 태도, 기술 등을 제공하는 예방적 교육활동이다(박지수 외, 2018). 커플관계교육의 목적은 커플이 건강하고 만족스러운 관계를 지속적으로 유지하는 것을 돕고, 커플관계에서의 긴장과 관계의 해체를 감소시키는 것이다(Halford et al., 2008). 최근 해외 문헌에서는 관계교육(relationship education: RE)이라는 광의의 용어를 사용하기도 한다. 이 용어는 커플 단위 교육인 커플관계교육(CRE)과 청소년·청년 개인 단위인 낭만적 관계 교육(youth relationships education: YRE)으로 나눌 수 있다(Hawkins, 2018). 청소년과 청년을 위한 YRE는 커플관계를 형성한 이후 건강한 관계를 유지하는 것뿐만 아니라, 형성하기 이전 단계도 포함한다는 특징이 있다.

커플관계교육의 강점(Larson, 2004)은 예방적 측면에 있다. 관계상의 문제가 심각해지기 이전에 문제를 예방하는 하는 것이 이미 심각한 관계상의 문제를 겪고 있는 커플을 위한 상담 등의 개입보다 상대적으로 용이하기 때문이다. 문제가 심각해진 이후에 관계를 개선하는 것은 어려운 일이며, 많은 노력과 비용이 따르는 경우가 적지 않다. 또한 선행연구에 따르면 상담을 성공적으로 받았더라도 관계에서 스트레스를 경험하지 않은 커플에 비하면 관계만족도가 낮다고 한다(Van Widenfelt et al., 1997).

또한 예방적 성격의 커플관계교육은 상담에 비해 사생활을 노출해야 한다는 부담이 적고, 상담을 받는 것에 대한 부정적인 시선을 우려할 필요가 없다. 커플관계교육은 지역사회에서 무료 또는 낮은 비용으로 제공되는 경우가 많으므로 경제적 부담도 적다. 커플관계교육을 통해 관계의 중요성이나 상담의 효과성을 이해한다면 이후 상담이 필요할 때 상담을 받을 가능성도 높기 때문에 커플관계교육을 경험하는 것이 도움이 된다.

[해외 동향] 해외 커플관계교육 프로그램 사례

- PREP(Prevention and Relationship Enhancement Program)

  PREP은 국제적으로 가장 잘 알려져 있는 커플관계교육 프로그램이다. 미국의 마크만(Markman)과 스탠리(Stanley)가 1980년대에 개발했으며, 세계 여러 나라에서 실시되고 있다. 장기간 효과성을 추적하는 다수의 연구를 통해 PREP의 효과성이 입증된 바 있다. PREP은 대상에 따라 여러 가지 세부 커리큘럼이 있다. 일반 커플을 대상으로는 PREP 프로그램 8.0 버전까지 개발되었으며, 커플이 아닌 개인이 참여하는 「Within My Reach」, 군인을 위한 「Got Your Back」, 아버지를 위한 「On My Shoulders」, 수용자를 위한 「Walking the Line」 등이 있다. 대면 집체교육 형태의 PREP 이외에 온라인 버전인 ePREP도 실시되고 있다.

출처: PREP 홈페이지(https://www.prepinc.com).

부모교육

부모교육의 정의 및 현황

가족생활교육의 대표적인 영역인 부모교육은 "자녀의 성장과 발달에 대한 부모의 이해와 지식을 증진시킴으로써, 부모로서의 역량을 키우고 이를 토대로 부모 스스로 효과적인 자녀양육 방법과 기술을 개발하여 자녀에게 실천하고 적용하도록 지원해 주는 다양한 교육활동"(이순형 외, 2010: 10)이다. 해외에서는 전통적으로 parent education이라고 하였으나, 최근에는 생물학적 또는 법적으로는 부모가 아니지만 부모역할을 하는 다양한 양육자를 포함하기 위해 parenting education이라는 용어를 추천하기도 한다. 국내에서도 같은 이유로 부모교육 대신 양육자교육이라는 용어를 사용하는 경우도 있다. 여기에서는 부모교육이라는 용어를 사용하되, 부모 이외의 다양한 양육자를 포함하는 개념으로 사용하고자 한다.

부모교육은 부모역할에 필요한 지식과 기술은 타고 나는 것이 아니라 학습하는 것이라는 관점에서 출발한다. 사회, 정서, 신체, 언어, 인지 등 모든 영역의 발달에서 부모는 자녀에게 중대한 영향을 미친다. 또한 부모역할과 부모자녀관계는 부모 본인의 삶의 질이나 복지를 예측하는 매우 중요한 요인이기도 한다. 특히 한국가족은 부부관계보다 부모자녀관계를 중심으로 하며 교육 등 자녀의 성취에 큰 의미를 부여하기 때문에, 부모역할에 관심이 많다. 아동학대나 학교폭력이 심각한 사회문제로 대두되면서 국가 차원에서의 부모교육에 대한 관심도 증가하였다.

부모교육은 한국의 가족생활교육에서 가장 활발한 영역이다. 부모교육을 제공하는 국내의 공공기관은 매우 많은데, 가족센터, 육아종합지원센터(영유아기 부모), 교육청 학부모지원센터(학령기 이상 부모) 등이 대표적이다. 일선학교에서도 학부모교육참여의 일환으로 단기특강 방식의 학부모교육을 실시한다. 지자체별로 운영하는 부모교육 프로그램도 있다. 예를 들어, 서울시는 '서울가족학교'라는 가족생활교육 브랜드를 운영하고 있으며, 서울가족학교에는 아동기 부모교실, 청소년기 부모교육, 아버지교실이 포함된다. 아버지 양육참여의 의의와 필요성이 강조되면서, 아버지교육을 별도로 실시하는 경우도 적지 않다.

부모교육은 대체로 자발적으로 참가하는 것이지만, 특정한 상황에서는 부모교육을 의무화하기도 한다. 가정법원에서는 2012년 11월부터 '가사재판 · 가사조정 및 협의이혼의사 확인 절차에서의 자녀양육안내 실시에 관한 지침'에 따라 법원에서 이혼절차를 밟고 있는 부부 중 미성년 자녀가 있는 경우는 자녀양육안내(부모교육)에 의무적으로 참석하도록 하고 있다. 이 교육에서는 양육권 및 면접교섭 결정에서의 고려사항, 이혼과정에서 자녀를 보호해야 하는 이유, 부모의 갈등이 자녀에게 미치는 영향 등을 다룬다.

법적 입양을 앞둔 예비부모 역시 부모교육에 의무적으로 참여해야 한다. 입양특례법에 따른 입양은 입양 허가 전에 의무적으로 8시간 부모교육을 받아야 한다. 민법에 따른 입양 신청 예비 양부모 역시 교육시간은 다르지만 부모교육을 수강해야 한다.

부모교육의 내용

부모교육에서 무엇을 교육할 것인지를 설명하는 대표적인 모형으로는 미국 익스텐션 시스템에서 개발한 부모교육 모형인 NEPEM(National Extension Parent Education Model; Smith et al., 1994)이 있다. 이 모형은 이후에 미국 익스텐션 부모교육사 프레임워크(National Extension Parenting Educators' Framework; NEPEF)로 발전되었다(DeBord et al., 2006). NEPEM은 부모교육의 기본내용을 담고 있으며, NEPEF는 NEPEM에 부모교육사가 갖출 역량과 기술을 추가한 것이다.

부모교육의 기본 내용을 개념화한 NEPEM는 부모교육의 내용으로 6개 범주, 29개 양육기술을 제시한다. 이 중 6개 범주를 간략히 살펴보면 다음과 같다.

① 범주 1. 부모 자신 돌보기(care for self)

부모가 자신을 알고 이해하며, 스트레스 등 개인적인 욕구를 관리하고, 부모로서 명확한 방향을 정하는 것이다. 부모 개인의 문제를 잘 다스려야 부모역할도 효과적으로 수행할 수 있고, 건강한 부모자녀관계를 형성하여 자녀의 건강한 발달을 도모할 수 있다.

② 범주 2. 이해하기(understand)

자녀를 이해하고, 자녀의 발달단계별 특성과 요구를 이해하는 것이다.

③ 범주 3. 이끌어주기(guide)

자녀의 자기조절능력과 강점을 개발하고 부모의 권위를 효과적으로 표현하는 것이다.

④ 범주 4. 양육하기(nurture)

자녀의 욕구에 집중하는 것이다. 의식주나 안전과 같은 기본적인 욕구를 충족해 주는 것부터 자녀의 감정과 생각에 주의를 기울이고, 자녀에게 애정과 공감을 표현하는 것까지 다양한 기술을 필요로 한다.

⑤ 범주 5. 동기부여하기(motivate)

자녀의 지적 발달과 학업 성취를 자극하고 격려하는 것이다.

⑥ 범주 6. 옹호하기(advocate)

'내 아이'에만 관심을 두기보다 '우리 아이'라는 관점을 갖고, 지역사회 자녀들의 권리와 복지를 직간접적으로 지원하는 것이다. 지역사회의 일원으로서 아동에게 도움이 되는 자원을 발굴·이용·창출하고, 아동과 가족에게 친화적인 환경조성을 촉구하고, 가족-이웃-지역사회와 관계를 형성하는 등의 역할이다.

[해외 동향] 해외 부모교육 프로그램 사례

부모교육 프로그램 중에는 전 세계적으로 효과성이 입증되어 세계 각국에서 실시되고 있는 프로그램이 적지 않다. 이 중 Triple P와 Incredible Years를 간단히 소개하면 다음과 같다.

- 트리플 P(Triple P: Positive Parenting Program)(http://www.triplep.net)
  긍정적 부모역할 프로그램(Positive Parenting Program)에서 알파벳 P가 세 번 반복된다는 점에서 Triple P라고 이름 붙인 프로그램이다. 호주 퀸즈랜드대학교(University of Queensland)의 샌더스(Sanders) 교수가 개발하였다. Triple P의 표적집단은 만 0~16세까지의 아동 및 청소년의 부모 등 양육자이다. 이 프로그램의 목적은 아동과 청소년의 문제행동 및 정서문제를 감소시키고, 부모의 자신감을 향상시키는 한편, 부모의 스트레스·분노·우울 수준을 낮추는 것이다. 세계 각국에 보급되어 있으며, 프로그램의 효과성에 대해 30년 이상의 연구결과가 축적되어 있다. 온라인 버전은 만 0~12세 부모용과 만 10~16세 부모용으로 구분되어 있다.
- 인크레더블 이어스(The Incredible Years)(http://www.incredibleyears.com)
  만 4~8세 아동, 부모, 교사 세 집단을 표적집단으로 하는 특징이 있는 프로그램으로, 미국 워싱턴대학교(University of Washington)의 웹스터-스트라톤(Webster-Stratton)이 개발하였다. 이 프로그램의 목적은 아동의 정서역량과 사회역량을 강화하고, 아동의 행동문제와 정서문제를 예방·감소·치료하는 것이다. The Incredible Years는 아동용, 부모용, 교사용으로 구성되는데, 각기 실시할 수도 있고 두 가지 이상을 혼합해서 실시할 수도 있다. 기존 4~8세용 프로그램과 별도로 0~36개월을 대상으로 한 프로그램도 있다. 서구 여러 나라에서 실시되고 있는 프로그램이다.

생각해 봅시다 내가 시장/도지사라면?

내가 우리 지역 광역 지자체의 최고책임자(예: 시장, 도지사)라면 어떤 집단을 위한, 또는 어떤 주제를 다루는 가족생활 교육에 예산을 배정하면 좋을지 생각해 보자.

가족상담의 이해

가족상담의 등장배경 및 정의

가족관계에서 경험하는 문제나 심리적 어려움은 되풀이되는 경향이 있다. 가족상담은 이렇듯 가족에서 되풀이되는 문제의 패턴을 변화시키고자 할 때 유용한 전문가의 개입이다. 이 부분에서는 가족상담의 등장배경과 정의를 살펴보고, 가족상담이 어떠한 과정을 거쳐 이루어지는지 소개한다.

가족상담이란 무엇일까? 한 명이 상담에 참여하면 개인상담이고, 가족이 함께 상담에 참여하면 가족상담일까? 가족상담에는 이보다 중요한 특징이 있다. 개인상담이 개인의 심리 내적 경험과 역동에 초점을 둔다면, 가족상담은 가족의 구조와 관계, 상호작용 패턴에 초점을 맞춘다. 이에 대해 좀 더 알아보자.

전통적인 개인 심리치료의 바탕은 기계론적 세계관이다. 기계론적 세계관에서는 인간의 어려움을 원인과 결과로 구분하고, 전체를 부분으로 쪼개 각 부분의 메커니즘을 이해하면 전체를 이해할 수 있다고 본다. 즉, 개별 가족구성원을 이해하면 전체 가족을 이해할 수 있다고 가정한다. 반면, 전통적인 개인 심리치료의 대안으로 등장한 가족상담은 유기체론적 세계관이 확산되면서 탄생하였다. 유기체론적 세계관에서는 부분들이 유기적으로 연결되어 있어서, 문제가 되는 부분만 제거하거나 고치는 것은 어렵고 맥락이나 상황을 고려해야 한다고 본다. 예를 들어, 공격적인 문제행동으로 도움이 필요한 아동이 있을 때, 이 아이의 행동에서 무엇이 원인이고 무엇이 결과인지를 분명하게 나누기는 어렵다는 것이다.

이러한 사고는 체계론적 관점으로 이어진다. 체계론적 관점은 세계를 상호연관성과 상호의존성으로 파악한다(정문자 외, 2018). 어떤 심리적 어려움이 나타났을 때 개인만의 문제가 아닌 개인을 둘러싼 가족, 환경적 맥락에서 그 어려움을 이해해야 온전한 해결책을 찾을 수 있다고 본다. 체계론적 관점에서는 부분의 합보다 전체가 크다고 본다. 가족을 하나의 체계라고 생각하면, 개별 가족구성원이라는 부분과 부분을 이해하더라도 가족체계 전체를 이해했다고 보기는 어렵다는 것이다. 개인과 개인 사이의 상호작용이나 가족문화 등이 가족체계에 더해지기 때문이다.

가족상담의 역사에서 중요한 인물인 사티어(Satir)의 사례를 살펴보자(김유숙, 2018). 사티어는 조현병 진단을 받은 28세 여성과 심리상담을 진행했고, 6개월 정도 지나자 치료의 효과가 나타나기 시작했다. 그런데 이때 이 여성의 어머니로부터 연락이 왔다. 상담사가 자신과 딸의 관계를 악화시키고 있으니 소송을 걸겠다는 내용이었다. 어머니는 위협적으로 이야기했지만, 목소리는 애원하고 있었다. 그래서 어머니와 딸이 함께 상담에 오도록 권유하였고, 어머니가 상담에 참여하게 되자 딸은 상담 첫날의 상태로 되돌아가 버렸다. 이러한 경험은 사티어에게 어려움을 호소하는 개인뿐 아니라 가족 전체를 고려하는 심리적 개입이 필요함을 인식하게 했다.

실제 임상 현장에서는 한 아동이 개인상담을 통해 심리적으로 안정되어 가면, 다른 형제가 문제를 일으키는 경우가 빈번하다. 즉, 가족에게 어려움이 발생했을 때 개인심리적 접근만으로는 가족문제를 효과적으로 다루기에 한계가 있다. 가족상담은 개인의 문제에 중심을 두기보다 체계론적 관점에서 가족체계를 변화시키는 데 초점을 둔다. 가족체계가 변화하면 각 가족구성원의 삶도 이에 따라 변화한다고 믿기 때문이다(Nichols & Schwartz, 2007).

가족상담 분야의 대표적인 이론으로는 보웬(Bowen)의 다세대 가족상담, 미누친(Minuchin)의 구조적 가족상담, 사티어(Satir)의 경험적 가족상담, 해결중심 가족상담, 이야기 가족상담 등이 있다. 예를 들어, 이 책의 9장에서 자아분화 수준을 향상시켜서 가족기능을 강화할 수 있다고 했는데, 이러한 관점이 보웬의 다세대 가족상담 이론의 핵심이다. 여기에서는 전문적인 각 이론을 설명하기보다, 가족상담의 과정을 소개함으로써 가족상담에 대한 이해를 돕고자 한다.

가족상담의 과정

가족상담의 과정을 분류하는 대표적인 방식은 접수-초기-중기-종결 단계로 나누는 것이다. 각 단계를 살펴보면 다음과 같다(Nichols & Schwartz, 2007).

접수단계

접수단계에서는 가족상담 의뢰자로부터 문제에 대해 간략하게 설명을 들은 후, 참석할 사람과 날짜, 시간, 장소를 구체적으로 정한다. 일반적으로 가족상담을 원하는 의뢰인(내담자)이 가장 먼저 묻는 것 중 하나는 가족이 모두 참여해야 하는지이다. 체계론적 관점에서 보면, 가족구성원 한 명이 상담에 참여하더라도 가족의 상호작용 패턴, 의사소통 교류방식 등 체계적 시각에서 가족문제를 다루면 전체 가족체계에서 변화를 끌어낼 수 있다. 가족은 모빌과 같아서 한쪽의 움직임이 다른 한쪽의 움직임에 영향을 미치기 때문이다. 그러나 가족상담사는 가능한 많은 가족구성원이 참여하도록 격려한다. 가족구성원 각자의 관점이 매우 다를 수도 있고, 여러 가족구성원이 참석하는 것이 상담 현장에서 체계론적 접근을 취하기에 용이할 수도 있기 때문이다.

초기단계

가족이 상담실에 오면, 가족상담사는 자신을 소개하고, 의뢰자를 통해 알게 된 내용을 정리한다. 이 과정은 상담을 의뢰한 사람과 가족상담사 사이에 무슨 대화를 했는지 궁금해 하는 가족구성원들을 위한 것이기도 하고, 가족상담사가 상담을 의뢰한 사람과만 같은 편인 것은 아니라는 점을 전달하기 위해서이다.

이어서 가족이 현재 경험하는 어려움에 대해 각각의 가족구성원들이 어떻게 생각하는지 이야기하게 한다. 이때 가족구성원 간 논쟁이 일어나거나 말하는 사람에게 방해가 되지 않도록 가족상담사의 중재가 필요할 수 있다. 각자의 관점에서 가족문제를 듣고 나면 가족상담사는 이 가족의 상호작용 패턴을 알아차릴 수 있다.

예를 들어, 부모의 부부갈등으로 상담을 받는 가족의 경우, 자녀들이 부모 중 누구의 관점으로 이 문제를 바라보는지 파악할 수 있으며 누구를 문제라고 생각하는지 추측할 수 있다.

가족상담에서는 가족에서 문제 인물이라고 지목되는 사람을 IP(identified patient)라고 부른다(김유숙, 2018). IP는 실제 문제를 유발하는 사람이라기보다는 가족 내에서 문제로 지정된 사람이다. IP를 제외한 다른 가족구성원은 IP를 비난할 가능성이 높다.

초기단계에서는 가족상담사와 가족과의 라포관계 형성과 대처방식 파악이 중요하다. 따라서 가족의 경험과 노력을 인정하고 격려하는 것이 필요하다. 이 단계에서 가족이 어려움을 해결하기 위해 어떻게 노력했었는지 경험을 나누게 한다. 이를 통해 가족상담사는 가족이 어떻게 대화하고 상호작용하는지를 관찰할 수 있다. 만약 어려움을 극복한 경험이 있다면, 이를 가족의 강점으로 활용하여 격려와 칭찬을 한다. 반대로 성공하지 못했다면 도움이 되지 않았던 방식은 무엇인지 가설을 세우는 것이 필요하다. 가족은 계속된 문제해결의 실패로 인해 좌절감, 분노감, 우울함, 불안감 등을 호소할 가능성이 크므로 이 과정에서 감정을 공감하며 격려해주는 것이 도움이 된다.

가족의 어려움에 대해 나누면서 가족상담사는 문제를 한 사람의 잘못으로 두지 않고, 다른 가족들은 어떻게 관련이 되는지, 어떻게 영향을 받는지 질문할 필요가 있다(Nichols & Schwartz, 2007). 이는 문제에 대해 체계론적 관점의 이해를 돕고자 함이다. 또한, 가족상담에서는 한 사람에 대한 비난이 다른 사람에게 옮겨가게 하지 않고, 가족의 패턴을 인식하는 것이 중요하다.

역기능적 상호작용 패턴을 인식한 후 가족상담사와 가족은 패턴의 변화를 모색한다. 특히 '내가 ~할수록 상대는 ~할 것이고, 그의 행동을 보고 내가 ~하면 우리는 점점 관계가 악화되는 것 같다'라는 패턴을 정의할 수 있도록 돕는 게 필요하다. 그렇게 되면 가족은 악순환의 패턴을 멈추기 위해 기존의 행동방식이 아닌 대안을 찾을 가능성이 커진다. 가족은 항상성을 유지하려는 특성이 있어서 변화하기 쉽지 않다. 따라서 가족상담사는 가족이 문제해결을 포기하거나 좌절하지 않도록 도와 앞으로 나아갈 수 있도록 코치의 역할을 하는 것이 중요하다.

중기단계

중기단계는 초기단계에서 파악한 가족 상호작용의 패턴에서 가족구성원이 자신의 역할을 인식하고 변화시키는 단계이다. 변화를 위한 주된 작업이 이루어지는 실행단계로, 상담의 목표를 달성하기 위한 다양한 상담전략이 활용된다.

가족 상호작용의 변화를 위해 중기단계에서는 가족구성원이 자신을 표현하고 서로 이해할 수 있도록 돕는 데 주력한다. 이때 가족상담사는 덜 적극적으로 개입하고 가족구성원끼리 상호작용하도록 격려한다. 상담사는 가족구성원들이 서로를 비판하거나 비난하기보다 자신이 느끼는 것과 원하는 것을 표현하도록 유도한다. 중기단계에서 가족구성원들은 감정적으로 반응하지 않기 위해 덜 방어적으로 듣고 말하는 방식을 배운다.

종결

가족상담의 종결시점은 의뢰된 문제가 해결되었거나 상당부분 개선이 되었는지, 가족구성원들이 기대한 바를 이루었는지 등을 파악하여 결정한다. 가족은 역동적 체계이기 때문에 끊임없이 변화한다. 따라서 가족문제가 개선되어 종결하더라도 다시 문제가 악화되거나 새로운 문제가 발생할 가능성도 염두에 두어야 한다. 이에 가족구성원들은 가족상담을 하면서 깨닫고 변화된 점을 정리하고 나누면서 가족상담을 마무리한다.

좀 더 알아봅시다 가족생활교육 및 가족상담 관련 국내외 자격 및 관리기관

가족생활교육이나 가족상담 분야에서 자격증을 취득하여 전문성을 인정받고자 할 경우 다음과 같은 자격증을 취득할 수 있다. 자세한 내용은 괄호 안 관리기관의 홈페이지를 검색하여 살펴보면 확인할 수 있다.

가족생활교육

▶ 국내: 가족생활교육사(한국가족관계학회)

▶ 해외: Certified Family Life Educator(CFLE; National Council on Family Relations)

가족상담

▶ 국내: 가족상담사(한국가족관계학회), 부부가족상담전문가(한국가족치료학회), 전문상담사(한국상담학회, 부부・가족상담학회)

▶ 해외: Licensed Marriage and Family Therapist(LMFT; American Association for Marriage and Family Therapy)

가족 지원 전반

▶ 국내: 건강가정사(여성가족부) 등

좀 더 알아봅시다 주제별 전문상담기관

다음의 각 주제에 관해 전문상담을 제공하는 기관명과 연락처를 소개한다.

▶ 가정폭력: 여성긴급전화 국번없이 1366, 한국가정법률상담소 1644-7077

▶ 성폭력: 성폭력피해자통합지원센터(각 지역 해바라기센터) http://www.mogef.go.kr/sp/hrp/sp_hrp_f011.do

▶ 정신건강: 1577-0199

▶ 자살: 생명의 전화 1588-9191

▶ 자살유가족: 한국생명존중희망재단 https://www.kfsp.or.kr

▶ 청소년: 청소년 전화 국번없이 1388

▶ 노인학대 신고・상담: 1577-1389

좀 더 알아봅시다 가족생활교육, 가족상담은 우리 지역 '가족센터'에서

가족생활교육과 가족상담은 민간 영역에서 제공하기도 하지만, 국가 차원에서 국민의 가족생활 향상을 위하여 전문 서비스를 제공하기도 한다. 가족생활교육, 가족상담 서비스를 제공하는 대표적인 공공기관으로는 전국의 각 지역에 설치되어 있는 가족센터가 있다. 가족센터는 가족정책의 주요 전달체계로서 가족교육, 가족상담, 가족문화, 다양한 가족 통합지원, 지역사회 연계, 가족돌봄나눔 등의 사업을 실시한다. 가족센터의 서비스는 상담을 포함하여 거의 모든 사업 영역에서 무료로 제공된다.

※ 우리 지역 가족센터 홈페이지를 방문하여 어떤 서비스가 제공되고 있는지 파악해 보자.

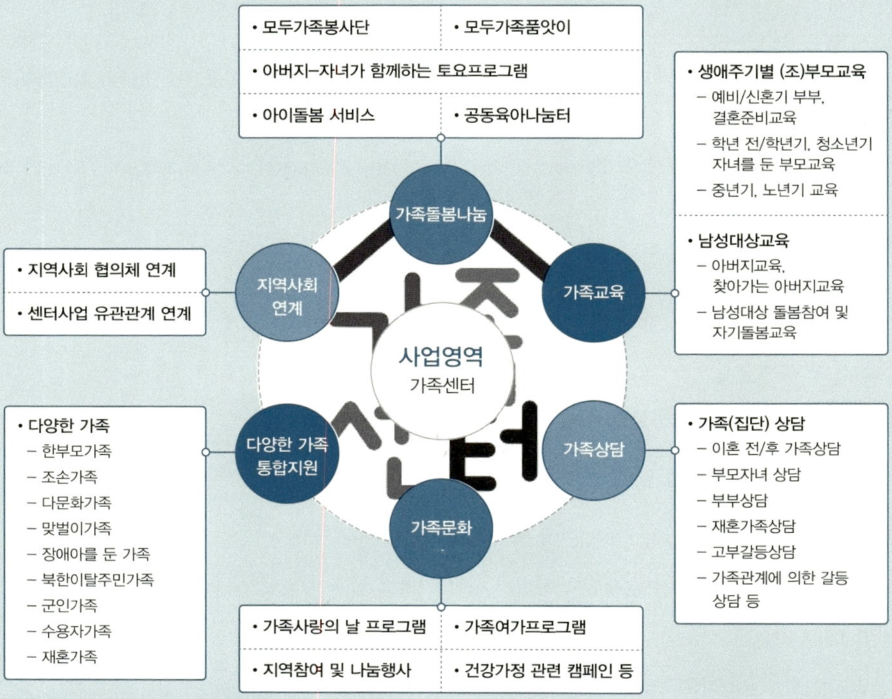

출처: https://www.familynet.or.kr/web/lay1/S1T309C339/contents.do

▶ 우리 지역 가족센터 홈페이지 찾기

▶ 온라인 가족상담실

▶ 서울시 가족센터 가족상담 안내

가족정책의 이해

가족정책의 정의 및 유형

우리나라는 저출생, 고령화의 맥락에서 2000년대 중반부터 가족을 위한 보편적인 정책과 공공서비스가 확대되어 있다. 2004년 건강가정기본법 제정과 함께 명시적 가족정책이 시작되었고, 앞서 소개한 가족센터는 이러한 가족정책의 주요 전달체계이다. 여기에서는 가족정책의 개념에 대해 좀 더 알아보자.

가족정책이란, 가족구성원의 역할을 수행하는 사람들에게 영향을 미치고, 제도로서의 가족의 미래에 영향을 미치는 의도적, 비의도적 공적 개입을 의미한다(Kamerman & Kahn, 1978). 가족이 사회적으로 수행하는 기능을 지원하고 가족원의 삶의 질을 향상시키기 위해 가족관계, 가족생활, 가족제도에 국가가 명시적, 암묵적 목표를 가지고 개입하는 것이라고 할 수 있다(진미정, 2022). 가족정책은 가족을 하나의 단위이자 체계로서 바라보면서 가족의 보호, 보장, 강화를 도모하는 정책이다(Kamerman & Kahn, 1978).

가족정책은 크게 명시적 가족정책과 묵시적 가족정책으로 나눌 수 있다(Kamerman & Kahn, 1978). 명시적 가족정책(explicit family policy)은 가족의 복지와 안정성을 향상시키는 것을 명시적인 목적으로 하는 정책으로, 직접적 가족정책이라고도 한다. 예를 들어, 진미정(2015: 79)은 가족정책을 "가족의 사회 재생산 기능을 지원함으로써 가족구성원의 삶의 질 향상과 사회유지 및 통합을 추구하는 정책"이라고 정의했는데, 이는 명시적 가족정책의 정의라고 볼 수 있다. 여기서 사회 재생산에는 일상적으로 이루어지는 의 · 식 · 주생활, 자녀 돌봄과 사회화, 노약자의 보호와 돌봄, 성(sexuality)의 사회적 구성이 포함되며, 이를 위한 정신적, 신체적, 정서적 노동이 포함된다(Laslett & Brenner, 1989; 진미정, 2022 재인용).

우리나라에서 가족정책이라고 하면 명시적 가족정책을 의미하는 경우가 많다. 예를 들어, 「건강가정기본법」은 "건강한 가정생활의 영위와 가족의 유지 및 발전을 위한 국민의 권리 · 의무와 국가 및 지방자치단체 등의 책임을 명백히 하고, 가정문제의 적절한 해결방안을 강구하며 가족구성원의 복지증진에 이바지할 수 있는 지원정책을 강화함으로써 건강가정 구현에 기여하는 것"을 목적으로 한다. 따라서 이 법에 근거한 건강가정정책은 명시적 가족정책이다. 「남녀고용평등과 일·가정 양립 지원에 관한 법률」의 목적은 "… 남녀고용평등을 실현함과 아울러 근로자의 일과 가정의 양립을 지원함으로써 모든 국민의 삶의 질 향상에 이바지하는 것(성별영향평가법 제2조 제1호)"인데, 이 법에 근거한 일·가정양립지원정책도 명시적 가족정책에 해당한다.

한편, 묵시적 가족정책(implicit family policy)은 가족의 복지 향상이 명시적인 목적은 아니지만, 가족에게 묵시적으로 영향을 미치는 정책으로, 간접적 가족정책이라고도 한다. 예를 들어, 아동복지정책의 근거법인 「아동복지법」의 목적은 "아동이 건강하게 출생하여 행복하고 안전하게 자랄 수 있도록 아동의 복지를 보장하는 것"이다. 법의 목적에서 가족을 명시적으로 언급하지는 않지만, 아동을 보호하고 지원하는 정책을 통하여, 아동을 포함한 가족의 복지 향상에 기여할 수 있으므로 묵시적 가족정책이라고 볼 수 있다.

가족과 직접적으로 관련된 정책이건, 간접적으로 관련된 정책이건, 중요한 것은 정책을 수립하고 시행할 때 가족을 하나의 단위로 바라보는 것이다. 즉, 어떤 정책이 의도적이건, 의도적이지 않건, 단위로서의 가족에 어떠한 영향을 미치는지 고려할 필요가 있다. 이를 정책 입안의 가족 관점(family perspective in policy-making)이라고 한다(Bogenschneider, 2006). "정책을 수립하거나 시행하는 과정에서 그 정책이 성평등에 미칠 영향을 평가하여 정책이 성평등의 실현에 기여"하고자 하는 성별영향평가와 유사하게, 정책을 수립하거나 시행하는 과정에서 그 정책이 가족의 복지에 미칠 영향을 평가하는 가족영향평가(Bogenschneider, 2006)를 추천하는 학자도 적지 않다. 실제로 미국의 여러 주에서는 주의회 의원, 보좌관 등 정책입안가를 대상으로 특정 정책이 가족에 미치는 영향에 관한 연구결과를 공유하는 가족영향세미나(Family Impact Seminars) 시리즈를 꾸준히 개최하고 있다(예: 위스콘신 가족영향세미나, https://wisfamilyimpact.org).

한국 가족정책의 전개

우리나라의 명시적 가족정책은 2000년대 중반에 시작되었다. 그 이전에는 사회 재생산의 대부분을 가족에 의존하였고, 이른바 '취약가족'이라고 불리는 저소득층 가족, 한부모가족 등 특정 가족구조 혹은 소득집단에만 경제적 지원을 제공하는 방식의 정책을 펼쳤다. 사후적, 선별적 접근을 취했다고 볼 수 있다.

2000년대 중반에 한국의 가족정책은 패러다임 전환이라고 할 정도로 크게 변화하였다(Chin et al., 2012). 저출생이 중대한 사회문제로 대두되면서, 가족을 사회적으로 지원할 필요성에 대한 공감대가 형성되었다. 결혼, 출산, 자녀양육, 노인돌봄 등 전통적으로 가족이 수행하던 기능을 가족에 의존하기에는 오늘날의 가족이 과부하 상태라는 점이 지적되었기 때문이다. 이로써 특정한 가족이 아닌 모든 가족을 지원하는 것이 사회적 책임이라는 인식이 힘을 얻고 보편적, 예방적 접근의 가족정책이 시작되었다.

이에 따라 2000년대 중반부터 '가족' 또는 '가정'을 명칭이나 목적에서부터 명시하는 법이 다수 제정, 개정되었다. 「건강가정기본법」(2004년 제정), 「남녀고용평등과 일 · 가정 양립 지원에 관한 법률」(2007년 법률명 개정), 「가족친화 사회환경의 조성 촉진에 관한 법률」(2007년 제정), 「다문화가족지원법」(2008년 제정) 등은 현재 시행되고 있는 가족정책의 토대가 되는 법률이다.

우리나라 가족정책의 방향성은 5년마다 수립되는 건강가정기본계획을 통해서도 파악할 수 있다. 제4차 건강가정기본계획(2021~2025)에서는 (1) 세상 모든 가족 포용, (2) 모든 가족의 생활 안정, (3) 가족 다양화에 따른 돌봄 지원, (4) 함께 일하고 돌보는 사회를 정책의 방향으로 강조하고 있다. 가족다양성을 수용하는 법과 제도를 마련하는 것이 우선순위로 설정된 것이 이전의 기본계획과 비교할 때 대표적인 차이점이다. 성평등한 돌봄이 강조되며, 한부모가족과 다문화가족 지원을 지속한다는 방향도 엿볼 수 있다.

참/고/문/헌

기쁘다, 성미애, 이재림(2020). 가족생활교육. 한국방송통신대학교출판문화원.

김유숙(2018). 가족상담. 학지사.

박지수, 이진경, 이재림(2018). 국내 커플관계교육 연구의 프로그램 개발과정 분석: 생활과학분야 학술지 논문을 중심으로. 한국가족관계학회지, 22(4), 81-105. http://dx.doi.org/10.21321/jfr.22.4.81

이순형, 민하영, 권혜진, 정윤주, 한유진, 최윤경, 권기남(2010). 부모교육. 학지사.

이재림(2015). 가족교육 확산을 위한 제언. 제1차 가족정책포럼 새로운 가족가치와 가족성장을 위한 가족교육 확산 방안(pp. 43-46). 여성가족부·한국여성정책연구원.

정문자, 정혜정, 이선혜, 전영주(2018). 가족치료의 이해(3판). 학지사.

정민자(1996). 결혼준비교육 프로그램의 개발에 관한 연구. 대한가정학회지, 34(4), 373-391.

진미정(2022). 새정부 출범에 따른 가족정책의 방향성과 과제. 2022 한국가족정책학회 추계학술대회 및 서울가족사업 세미나 자료집, 5-11.

한국가족관계학회(2021). 관계의 백신: 가족생활교육의 가능성과 도약. 한국가족관계학회 2021 추계학술대회 자료집.

Chin, M., Lee, J., Lee, S., Son, S., & Sung, M. (2012). Family policy in South Korea: Development, current status, and challenges. *Journal of Child and Family Studies*, *21*(1), 53-64. https://doi.org/10.1007/s10826-011-9480-1

Bogenschneider, K. (2006). *Family policy matters: How policymaking affects families and what professionals can do* (2nd ed.). Lawrence Erlbaum Associates.

Darling, C. A., Cassidy, D., & Rehm, M. (2020). The foundations of family life education model: Understanding the field. *Family Relations*, *69*(3), 427-441. https://doi.org/10.1111/fare.12372

DeBord, K., Bower, D., Goddard, H., & Wilkins, J. K. (2006). A professional guide for parenting educators: The national extension parenting educators' framework. *The Journal of Extension*, *44*(3), 10. https://tigerprints.clemson.edu/joe/vol44/iss3/10

Duncan, S. F., & Goddard, H. W. (2017). *Family life education: Principles and practices for effective outreach* (3rd ed.). Thousand Oaks, CA: Sage.

Halford, W. K., Markman, H. J., & Stanley, S. (2008). Strengthening couples' relationships with education: Social policy and public health perspectives. *Journal of Family Psychology, 22*(4), 497–505. https://psycnet.apa.org/doi/10.1037/a0012789

Hawkins, A. J. (2018). Shifting the relationship education field to prioritize youth relationship education. *Journal of Couple & Relationship Therapy, 17*(3), 165–180. https://doi.org/10.1080/15332691.2017.1341355

Kamerman, S. B., & Kahn, A. J. (1978). *Family policy: Government and families in fourteen countries*. Columbia University Press.

Larson, J. H. (2004). Innovations in marriage education: Introduction and challenges. *Family Relations, 53*(5), 421–424. https://doi.org/10.1111/j.0197-6664.2004.00049.x

Smith, C. A., Cudaback, D., Goddard, H. W., & Myers-Walls, J. (1994). National Extension Parent Education Model. Kansas Cooperative Extension Service. https://www.k-state.edu/wwparent/nepem/nepem.pdf

National Council on Family Relations. (n.d.). What is family life education? https://www.ncfr.org/cfle-certification/what-family-life-education

Nichols, M. P., & Schwartz, R. C. (2007). *Family therapy: Concepts & methods* (8nd ed.). Allyn & Bacon.

Van Widenfelt, B., Markman, H. J., Guerney, B., Behrens, B. C., & Hosman, C. (1997). Prevention of relationship problems. In W. K. Halford, & H. J. Markman (Eds.), *Clinical handbook of marriage and couples interventions* (pp. 651–675). New York: John Wiley & Sons.

찾/아/보/기/

인명

내용

저/자/약/력/

이정화 서울대학교 아동가족학과 문학박사
현) 전남대학교 생활복지학과 교수
중/노년기 가족, 농촌 노인, 초고령 노인의 사회적 관계 및 정신건강에 관해 주로 연구한다.

이재림 University of Minnesota 가족학(Family Social Science) 박사
현) 서울대학교 아동가족학과 부교수
청년과 가족(세대관계, 친밀성 등), 한국 가족의 변화와 지속성, 가족생활교육 프로그램에 대해 주로 연구한다.

이규호 Iowa State University 인간발달및가족학과 박사
현) 대구대학교 글로컬융합학부 조교수
주요 관심 분야는 중·노년기 부부 및 사회관계, 부부관계, 가족상담이다.

민주홍 University of Southern California 노년학과 박사
현) 제주대학교 생활환경복지학부 부교수
주요 관심 분야는 저출산·고령화에 따른 가족 및 돌봄 정책이다.

결혼과 가족 친밀한 관계의 변화와 선택

초판발행 2023년 9월 10일 **1판 1쇄 발행** | 2024년 3월 10일 **1판 2쇄 발행**
2024년 9월 10일 **1판 3쇄 발행** | 2026년 3월 10일 **1판 4쇄 발행**

지은이 이정화 이재림 이규호 민주홍
펴낸이 최용구 | **펴낸곳** 도서출판 **신정**
주소 (04316) 서울시 용산구 원효로 89길 19(원효로1가)
전화 02)3211-4782, 0266(영업부), 3211-4783(편집부), 3211-4784(팩스)
이메일 sjbook2002@naver.com | **홈페이지** www.sjbook.co.kr
등록 2001년 5월 11일 제13-702호
기획마케팅 최용구 장만동 최충구 송대용 | **책임편집** 석기은 황가연

ISBN 978-89-5912-869-3 93590
정가 27,000원